고신뢰성 자동차 전자시스템 설계기술

저자 박성주 | 강성호 | 김동신 | 백상현
신외경 | 안진호 | 유수일 | 이현빈
정용채 | 천범익 | 최성진

홍릉과학출판사

PREFACE ::

머리말

차량의 고기능화에 따른 탑재기기의 증가와 전자제어화의 진전, 엔진룸 내에 탑재된 제어기기, 보조부품, 센서부품 등의 밀집도가 높아지고 있다. 수만 개의 부품으로 구성되어 있는 자동차 전자시스템이 갈수록 복잡해지면서 다양한 고장에 대한 신뢰성이 중요한 문제로 대두되고 있다. 최근에는 검증이 어려운 고장으로 인하여 인명 손실은 물론 수백만 대의 리콜로 인한 치명적인 손실을 입고 있다. 자동차 전자시스템이 복잡해지면서 체계적인 고장 진단 및 수리를 위한 계층적인 설계기술의 적용이 필수적이다.

본 교재에서는 자동차 전자시스템의 신뢰성 증진을 위한 여러 가지 임베디드 하드웨어 시스템 설계기술을 소개한다. 자동차의 신뢰성에 대한 전반적인 설명과 더불어서 전자시스템의 신뢰성을 간단히 살펴보고, 차량용 반도체 소자에서 시스템을 구성하는 연결선의 테스트 설계기술, 반도체 칩의 고장을 점검하기 위한 스캔 및 built-in self-test 기술, 메모리 소자 테스트 설계기술, ISO 26262 차량용 전자장치 하드웨어 신뢰성 증진기술, 전자장치 노화 진단기술, EMC/EMI 기술 및 고신뢰성 PCB 설계기술을 소개한다. 전기장치화 되어 가는 자동차시스템에서 신뢰성을 고려한 설계기술을 소개하는 본 교재가 자동차 안전성을 도모하는데 일말의 기여를 하였으면 하는 바람이다.

공저자로서 이 책을 집필하는데 수고해주신 연세대 강성호교수, 한양대 백상현교수, 전북대 정용채교수, 호서대 안진호교수, 한밭대 이현빈교수, 자동차부품연구원 최성진박사, 신외경박사, 나인플러스 유수일과장께 감사의 말씀을 드립니다.

CONTENTS ::

목 차

CONTENTS ::

CONTENTS

CONTENTS ::

제7장 메모리 내장형 자체 테스트

제8장 노화 모니터링 및 소프트 에러 복구기술

CONTENTS ::

제10장 EMC/EMI 기술

01 차량 전장품 신뢰성 개요, 평가, 차량 시스템 동특성, 신뢰성 평가를 위한 실차 주행시험

1.1 차량 시스템의 동특성 및 실차 주행시험

1.1.1 차량 시스템의 동특성

자동차 시대는 1769년경 프랑스의 군사 기술자인 Nicolas Joseph Cugnot이 야포를 견인할 목적으로 삼륜 증기구동 차량을 만드는 데서 서막이 올랐고, 1886년 가솔린 엔진을 동력원으로 하는 실질적인 자동차가 선을 보이게 되었다. 초기 자동차 산업에 있어 대부분의 기술 역량은 빠르고 안락하며 신뢰성이 높은 차량을 만들기 위한 기술개발에 집중하였으나, 차량의 속도가 증가함에 따라 차량 동역학, 특히 선회와 제동 등 차량 동특성의 공학적 관심이 중요하게 인식되었다.

최근 자동차 보유대수 증가와 이용범위 확대로 인한 환경 공해, 원료 소비 증가, 교통사고 등 심각한 사회 문제가 대두됨에 따라 자동차의 안전성, 편의성, 경제성 및 환경보호 등에 대한 운전자 및 사회적 요구가 증가하고 있다. 이러한 요구들은 자동차 제조회사로 하여금 신기술을 개발하게 하고 있고 첨단 전자 및 제어기술을 차량의 각 시스템에 걸쳐 효과적으로 적용함으로써 다양한 소비자의 요구들을 만족시켜 나가고 있다.

소비자의 요구를 만족하기 위해서는 차량의 설계 시 가장 기본적으로 갖추어야 하는 항목으로 엔진 및 구동부의 성능, 조종안정성을 위한 조향 성능, 승차감을 향상시키는 승차감 및 타이어 성능, 직진 안정성을 확보하는 제동 성능 등을 고려해야 한다.

차량의 운동은 타이어와 주행하는 도로와의 접촉에 의하여 발생하는 힘과 운전자가 조종하는 조향장치에 의해 차량이 움직이게 된다. 이러한 차량의 운동 성능은 외부에서 가해지는 힘에 의한 반응인 가속, 감속, 선회, 승차감으로 구분할 수 있으며, 차량 동역학은 노면 및 외부 하중에 의해 차량의 운동 특성을 연구하는 분야이다.

일반적으로 차량의 동특성을 이해하기 위해서는 차량의 운동 특성에 영향을 주는 각 시스템의 특성과 여러 주행환경에 의해 발생하는 타이어의 힘이 차량에 미치는 영향에 대한 이해가 가장 기본적이고, 이에 따라 종방향, 횡방향, 수직방향의 차량 운동 특성의 이해가 필요하다. 또한 차량 동특성을 평가하고 시험할 수 있는 실차 주행시험을 통해 차량의 운동 특성을 잘 이해할 수 있다.

1.1.1.1 차량의 운동 특성

(1) 차량의 운동

차량의 운동 특성은 차량 설계 시 가장 기본적으로 갖추어야 하는 항목으로 엔진 및 구동부의 성능, 주행 시 조종안정성, 승차감을 들 수 있다. 차량 설계 시 가장 어려운 점 중 하나는 차량 주행환경의 변화가 상당히 큰 영역을 가진다는 것으로 속도의 변화, 주행 노면의 변화뿐만 아니라 차량의 승차감도 운전자에 따라 각각 느끼는 정도가 다르기 때문에 이를 고려하여 차량의 운동 성능을 결정해야 한다. 따라서 차량의 운동 성능을 연구하는 차량 동역학 분야의 중요성이 증대되고 있고 이를 구현하는 현가장치, 조향장치, 제동장치 등 각 시스템에서의 특성을 체계적으로 접근하여 차량 설계 및 개발에 활용되고 있다.

차량의 운동은 외부에서 가해지는 힘에 의한 가속, 감속, 선회 등의 특성으로 나타낼 수 있어 좌표계 및 용어를 정의하고 타이어의 영향, 종방향/횡방향/수직방향의 운동 특성으로 나타낼 수 있다.

(가) 차량 좌표계

차량 좌표계는 차량의 자세와 주행방향 또는 궤도를 나타내는 지구 고정 좌표계와 차량의 움직임을 차량의 무게중심(center of gravity)에 원점을 두고 차량과 함께 이동하여 움직이는 차량 고정 좌표계로 구분할 수 있다. 또한 타이어의 구동 상태 및 힘, 모멘트를 명확하게 설명하기 위한 타이어 좌표계가 있다.

지구 고정 좌표계는 지구 위에 고정된 직교 좌표계를 나타낸 것으로 X-Y축은 수평면에 있고 Z축은 아랫방향으로 차량의 주행방향 및 궤도를 나타낸다. 차량 고정 좌표계는 수평 노면에 일직선으로 움직이는 차체에 고정된 직교 좌표계로, X축은 앞쪽으로 향한 길이 방향이고, Y축은 차량의 우측으로 나오는 방향, Z축은 아랫방향으로 향하고 있다. 차량 운동은 항상 차량 고정 좌표계에 대해 속도들(종방향, 횡방향, 수직방향, 롤운동, 피치운동, 요운동)로 표현되며, 지구 고정 좌표계를 기준으로 한다. 타이어 좌표계는 X축은 휠 평면과 도로면과의 교차선으로 차량의 진행 방향을, Y축은 도로면과 평행한 방향, Z축은 도로면에 수직방향으로 타이어에서 발생하는 상태 및 힘을 설명하고 있다.

(나) 차량 동역학 용어

차량의 운동 특성을 나타내기 위해서는 차량 각 시스템의 특성 용어, 즉 현가장치, 제동장치, 조향장치 등의 용어와 차량의 진동, 동특성과 관련된 용어 등을 정의하여야 하며, 일례로 자동차 동역학 용어는 SAE J670에 자세히 기록되어 있다.

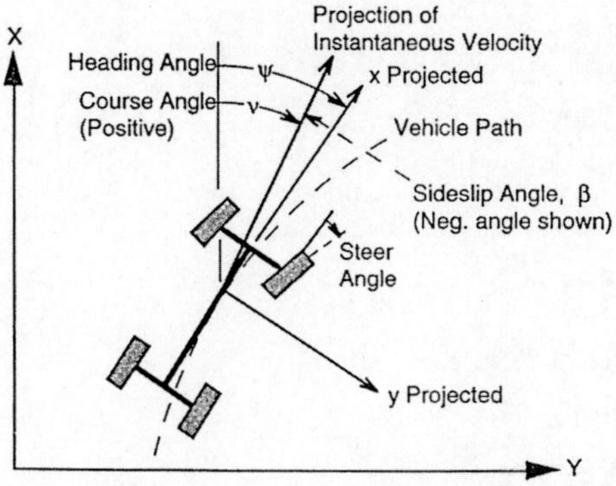

(a) 지구 고정 좌표계에서의 차량

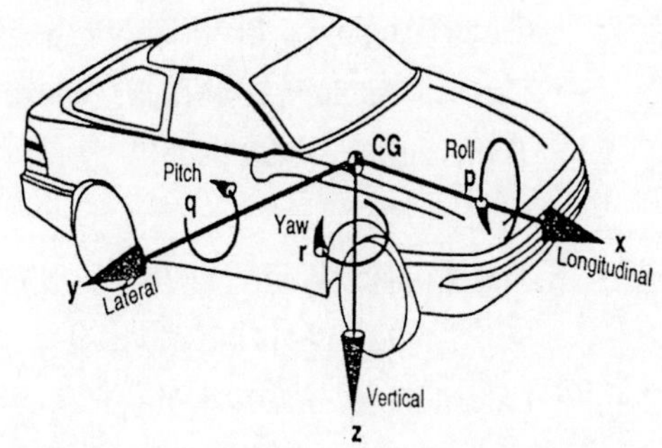

(b) 차량 고정 좌표계

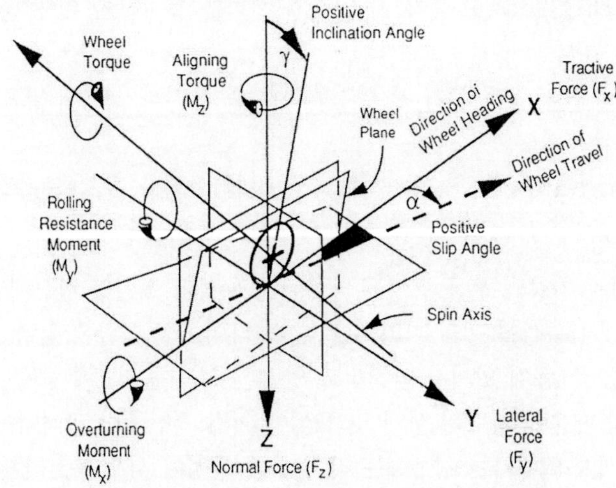

(c) 타이어 좌표계

그림 1.1 차량 운동 좌표계

차량 운동의 특성 용어는 Sprung Mass, Unsprung Mass, Spring Rate, Caster, Camber, Toe 등의 현가계 기구학적 요소 정의와 Bounce, Pitch, Roll, Shimmy 등의 차량 진동 요소의 정의로 운동 특성을 표현할 수 있다. 또한 Tire Contact Point, Slip Angle, Lateral/Normal Force 등의 타이어와 관련된 용어와 Understeer, Oversteer 등의 차량 동특성 용어를 정의할 수 있다.

① 현가계 기구학적 요소

- Sprung Mass－서스펜션 멤버 무게부분을 포함하는 서스펜션에 의해 지지되는 모든 무게
- Unsprung Mass－현가장치로 지지되는 모든 무게(Sprung Mass)를 제외한 타이어와 휠에 의해 직접 움직여지는 부분의 무게

- Spring Rate－단위 변위 변화에 대한 스프링의 하중 변화
- Caster Angle－스티어링 축과 수직축과의 각도
- Camber Angle－수직방향과 Wheel Plane의 경사각
- Toe Angle－차량의 X축과 휠 접촉면이 이루는 각

② 타이어 특성

- Tire Contact Point－타이어-노면 접촉점
- Slip Angle－타이어 X'축과 접촉 중심 운동방향의 차이각
- Lateral Force－타이어 Y'축으로 발생하는 힘
- Normal Force－타이어의 Z'축으로 발생하는 힘

③ 차량 동특성 용어

- Understeer(US) : 속도 증가 시 일정원 선회를 유지하기 위해 필요한 조향각이 + 인 차량 특성
- Oversteer(OS) : 속도 증가 시 일정원 선회를 유지하기 위해 필요한 조향각이 – 인 차량 특성
- Neutralsteer(NS) : 속도 증가하여도 일정원 선회를 유지하는 조향 특성

(2) 타이어의 특성

도로를 주행하는 차량의 운동 특성은 타이어의 특성과 노면의 형상에 의해 크게 좌우되기 때문에 타이어의 특성을 먼저 파악해야 한다. 타이어의 역할은 차량 전체의 중량을 지지하고 선회, 구동, 제동에 있어서 안전하고 안락한 성능을 갖도록 해준다. 그러나 타이어는 비선형적 특성 때문에 차량의 설계 및 해석이 어렵고 신중히 고려되어야 한다. 또한 조향 중 제동이 동시에 일어나는 경우에는 각 방향의 특성이 서로 복잡하게 연성을 가지면서 운동을 하게 되어 차량 운동 특성의 예측이 어려워지며 복잡한 모델을 사용하게 된다. 여기서는 타이어의 특성을 크게 구·제동 시와 선회 시로 나누어 고려를 하고자 한다.

(가) 구·제동 시

구·제동 시 타이어에서의 거동과 차륜에 작용하는 타이어 모델은 그림 1.2와 식 (1)과 같은 운동방정식으로 나타낼 수 있다.

$$I_w \dot{\omega} = \mu r F_z - T_b (\pm F_{x(total)}) \tag{1}$$

여기서 $F_{x(total)}$은 타이어-노면의 접촉점에 발생하는 힘들의 합력을 나타낸다.

$$\mu = \mu_{(S)} \tag{2}$$

$$S = \frac{V - \omega r}{V}(\text{제동 시}),\quad S = \frac{\omega r - V}{V}(\text{구동 시})$$

타이어-노면의 마찰계수 μ는 식 (2)와 같이 슬립률 S의 함수로 정의되고, 타이어-노면

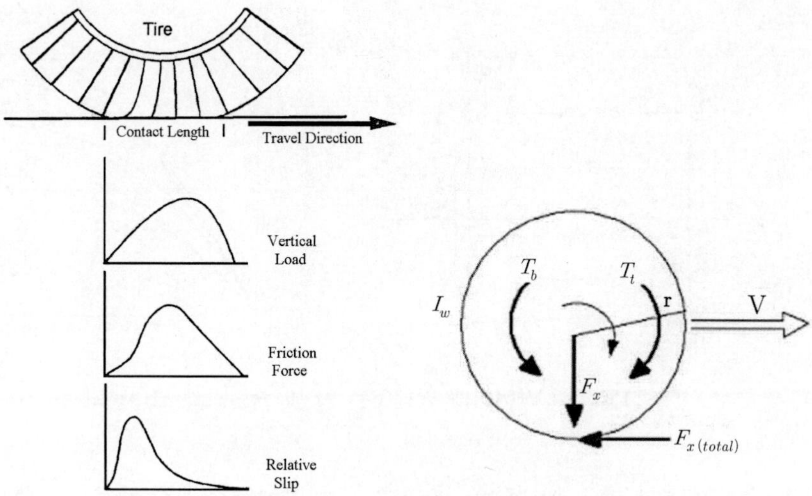

그림 1.2 타이어의 종방향 변형과 모델

의 마찰계수 특성을 그림 1.3에 나타내고 있다. 마찰계수는 노면의 상태와 휠 슬립(slip)과 큰 연관성을 가지며 슬립률이 0.2 이상에서는 오히려 마찰계수가 감소하는 특성이 있다는 것을 알 수 있다. 이외에도 타이어의 종방향 특성은 구름 저항, 구동력, 조향의 영향 등 여러 가지 변수에 의해 결정되며 해석의 목적에 따라 다양한 모델이 개발되어 있다.

(나) 선회 시

① 슬립 각과 코너링력(Cornering Force)

차량 주행 시 타이어는 노면과 접촉하면서 접촉면에서 여러 가지 힘이 발생하게 된다. 일반적으로 직진 주행 상태에서 바퀴의 진행방향은 차량의 진행방향과 일치하며 구동력, 제동력, 구름저항 등의 종방향 힘만 존재한다. 하지만 조향을 하거나 차륜의 정렬이

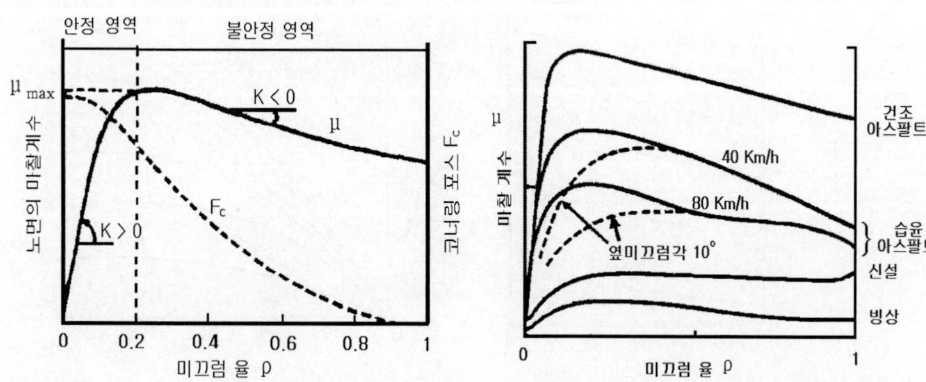

그림 1.3 타이어 슬립과 마찰계수 특성

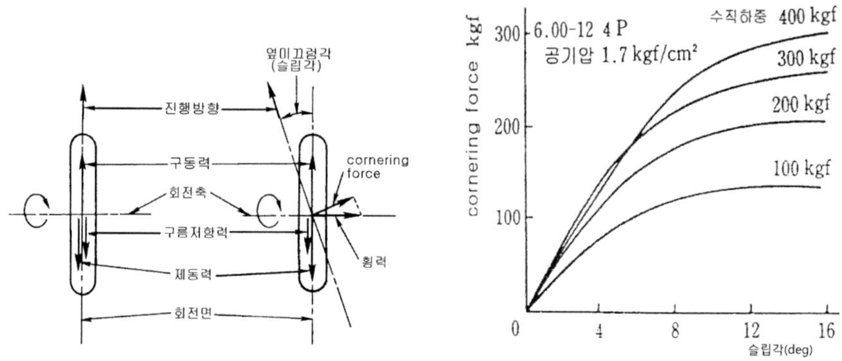

그림 1.4 타이어에 발생하는 힘 및 슬립각과 코너링력

변하는 조건이 일어나면 차량의 진행방향과 반드시 일치하지는 않는다. 이때 타이어는 진행방향에 의해 슬립이 발생하고 이로 인해 코너링력이 발생하게 되는데 이 힘이 차량의 횡방향 운동을 결정하는 힘이 된다. 코너링력은 슬립각에 비례하여 선형적으로 증가하는 구간이 있는데 이때 슬립각 0°에서의 기울기를 코너링 강성이라 하고, 그림 1.4는 수직하중의 변화에 따른 코너링력과 슬립각과의 관계를 나타내고 있다.

슬립각이 계속 증가하게 되면 횡력은 더 이상 비례하여 증가하지 않고 오히려 감소하며 그 특성은 타이어의 종류와 타이어-노면의 마찰계수에 따라 많은 차이를 보인다. 또한 타이어에 구동 및 제동력이 같은 힘이 발생하게 되면 같은 슬립각에 대하여 횡력의 크기는 더 줄어들게 된다.

② 수직 하중의 영향

타이어는 타이어 내부의 공기압, 타이어의 수직하중 등에 따라 코너링력이 다양하게

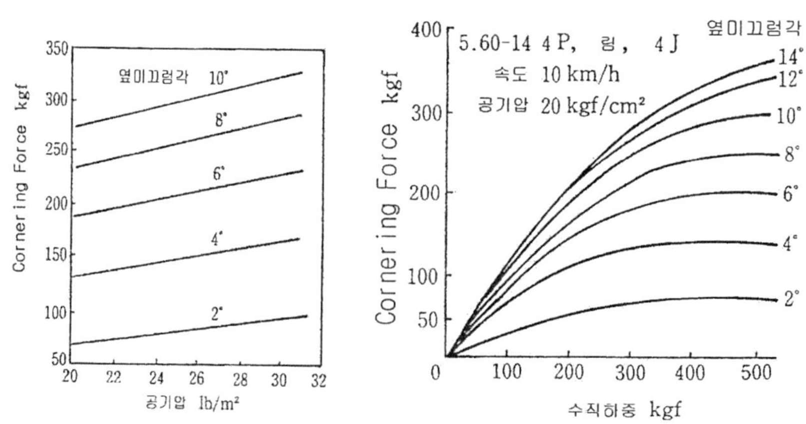

그림 1.5 타이어의 공기압과 수직하중의 영향

나타나게 되며, 그림 1.5와 같이 공기압이 높을수록 같은 슬립각에 따라 코너링력이 비례적으로 커져 조종안정성 측면이 유리하다.

③ 셀프 얼라이닝 토크(Self-aligning Torque)

타이어에 횡력이 발생하여 조향이 시작되면 타이어를 다시 제자리로 되돌리려는 우력이 발생하게 되는데 이 힘을 셀프 얼라이닝 토크라 하며, 이는 횡력의 작용지점이 타이어-노면의 접촉점 중심에서 후방에 있기 때문에 발생하게 되는 것이다. 그림 1.6은 타이어-노면 접촉부에서 횡력의 작용과 셀프 얼라이닝 토크의 발생을 보여주고 있다.

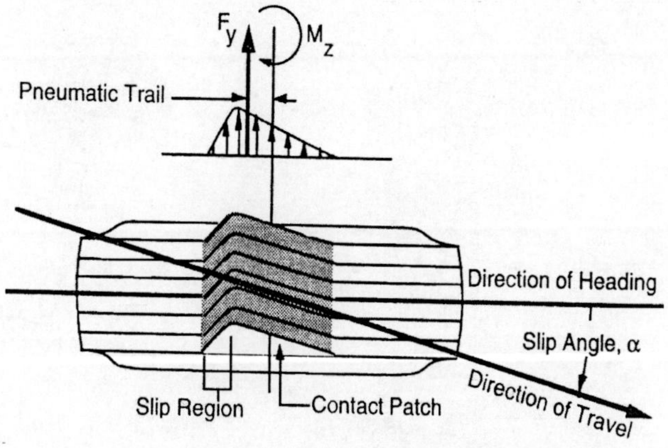

그림 1.6 셀프 얼라이닝 토크

(3) 종방향 특성

차량 종방향 운동 특성은 주로 구동 및 제동과 관련되어 있으며, 가속 및 감속 시 도로와의 접촉상태에 따른 주행 한계와 구동 및 제동 시 주행안정성 등을 분석하여 종방향 운동 특성을 파악할 수 있다. 그림 1.7은 구동 및 제동을 수반한 차량 종역학 모델을 보여주고 있다.

$$\text{차체 : } m_b \ddot{x}_b = -F_{wL} + R_{xf} + R_{xr} - m_b g \sin\gamma \quad (3)$$

$$m_b \ddot{z}_b = -F_l + R_{zf} + R_{zr} - m_b g \cos\gamma = 0$$

$$I_b \ddot{\psi}_b = -M_f - M_f - M_r - (R_{xf} + R_{xr})(h - r) - R_{zf} l_f + R_{zr} l_r = 0$$

여기서, F_L : 차체 양력, F_{wL} : 차체의 공기 저항력, M_L : 차체의 풍력에 의한 모멘트, F_{tf} : 전륜의 구동과 제동력을 나타낸다.

종방향 운동 특성은 차량 주행방향과 밀접한 관계가 있기 때문에 가속저항, 구름저항, 구배저항 등의 외력이 고려되어야 한다.

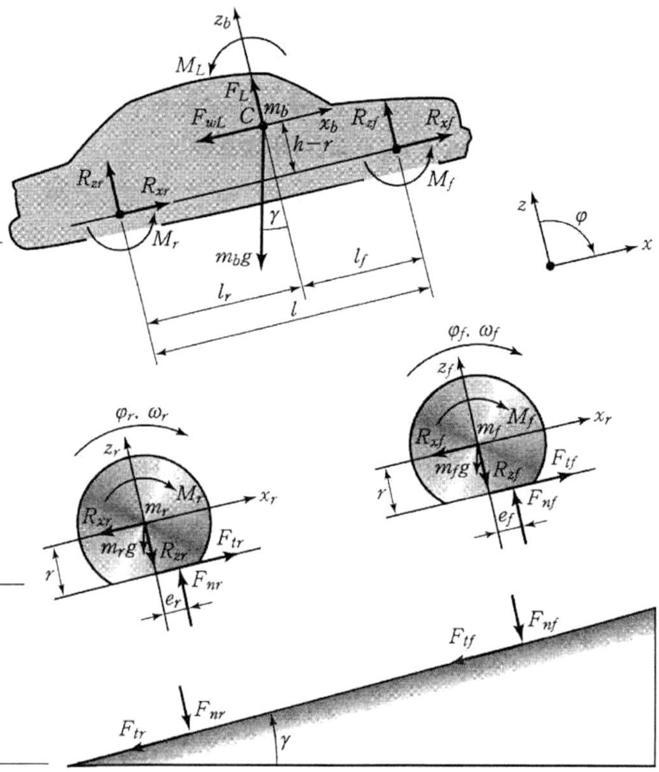

그림 1.7 차량 종방향 운동

(가) 주행 저항

① 가속 저항

가속 저항력은 차량 가속 시 발생하는 저항력으로 식 (4)와 같다.

$$F_{wa} = k_m \cdot m \cdot \ddot{x} \tag{4}$$

여기서, k_m은 바퀴, 구동, 엔진 등의 추가 질량 상수로 일반 승용차의 경우는 1.03~1.5 (예, 변속 1단 : 1.25~1.5, 2단 : 1.12~1.2, 3단 : 1.07~1.12, 4단 : 1.05~1.07, 5단 : 1.03~1.05) 등의 범위 값을 가진다.

② 공기저항

차량 속도가 증가하면 차량은 주행방향과 반대로 공기저항을 받게 된다. 공기저항력은 차량의 주행성능에 영향을 미칠 뿐만 아니라 연료소비에도 큰 영향을 미친다. 차량의 주행에 따른 공기 흐름의 손실인 공기저항은 차량의 형태에 따라 발생되는 유체 흐름상의 압력차로 인한 와류, 차체 표면 형상에 따른 마찰저항, 차량 내부로 흘러들어오는 유체의 환류에 의한 손실이 발생한다.

$$F_{wL} = c_w A p_L = \frac{1}{2} c_w A \rho v_L^2 \tag{5}$$

여기서, c_w는 공기저항 계수, A는 단면 투영계수, ρ는 공기의 밀도, v_L은 차량의 속도이다. 공기저항 계수 c_w는 승용차의 경우 0.3~0.4, 상용차의 경우 0.6~1.0의 값을 가지며 공기의 밀도 ρ는 $1.2kg/m^3$이다.

③ 구름저항

구름저항력은 타이어와 노면의 특성, 차량의 속도에 따라 변화하는 특성을 가지며 식 (6)과 같다.

$$F_{wR} = f F_n = \frac{e}{r} F_n \tag{6}$$

여기서 F_n은 타이어-노면에 작용하는 수직하중, e는 타이어-노면 접촉 중심에서 실제 수직 하중 작용점까지의 거리이고, 구름 저항계수 f는 차량의 속도가 150km/h 이하의 경우 0.012~0.02의 값을 가진다.

④ 구배저항

구배저항은 도로의 구배에 의해 발생하는 외력으로 경사각을 갖는 도로를 등반할 때 이를 극복해야 한다. 도로의 경사는 일반적으로 경사각으로 나타내지 않고 백분율로 나타낸다. 예로 10%의 경사도로는 수평 길이 100m에 높이 10m의 경사를 말한다. 대부분의 경사도로는 4~10%의 경사를 가지고 있으며 알프스 지역의 도로인 경우는 최고 30% 정도도 있다.

(나) 구·제동 특성

종방향 차량 운동에서 중요한 관점은 구동과 제동에 의해 발생되는 차량의 운동 특성이다. 구동력과 제동력은 차륜에 회전모멘트의 형태로 존재하게 되며 타이어와 노면의 접촉 특성에 따라 주행 안정성이 결정되어진다. 구동과 제동이 주행안정성에 미치는 영향은 그림 1.8(a)에서 (d)까지 보여주고 있다.

전륜 구동의 경우 구동 시 전륜에 과대한 구동력이 발생하면 전륜에는 차량의 슬립각을 줄여주는 방향으로 구동력 F_{tf}가 발생하고 후륜에는 측력 $F_{\alpha r}$가 슬립각을 줄여주는 방향으로 발생하여 차량의 운동은 안정하게 된다(그림 1.8(a)).

후륜 구동의 경우 구동 시 후륜에 과대한 구동력이 발생하면 후륜에는 차량의 슬립각을 증가시키는 방향으로 구동력 F_{tr}가 발생하고 전륜에는 측력 $F_{\alpha f}$가 슬립각을 증가시키는 방향으로 발생하여 차량의 운동은 안정성을 잃게 된다(그림 1.8(b)).

제동의 경우 전륜의 제동력 F_{tf}와 후륜의 측력 $F_{\alpha r}$은 서로 다른 방향의 회전모멘트로 작용하고 이때 $F_{\alpha r}$에 의한 회전모멘트가 F_{tf}에 의한 회전모멘트보다 크면 차량의 운동은 차량의 슬립각을 줄여주는 방향으로 일어나 차량 운동은 안정하게 움직인다. 실제 차량의

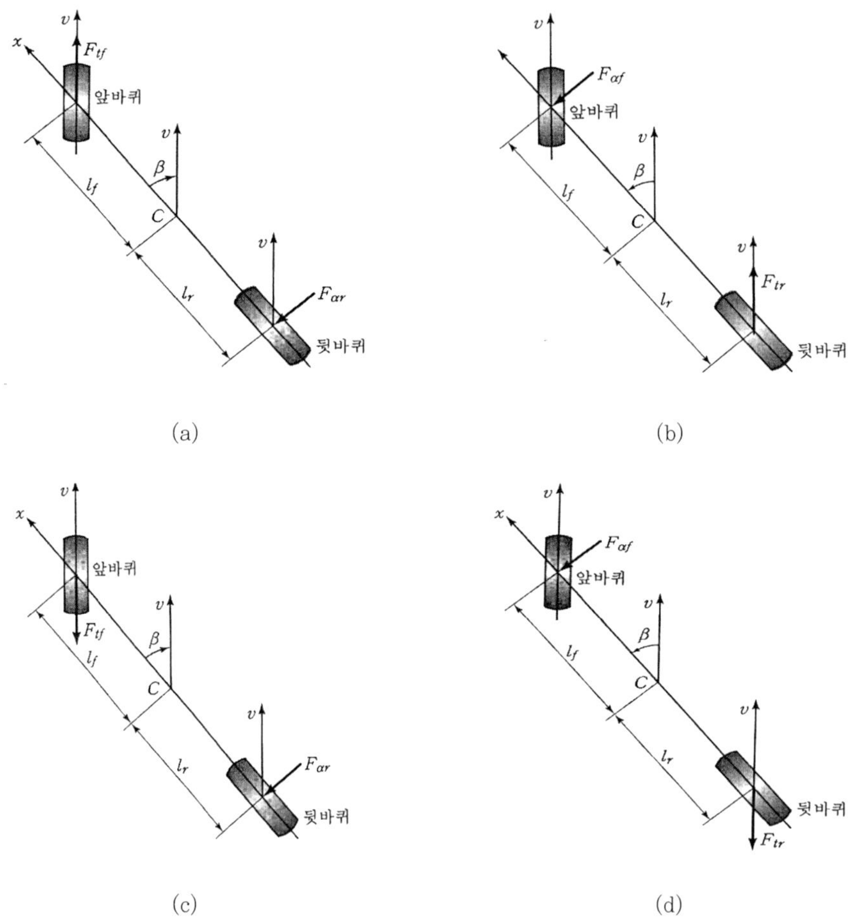

그림 1.8 종방향 슬립에 따른 차량의 주행 안정성

경우 이와 같은 특성 때문에 차량의 운동은 안정하다(그림 1.8(c)).

후륜의 제동력 F_{tr}과 전륜의 측력 $F_{\alpha f}$는 서로 다른 방향의 회전모멘트로 작용하고 이때 $F_{\alpha f}$에 의한 회전모멘트가 F_{tr}에 의한 회전모멘트 보다 작다면 차량의 운동은 차량의 슬립각을 줄여주는 방향으로 일어나 운동은 안정하게 된다(그림 1.8(d)).

(4) 횡방향 특성

차량 운전자는 주행 속도뿐만 아니라 주행방향을 조종 또는 제어하는 역할을 한다. 차량의 선회 특성은 핸들링(handling)과 동등하게 여겨지며 운전자의 조향 제어 능력에 따라 차량의 횡방향에 대한 운동 특성을 파악할 수 있다. 핸들링은 운전자의 입력에 대한 차량의 응답성이나 제어의 용이함을 의미하며 “운전자 - 차량 - 도로”의 동적 제어시스템 특성에 따라 횡방향 운동에 결정적인 역할을 하며, 타이어와 현가장치 및 조향장치의 특성에 밀접한 관계가 있다.

(가) 횡방향 운동

차량의 횡방향 운동 특성을 파악하기 위해서는 차량의 회전 운동 좌표계 정의와 조향에 대한 차량 및 바퀴의 운동 특성을 알아야 한다.

그림 1.9는 횡방향 운동 특성을 파악하기 위해 타이어를 포함한 2자유도 횡방향 차량 동역학 해석 모델을 보여주고 있다. 그림에서 조향각을 δ, 전·후륜 타이어 좌우의 슬립각을 β_{f1}, β_{f2}, β_{r1}, β_{r2}이고, 타이어에 작용하는 코너링력을 Y_{f1}, Y_{f2}, Y_{r1}, Y_{r2}라 한다. 이들 힘은 각 차륜의 진행방향에 직각인 방향에 작용하고, 만일 $|\beta_{f1}|$, $|\beta_{f2}|$, $|\beta_{r1}|$, $|\beta_{r2}|$, $|\delta| \ll 1$이라 하면, 이들의 방향은 차량 횡방향에 일치하다고 생각해도 좋다. 차량의 횡방향 운동 방정식은 식 (7)과 같다.

$$mV\left(\frac{d\beta}{dt}+r\right)= Y_{f1}+Y_{f2}+Y_{r1}+Y_{r2} \tag{7}$$

여기서, m은 차량의 관성질량이다.

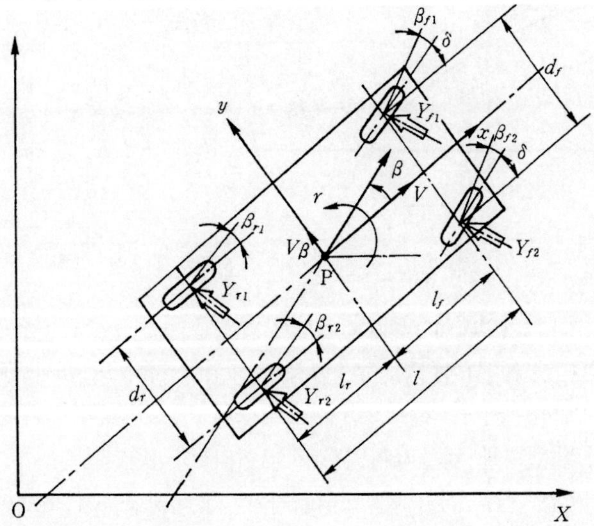

그림 1.9 차량의 횡방향 운동

① 정상원 선회 특성

차량이 정상원 선회를 하고 있는 경우에는 일정한 속도에 반지름 R, 차체 미끄럼각 역시 일정한 값을 갖게 된다. 이는 동일한 조향 입력 조건에 따른 차량의 횡방향 운동 특성을 파악하는 것으로 차량의 고유 조향 특성을 확인할 수 있다.

정상원 선회 시 조향각 δ가 일정할 경우 선회 반경 ρ는 식 (8)과 같이 나타낼 수 있고 $l_fK_f - l_rK_r$의 부호에 따라 속도 V의 제곱 형태로 변하는 것을 알 수 있는데, l_iK_i의 물리적 의미는 차체를 회전시키려는 모멘트이며 모멘트의 크기에 따라 차체의 선회반경이 달라진다. 여기에서 r은 각속도이다.

$$\rho = \frac{V}{r} = \left(1 - \frac{m}{2l^2}\frac{l_fK_f - l_rK_r}{K_fK_r}V^2\right)\frac{l}{\delta} \tag{8}$$

주행 속도의 증가에 대해 선회반경이 커지는 특성을 언더스티어(Understeer, US) 특성, 주행 속도의 증가에 대해 선회반경이 작아지는 특성을 오버스티어(Oversteer, OS) 특성, 주행 속도의 증감에 따라 선회 반경이 일정한 특성을 뉴트럴스티어(Neutral Steer, NS) 특성이라 한다.

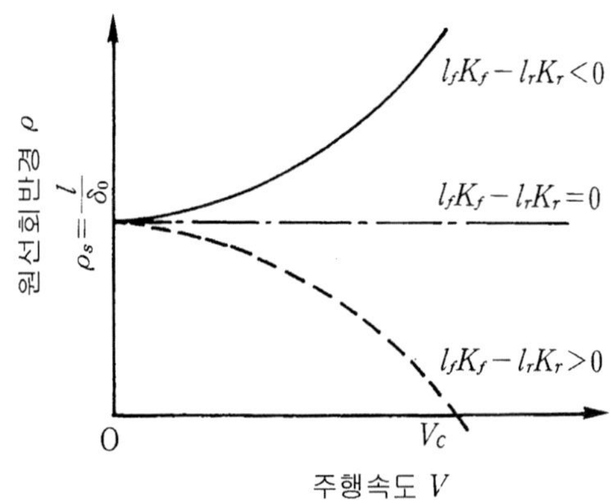

$l_fK_f - l_rK_r = 0 \quad (NS)$

$l_fK_f - l_rK_r < 0 \quad (US)$

$l_fK_f - l_rK_r > 0 \quad (OS)$

그림 1.10 주행 속도와 선회반경 ρ의 관계

② 컴플라이언스 스티어(Compliance Steer)

차량이 선회 운동을 시작하면 현가장치의 특성상 차체(또는 서브프레임)와 서스펜션 링크의 연결부에서 부시 등의 찌그러짐이 발생하고 차륜의 정렬이 변하게 되는데 이로 인한 조향특성의 변화를 컴플라이언스 스티어라 정의한다.

차량 운동특성에 컴플라이언스 스티어가 미치는 영향을 살펴보면 차륜이 움직이는 방향의 요율(yaw rate)이 증가하는 방향으로 움직이면 오버스티어 특성을 가져오고, 요율이 감소하는 방향으로 움직이면 언더스티어 특성을 가져오게 된다.

③ 롤(Roll)에 의한 선회 특성

차량의 현가장치 특성상 롤은 차량 운동 특성에 미치는 영향이 크다. 차량이 선회 운동을 시작되면 차체 진행방향 축을 중심으로 회전하려는 모멘트가 발생하는 롤이 일어나게 된다. 이때 차량의 상태를 직진 주행상태와 비교해보면 타이어에서는 하중 이동이 일어나게 되고 타이어의 캠버가 변하면서 캠버스러스트의 영향으로 횡력 변화가 일어나

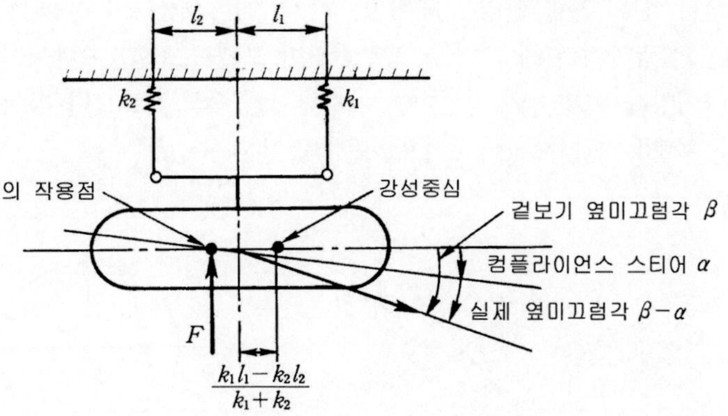

그림 1.11 컴플라이언스 스티어

게 된다. 이미 타이어의 특성에서 살펴보았듯이 수직하중의 변화는 횡력의 크기에 큰 영향을 미치게 되는데 이로 인해 발생하는 횡력의 크기는 하중이동이 일어나지 않는 경우에 비하여 줄어드는 것이 일반적이다.

수직 하중이동과 함께 롤이 발생하게 되면 현가장치의 구조상 캠버의 변화가 일어나게 되고 캠버 스러스트가 변화하면서 발생 횡력의 크기를 변화시킨다. 차륜이 지면에 대해서 캠버각을 생성하면 차륜에는 캠버각에 비례하는 횡방향 힘(캠버스러스트)이 작용한다. 정상원 선회에 있어서도 차체가 회전하는 차륜에서 캠버각이 생성되면 캠버스러스트도 차량 중심점에 작용하는 원심력과 맞게 발생한다.

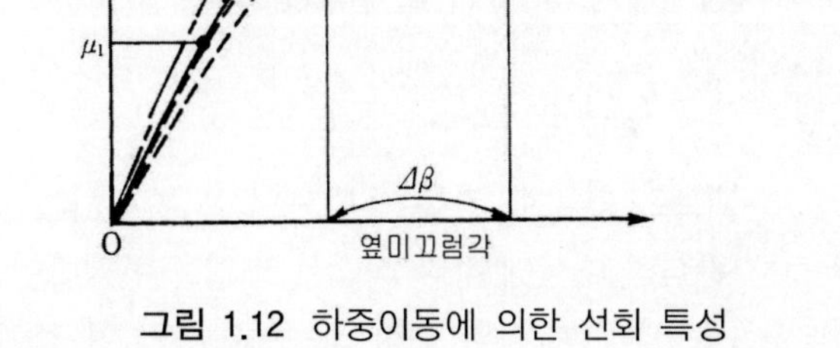

그림 1.12 하중이동에 의한 선회 특성

④ 조향계에 의한 선회 특성

차량의 횡방향 운동 특성을 파악하기 위한 횡방향 모델은 조향계는 간단히 표현할 수 있으나, 실제 차량의 경우 복잡한 조향장치를 사용하여 차량의 운동을 제어하게 된다. 이를 설명하기 위해 그림 1.13에 간단한 모델과 조향 시 타이어에서 발생하는 외력을 나타내었다. 조향각의 강성이 낮아지면 조향휠의 각도보다 타이어의 회전각이 작기 때문에 차량은 언더스티어 경향을 보이게 된다.

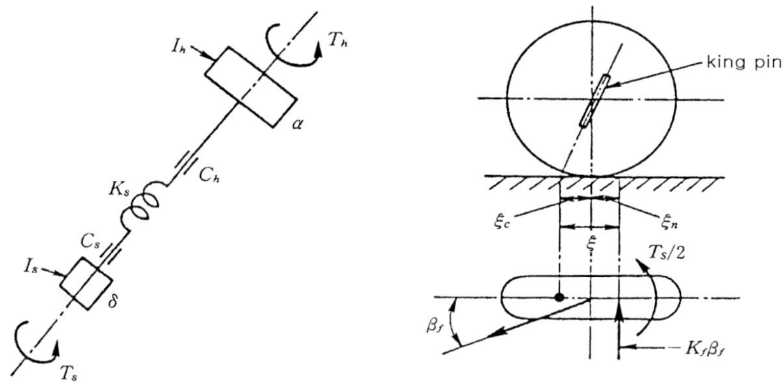

그림 1.13 조향계 모델 및 타이어에서 발생하는 힘

(5) 수직방향 특성

자동차는 타이어와 도로면 사이에서 발생하는 마찰력에 의해 주행하게 되므로 불규칙한 도로면은 타이어를 가진시키고 이때 발생한 가진력, 즉 진동 및 소음은 현가장치를 통하여 차체로 전달된다. 차체에 전달된 진동과 소음은 타이어와 현가장치의 기계적인 특성에 따라서 달라지게 되며 이는 승차감(comfort)을 저하시키고 오랜 시간 동안 승차에 따른 피로감을 가중시킬 뿐만 아니라 화물을 안전하게 수송하는데 있어서도 많은 어려움을 발생시킨다.

차량의 수직방향 운동 특성은 도로면의 거칠기와 차량 속도에 따른 가진력이 타이어와 현가장치를 통하여 차체로 전달되기 때문에 차체의 운동을 최적화할 수 있도록 현가계의 구성요소인 스프링 상/하 질량, 스프링, 댐퍼, 타이어, 시트 등의 특성을 파악해야 차체로 전달된 힘과 진동이 인체에 미치는 영향을 분석할 수 있고 승차감을 개선시킬 수 있는 방법을 찾을 수 있다.

(가) 수직방향 운동

수직방향 운동 특성은 주로 승차감, 진동 등의 특성을 파악하기 위해 이미 많은 해석 모델이 개발되어 왔으며, 관심의 대상에 따라 적당한 모델을 선택하여 사용하고 있다. 승차감에 가장 많은 영향을 주는 것은 차체의 수직 운동이며 분석이 용이하고 실제 차량으로 주행했을 때의 승차감과 분석결과도 비교적 잘 일치하는 2자유도(1/4차) 모델이 가장 일반적으로 사용되고 있다.

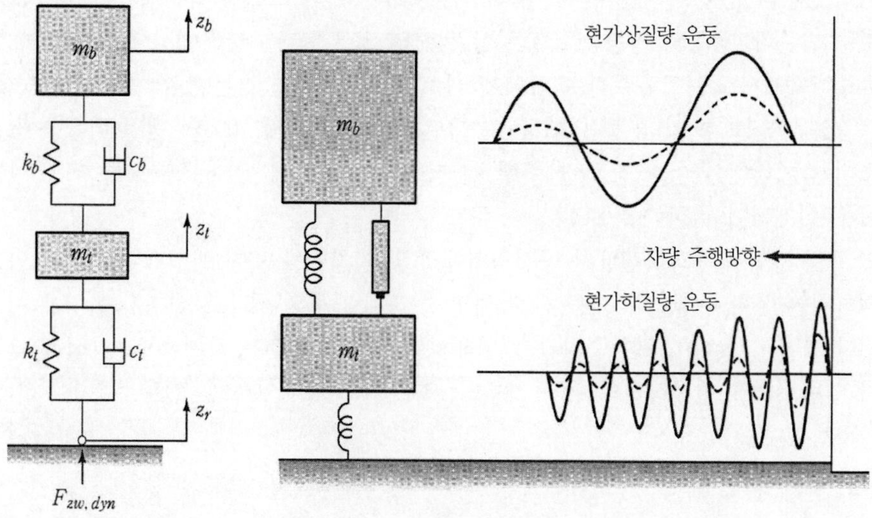

그림 1.14 2자유도(1/4차) 모델

$$m_b \ddot{z}_b + c_b(\dot{z}_b - \dot{z}_t) + k_b(z_b - z_t) = 0 \tag{9}$$

$$m_t \ddot{z}_t + c_b(\dot{z}_t - \dot{z}_b) + k_b(z_t - z_b) + k_t(z_t - z_r) = k_t z_r$$

수직방향에 대한 고유특성을 구하기 위해서 자유진동에 대한 고유치 해석을 수행하여 특성을 파악할 수 있다. 대부분의 승용차에서 승차감을 고려할 경우 현가계의 감쇠비는 0.25 정도의 값을 가지고, 고유진동수에 큰 영향을 가지지 않으므로 감쇠특성을 무시할 수 있다. 또한 스프링하 질량은 스프링상 질량에 비해 10% 미만의 값을 가지므로 차체의 수직방향 해석에서 고려하지 않을 수 있다.

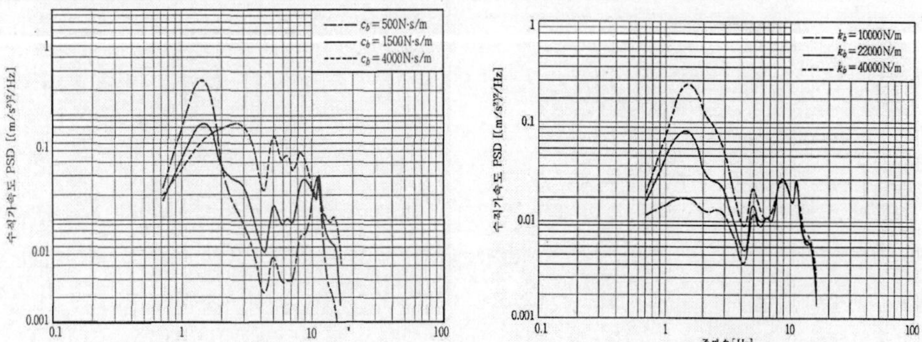

(a) 댐핑 계수의 영향 (b) 스프링 강성의 영향

그림 1.15 현가장치에 의한 차체 응답

수직방향의 운동 특성은 현가장치의 댐핑(damping)과 스프링 강성(spring stiffness)에 큰 영향을 받는다. 댐핑의 영향은 스프링상 질량의 고유주파수 부근에서 강한 감쇠비가, 1차 고유주파수에서 2차 고유주파수 사이에서는 낮은 감쇠비를 갖는 것이 승차감 향상을 가져올 수 있음을 볼 수 있다(그림 1.15(a)). 대부분의 차량은 약 40%의 댐핑 비율을 적용하고 있으며 승차감뿐만 아니라 차량 주행 시 타이어가 노면에 잘 부착되도록 조종 안정성이 높도록 설계되어야 한다.

스프링 강성이 변화하면 1차 공진영역에서 많은 차이를 보이고 있으며 강성이 약할수록 유리하지만 선회 주행이나 제동 시 자세제어, 적재량 등의 이유로 설계상 반영에 어려움을 가진다(그림 1.15(b)). 또한 승차감을 위해서는 고유 진동수를 작게 하는 강성을 낮추어야 하나 일반적으로 현가장치의 운동 제한 등으로 인해 차체의 고유 진동수를 1~1.5Hz 사이에 두고 있다.

(나) 인체 진동 특성

차량의 수직 역학에서 승차감은 인체의 진동 특성과 매우 밀접한 관계를 가지고 있다. 인체 진동에 대하여 인체가 느끼는 주관적인 인식과 물리적인 진동의 크기와는 인체의 부위와 가진 방향 및 진동 노출 시간 등에 따라 상이한 상관관계를 내포하고 있다. 이와 관련하여 인체에 미치는 진동환경의 영향을 객관적으로 평가하는데 국제표준기구(ISO)의 ISO 2631 규격이 사용되고 있다. ISO 2631에서는 인간의 자세에 따라 서 있는 자세, 누워 있는 자세, 앉아 있는 자세, 시트에 앉아 있는 자세 등을 정의하고 진동이 인체에 미치는 주파수 가중함수 및 인체가 느끼는 진동량, 불쾌감 등을 정량적으로 제시하고 있다.

인체에 가장 민감한 주파수 영역은 4~8Hz(복부진동)에서의 진동레벨을 낮추어야 하고 4Hz 이하의 저주파 영역에서는 인체에 대한 진동에너지를 줄여야 한다. 또한 머리 부분인 10Hz 부근에서도 진동 전달률을 낮추어야 한다.

1.1.2 실차 주행시험

차량 동특성은 차량의 운동 특성을 좌우하는 각 시스템의 특성에 따라 결정되어진다. 이러한 특성을 평가하기 위해서는 시스템을 해석적으로 접근할 수 있는 해석적인 방법과 실제 차량을 이용한 실차 주행시험을 이용한 시험적 방법으로 차량 동특성을 파악할 수 있다.

여러 주행 상황에서 차량 움직임을 측정하기 위한 실차 주행시험은 측정하고자 하는 목적 및 시험방법, 측정 항목을 측정하는 센서, 데이터 저장장치, 측정된 신호를 분석하고 평가할 수 있는 신호처리 장치, 차량 특성을 분석할 수 있는 분석기술이 요구된다.

실차 주행시험은 차량의 여러 주행 상황을 차체 운동 좌표계와 각 시스템 좌표계의 시간적인 변화량에 의해서 기술할 수 있다. 이때 일반적인 차체의 운동좌표계는 3개의 병진 운동 자유도(종축운동, 횡축운동, 수직운동)와 3개의 회전운동(롤, 피치, 요 운동)으로 구성

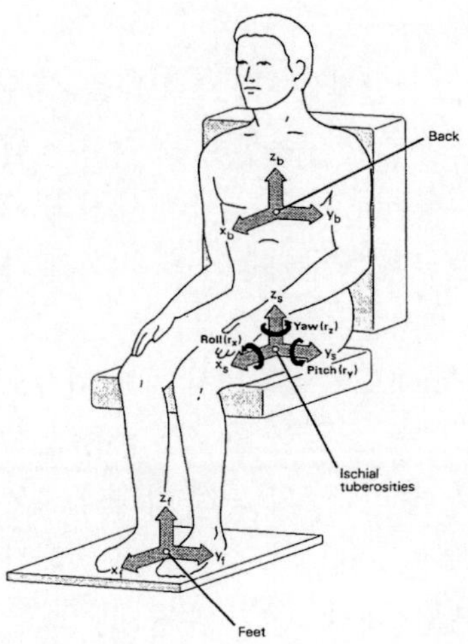

Semantic label	rms weighted acceleration (ms^{-2})	Semantic label
5. Extremely uncomfortable	3.15	Very uncomfortable
	2.5	
	2.0	
3. Uncomfortable	1.6	
	1.25	
	1.0	2. Fairly uncomfortable
	0.8	
1. A little very uncomfortable	0.63	
	0.5	
	0.4	0. Not uncomfortable
	0.315	
	0.25	

그림 1.16 인체 진동 특성(시트) 및 승차감 지수

된다. 차체의 운동 자유도는 주행 중 심한 비선형적 특성을 가지면서 서로 연결되어 작용된다.

이러한 복잡성에 기인되어 차량 자체는 물론 전체 제어계(운전자 - 차량 - 환경)에 대한 연구는 주로 주행시험을 통한 주행 특성의 주관적 방법에 의해 수행되어 왔다. 그러나 이 경우 측정된 결과는 운전자에 따라 매우 큰 편차를 보이게 되므로 차량의 동특성 설계를 위해서는 참고적인 자료에 불과하게 된다. 이에 반해 정밀도가 높은 계측기의 개발 등에 따라 주행시험에서의 각종 자료를 측정하여 평가하는 객관적인 평가방법이 널리 활용되고 있다.

차량의 동특성을 파악하기 위한 시험은 운전자의 편안함을 측정할 수 있는 승차감 시험과 조향을 통해 원하는 방향으로 차량을 움직임으로써 평가할 수 있는 조종 안정성(Handling)으로 크게 나눌 수 있다. 또한 구제동에 대한 운동 특성으로 가속 성능 및 제동 성능 시험이 있다.

승차감 시험은 주어진 노면에서 일정 속도(80km/h)로 주행하여 가속도를 측정함으로써 평가할 수 있고, 조종안정성은 정해진 조향 입력 혹은 횡풍 등의 외란이 가해졌을 때 운전자가 조향 조작을 수정하지 않는 개회로(open loop) 응답성과 운전자가 조향 조작을 하면서 주어진 코스를 진행하는 폐회로(closed loop) 응답성으로 나눌 수 있다.

차량의 실제 주행상황은 매우 복잡한 환경에서 이루어지기 때문에 일반적으로 주행상황을 간략하게 이상화된 차량 모델에 의한 컴퓨터 시뮬레이션을 수행하고 실제 주행시험을 통해 검증하여 차량의 동특성을 평가하고 있다.

1.1.2.1 실차 주행시험

(1) 시험방법

차량의 동특성을 측정하는 시험은 크게 승차감과 조종안정성 시험으로 나눌 수 있으며, 차량의 동특성에 영향을 주는 현가장치, 제동장치, 조향장치, 구동장치 등 각 시스템의 평가 목적에 맞는 시험방법을 통해 실차 주행시험을 수행한다. 이와 더불어 엔진 및 구동장치의 특성으로 인해 차량의 움직임을 측정할 수 있는 급가속, 급제동 등의 시험과 가속 성능, 타력 주행시험 등을 수행하여 종방향 동특성을 측정할 수 있다.

승차감 시험은 주어진 노면에서 차량의 속도가 80km/h로 주행하면서 차체 가속도를 측정하여 차체 및 차륜의 공진 주파수를 분석하여 평가한다.

조종안정성 시험은 운전자의 조향 조작의 포함여부에 따라 구분되며 차량의 고유 응답 특성을 평가하는 스텝 조향입력 시험(step steering input, J-turn)과 같이 미리 정해진 조향 조작을 행하는 개회로 응답성 시험과 차선 변경 시험(lane change), 연속 sine 조향 입력(sinusoidal steering) 등과 같이 운전자 - 차량계를 포함한 폐회로 응답성 시험으로 나누어 실시된다. 표 1.1은 승차감 시험, 조종안정성 시험, 구제동 시험 등의 시험방법을 기술하였으며 그림 1.17은 차선변경 시험 주행 코스 예를 나타내었다.

제동시험은 직진 주행 시 일정 감속도가 발생할 수 있도록 제동하는 시험으로 0.1g에서부터 0.1g씩 단계별 증가하여 최고 감속도까지 시험을 수행한다. 구동시험은 정지에서 급가속까지 단계별로 증가시켜 차량의 동특성을 측정하게 된다.

구제동 시험은 차량의 동특성뿐만 아니라 변속기 등의 구동 맵을 측정할 수 있고 댐퍼 및 스프링 등의 현가장치 특성도 평가할 수 있다.

표 1.1 차량 동특성 시험방법

시험 분류		시험 코스	시험방법
승차감 시험		직진 시험	80KPH, 일반 주행
조종 안정성 시험	Open loop	Impulse Input	80KPH, 조향각(0.4g)
		Step Input(J-turn)	80KPH, 조향각(0.4g)
		Steady-State Cornering	10, 20, 30, 40KPH
		Sine Wave	60KPH, 60deg(0.5, 1.0Hz)
	Closed loop	Single Lane Change	80KPH
		Double Lane Change	80KPH
구제동 시험		직진 시험	정지~급가속(0.1G 단계별 증가)
			가속 성능 시험
			0.1G~급제동(0.1G 단계별 증가)

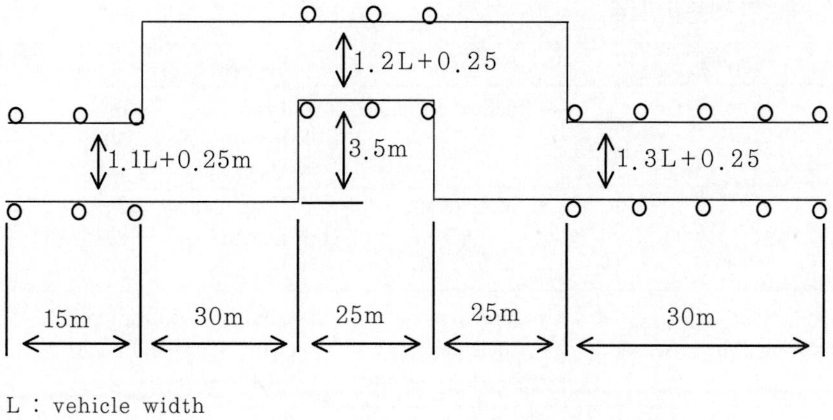

그림 1.17 Double lane change 주행 코스 예

(2) 측정 신호 및 측정기기

차량 동특성을 측정하기 위한 실차 주행시험에서는 차량의 움직임을 측정할 수 있는 여러 가지 센서 및 측정 시스템을 구축해야 한다. 차체의 움직임을 측정하기 위한 가속도 센서, 차량의 속도를 측정하는 속도 센서, 조향 입력을 측정하는 조향각 센서와 측정된 데이터를 저장할 수 있는 데이터 측정장치가 구축되어야 한다.

실차 주행시험을 통해 차량의 동특성을 측정하고자 하는 신호 및 측정기기는 다음과 같다.

- 조향 핸들각과 조향 핸들 모멘트
  - 기존 조향 핸들을 대신하여 측정장치가 부착된 조향 핸들을 이용하여 조향 핸들각과 조향 핸들 모멘트를 측정한다.
  - 측정기기 : Steering Wheel Sensor
- 종축, 횡축 및 수직축 가속도
  - 차체의 피치 및 롤각의 영향을 받지 않도록 차체에 가속도계를 부착하여 측정한다. 단, 주행도로의 경사각이 발생하는 경우에는 이를 보정하여야 한다.
  - 가속도계는 가능한 한 차체 무게중심 위치에 설치해야 하며, 차이가 있는 경우 요 운동에 의한 영향을 보정하여 계산하여야 한다.
  - 이밖에 차체 무게중심에서 궤적 접선방향의 순간 가속도는 차체 미끄럼 각의 영향을 고려하여 계산한다.
  - 측정기기 : Gyro Sensor
- 종축 및 횡축 속도
  - 속도를 측정하는 센서는 형식에 따라 광학식, 기어식, GPS식으로 나눌 수 있으며 최근에는 GPS를 이용한 속도계를 많이 활용하고 있다.
  - 측정기기 : GPS Speed Sensor

표 1.2 측정기기 주요 사양

기기명	주요사양		
Gyro Sensor	• Inclination angle	− Pitch	±60°
		− Roll	±60°
		− Yaw	±180°
	• Acceleration	− Longitudinal	±2g
		− Lateral	±2g
		− Vertical	±2g
Steering Wheel Sensor	• Torque range	: ±200 or ±20 Nm	
	• Angle range	: ±90°, 180°, 360°, 720°	
	• Steering velocity	: ±400°/sec	
Speed Sensor	• Longitudinal speed	: 1.5~400km/h	
	• Lateral speed	: 0~±36km/h	
Data Acquisition system	• Channel	: 24~64ch	
	• Sampling frequency	: 1~5Khz	

- 요각 및 요 각속도
  - Gyro Sensor를 통해 요각 및 요 각속도를 측정한다.
  - 측정기기 : Gyro Sensor
- 롤각 및 피치각
  - Gyro Sensor를 이용하여 수직면에 항상 평형하게 설치하여 롤각과 피치각을 측정할 수 있다.

(3) 신호 분석

측정된 신호는 시험의 목적에 따라 신호를 처리 분석하게 된다. 차량의 동특성 측정은 가속도를 제외한 측정신호는 일반적으로 100hz에서 샘플링하여 신호를 분석하게 된다.

(4) 평가방법

실차 주행시험을 통해 얻어진 측정 신호는 시험의 목적에 따라 분석하여 차량의 동특성을 평가하게 된다. 그림 1.18은 승차감 시험 및 차체의 가속도 신호를 분석하여 나타낸 그래프로, 80kph로 주행하여 측정된 차체의 가속도를 PSD(Power Spectrum Density)로 산출하여 차체 및 차륜의 공진 주파수와 진폭을 상대 비교하여 차량의 승차감을 평가할 수 있다.

그림 1.19는 스텝 입력 조향시험으로 과도 상태에서의 차량 응답 특성을 규명하는 것으로, 시험 조건은 횡가속도가 $4m/s^2$에 해당되는 조향각을 결정하고 조향 각속도가 200~500deg/s로 주행하여 횡가속도 및 요레이트를 측정 분석함으로써 차량의 운동 특성을 평가한다. 평가 항목으로는 정적 상태의 90% 도달시간, 정적 상태의 횡가속도, 최대치 반응 시간 등의 값을 이용하여 평가한다.

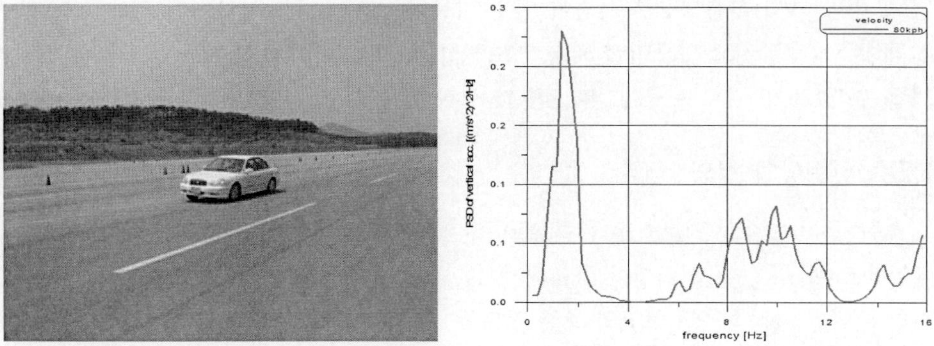

그림 1.18 승차감 시험 결과

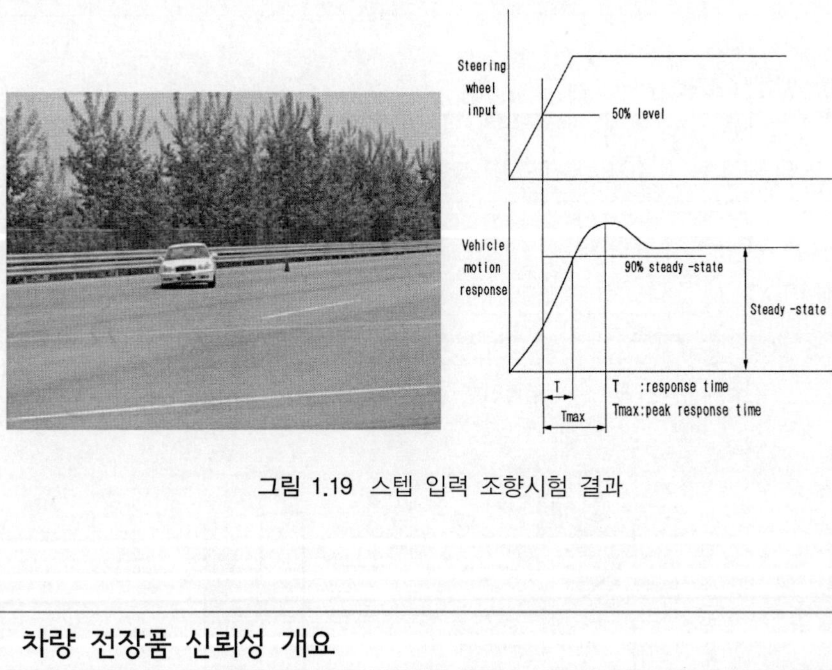

그림 1.19 스텝 입력 조향시험 결과

1.2 차량 전장품 신뢰성 개요

자동차의 환경은 큰 온도변화, 높은 습도, 부식성 대기, 진동 등과 같이 부품에 가혹한 환경이기 때문에 자동차 고장의 대다수가 기구적인 문제로 나타나고 있다. 그러나 최근에는 차량의 고기능화에 따른 탑재기기의 증가와 전자제어화의 진전, 엔진룸 내에 탑재된 제어기기, 보조부품, 센서부품 등의 밀집도가 높아지고 있다. 또한 자동차에 전기전자기술 도입이 가속화됨에 따라 현대의 자동차에 사용되는 전기 및 전자부품의 수가 증가함에 따라 기존에 발생되는 고장 유형과는 다른 양상의 고장이 발생하는 빈도가 많으며 이에 따른 원인 규명을 밝히기 위한 연구들이 활발히 진행되고 있다. 최근에는 기술개발의 속도가 빨라지므로 한 번 제품을 시장에 출하한 후 발생한 문제나 클레임을 천천히 다시 고칠 수는 없다. 수만 개의 부품으로 구성되어 있는 자동차는 시스템의 복잡화에 의해 이와 관련된 신뢰성이 중요해지고 있으며 신뢰성과 보전성을 조화시킴으로써 제품의 최적설계에 가까워질 수 있다. 따라서 내구성 및 신뢰성 평가에 대한 기술 분석이 필요하다.

1.2.1 신뢰성의 정의

최근 들어 기술의 진보와 함께 제품의 구조 및 기능이 점점 복잡 다양해지면서 내구품질이라고 할 수 있는 신뢰성이 중요해지고 있다. 고객이 상품을 구매하려고 하는 경우 자신의 주머니 사정과 요구조건의 충족 정도를 고려하여 택하게 된다. 여기서 요구조건이란 성능, 외관, 견고성, 사용의 용이성, 수리용이성, 그리고 애프터서비스 등 여러 가지 항목을

- "제품"에 대한 "믿음의 정도"
- "잘 팔리는 물건"을 만드는 "필요조건"
- 어떤 ITEM이 규정된 조건에서 정해진 기간 동안 의도한 기능을 (만족스럽게) 수행할 수 있는 확률(MIL-STD-721) 또는 능력

어떤 ITEM이	규정된 조건에서	정해진 기간 동안	의도한 기능을	수행할 확률
► 재료	► 사용조건	► Mission Time	► 열화/파국고장	► 정량적 척도
► 부품	► 환경조건	► 시간, 거리, Cycles	► 전기적, 기계적	► Large Sample
► 제품		► 명시적, 묵시적		
► 시스템				

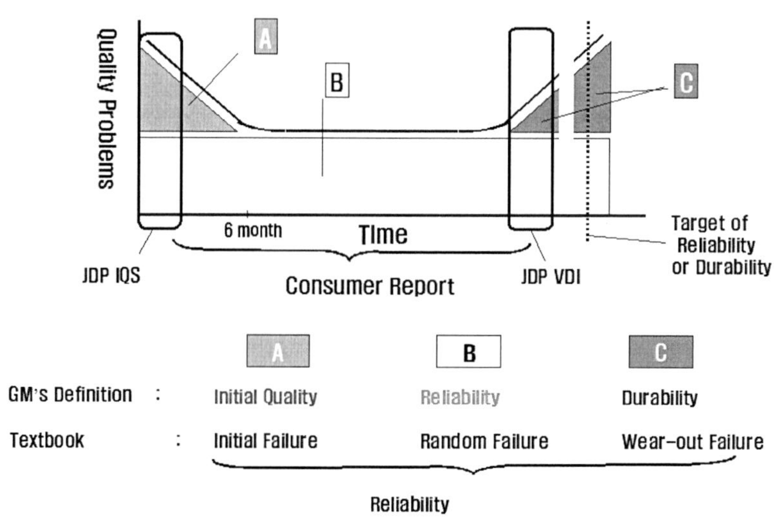

그림 1.20 신뢰성의 정의

포함한다. 결국 상품의 값어치는 사용해 봄으로써 알 수 있는 것이다. 그렇게 되면 비교적 단순하게 "얼마나 고장나지 않고 오래 쓸 수 있는가"가 선택의 결정적인 요소가 될 수 있다. 이와 같은 요소를 정량적 개념으로 표현하기 위해서는 시스템의 이론적 모형을 설정하고, 실제 작동 상태에서의 성능을 분석할 수 있어야 한다. 일반적인 신뢰성(reliability)이란 『제품이 주어진 사용 조건 아래서 의도하는 기간동안 정해진 기능을 성공적으로 수행(고장을 일으키지 않는)하는 능력(확률) 또는 성질』이며 그림 1.20에는 욕조곡선의 의미도 같이 나타내고 있다.

1.2.2 신뢰성의 중요성

제품을 구입하는 소비자는 누구나 구입한 제품을 오랫동안 쓰고 싶어한다. 아무리 우수한 기능을 지니고 있고 값이 저렴하더라도 기대하는 시간 동안 그 제품을 구입 목적대로 사용할 수 없다면 제품의 가치는 떨어지기 마련이다. 또한 최근 들어 시스템이나 부품에 대한 기능면에서의 요구가 다양해지고 고급스러워짐에 따라 이를 실현하기 위한 기술 개발에 따른 시간적·경제적 제약에 대응한 합리적 고신뢰도 설계를 의한 신뢰성 기술의 필요성이 증대되고 있다. 특히 많은 전자기기에서는 이러한 경향이 현저하다. 이와 더불어 고장에 따르는 비용의 증가와 더불어 제품책임(PL, Product Liability), 품질보증 등 사회적 요구가 엄격해짐에 따라 신뢰성 향상이 무엇보다도 중요한 과제로 대두되고 있다.

시스템의 고장은 모든 분야에서 관찰될 수 있다. 예를 들면, 1940년에 Tacoma Narrows 다리가 단지 42 mph 속도의 바람의 진동으로 준공된 지 4개월 만에 붕괴되었다. 1943년에는 미국 Kaiser Company에서 만든 유조선 Schenectad가 진수되는 과정에서 두 조각이 나버렸다. 우주 왕복선 Challenger호가 1986년 1월에 공중에서 폭발된 사건 또한 아직 기억이 생생하다. 같은 해에 구소련 체르노빌 핵발전소에서 역사적으로 최악의 방사능 누출 사건이 있었다. 우리나라에서도 삼풍백화점과 성수대교 붕괴 사건의 경우를 볼 수 있다. 이와 같은 다리, 선박 등의 구조물의 신뢰성 이외에도 부품이나 시스템에서의 신뢰성은 TV, 세탁기, 건조기, 자동차와 같은 소비 품목에서부터 기차와 비행기와 같은 대형 시스템까지에 걸쳐 그 중요성이 인식되어지고 있다.

신뢰성 이론에서는 부품과 시스템의 구분이 명확히 이루어져야 한다. 왜냐하면 같은 품목이 관점에 따라 부품으로 취급되어질 수도 있고 시스템에서 볼 수도 있기 때문이다. 예를 들면 자동차 엔지니어 입장에서는 엔진, 변속기와 구동축 등은 부품으로, 완제품 자동차를 시스템으로 볼 수 있지만, 엔진 제조업자는 엔진을 시스템으로 취급하고 그 속에 있는 피스톤, 피스톤링, 실린더, 크랭크샤프 등을 부품으로 보게 된다. 그러므로 엔진의 경우처럼 같은 품목도 경우에 따라 부품이 될 수 있고 시스템으로 볼 수도 있다. 부품은 시스템을 구성하고 있는 현재의 모든 품목을 일컫는 용어이고, 시스템이란 말은 이런 부품의 조립품을 일컫는다. 부품은 고장나면 폐기되는 경우가 대부분이며 수리되지 않는다.

만약 수리될 수 있더라도, 이것을 완전 수리가 된다는 의미에서 새로운 부품이라고 부른다. 시스템을 구성하는 한 부품의 고장에 의해 시스템이 고장났다면, 수리가 불가능한 경우 해당 시스템을 폐기하게 되고, 수리가 가능한 경우는 부품을 교체하여 시스템이 다소 작동되게 할 수 있다. 자동차와 같은 내구재의 경우를 생각해보자. 이런 제품들은 제품 검사 단계를 통과한 후 소비자에게 전달되는데, 이때 제품의 신뢰도가 가격 결정에 중요한 요소가 된다. 물론 소비자는 미래에 제품이 고장날 가능성이 있다는 생각을 가지고 구입하게 된다. 제품은 구입 시점으로부터 얼마의 기간 동안 보증기간을 두는데, 이 보증기간 동안 잦은 고장발생은 소비자에게 불편함을 주게 될 뿐만 아니라 제조업자에게는 지나친 수리 비용이라는 부담을 주게 된다. 게다가, 보증기간 동안이거나, 그 이후 이건 간에 발생되는 잦은 고장은 제조업자의 이미지에 손상을 가져오게 되며, 향후 사업에도 나쁜 영향을 미치게 된다. 이에 따라 제품의 수명 관련 품질 특성값의 추정, 새로운 고장 원인의 발견, 새로운 설계나 제조 공정의 비교 및 평가를 위한 신뢰성 분석의 중요성이 점점 더 증대되고 있다.

이를 위해 실험실에서 행해지는 수명시험이나 가속 수명시험을 통한 고장 자료뿐만 아니라 현장이나 서비스 센터로부터 얻어지는 고장 자료로부터의 신뢰성 분석이 요구된다. 또한 소비자들의 안전에 대한 인식이 높아지고 있음은 물론 2002년 7월 1일 제조물 책임(Product Liability, PL)법이 시행됨에 따라 제품의 신뢰성 및 안전성 확보가 무엇보다도 우선과제로 대두되고 있다.

1.2.3 자동차 부품의 신뢰성 필요성

1.2.3.1 신뢰성 기술이 향상된 자동차 부품 개발의 필요성

고장원인의 규명은 고장메커니즘을 통해 이루어진다. 고장메커니즘은 고장을 일으키는 물리·화학적 또는 기계적 과정을 말한다. 즉 외부에서부터의 스트레스에 의해 물리적, 화학적으로 변화하고 고장에 이르기까지의 구조를 말한다. 예를 들면 피로파괴, 마찰, 마모, 크리프, 충격파괴, 부식, 산화 등이다. 그러나 실제 시장에서는 여러 가지 고장메커니즘에 의해 제품이 고장나기 때문에 몇 개의 고장메커니즘이 상호작용해서 최종적인 고장을 일으키는 경우도 적지 않다. 따라서 실제 고장 해석에 있어서는 하나의 고장메커니즘으로 결정지을 것이 아니라 다방면에서의 고찰이 필요하다. 제품개발에 있어서 이 스트레스를 얼마나 정확하게 파악하는가 또는 시시각각 변화하는 것들의 스트레스를 시간적으로 파악하는 것이 신뢰성 설계 시 중요하다.

고장 해석을 함에 있어서는 대상으로 삼는 유닛, 제품이 일으킬 가능성이 있는 요인을 하나씩 밝혀 낼 수밖에 없다. 그러나 실제로 고객에게 신속한 대응과 피해의 확대방지 관점에서 빨리 원인을 조사하고 대책을 세워야만 한다. 이를 위해서는 과거 시장에서 고장해석결과나 회사 내에서의 재현시험 결과를 축적해서 데이터베이스화하는 것이 필요하다.

1.2.3.2 신뢰성 기술이 향상된 자동차 유닛 개발의 필요성

자동차는 거대한 전자기기로 불릴 만큼 수많은 전기/전자 부품으로 구성되어 있다. 자동차 내부의 전자 및 전기부품의 역할들은 다양하며 데이터신호와 전력을 공급하기도 하고, 구동을 하기도 하며, 제어를 담당하기도 하므로 이들 부품이 고장나면 자동차가 움직일 수도 멈출 수도 없게 된다. 심지어는 자동차의 성능뿐만 아니라 탑승자의 생명까지 위협을 받게 되기 때문에 자동차의 전기 및 전자부품은 일반 전자 및 통신기기보다 훨씬 가혹한 환경에 놓이기 때문에 더 높은 신뢰성이 요구된다. 자동차 및 자동차에 탑재되는 부품의 품질, 신뢰성에 대한 요구는 계속적으로 높아지고 있으며 이에 대한 대응책으로 신뢰성 확보를 위한 설계, 평가, 제조, 검사 등 다양한 방면에서 유의해야 하며, 특히 동력계 전체에 관련하여 시스템, 부품, 재료 측면에서의 종합적인 기술개발이 이루어져야 한다.

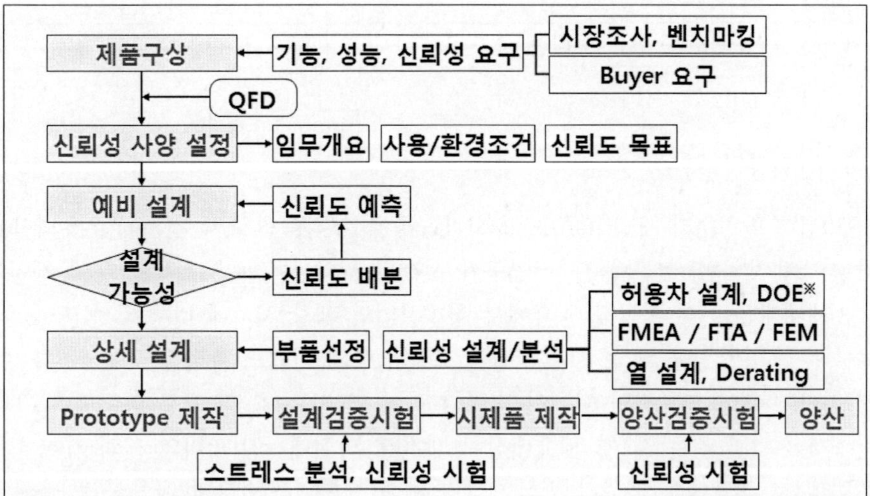

※ Design of Experiments (산업자원부 기술표준원)

그림 1.21 기술개발과정에서의 신뢰성 업무

1.2.4 품질과 신뢰성의 의미

신뢰성과 떨어질 수 없는 관계를 갖고 있는 것이 품질이다. 품질은 주로 생산/출하 당시의 제품 초기 성능에 대해 다루는 반면 신뢰성의 영역은 초기 성능이나 특성뿐만 아니라 사용, 보전 및 폐기에 이르기까지 수명주기 영역 전반에 걸친 제품의 내구성능과 특성을 다룬다. 하나의 제품이 태어나서 폐기되기까지 수명주기(life cycle)에 기획, 설계, 시험생산, 양산, 시험, 검사, 포장, 수송, 저장, 운영, 수리/보전 등 여러 과정을 거치게 된다. 제품의 신뢰성은 이 모든 과정의 담당인력, 업무 및 환경과 관련되며, 생산자측 뿐만 아니라 그 제품의 소유자, 사용자 등 입장이 서로 다른 많은 사람이 관여되므로, 신뢰성의 문제는 종합적 관점에서 접근해야 한다. 표 1.3에서는 품질과 신뢰성의 차이점을 요약하여 나타내었다.

표 1.3 품질과 신뢰성의 차이점

구분	품질(Quality)	신뢰성(Reliability)
정의	규격에 일치하는 적합성	Failure in the Future
시간(단위)	t = 0(None)	t > 1(1/Hour)
결함유형	불량(Defect)	고장(Failure)
결함요인	공정(Process)	설계(Design)
개선 Tool	SPC, TQC, 6시그마 등	FMEA, FTA, 고장해석
평가대상	제조품질/불량률	수명/고장률
평가방법	규격적합 여부검사	고장이 날 때까지 시험
가치기준	현재 성능에 대한 평가	미래 성능에 대한 평가

1.2.5 신뢰성의 역사

1930년대 말경부터 재생 이론(renewal theory)이 부품들의 교체 정책에 응용되었고 부품이나 시스템의 수명 분포에 대한 연구가 시작되어 와이블(weibull)분포 등이 제안되었다. 제1차 세계대전 이후 미국과 영국에서 항공산업의 팽창 시기에 비행기 엔진고장에 대한 자료를 수집하여 평균 고장 횟수나 평균 고장률 등의 신뢰도 측정을 시작하였다. 이후 신뢰성 분야에 대한 학문적인 이론이 정립되고 대대적이고 조직적으로 연구되어 기업 속에 자리하게 되었던 것은 제2차 세계대전이 계기였다. 현대적인 의미의 신뢰성 이론 분야는 1940년대 초 전쟁에 사용하기 위하여 설계된 한 진공관으로부터 시작되었다.

제2차 세계대전 중 극동 전략용인 군용기와 항공 통신기, 레이더 등 중요한 전자장비에 진공관이 사용되었는데, 수송과 보관 시 진공관의 고장으로 반 이상이 무용지물이 되었다. 실제적으로 항공기용 전자기기의 60%가 도착했을 때 이미 고장이었고, 공군 폭격기용 전자기기가 고장 없이 20시간 동안 작동하는 경우는 거의 없었다. 이러한 전자장비의 빈번한 고장으로 군의 작전 수행에 막대한 지장을 받게 되자 미군 당국은 고장을 일으키는 병기는 구입하지 않는다는 방침 아래 신뢰성에 대한 조직적인 연구에 착수하게 되었고, 미 공군은 1950년 12월 전자기기 신뢰성 위원회(Group on Reliability of Electronic Equipment, GREE)를 구성하여 육·해·공 3군의 스태프와 민간 전문가들이 함께 철저한 조사와 연구를 통해 기기의 신뢰성과 보전성을 향상시킬 대책을 마련하도록 하였다.

1952년, 전자기기 신뢰성 위원회가 미 국방성의 전자기기 신뢰성 자문위원회(Advisory Group on Reliability of Electronic Equipment, AGREE)로 승격되어 전자기기의 신뢰성에 관한 체계적인 연구가 시작되었다. 1957년에 AGREE는 최초로 신뢰성 연구보고서를 발간하였으며 이 보고서에서 새로운 시스템을 개발할 때 신뢰성 시험이 반드시 이루어져야 한다고 강조하였다. 또한 이 보고서는 제품의 원형제작 및 생산 시 신뢰성 측정법과 신뢰성을 고려한 명세(specification)의 작성방법 등이 구체적으로 기술하였고, 이로 인해 신뢰성 공학의 대체적인 방향이 결정되었으며, 오늘날 신뢰성 공학발전에 큰 기여를 하게 되었다. 그 내용은 그때까지 축적되었던 막대한 정보나 지식을 집약시킨 신뢰성 요구의 정량화와 그 확인시험 방식의 개발에 관한 것이며 미군 전자기기 조달의 실시 방침에 대하여 대전환을 권고한 것이었다.

1958년, 미국 항공우주국(National Aeronautics and Space Administration, NASA)이 창설되어 막대한 국가 예산을 투입하여 우주 개발을 위한 인공위성의 연구개발에 착수하게 되었다. NASA에서 인공위성의 신뢰성을 거의 100%로 높여야 했기 때문에 인공위성과 로켓 체계의 신뢰성 분석, 신뢰도 예측, 고장 모드 및 영향 분석(Failure Mode and Effect Analysis, FMEA), 결함 나무 분석(Fault Tree Analysis, FTA) 등 중요한 기법을 개발하고 활용하는 등 신뢰성 이론의 발전에 많은 기여를 하였다. 세계적으로는 1965년, 국제 전기위원회(International Electrotechnical Commission, IEC) 내에 장치와 부품의 신뢰성 기술위원회가 발족됨으로써 국제 부품 품질의 승인 시스템 논의가 시작되었다.

이상과 같이 진공관의 고장은 신뢰성 설계의 계기가 되었으며, 본격적인 신뢰성 이론의 시작이 되었다. 이러한 신뢰성 이론은 1953년부터 1957년까지 행해진 AGREE 보고서에 의거 1950년대에 발전하게 되었고, 1960년대에 NASA에 의한 인공위성 개발 시 많은 이론이 개발되고 활용됨으로써 하나의 학문으로 형성되었다.

앞에서 언급한 바와 같이 신뢰성이란 개념은 20세기 후반부터 일어난 새로운 분야이지만, 1970년대 이후 현재까지 신뢰성 이론의 발전은 경이적인 것으로 단순한 이론적인 모델 설정뿐만 아니라 여러 형태의 데이터 등을 이용한 모델 분석, 검증 및 예측 등에 이용됨으로써 공학, 의학 계통은 물론 보험 계통을 비롯한 많은 다른 분야에도 광범위하게 응용되고 있는 실정이다. 앞으로도 시스템은 점점 더 복잡해지고 제품은 다량으로 출현하여 고장 메커니즘이 다양해지고 이로 인한 고장이 사회나 더 나아가서는 인간 복지에 큰 영향을 주게 되므로 신뢰성 이론은 발전을 거듭하게 될 것이다.

1.2.6 신뢰성 활동

제품의 수명주기 내에서의 신뢰성 활동에 대한 설명은 표 1.4에 요약되어 있다. 수명주기는 제품 설계에서부터 폐기까지의 기간을 의미한다.

(1) 시장조사(Market survey)

시장조사는 소비자들의 제품에 대한 요구조건을 조사하는 작업으로서, 잠재적인 소비자의 요구와 제품에 대한 반응 및 기존 제품에 대한 소비자의 만족도를 확인·분석하는 작업

표 1.4 제품 수명주기와 신뢰성 활동

제품구상 개념적 설계	상세설계, 개발	제조, 양산	판매	운용, 보전, 폐기
• 시장조사, 요구기능(안전성 포함) 파악 • 벤치마킹 • 사용환경/한계, 사용수명 결정 • 고장정의, 신뢰성/안전성 요구 파악 • 품질기능전개(QFD) • Robust Design	• 목표 신뢰성 결정 • 운용환경 분석 • 부품 선정 신뢰성 예측 신뢰성 배분 부하경감(Derating) • Redundancy • 설계심사 (Design Review) • 고장모드 및 영향분석(FMEA) 결함나무분석(FTA) • 열분석/열설계 TAAF(Test Analysis and Fix) & 신뢰도 성장시험(RGT) • WCCA(Worst Cast Circuit Analysis) 신뢰성실증시험/보증시험(RDT/RQT)	• 공정현황분석(제조라인 관리, 관리계획 SPC 구축, 운영) • 공정 FMEA 결과 활용 • 신뢰성/안전성 중요항목지정, 시험 및 관리 • 관리항목의 기록 및 추적성 확보 • 안전관련 교육실시 • 불량품 처분규정 • 신뢰성 수락시험 • 스크리닝, 환경부하시험(ESS) • Burn-in • 공급업체(부품, 원자재) 관리	• 위험 및 대응책, 경고라벨 제공 • PL과 관련하여 광고/안내문에 대한 법적/기술적 문제 검토 • 유통/판매상들에게 안전 관련 정보 제공 • 영업사원 대상의 안전교육/훈련 • 소비자/사용자 대상의 안전교육/계몽 활동	• 수리/보전 정책 결정 • 수리/정비 후의 안전성 보장방안 확립 • 필드데이터 수집, 분석 • 소비자 불만조사, 클레임 예방을 위한 서비스 제공, 경향 분석 • 제품 실제 사용정보 피드백 • PL 문제 조정기관 설립 • PL 사고 시 제품, 환경조사 결함모드확인/재발방지/대책수립 • 환경영향검토 • 보증, 예비품 관리 • 제품개선정보 피드백 • 리콜 • 폐기관련 안전규정, 법규 수명연장 분석

이다. 아무리 고장이 적은 제품이더라도 시장의 요구에 부응(일치)하지 않으면 고객을 만족시킬 수 없다. 흔히들 고장이 적고, 불량이 적은 것을 당연적 품질, 고객의 요구에 아주 잘 맞는 품질을 매력적 품질이라고 한다. 시장의 요구에 부응(일치)하면 상품은 히트하게 된다.

(2) 벤치마킹(Benchmarking)

타 회사의 제품 성능 및 신뢰성과 비교, 분석하는 방법의 일종이다.

(3) 품질기능전개(QFD, Quality Function Deployment)

품질기능전개는 소비자들의 정성적인 요구조건들을 실제 개발에 반영할 수 있도록 정량화하는 작업이다. 기획단계에서는 고객의 요구를 기술과 사양이라는 것으로 바꾸어 놓게 된다. 이 단계에서는 달성해야만 되는 기술목표를 명시해서 개발을 추진하게 되며, 일반적으로 품질기능전개를 많이 사용한다. 이를 통해 고객의 요구품질과 사양과의 대응을 명시하게 되며, 될 수 있는 한 기획단계에서 어려운 기술과 트러블을 예측하고, 이것에 대해서 원류단계에서 확보가 되도록 하는 조치를 취해 나가야 하는 것이 중요하다. NASA에서도 기획단계에서 문제가 충분히 검출되지 않는 프로젝트는 성공하지 않는 경우가 많다라는 보고가 있다. 신뢰성은 기획단계에서 90% 이상이 결정된다고 하는 말이 있을 정도이다. 제품의 결함방지를 위해서는 제품구상/기획단계에서부터 FMEA, FTA 등의 신뢰성 기법을 충분히 활용할 필요가 있다. 개발과 설계단계에서는 제품구상 및 기획에서 결정된 사양을 상세한 설계 내용으로 전개하는 것이다.

(4) 목표 신뢰성 결정

소비자의 요구 또는 경쟁사 제품의 신뢰성 등을 토대로 목표하는 신뢰성 등을 결정한다. 이때, 신뢰성에 대한 평가척도로 고장률, 평균수명 또는 B_{10} 수명이 일반적으로 사용된다.

(5) 운용환경(Environment characterization) 분석

신뢰성에서 중요한 것은 상품의 사용법과 사용할 때 환경조건의 파악이다. 제품이 어떤 환경에서 사용되는 것인가, 그 스트레스는 어느 정도 달할 것인가를 설계개발 단계에서 미리 조사한다. 대상이 만약 차량이라면 진동이나 험한 도로에서 충격의 크기를 추정하는 것이 필요하다. 그 뿐만 아니라 차가 여름철 폭염 아래 방치되면 차내 온도가 50℃ 이상일 때의 영향, 차가 산을 오를 때 아래로부터 감아 올라오는 비바람의 영향 등 처음 시스템을 만들 때는 생각지도 않은 이상한 조건이 신뢰성의 적이 되는 경우가 많다. 제품의 신뢰성은 운용환경에 크게 의존하므로 여러 가지 경우의 환경조건을 추정하는 것은 신뢰성 문제를 예방하는 기초적이고 기본적인 일이라 할 수 있을 것이다. 더 예를들면 눈이 많이 내려서 도로에 소금을 뿌리는 일이 많아지면 당연히 그 도로를 달리는 자동차의 내부식성 문제를 충분히 검토해야 하는 것이다. 또 사용 장소의 기온, 습도는 기본이며, 엔진의 경우 그 엔진이 설치된 시스템의 사용 목적 등을 미리 조사해 두는 것도 매우 중요하다. 신뢰성에서는 이런 인자를 외적인자라 하고 재료와 제조의 편차에 관한 인자를 내적인자라고 한다. 신뢰성시험법 개발 시에도 사용환경 분석은 중요하다. 이를 통해 가속인자의 선정 등이 가능하다.

(6) 부품선정(Parts selection)

부품선정은 개발하고자 하는 제품의 기능과 신뢰성을 고려하여 적정한 비용에 맞는 기능과 신뢰성을 달성할 수 있는 부품을 고르는 작업이다.

(7) 신뢰성 예측(Reliability prediction)

신뢰성 예측은 목표 신뢰성의 실현 가능성 여부 결정 또는 개발 중 있을 수 있는 여러 가지 설계 대안들의 비교 목적으로 부품의 신뢰성 데이터를 기초로 이론적으로 제품의 신뢰성을 계산하는 작업이다. 임무를 완수하는데 필요한 제1차 설계시안에 관하여 그것이 그대로 종래와 같은 기법으로 만들어진 것이라면 어느 정도의 신뢰성을 가질 것인가를 추정하는 작업으로 그 결과와 미리 정해진 신뢰성 목표를 비교해서 그 후에 강구해야 할 수단을 고려하게 된다.

(8) 신뢰성 배분(Reliability allocation)

신뢰도 예측결과가 신뢰성 목표에 미치지 못하는 경우, 또는 목표에 도달할 수 있다고 하더라도 가장 효율적인 방법으로 달성될 수 있을지를 알기 위해서는 더욱 상세히 분석할 필요가 있다. 일반적으로 신뢰성을 높이면 비용이 높아지는 경우가 많고, 기능·용적·중량·제작에 요하는 기간 등도 늘어나게 된다. 이러한 인자상호가 어떠한 상관관계가 있고, 그들의 가치를 어떻게 평가할 것인가가 명확히 되었을 때 최적 설계가 가능해진다.

(9) 부하경감(Derating)

부하경감은 제품의 신뢰성을 높이기 위하여 부품에 걸리는 최대 스트레스(온도, 전압, 전류 등)가 부품의 정격보다 낮게 되도록 설계하는 작업이다.

(10) 리던던시(Redundancy)

리던던시는 제품의 신뢰성을 높이기 위하여 동일한 기능을 하는 부품을 중복하여 사용하는 것으로 대표적인 리던던시 방법으로 병렬연결방법과 대기연결방법이 있다.

(11) 설계심사(Design review)

설계심사는 신뢰성 관리 부문의 전문가뿐만 아니라 제조, 검자, 영업, A/S 등 각 분야의 전문가들이 모여 개발 제품의 설계에 대해 심사하고 이를 통해 중지를 모아 결함을 찾아내어 개선하는 작업이다.

(12) 고장모드 및 영향분석(FMEA, Failure Mode and Effect Analysis)

고장모드 및 영향분석은 제품의 구성부품이 고장나는 경우 제품에 어떠한 영향을 미칠 것인가를 체계적으로 분석하는 작업이다.

(13) 결함나무분석(FTA, Fault Tree Analysis)

FTA는 시스템의 고장이나 원치 않는 사상을 정의하고, 시스템의 작동과 환경을 분석하여 원치 않는 사상의 발생 원인과 인과관계를 논리기호(AND, OR)를 사용, 나무모양의 그림으로 나타낸 것이다. 이를 바탕으로 시스템의 주요 고장원인과 고장 발생률을 평가하여 시스템 고장에 큰 영향을 주는 원인을 찾아 해결함으로써 신뢰성을 개선시키고자 하는 고장해석 또는 신뢰성 평가방법이다.

(14) 실험계획법(DOE, Design Of Experiment)

실험계획법은 효과적으로 계획된 실험에 의하여 제품의 성능 및 신뢰성에 영향을 미치는 요인을 찾아내고, 찾아낸 요인에 있어서 바람직한 성능 또는 신뢰성을 갖도록 하는 적절한 수준을 결정하는 작업이다.

(15) 열분석(Thermal analysis)/열설계(Thermal design)

제품의 신뢰성에 가장 큰 영향을 미치는 스트레스 요인으로서 온도를 들 수 있다. 열분석은 설계된 제품에 있어서 열이 어느 정도 발생하는지 부품에 대한 열발생 데이터와 열모델(thermal model)을 이용하여 평가하는 작업이다. 제품 설계를 할 때 열이 많이 발생하는 부품 또는 부위에 대해서는 열을 잘 방출할 수 있도록 설계되어야 한다. 열설계는 이와 같이 열을 잘 방출하도록 설계하는 작업이다.

(16) 신뢰도성장시험(RGT, Reliability Growth Test)

제품개발단계에서 TAAF(Test-Analysis And Fix)는 설계된 제품의 시제품을 제작하여 시험을 실시하고, 시험으로부터 발견된 결함을 개선해 나가는 작업이다. 개선작업의 효과는 신뢰도 성장시험을 통해서 확인할 수 있다.

(17) WCCA(Worst Case Circuit Analysis)

부품의 특성값에 대한 분산이 제품에 미치는 영향을 알아보기 위하여 제품을 구성하는 부품들이 가질 수 있는 특성 범위에서 최대/최소값을 갖는 경우 제품의 성능이 정해진 규격에서 벗어나지 않는지 조사하는 작업이다. 즉 부품의 상태가 가장 안 좋은 경우에 발생할 수 있는 영향을 분석하는 작업이다.

(18) SCA(Sneak Circuit Analysis)

SCA는 제품에 있어서 바람직하지 않은 기능을 하게 만들든가 의도하지 않은 경로나 논리 흐름을 발견하기 위해 조사하는 작업이다.

(19) RDT/RQT(Reliability Demonstration Test/Reliability Qualification Test)

RDT와 RQT는 개발이 완료된 후 생산(양산)단계로 가기 전에 설계된 제품이 목표 신뢰성을 만족하는지(설계자나 엔지니어의 요구에 맞는가를 확인) 시험을 통하여 평가하는 작업이다. 보증하고자 하는 신뢰성 척도를 정해놓고 이를 만족하는가를 평가한다. RQT는 소비자에 의하여 요구된 시험을 지칭할 때 주로 사용된다.

(20) 환경시험(Environment test)

환경시험은 개발된 제품이 저장, 운송, 운용 중 경험하게 될 여러 가지 환경조건에 있어서 만족할 신뢰성을 갖는지 평가하는 작업이다. 즉, 시험의 목적이 해당 제품이 저장, 운송, 운용 중 경험하게 될 여러 가지 환경조건에서 적절하게 작동할 수 있는가를 평가하는 시험이다.

(21) 수명시험 & 가속수명시험 등

수명시험은 제품의 수명을 추정하기 위하여 정상 사용조건에서 장시간 시험하는 것이고, 가속수명시험은 시험시간을 단축하기 위하여 정상 사용조건보다 더 열악한 환경조건에서 시험하는 것이다. 이들 시험은 신뢰성을 정량적으로 평가하는데 목적이 있다. 가속열화 시험은 수명 대신에 시료의 특성치가 시간 경과에 따라 열화되는 특성이 존재할 때 열화 자료를 활용하여 분석하는 것이다.

(22) 공정현황분석

통계적 공정관리(SPC, Statistical Process Control)는 규격만족과 계속적인 공정개선을 위하여 통계적 기법을 이용하여 제조공정을 관리하는 작업이다. 공정현황분석이 신뢰성 문제에서 갖는 의미는 다음과 같다. 가속시험에서는 특정 고장만을 목표로 하여 시험한다. 그리고 대부분의 경우 수명에서 기인하는 정상적인 마모(열화)고장에 초점을 맞춘다. 만일 필드에서 발생하는 모든 고장을 가속시험에서 구현하려고 한다면, 그것은 가속시험에 대한 이해부족이라고 할 수 있다. 필드에서 품질 문제로 고려할 만한 비정상적인 고장은 대부분 공정 불량 등의 초기 고장이다. 가속시험 설계를 위하여 공정현황을 분석해 보는 것은 이런 초기고장을 유발하는 현상이 어떤 상황에서 발생 가능한지 예측하기 위한 것이다. 가속시험 전·후에 고장 모드를 분류하는 과정을 위한 일종의 선별과정이라고도 할 수 있다.

(23) 번인(Burn-in) 및 ESS(Environment Stress Screening)

번인은 초기 고장을 제거하기 위하여 수행하는 시험이다. ESS는 전기적 및 환경적 스트레스를 인가하여 고장을 가속시킴으로써 제품의 제조상 결함을 제거하는 작업이다. 즉, 생산공정 단계에서 제품의 약점이나 결함을 초기에 확인·제거하여 개선을 촉구시키기 위해 행한다. 전 공정의 종료 직후 또는 부품 등의 완성 직후에는 양품이었어도 다음 공정이나 사용에 접어들면서 불량이 발생하는 것을 긴 부품의 경우에는 공정 후반에서 불량을 내면 비용손실이 크므로, 공정의 빠른 시점에서 검정을 행하는 것이 좋다.

(24) 신뢰성 수락시험(Production Reliability Acceptance Test)

PRAT는 양산(mass-production) 중에 제조공정이나 제품의 신뢰성이 지속적으로 유지되는가를 확인하기 위해 ORT(On-going Reliability Test)라고도 한다.

(25) 보전정책 결정(Maintenance policy determination)

보전정책 결정은 제품 사용 중 고장 발생을 줄여주기 위하여 제품의 검사 및 교체시기를 결정하는 작업이다.

(26) 경향분석(Trend analysis)

경향분석은 시간에 따른 제품의 고장빈도 추이(고장빈도가 감소하는 추세에 있는지, 일정한 상태인지, 또는 증가하는 추세인지)를 분석하는 작업이다. 그 외에도 제품이 시장에 출하한 이후에도 고장정보로부터 신뢰성을 확인하는 과정이 지속된다. 가속시험을 위한 현상 분석의 첫 단계로써, 시험 아이템에 대한 필드의 신뢰성 정보를 수집한다. 필드 자료는 아이템이 가속시험에 적합한지에 대한 정보뿐만 아니라 시험 결과의 적절성을 판별해 주는 모범답안 역할도 한다. 예를 들면, 가속시험에서 현장과 지나치게 상이한 수명분포의 형상 모수가 추정된다면 엔지니어는 가속시험의 고장모드가 현장의 현상과는 다른 모드가 아닌지 의심해 볼 필요가 있다.

(27) 예비품 관리

예비품 관리는 예비품의 단종 위험, 예비품 보유에 따른 재고 및 관리비용, 발주하여 입수/교체까지 소요되는 시간 등을 고려하여 적정한 예비품 수를 결정하는 작업이다.

(28) 수명연장 분석(Life extension analysis)

수명연장 분석은 내용수명에 도달한 제품을 더 연장 사용하는 것이 가능한지 평가하고, 더 사용하는 것과 교체하는 것 중 어느 쪽이 더 경제적인지 평가하는 작업이다.

1.2.7 고장

IEC 60050-191에서 아이템이 요구 기능을 수행하지 못하게 되는 사건을 고장이라고 정의하고 있다. 여기서 요구 기능을 수행하지 못한다는 것은 특정 기능을 수행할 수 없는 경우만을 의미하는 것은 아니며, 기능을 수행하지만 성능이 요구수전(설계 엔지니어에 의해 결정된 성능규격)을 만족하지 못하는 경우도 포함된다.

1.2.7.1 노화(aging)와 신뢰성

수명자료의 분석에서 가장 중요한 이론적인 분야는 시스템이나 제품의 노화(aging)에 따르는 성능의 변화를 정량적으로 측정할 수 있는 여러 가지 형태의 함수들을 정의하고 이러한 함수들이 시스템의 가동시간 t의 증가에 따라서 어떻게 변화하는지에 대한 성질들을 규명하는 것이다. 시스템의 성능을 가동시간 t의 함수로 간주하였을 때 가장 보편적으로 사용되는 함수로는 신뢰도 함수, 고장률 함수 및 평균잔여수명 함수 등이 있다. 이러한 함수들은 신뢰성 이론의 연구 및 현장에서의 응용에 필요한 기본적인 개념들로써 시스템의 수명패턴을 나타내는 수명분포들의 비모수적 분류에도 널리 이용되고 있다. 특히 고장률 함수 및 평균잔여수명 함수는 가동시간 t에서의 시스템의 성능을 객관적으로 나타낼 수 있는 정량적인 함수들로써 이러한 함수들의 값의 변화에 따라 시스템의 주어진 임무수행능력이 좋아지는지(improve) 또는 악화되는지(deteriorate)에 관한 분석이 가능하다. 다음의 정의에서 T는 부품이나 제품의 수명의 길이를 나타내고 $f(t)$와 $F(t)$는 T의 확률밀도 함수 및 누적분포함수를 나타낸다. 즉, $F(t) = \Pr(T \le t)$이다.

① **신뢰도 함수** : $R(t) = \Pr(T > t) = 1 - F(t)$로 정의되며 시스템의 가동시간이 t 이상인 확률을 의미한다.

② **고장률 함수** : $\lambda(t) = f(t)/R(t)$로 정의되며 시스템이 시점 t에서 아직 가동되고 있다고 할 때 그 시점 바로 직후에 고장이 발생되는 단위시간당 고장비율로 해석할 수

있다. 고장률 자체는 확률이 아니지만 $\lambda(t)\Delta t$는 t에서 가동되고 있는 시스템이 그 직후 Δt 동안에 고장이 발생되는 조건부 확률이다.

③ **평균잔여수명 함수** : $m(t) = E(T-t|T>t)$로 정의되며 주어진 나이의 시스템이 고장날 때까지의 평균기간으로 해석된다. 특히 $m(0)$은 새 시스템의 고장 때까지의 평균수명기간으로 비수리계 시스템의 경우에는 MTTF(Mean Time To Failure)이고 수리 가능한 시스템의 경우에는 MTBF(Mean Time Between Failure)로 잘 알려져 있다.

고장률과 평균잔여수명은 신뢰성 이론에서 가장 중요한 개념으로써 노화에 따르는 제품의 수명패턴을 이러한 함수들의 값으로 정량화시킴으로서 대상이 되는 제품 특성에 대한 추정이나 검정에 대한 이론개발뿐만 아니라 각종 신뢰성 자료의 분석에도 직접적으로 활용되고 있다. 제품이나 시스템의 수명패턴은 나이가 많아짐에 따라 고장률이 증가하느냐 아니면 감소하느냐에 따라 IFR(Increasing Failure Rate) 분포 또는 DFR(Decreasing Failure Rate) 분포로 분류하며 평균잔여수명의 증가나 감소에 따라서는 수명패턴을 수명분포로 구분하여 각각의 수명특성을 연구함으로서 유지, 보수정책이나 부품의 재고관리 및 고장분석 등 신뢰성 공학의 전 분야에 걸쳐서 광범위하게 응용하고 있다. 이러한 함수들의 단순증가나 단순감소 이외에도 욕조 모양이나 또는 역욕조 모양의 고장률 함수나 평균잔여수명 함수를 나타내는 수명패턴들도 현장에서 많이 나타나고 있다. 특히 그림 1.22와 같은 욕조모양의 고장률 함수는 대부분 제품의 수명패턴에서 나타나는 형태로서 일반적으로 세 가지 다른 변화인 초기고장, 우발고장 그리고 마모고장으로 보이게 되며 이는 욕조곡선으로 설명이 가능하다.

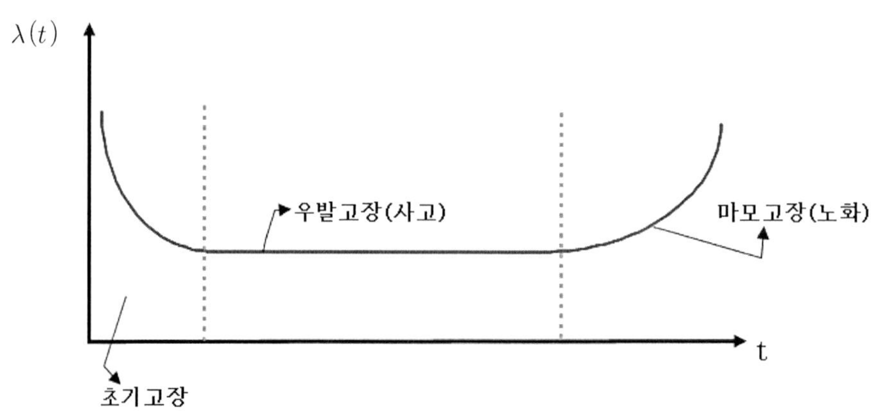

- 초기고장기(DFR : Decreasing Failure Rate, 감소고장률)
- 우발고장기(CFR : Constant Failure Rate, 상수고장률)
- 마모고장기(IFR : Increasing Failure Rate, 증가고장률)

그림 1.22 욕조모양 고장률 곡선

초기의 고장발생은 주로 설계나 공정에서의 결함에 의한 것으로 짧은 기간 동안 고장률 감소현상을 보이고 그 후 상당기간 동안은 거의 일정한 고장률(CFR, Constant failure rate)을 유지하게 된다. 이 기간 동안의 고장은 노화에 의한 발생이라기보다는 주로 우발적으로 발생하는 것으로 우발고장 기간으로 간주될 수 있다. 우발고장 기간이 끝나고 전체 가동시간이 많아지는 후기에는 나이가 많아짐에 따라 부품의 고장률 함수가 증가하게 되는 마모기간을 맞게 된다. 제품의 신뢰성 특징은 근본적으로 노화에 따르는 제품의 수명패턴 변화에 의존하게 되므로 이러한 수명패턴의 연구는 신뢰성 분석의 핵심적인 과제가 되고 있다.

1.2.7.2 고장자료의 분류

신뢰성 이론을 적용하여 제품의 수명패턴에 대한 검정을 하거나 추정을 수행하기 위해서는 적절한 고장자료를 수집하여야 된다. 산업기술의 발달로 인하여 제품의 수명이 매우 길어짐에 따라 정상적인 가동상태에서의 고장자료 수집은 기간이 너무 많이 소요될 뿐만 아니라 제품의 개발기간이 제품의 수명에 비해 매우 짧기 때문에 가능한 한 빠르고 경제적인 방법으로 수행되어야 한다. 신뢰성의 이론과 응용분야에서 가속수명시험방법의 개발이 가장 중요한 과제가 된 것은 이러한 목적을 위해서이다. 제품에 대한 소비자의 만족을 높이기 위해서는 고장발생을 최소화시켜야 하며, 따라서 정상적인 사용조건에서 제품의 성능을 검증할 수 있는 최선의 가속수명 시험방법이 필수적으로 개발되어야 한다. 본문에서는 시험방법 자체보다는 시험을 통하여 얻어지는 고장자료의 종류에 대하여 기술한다.

가속수명 시험방법을 통하여 전체 시험부품의 고장시간에 대한 완전한 자료(complete data)를 수집하게 된다면 이론의 개발이나 실제 자료의 적용이 쉬울 뿐만 아니라 자료를 적용했을 경우에 계산과정도 간단해진다. 그러나 현실적으로는 완전자료를 수집하는 것이 매우 어렵거나 경우에 따라서는 불가능한 경우가 대부분으로 이러한 경우에는 다음과 같은 형태의 불완전 자료(incomplete data)를 이용할 수밖에 없게 된다. 그 대표적인 경우는 다음과 같다.

① Type I censoring(정시중단) : 시험 중에 있는 모든 부품들이 고장날 때까지 기다리지 않고 일정한 시점에서 시험을 중단하는 경우에 얻어지는 고장자료

② Type II censoring(정수중단) : 일정한 시점에서 시험을 중단하는 대신에 일정한 개수의 제품이 고장났을 때 시험을 중단하고 얻어지는 자료

③ Random censoring(랜덤중단) : 시험 중에 있는 부품들의 수명이나 중단시간(censoring time)이 모두 확률변수인 경우로서 동물실험이나 임상실험(clinical trial) 등에서 많이 나타나게 된다. 또한 부품들의 수명시험인 경우에도 자연발생적인 고장발생이나 계획된 시험 중단이외의 경우에 발생된다.

이외에도 여러 가지 형태의 중단 자료가 정의되고 있는데 완전자료를 얻지 못하고 불완

전자료의 수집만이 가능한 경우에는 자료의 분석이나 수명분포에의 응용, 이론적인 전개도 훨씬 어려워지게 되며 따라서 계산과정도 매우 복잡하게 된다. 그러나 완전 자료에 비해 훨씬 현실적이며 보다 광범위한 응용범위가 있는 것도 사실로서 최근에 와서는 불완전자료인 경우에 대한 연구가 매우 활발하게 진행되고 있다. 그림 1.23에서 보는 바와 같이 고장률을 개선하는 방법은 우발 고장률을 감소시키고 사용가능한 시간을 증가시키는 활동이 필요하다고 보여진다.

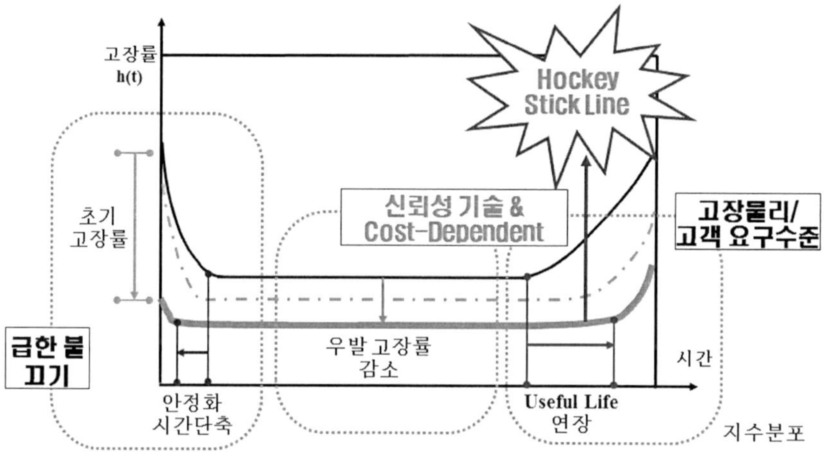

그림 1.23 욕조곡선에서 고장률을 개선하는 방법

1.2.8 수명

수명시험은 아이템이 고장날 때까지의 시간, 즉 수명을 확인하기 위한 시험을 말한다. 그러나 현실적으로 수명시험은 오래 걸리는 것이 대부분이므로, 장기간에 걸쳐 실시한 환경시험의 결과를 수명 추정에 이용하고 있어 장기간 환경시험을 수명시험이라고 부르기도 한다. 수명시험을 실시하기 위해서는 시험 전에 고장 판정기준이나 시험시간 등을 결정하여야 한다. 만일 시험시간의 설정이 잘못되면 시험 후 얻을 수 있는 수명에 대한 정보는 부족할 수밖에 없다. 이러한 수명시험 후 획득하게 되는 정보로는 고장시간분포 또는 고장 아이템의 비율 등을 들 수 있다. 그림 1.24는 설계단계에서 제품이 유지할 수 있는 부하와 사용 강도와의 관계에서 강도가 높아지면서 고장이 발생한다는 의미이며 사용강도에 따라 수명과 고장시점이 결정됨을 알 수 있다.

1.2.9 가속시험

시험기간을 단축하기 위한 기준 조건보다 가혹한 조건에서 실시하는 시험을 가속시험

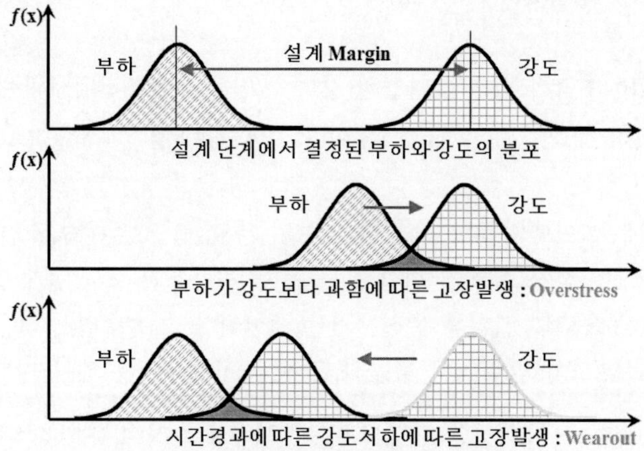

그림 1.24 강도에 따른 수명과 고장의 관계

(accelerated test)이라 한다. 최근 기술발전 속도가 빨라짐에 따라 아이템의 수명주기와 개발기간이 단축되고 있으며, 개발기간 중에 충분한 시간이 부족한 실정이다. 따라서 시험시간을 단축하여 빨리 신뢰성 평가를 할 수 있는 가속시험이 요구되고 있다. 가속시험을 통해 다음과 같은 효과를 기대할 수 있다.

- 설계 및 양산단계에서의 신뢰성 시험 기간을 단축하여 개발기간과 비용을 줄일 수 있다.
- 설계 평가를 위한 제품의 성능정보와 잠재 고장모드, 설계 취약점, 중요 부품의 확인 등 신뢰성에 관한 정보를 빨리 수집할 수 있다.
- 고장률, B_{10} 수명 등 사용조건에서의 신뢰성 척도를 빨리 추정하여 신뢰성을 보증할 수 있다.

가속수명시험은 사용조건보다 가혹한 스트레스(온도, 습도, 전압 등) 수준에서 시험하여 아이템의 고장을 가속시키고, 가속조건에서 관측된 고장 데이터를 분석하여 추정된 수명-

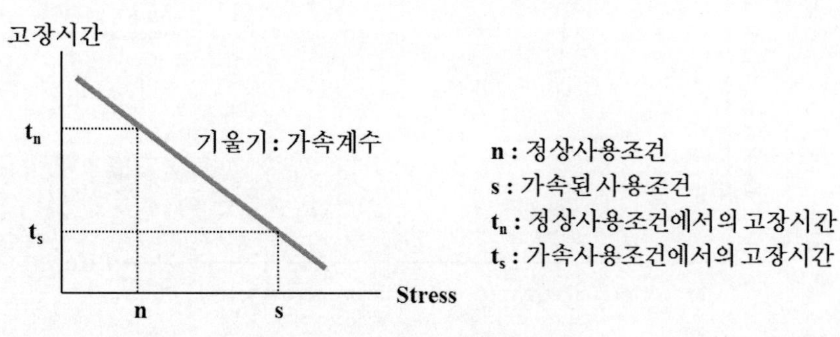

그림 1.25 가속시험의 필요성

스트레스 관계식을 외삽(extrapolation)하여 사용조건에서의 수명을 정확하게 추정하기 위한 시험이다.

가속수명시험의 수학적 정의는 다음과 같다 : T_d를 사용조건에서의 수명, T_a를 가속조건에서의 수명이라 하면, $T_d = AF \times T_a$이다. 이때, AF를 가속계수(Acceleration Factor)라 한다.

가속수명시험은 아이템의 외부 스트레스(주위 온도, 습도, 온·습도 변화, 진동 등) 또는 내부의 스트레스(전기적 스트레스, 접합 온도 등)를 사용조건 보다 높게 인가하여 고장현상이 진행되는 (반응)속도와 열화를 촉진시키는 시험이다. 가속수명시험에서 가속이 가능하기 위해서는 스트레스의 범위에서 다음과 같은 조건들을 만족해야 한다.

① 율속과정의 존재 : 아이템의 고장이 단일 물리·화학적 반응에 의하여 발생하는 경우는 극히 드물며, 여러 반응이 조합되어 발생하는 경우가 대부분이다. 이때 전체 반응속도를 결정하는 과정을 율속과정(rate determining step or rate controlling step)이라 한다.

② 고장 메커니즘의 일치성 : 동일 아이템에, 동일한 스트레스를 인가하더라도 스트레스의 수준에 따라 서로 다른 형태의 고장 메커니즘이 발생할 수 있다. 스트레스를 가혹하게 인가하더라도 고장 메커니즘이 변하지 않고 실제 사용조건에서 발생하는 동일한 고장 메커니즘을 재현하는 것이 가속수명시험의 기본 원칙이다.

③ 가속성의 성립 : 사용조건과 가속조건의 고장 메커니즘이 일치하면서 율속과정이 존재하여 $T_d = AF \times T_a$(가속수명시험의 정의)를 만족하면, 가속성이 성립한다고 한다. 가속성이 성립하면 와이블 확률용지에 표시된 사용조건과 가속조건의 회귀직선(수명분포 추정선)의 기울기(와이블분포의 형상모수)가 거의 같게 되어 평행하게 나타난다.

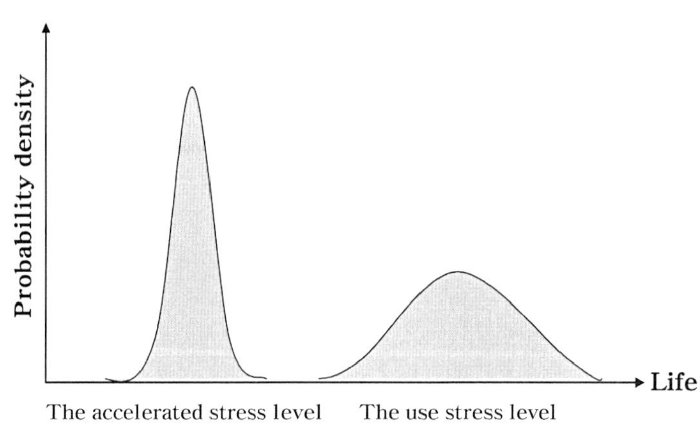

그림 1.26 가속스트레스 수준과 정상스트레스 수준의 수명분포 비교

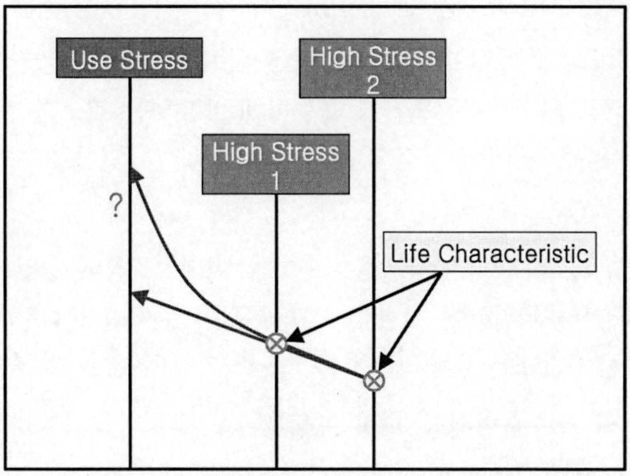

그림 1.27 수명특성에 따른 가속수명시험 개념

1.2.9.1 가속수명시험의 실시 절차

(1) 고장 메커니즘의 선정

가속수명시험에서 가속시킬 고장 메커니즘을 선정한다. 하나의 아이템에 여러 고장 메커니즘들이 존재할 수 있지만 고장분석을 통하여 문제가 되는 율속 과정을 단일 고장 메커니즘으로 취급하여 선정한다.

(2) 가속 스트레스의 결정

고장 메커니즘을 가속할 수 있는 스트레스를 결정한다. 고장물리 이론에 근거하여 또는 가속수명시험에 대한 기존의 연구결과를 조사하여 스트레스에 대한 정보를 수집하는 것이 필요하다.

(3) 가속 스트레스의 범위 결정

고장 메커니즘의 일치성이 성립하는, 즉 사용조건의 고장 메커니즘이 변하지 않는 가속 스트레스의 범위를 결정한다. 가속 스트레스의 범위는 유리전이온도, 용융온도, 항복강도 등 재료의 물성에 의하여 결정되며, 통상 동작한계(operating limit)와 일치한다. 만일 동작한계를 모르면 계단형 스트레스 시험과 같은 예비시험을 실시하여 이를 확인할 필요가 있다.

(4) 시험조건의 결정

가속 스트레스 수준을 선정하거나 여러 스트레스의 수준들을 조합하여 시험조건을 결정한다. 각 스트레스별로 2~3개의 수준을 선정하는 것이 일반적이며, 2개 이상 스트레스의 수준들을 조합할 때 직교배열표를 활용하여 시험조건의 수를 최소화할 수도 있다.

(5) 시료 수의 결정과 배분

가속수명시험에 필요한 총 시료 수를 결정하고, 각 시험조건에 배분한다. 시료 수는 사용조건에서 평균수명 또는 B_{10} 수명 추정의 정확성(분산)을 기준으로 하여 결정할 수 있지만, 일반적으로 데이터 분석을 위하여 필요한 5개 이상의 시료를 각 시험조건에 배치하는 것이 바람직하다. 시료의 각 시험조건에 균등하게 배분하는 것보다 가혹도가 낮은 조건에 더 많이 배분하는 것이 데이터 분석의 정확성을 높일 수 있다.

(6) 가속수명시험 실시

가속수명시험을 실시하고, 데이터를 수집한다. 어떤 고장 메커니즘으로 인하여 고장이 발생하였는지를 확인하기 위하여 시험 중 고장분석이 수행되어야 한다. 그리고 고장 모드와 메커니즘이 사용조건에서 발생하는지를 확인하기 위한 조사가 되어야 한다.

(7) 데이터 분석 및 가속수명시험 모형 개발

가속수명시험 모형(수명분포와 수명-스트레스 관계)을 가정하고 데이터를 분석하여 각 시험조건에서 수명분포의 모수와 수명-스트레스 관계를 추정한다. 이때, 수명분포의 적합성과 시험조건 사이의 가속성을 검정하는 것이 필요하다.

(8) 사용조건에서의 수명과 가속계수 추정

추정된 수명-스트레스를 사용조건으로 외삽하여 사용조건에서의 수명을 추정한다. 또한 사용조건과 특정 가속조건 사이의 가속계수를 추정한다.

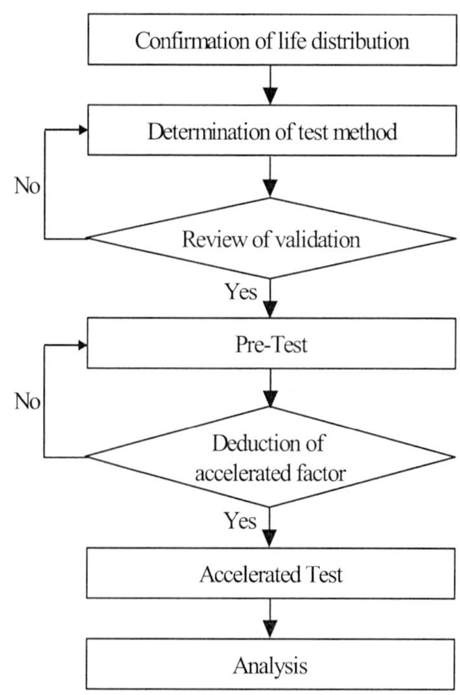

그림 1.28 가속수명시험 개발 절차

(9) 유효성 검증

수명-스트레스 관계와 가속계수의 유효성은 지속적으로 검증되어야 한다. 유효성 검증의 한 가지 방법은 필드 데이터와 비교하는 것이다.

1.2.9.2 가속방법

가속수명시험에서 시간을 가속시키는 방법에는 사용률 가속, 스트레스 가속, 열화특성을 이용한 가속이 있다.

(1) 사용률 가속

사용조건에서 연속적으로 사용하지 않는 아이템을 연속적으로 가동하거나, 사용조건에서 보다 동작 빈도를 높여서 시험시간을 단축시키는 방법이다. 즉, 아이템의 고장에 영향을 미치지 않는 불필요한 기간을 축소 또는 제거하거나, 아이템을 더 빨리 동작시킴으로써 시간을 가속시킨다.

(2) 스트레스 가속

아이템의 고장 메커니즘에 영향을 미치는 온도, 습도, 진동, AC·DC 전압, 주파수 등의 스트레스를 사용조건보다 가혹하게 설정하고 시험하면 고장이 빨리 발생한다. 이와 같이 스트레스를 높여서 시험시간을 단축시키는 것을 스트레스 가속이라 한다. 일반적으로 가속수명시험은 스트레스 가속을 의미한다. 일반적으로 아이템의 고장은 외부의 부하(스트레스)가 재료의 강도를 초과하면 발생한다고 가정한다. 설계단계에서 부하를 고려하여 충분히 안전여유(safety margin)를 갖도록 강도를 설계하지만, 시간이 지남에 따라서 강도는 저하되고(부하가 강도를 초과하여) 고장이 발생한다. 한편, 강도가 저하되기까지 오랜 시간이 걸리지만 시험조건 설정을 통하여 단기간에 부하를 증가시킬 수 있으며, 이것이 스트레스 가속의 개념이라 할 수 있다.

(3) 열화특성을 이용한 가속

커패시터의 정전용량 저하, 브레이크 라이닝 마모와 같이 사용기간에 비례하여 성능이 열화되는 아이템의 시간에 따른 열화량을 예측할 수 있으면 고장이 발생할 때까지 시험을 하지 않고, 시험 종료 시점의 열화량으로부터 고장시간을 추정하여 시험기간을 단축할 수 있다. 이를 열화특성을 이용한 가속이라 한다. 열화관계식을 알고 있으면 고장판정기준을 엄격하게 적용하여 단기간 내 고장여부를 판정할 수도 있다. 예를 들어, 성능 특성치의 열화가 ±5%를 벗어나면 고장일 때, ±1%의 성능열화에 해당하는 시점에서의 열화량이 ±1%를 초과하면 고장, 그렇지 않으면 정상으로 판정할 수도 있다. 열화특성을 이용한 가속을 판정가속이라고 부르기도 한다.

1.2.9.3 스트레스 인가 범위와 방법

스트레스 가속에 의하여 가속수명시험을 실시할 때 스트레스 인가 범위와 방법에 대하여 알아보고자 한다.

(1) 스트레스의 범위 구분

가속수명시험에서 스트레스의 범위는 규격한계(specification limit), 동작한계(operating limit) 및 파괴한계(destruct limit)로 구분한다.

① 규격한계

실 사용조건에서 의도한 아이템의 기능을 수행하기 위해 설정된 스트레스의 범위를 규격한계라 한다.

② 동작한계

동작한계는 특정 스트레스(온도, 진동) 수준에서 아이템이 기능을 수행하지 못하거나 성능이 규격을 벗어나지만, 스트레스가 줄어들거나 또는 없어지면 다시 정상으로 회복되는 스트레스 수준이다. 동작한계는 동작한계 하한(LOL, Lower Operating Limit)과 동작한계 상한(UOL, Upper Operating Limit)으로 구분한다.

③ 파괴한계

파괴한계는 특정 스트레스(온도, 진동) 수준에서 아이템이 기능을 수행하지 못하거나 성능이 규격을 벗어나지만 스트레스가 줄어들거나 제거되더라도 정상적으로 회복되지 않는 스트레스 수준이다. 파괴한계는 파괴한계 하한(LDL, Lower Destruct Limit)과 파괴한계 상한(UDL, Upper Destruct Limit)으로 구분한다.

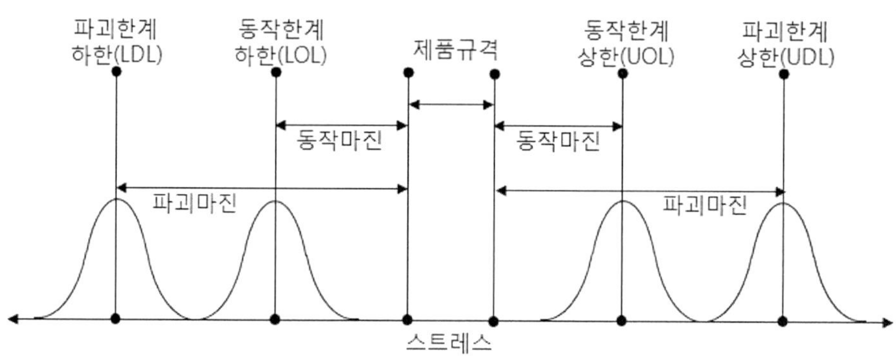

그림 1.29 규격한계, 동작한계 및 파괴한계

(2) 스트레스 인가 범위

가속수명시험에서 아이템에 인가되는 스트레스 범위는 일반적으로 규격한계는 초과하되 동작한계는 초과하지 않아야 한다.

표 1.5 스트레스 인가 방법

종류	내용	스트레스 프로파일
일정 스트레스 (constant stress)	• 시험 중에 스트레스를 일정하게 유지 • 가속수명시험에서 가장 널리 사용	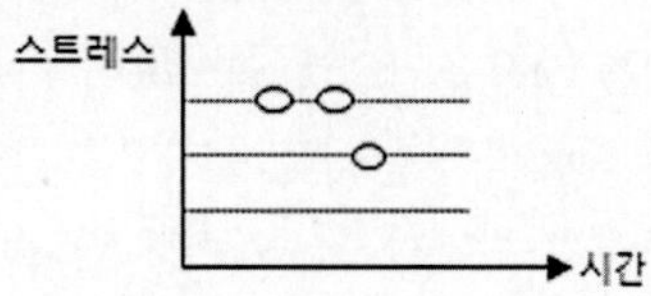
계단형 스트레스 (step stress)	• 스트레스를 계단형으로 증가 • 일부 제품에 적용 • 유효성 검증 부족	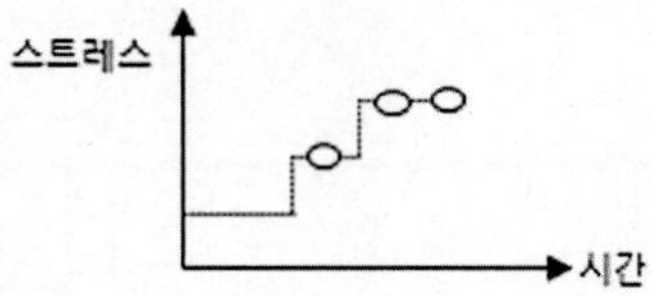
점진적 스트레스 (progressive stress)	• 스트레스를 선형으로 증가	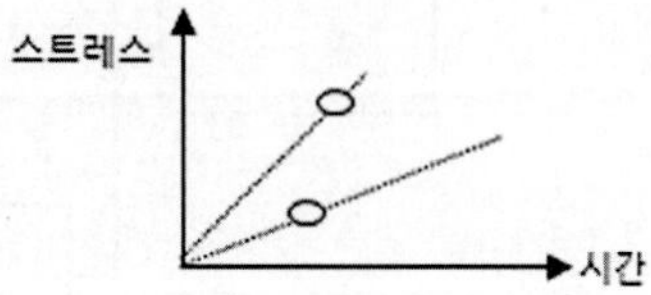
주기적 스트레스 (cyclic stress)	• 스트레스를 주기적으로 변화	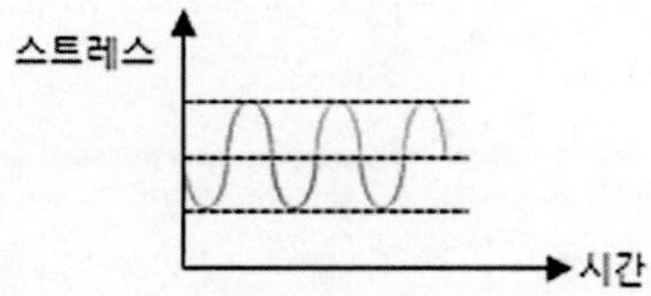
임의 스트레스 (random stress)	• 임의로 스트레스 변화	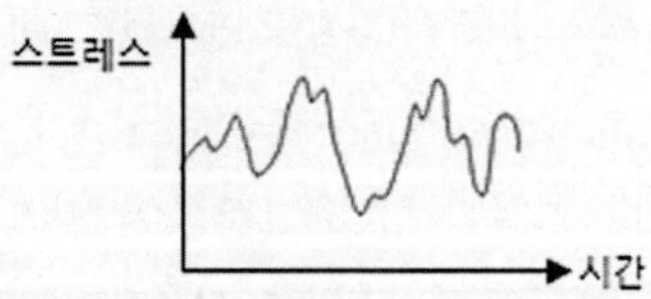

(3) 스트레스의 인가 방법

가속수명시험에서 시료에 스트레스를 인가하는 방법으로, 일정 스트레스(constant stress), 계단형 스트레스(step stress), 점진적 스트레스(progressive stress), 주기적 스트레스(cyclic stress), 임의 스트레스(random stress) 등이 있다. 이중 일정 스트레스 방법이 시험조건과 사용조건의 유사성, 시험수행 및 관리의 용이함, 가속수명시험 모형의 연구 및 검증, 데이터 분석을 위한 소프트웨어 가용 여부로 인하여 가장 널리 사용되고 있다.

1.2.9.4 가속수명시험 모형

가속수명시험은 실제 사용조건보다 가혹한 스트레스 조건에서 시험하여 아이템의 고장을 촉진시키고, 가속조건에서 관측된 데이터를 분석하여 수명-스트레스 관계를 추정하며, 이를 사용조건으로 외삽하여 사용조건에서의 수명을 추정하기 위한 시험이다. 가속수명시험 데이터를 분석하여 사용조건의 수명을 추정하기 위해 필요한 1) 수명분포와 2) 수명-스트레스 관계를 가속수명시험 모형이라 한다.

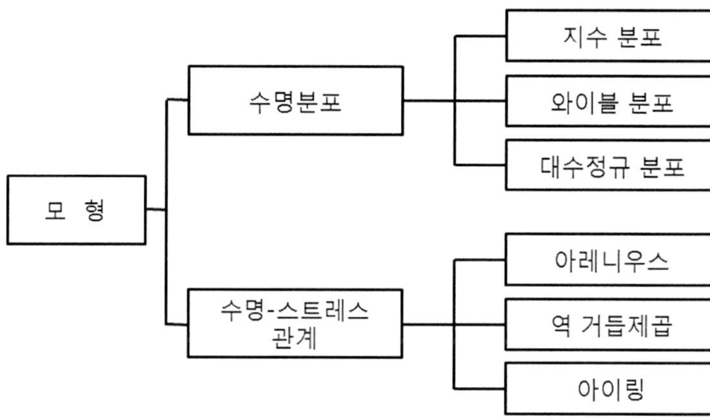

그림 1.30 가속수명시험 모형

(1) 수명분포

일반적으로 지수, 와이블, 대수정규분포가 수명분포로 널리 사용된다. 지수분포(exponential distribution)는 신뢰성 분야에서 가장 널리 사용되는 분포이며 사용시간에 따라 마모나 열화가 없는 고장률이 일정한 경우의 수명이 지수분포를 따른다. 또한 수많은 부품으로 이루어진 시스템 제품의 수명도 지수분포를 따르는 것으로 알려져 있다. 와이블분포(weibull distribution)는 증가, 감소, 상수(지수분포) 고장률을 모두 포함하는 응용범위가 매우 넓은 분포이므로 신뢰성 분야에서 지수분포를 대체할 분포로 인식되고 있으며 그 사용이 확대되고 있다. 각종 베어링류, 클러치, 피스톤, 모터, 밸브류, 압력용기, 콤프레셔, 펌프 등을 포함한 많은 기계류 부품의 수명이 와이블분포를 따르는 것으로 알려져 있다. 대수정규분포(lognormal distribution)는 수명 T의 로그값 $\ln T$가 정규분포를 따를 때, T는 대수정규분포를 따른다고 한다. 대수정규분포 역시 다양한 형태를 갖기 때문에 많은 유형의 데이터에 잘 맞는 것으로 알려져 있다. 예를 들어 금속 피로수명이나 전기 절연체의 수명데이터 해석에도 사용되고 있다. 대수정규분포에서 μ를 로그평균(log mean) 또는 위치모수(location parameter), σ를 로그표준편차(log standard deViation) 또는 형상모수(shape parameter)라고도 한다.

분포 및 모 수	고장밀도함수 $f(t)$	신뢰도함수 $R(t)$	고장율함수 $\lambda(t)$	평균수명 $E(t)$	수명의분산 $V(t)=\sigma^2$
지수분포 λ	$\lambda e^{-\lambda t}$	$e^{-\lambda t}$ $\theta=1/\lambda$	λ CFR	$\theta=1/\lambda$	$1/\lambda^2$
정규분포 형상 (표준편차) : σ 척도 (평균) : μ	$\frac{1}{\sqrt{2\pi}\sigma}\exp[-\frac{1}{2}\left(\frac{t-\mu}{\sigma}\right)^2]$	$1-\Phi(z)$	$\frac{\phi(z)}{\sigma\cdot R(t)}$ IFR	μ	σ^2
와이블분포 형상 : m 척도 : η	$\frac{m}{\eta}(\frac{t}{\eta})^{m-1}\exp[-\left(\frac{t}{\eta}\right)^m]$ $m=0.5$, $m=1$, $m=3$	$\exp(-(\frac{t}{\eta})^2)$ $m=3$, $m=1$, $m=0.5$	$\frac{m}{\eta}(\frac{t}{\eta})^{m-1}$ DFR, CFR, IFR $m=3$, $m=1$, $m=0.5$	$\eta\Gamma(1+\frac{1}{m})$	$\eta^2\{\Gamma(1+\frac{2}{m})-\Gamma^2(1+\frac{1}{m})\}$

그림 1.31 대표적인 수명분포와 신뢰성 함수

(2) 수명-스트레스 관계

가속수명시험에서 널리 사용되는 수명-스트레스 관계는 아레니우스, 역승, 아이링, 일반화된 아이링 등이 있다. 한편, 수명은 수명분포를 갖는 확률변수이므로, 수명-스트레스 관계는 분포의 모수와 스트레스의 관계로 나타난다.

① 아레니우스 관계(Arrhenius relationship)

아레니우스 관계는 화학반응에 의한 열화고장을 모형화하는 수명-스트레스 관계식으로, 온도에 의한 가속수명시험에서 가장 널리 사용된다. 스트레스에 의해 가속되는 수명분포의 모수를 $\xi(T)$라 할 때 아레니우스 관계는 다음과 같이 표현된다.

$$\xi(T) = A \cdot \exp[E/(kT)]$$

여기서, E는 활성화 에너지(activation energy) (단위 : eV), k는 볼츠만 상수(8.8171× 10^{-5} eV/℃), T는 절대온도(섭씨온도 + 273.16), A는 재료의 물성과 시험조건에 따른 상수이다.

② 역승 관계(Inverse power relationship)

역승 관계는 온도(여기서 온도는 일정하게 인가되는 고온을 의미하며, 온도사이클은 제외됨) 이외의 스트레스(전압, 부하, 온도사이클, 진동 등)에 의한 가속수명시험에 널리 사용되는 수명-스트레스 관계식으로 절연재, 베어링, 백열전구, 금속 또는 납땜 부위의 피로 수명시험 등에 적용되었다.

가속 스트레스를 V, 수명분포의 모수를 $\xi(V)$라 할 때, 역승 관계는 다음과 같이 표현된다.

$$\xi(V) = \frac{A}{V^{\gamma}}$$

여기서, A와 γ는 재료의 물성, 고장 메커니즘과 스트레스, 시험방법 등에 따른 상수이다.

③ 아이링 관계(Eyring relationship)

아이링 관계는 열(온도)에 의한 화학적 열화 반응과 전기장에 의한 가속에 사용되는 수명-스트레스 관계식이다. 수명분포의 평균수명 $\xi(T)$와 절대온도 (T) 사이에 다음과 같은 관계를 가정한다.

$$\xi(T) = \frac{A}{T} \cdot \exp\left[\frac{B}{kT}\right]$$

여기서, A와 B는 재료의 물성과 구조, 고장 메커니즘, 시험방법 등에 따른 상수이다.

④ 일반화된 아이링 관계(generalized Eyring relationship)

일반화된 아이링 관계는 온도와 또 다른 스트레스(습도, 전압, 전류 등)를 함께 인가하는 가속수명시험에서 사용되는 수명-스트레스 관계식이다. 일반화된 아이링 관계에서 수명분포의 모수 $\xi(T)$와 절대온도 (T), 온도 이외의 스트레스(V)의 관계는 다음과 같다.

$$\xi(T, V) = \left(\frac{A}{T}\right) \cdot \exp\left[\frac{B}{(kT)}\right] \cdot \exp\left[VC + \left(\frac{D}{kT}\right)\right]$$

여기서, A, B, C, D는 재료, 구조 및 시험방법 등에 따른 상수이다.

(3) 가속계수

가속계수 AF(Acceleration Factor)는 사용조건에서의 수명과 가속조건에서의 수명 비(ratio)로 정의된다. 즉, 사용조건에서의 수명을 T_d, 가속조건에서의 수명을 T_a라 하면, 가속계수 AF는 $AF = T_d / T_a$이다.

한편, 사용조건과 가속조건에서의 수명은 모두 수명분포를 갖는 확률변수들이다. 따라서 가속계수는 수명분포의 모수(와이블분포의 척도모수, 대수정규분포의 위치모수 등) 또는 신뢰성 척도(고장률, 평균수명, 중앙값 또는 B_{10}수명 등)를 비교하여 산출한다.

- 일반적으로 가속계수를 지수분포의 경우에는 평균수명 또는 고장률로, 와이블분포는 척도모수로, 대수정규분포는 중앙수명으로 표현한다. 그러나 B_{10} 또는 B_5 수명과 같이 특정 백분위수 값을 기준으로 가속계수를 산출해도 무방하다.
- 수명-스트레스 관계식은 수명분포의 모수와 스트레스의 관계를 나타내는 모델이므로, 가속계수를 수명-스트레스 관계식으로부터 산출할 수 있다.

  예 1) 아레니우스 관계에서의 가속계수

$$AF = \frac{\xi(T_d)}{\xi(T_a)} = \exp\left[\left(\frac{E}{k}\right) \cdot \left(\frac{1}{T_d} - \frac{1}{T_a}\right)\right]$$

예 2) 역승 관계에서 가속계수

$$AF = \frac{\xi(V_d)}{\xi(V_a)} = \left(\frac{V_a}{V_d}\right)^{\gamma}$$

1.2.10 신뢰성을 나타내는 척도

1.2.10.1 분포를 모르는 경우의 신뢰성 척도 계산

신뢰성의 척도는 신뢰도 함수이므로 동일한 고장시간을 갖는 초기의 총수 N개를 고려하여 t시간에 가동상태에 있는 장비수 $N(t)$는 $p = R(t)$, $1 - P = F(t)$인 이항분포를 따른다고 가정하여 고장확률밀도함수(Failure probability density function)와 순간고장률(Hazard function)을 구하면 다음과 같이 유도된다.

$$n(t) = E[N(t)] = N \cdot P = N \cdot R(t)$$

$$R(t) = \frac{n(t)}{N}$$

여기서, $n(t)$는 t시점의 잔존개수, N은 초기의 총 사건수이다. 따라서 시점 t까지 누적 고장확률은 다음과 같다.

$$F(t) = 1 - \frac{n(t)}{N}$$

$t = \infty$ 일 때 전수 고장난다면 다음과 같은 식이 성립한다.

$$R(t) + F(t) = 1$$

단위시간당 비율의 고장확률은 다음과 같다.

$$f(t)\frac{dF(t)}{dt}$$

상기 식을 대입하여 미분하면 고장확률밀도함수인 $f(t)$가 구해진다.

$$f(t) = -\frac{1}{N} \cdot \frac{dn(t)}{dt} = -\frac{1}{N}n'(t) = \lim_{\Delta t \to 0} \frac{n(t) - n(t+\Delta t)}{N \cdot \Delta t}$$

t와 $(t+\Delta t)$시간 사이에서 N을 t시간의 잔존 수 $n(t)$를 표준화하여 Δt가 0으로 수렴할 때 고장률의 극한값을 순간고장률(instantaneous filure rate) 또는 고장률 함수(Hazard rate)라 하고 $\lambda(t)$로 표시하며, 다음과 같이 정의된다.

$$\lambda(t) = \lim_{\Delta t \to 0} \frac{n(t) - n(t + \Delta t)}{\Delta t} \cdot \frac{1}{n(t)}$$

상기 식을 비교해보면 다음과 같다.

$$\lambda(t) = N \cdot f(t) \cdot \frac{1}{n(t)}$$

$n(t) = N \cdot R(t)$를 대입하면, 순간고장률은 다음과 같이 구해진다.

$$h(t) = N \cdot f(t) \cdot \frac{1}{N \cdot R(t)} = \frac{f(t)}{R(t)}$$

그러므로 순간고장률은 시간당 얼마의 고장이 발생되느냐의 의미이다. 고장확률밀도 함수와 순간고장률을 구하는 또 다른 방법으로 수명데이터로 구하는 경우에 다음 식과 같다.

$$f(t) = \frac{\text{시간 } t\text{와 } (t + \Delta t)\text{간의 고장개수}}{\text{샘플수}} \cdot \frac{1}{\Delta t}$$

$$\lambda(t) = \frac{\text{시간 } t\text{와 } (t + \Delta t)\text{간의 고장개수}}{t\text{시점의 생존개수}} \cdot \frac{1}{\Delta t}$$

1.2.10.2 신뢰성의 척도에 관한 기본적인 정의

① 신뢰도/$R(t)$: 어떤 제품이 t시간까지 작동할 확률. $R(t) = \int_t^{\infty} f(t)dt$

② 불신뢰도/$F(t)$: 어떤 제품이 t시간 이내에 고장이 날 확률. $F(t) = 1 - R(t)$

③ 평균수명/MTTF(Mean Time To Failure, 평균고장시간) : 각 제품 수명의 산술 평균.

MTTF$= \int_0^{\infty} tf(t)dt$

④ B_{10} 수명 : 제품의 불신뢰도가 10%인 시점(10% 고장이 나는 시점).

$\int_{B_{10}}^{\infty} f(t)dt = 0.9, R(B_{10}) = 0.9$ $\quad \int_{-\infty}^{B_{10}} f(t)dt = 0.1, F(B_{10}) = 0.1$

⑤ 고장률 : 임의의 시점 t에서 잔존하는 것들 중 몇 개가 순간적으로 고장이 발생될 것인가를 비율로 나타낸 것으로 순간 고장률이라고 한다. $\lambda(t) = \frac{F(t)}{R(t)}$

2.10.3 지수분포에 따른 신뢰성 척도

"많은 구성 요소로 된 수리계의 수명은 지수분포를 따른다." 시간의 무기억성이 작용함에 따라 고장간격 시간을 통계적으로 적용하며 와이블분포(weibull distribution)와 더불어 수명데이터를 모델링하는데 많이 사용한다.

① 신뢰도/$R(t)$: 어떤 제품이 t시간까지 작동할 확률. $R(t) = e^{-\lambda t}$

② 불신뢰도/$F(t)$: 어떤 제품이 t시간 이내에 고장이 날 확률. $F(t) = 1 - e^{-\lambda t}, t \geq 0$

③ 평균수명/MTTF : 제품의 평균적인 수명. MTTF, E(T)= $\int_0^{\infty} tf(t)dt = \frac{1}{\lambda}$

④ B_{10}수명 : 제품의 불신뢰도가 10%인 시점. $B_{10} = \int_{B_{10}}^{\infty} -\frac{1}{\lambda} \ln 0.9$

⑤ 고장률 : 임의의 시점 t에서 잔존하는 것들 중 몇 개가 순간적으로 고장이 날 것인가를 비율로 나타낸 것으로 순간고장률이라고 한다. $\lambda(t) = \frac{F(t)}{R(t)}$

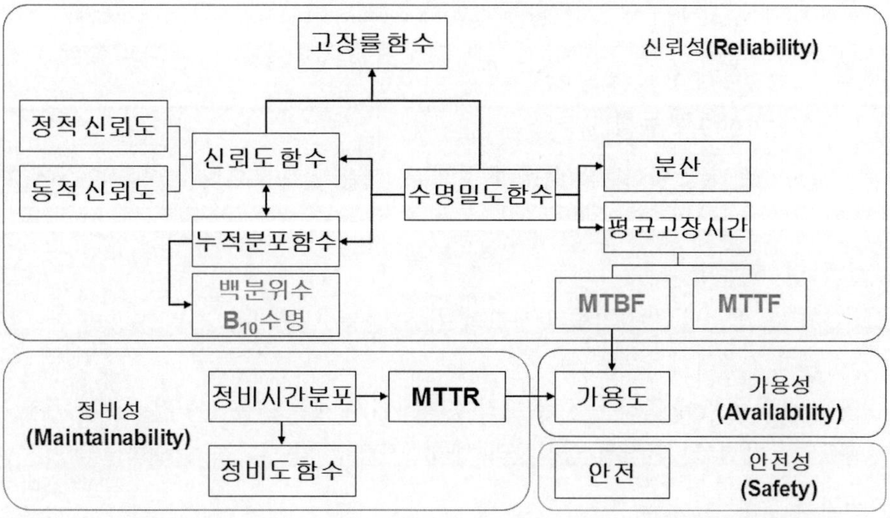

그림 1.32 고장률 척도

1.3 차량 전장품 신뢰성 평가

신뢰성 평가는 시험에 의한 검증과 DR(Design Review) 등의 심사를 통한 확인 등이 있으며, 문제점을 해결하지 않으면 차기 개발단계로 진행하지 않는 것을 원칙으로 하고 있다. 먼저 신뢰성 시험은 개발 포기부터 양산 단계까지 부품, 어셈블리 및 제품을 대상으로 다양한 환경시험을 실시하고, 설계 마진(margin) 및 수명을 확보하기 위한 HALT(Highly Accelerated Life Test)와 가속시험 등의 신뢰성 시험과 다양한 안전성 시험 등을 각 개발 단계별로 실시하고 있다. 특히, 높은 신뢰성과 짧아지는 제품 수명주기(life cycle) 등에 대응하기 위하여 주요 부품 및 어셈블리에 대한 가속수명시험법을 지속적으로 개발하여 수입검사 및 인증시험 등에 적극 활용하고 있다. 심사는 설계부문이 설계자료, 경험 및 지식 등을 종합적으로 활용하여 설계 타당성을 평가하는 것으로 개발 단계별로 실시하고 있다.

1.3.1 신뢰성시험의 정의와 목적

1.3.1.1 신뢰성시험의 정의

KS A 3004 용어 – 신인성 및 서비스 품질에서는 아이템의 특성 또는 성질을 측정, 정량화 또는 구분하기 위해 시험을 실시한다고 정의하고 있다. 따라서 신뢰성시험은 "아이템의 신뢰성을 측정, 정량화 또는 구분하기 위해 실시하는 시험"이라고 정의할 수 있다.

주 IEC 60300-3-5, 「Application guide - Reliability test conditions and statistical test principles」에서는 신뢰성시험과 환경시험이 서로 다르지만, 신뢰성시험에 환경시험을 포함할 수 있다고 설명하고 있다.

1.3.1.2 신뢰성시험의 목적

신뢰성시험은 대상 아이템의 특성과 설계 및 개발 단계에 따라서 다음과 같이 여러 가지 목적을 위하여 실시할 수 있다.

(1) 설계 및 개발 검증

① 설계 및 개발 출력이 기획된 사양의 기능·성능, 내환경성, 신뢰성 등의 목표를 만족하는지 검증하기 위함.

② 시제품의 품질에 준하는 시료 제작을 통하여 설계목표 품질을 검증하고 공정 품질의 문제점 해결 및 안정된 양산관리 체계가 될 수 있도록 하기 위함.

(2) 신뢰성 향상

① 설계 및 제조상의 결함, 약점 및 설계 여유가 부족한 부품, 부위를 찾고, 그 원인을 제거함으로써 신뢰성을 개선하기 위함.

② 설계 및 개발과정에서 신뢰성 목표(고장률, B_{10}수명, MTBF)를 만족시킬 수 있도록 아이템의 신뢰성을 성장시키기 위함.

③ 출하 이후 필드에서 발생한 고장 재현을 통한 원인규명 및 대책수립을 위함.

(3) 신뢰성 보증

① 개발과정에서 계약 요구사항 또는 신뢰성 목표를 보증하기 위함.

② 양산 중에 로트(lot)의 신뢰성을 보증하기 위함.

③ 소비자에게 결함이 있는 아이템이 전달되지 않도록 선별(screening)하기 위함.

(4) 기술적 분석

① 고장 모드와 메커니즘 조사, 설계 여유 확인, 경쟁사 제품과의 비교 등 신뢰성과 관련

된 기술적 분석을 위함.

② 신뢰성 예측, 사전 예측치 검토, 가속시험법 개발 등을 위한 기술정보를 수집하기 위함.

1.3.2 신뢰성시험의 분류

1.3.2.1 개발 및 양산단계에 의한 분류

일반적으로 제품개발은 상품기획, 개념설계, 예비설계와 상세설계의 과정을 거치며, 엔지니어링, 프로토타입, 파일럿 모델을 대상으로 기능·성능, 환경, 신뢰성 및 안전시험을 통하여 설계 자주평가, 설계검증 및 양산검증을 수행한다.

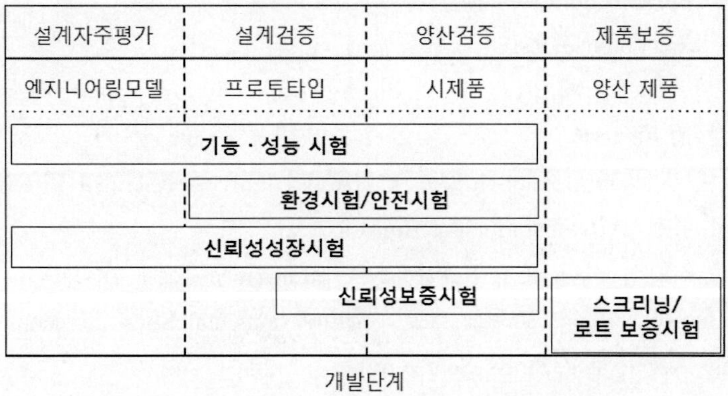

그림 1.33 제품 개발 및 양산과정에서의 신뢰성 시험

1.3.2.2 가속여부에 의한 분류

정상 사용조건에서 시험하는가 아니면 시험기간을 단축하기 위하여 가혹한 조건에서 시험하는가에 따라 정상시험과 가속시험으로 구분할 수 있다. 정상시험에서는 필드에서 나타날 수 있는 고장모드와 고장 메커니즘을 관찰할 수 있지만 시간이 오래 걸리는 단점이 있고, 반면에 가속시험은 시험기간을 단축할 수 있지만 신뢰성에 관한 부정확한 정보를 얻을 수도 있다.

1.3.2.3 시험장소에 의한 분류

시험이 수행되는 장소에 따라 시험실시험과 필드(현장)시험으로 구분할 수 있다. 시험실시험은 제어할 수 있는 규정된 조건에서 수행되며, 통제된 조건에서 측정과 분석이 이루어져 재현이 가능하다는 장점이 있다. 필드시험은 소비자가 아이템을 실제로 사용하는 조건에서 수행하며, 시험실시험보다 현실성이 있는 결과를 제공할 수 있다는 장점이 있지만 다양한 소비자 환경을 고려하기 어렵고 통제된 조건에서 재현성이 있는 시험이 불가능하다는 단점이 있다.

1.3.2.4 접근방법에 의한 분류

신뢰성을 통하여 기술적 문제를 발견하여 개선을 시킬 수 있고, 내구시험, 고장률 등 목표 신뢰성을 보증할 수 있다. 여기서 전자는 고장 물리적 접근, 후자는 통계적 접근이라고 할 수 있다.

① 환경시험(Environment Test)
② 신뢰성 성장시험(Reliability Growth Test, RGT)
③ 신뢰성 보증시험(Reliability Qualification Test, RQT)
④ 신뢰성 실증시험(Reliability Demonstration Test, RDT)
⑤ 고장률 시험(Failure rate test)
⑥ 내구시험(Endurance test)
⑦ 양산 신뢰성 수락시험(PRAT, Production Reliability Acceptance Test)
⑧ 수명시험(Life test)
⑨ 가속수명시험(Accelerated life test); HALT(Highly Accelerated Life Test)
⑩ 신뢰성 결정시험(Reliability determinant test)
⑪ 신뢰성 적합성 시험(RCT, Reliability Conformance Test)
⑫ 번인(Burn-in); 환경스트레스 스크리닝(Environmental Stress Screening, ESS); HASS (Highly Accelerated Stress Screening)

표 1.6 목적과 단계에 따른 신뢰성시험의 분류

시험 \ 목적	설계 및 영산 검증	신뢰성 향상	신뢰성 보증	기술 분석	단계
환경시험	○		△		D, M
신뢰성 성장시험	△	○	△		D
신뢰성 보증시험	△		○		D
고장률 시험	△		○		D, M
내구시험	△	△	○	△	D
양산 신뢰성 수락시험			○		M
가속수명시험	△	△	○	△	D, M
HALT	△	○		△	D
번인(Burn−in)			○		M
환경스트레스 스크리닝			○		M
HASS			○		M

1) D : 설계 · 개발, M : 양산, 2) ○ : 주목적, △ : 부차적 목적

1.3.3 신뢰성 평가 절차

자동차 전장 부품 신뢰성 평가는 제품설계 단계에서부터 양산단계까지 여러 절차를 통하여 조사단계, 기획단계, 검증단계, 확인단계를 거쳐 평가를 하게 되며 그 절차는 그림 1.34와 같다.

(인용: KJ Tech 기술자료)

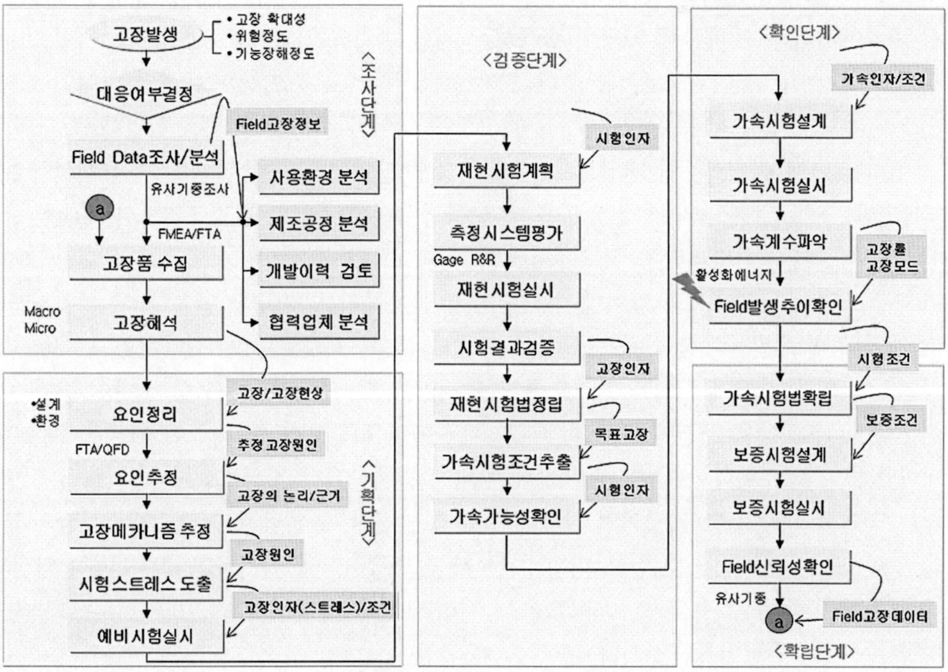

그림 1.34 신뢰성 평가 절차

1.3.4 자동차 전장부품의 HALT 신뢰성 평가

HALT(Highly Accelerated Life Test)의 개념은 단기간 내에 설계 검증 및 잠재 결함을 제거할 수 있는 대안으로 HALT가 채택되어 다양한 분야의 전자/전장 부품에서 활용되고 있다. 그럼에도 불구하고 HALT 시험은 Hobbs 박사가 주창한 이래 기존의 DVT(Design Validation Test)와 개념 차이가 커서 그 유용성에 대한 많은 논란이 있었다. 현재는 HALT 시험의 유용성이 폭넓게 확인되었고, 그 결과가 세계적으로 인정받고 있음에도 불구하고 HALT 시험을 경험해보지 못한 사람들에게는 작동한계 또는 파괴한계까지 시험하는 방법은 받아들여지기 어려운 혁신적인 개념이다. HALT 시험을 받아들이기 위해서는 DVT와 HALT에 관련한 몇 가지 개념적 정의를 이해하는 것이 매우 중요하다.

DVT는 제품이 설계 사양을 만족하는지, 즉 설계자가 의도했던 환경에서 제기능을 발휘하는지를 입증하는 실험이다. 역으로 말하면 설계자는 자신이 설계하는 제품이 어떤 환경에서 사용될 것인지를 먼저 예측하고, 이 환경조건 보다 수 배 높은 강도로 제품을 설계하고 제작한 후, 제품 설계 시 최초 예측했던 환경조건으로 시험을 실시하여 설계상 오류가 없었는지 확인하는 절차를 거친다. 이 방법은 설계상 실수가 없었다면 실험에서 고장은 애당초 있을 수 없는 일이다. 이러한 이유로 설계자는 필드에서 발생하는 고장을 받아들이기 어렵게 되며, HALT를 받아들이기는 더더욱 어렵게 되는 것이다. 이렇게 설계된 제품이 양산 단계에서의 산포 때문에 고장이 발생하는 것을 방지하기 위하여 Six Sigma 기법을 동원하여 산포를 최소화하기도 한다. 그러나 이렇게 제작된 부품도 필드에서 우발적인 고장을 일으키고, 원래 의도했던 수명보다 일찍 고장을 일어나는 현상이 자주 있었다.

이러한 한계점은 기존의 개념으로는 더 이상 해결이 불가능한 것으로 보이며 최근 도입되고 있는 새로운 개념의 정립이 필요하다. 즉「비록 예측했던 환경조건보다 가혹한 조건에서 실험을 실시하였더라도 필드에서 발생했던 고장이 실험실에서도 재현된다면 그때의 가혹한 조건이 필드에서도 일어날 수 있다.」고 받아들이는 것이다. 예를 들어 설계자가 여러 개의 고리로 만들어진 쇠사슬을 사용 조건보다 충분히 튼튼하게 설계하였고 각 고리는 작업자에 의해 최소의 산포를 가지도록 제작되었음에도 불구하고 그 중 하나의 고리가 끊어졌다면 실제 사용 조건에서는 설계자가 예상했던 하중보다 큰 하중이 가해졌다는 것을 받아들여야 할 것이다. 시험의 측면에서 설계자가 예상했던 조건으로 이 쇠사슬을 시험해서는 당연히 고장이 없을 것이며 잠재된 결점도 발견할 수 없을 것이다. 즉 쇠사슬의 결점을 발견하기 위해서는 설계하중 이상의 큰 하중으로 시험을 실시하고, 그때 가장 약한 고리를 찾아내서 개선하는 것이 쇠사슬을 강건하게 만드는 방법이며 필드에서의 고장을 예방할 수 있는 방법이 될 것이다.

자동차 부품에 대한 HALT(Highly Accelerated Life Testing) 시험은 GMW 8287의 표준규격서에 제시된 초가속수명 시험방법으로 미국 GE에서 제시하여 정형화된 프로세스로 국내에서도 잘 알려진 5단계 시험 절차를 따른다. 시험의 각 단계는 가혹도가 낮은 단계에서 높은 단계로 올라가도록 구성되어 있으며, 또한 제품의 마진을 먼저 파악하고 마진 내에서 스트레스를 변화시키는 구성으로 되어 있다. 이러한 이유로 이 시험법은 HALT 시험에서 가장 전형적으로 통용되고 있다.

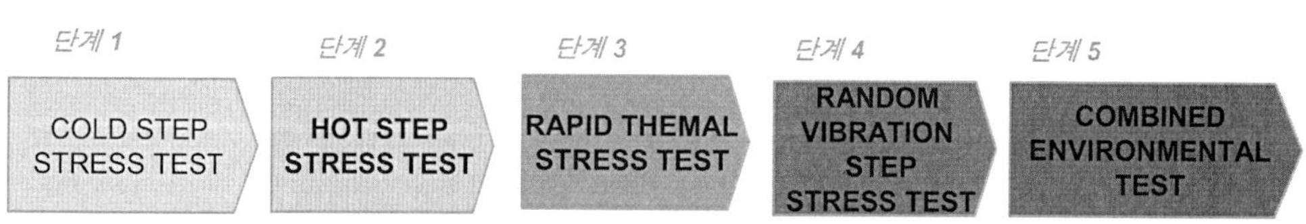

그림 1.35 HALT의 5단계 시험법

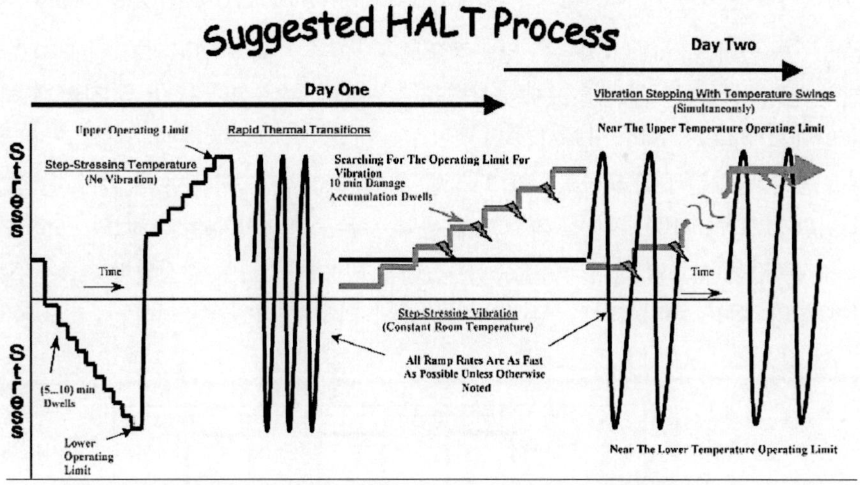

그림 1.36 GMW 8287에 제시된 HALT 프로세스

1.3.4.1 온도스텝 스트레스 시험(Thermal Step Stress Test : Cold, Hot)

온도스텝 스트레스 시험은 그림 1.37과 같이 상온(20~30℃)에서 시작하여 일반적으로 10℃ 간격으로 온도를 증가·감소시킨다. 그러나 특별한 경우에는 20℃의 온도를 증가·감소할 수도 있다. 온도 유지시간은 시료의 온도가 충분히 안정화 될 수 있는 시간을 설정하며 일반적으로 5~15분을 설정한다.

온도스텝 스트레스 시험은 시료의 작동한계까지 계속되어 결정되거나 챔버의 최대 온도 범위까지 시행된다. 일단 작동한계가 결정되면 10℃ 범위 안에서 온도를 단계적으로 변화시켜 시료의 작동한계를 넘어 파괴한계나 챔버의 최대 온도 범위까지 시험을 실시한다.

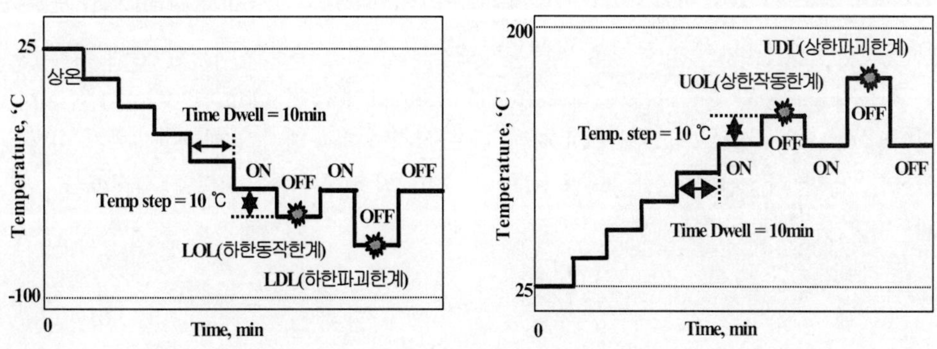

그림 1.37 온도스텝 스트레스 시험

1.3.4.2 급속 온도변화 스트레스 시험(Rapid Thermal Transitions Test)

급속 온도변화 스트레스 시험은 일반적으로 3사이클 시험이 완료되기 전에 시료의 고장이 발생하지 않는다면 최소 3사이클 시험을 수행한다. 온도의 변화율은 장비가 허용하는 범위 안에서 가능한 빨리 변화시킨다.

온도변화 범위는 LOL과 UOL의 5℃ 범위 안에서 설정한다. 예를 들어 만약 LOL이 -50℃이고 UOL이 +100℃이면, 최소한 허용되는 온도변화 범위는 -45℃와 +95℃가 된다. 온도 유지시간은 시료에 부착되어 있는 열전대의 반응에 의하여 결정되며 최소한 5분 이상이어야 한다. 온도 유지시간은 시료의 열용량에 의해 변화될 수 있다.

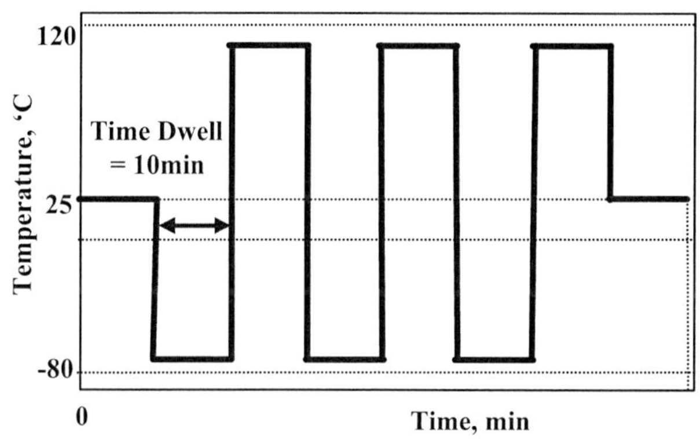

그림 1.38 급속 온도변화 스트레스 시험

1.3.4.3 진동스텝 스트레스 시험(Vibration Step Stress Test)

진동스텝 스트레스 시험은 5Grms나 10Grms에서 시작하며 일반적으로 5Grms씩 증가시키며 실험을 실시한다. 최소 진동 유지시간은 10분이며 10분의 시간이 끝난 후에 기능적인 성능측정을 실시한다. 기능측정은 각 단계마다 반드시 측정하여야 하며 최소 10분의 시간은 유지하여야 한다. 각 진동시험의 마지막에는 높은 진동조건의 과도한 힘에 의해 발생되는 검출가능고장을 검증하는 단계로 “tickle vibration level”(5Grms + 3Grms)를 실시하는 것이 좋다. 진동시험은 시료의 UOL까지 계속 실시하거나 챔버의 최고한계까지 시험을 실시한다. 일단 작동한계가 결정되면 UDL나 챔버 최고한계까지 시험을 실시한다.

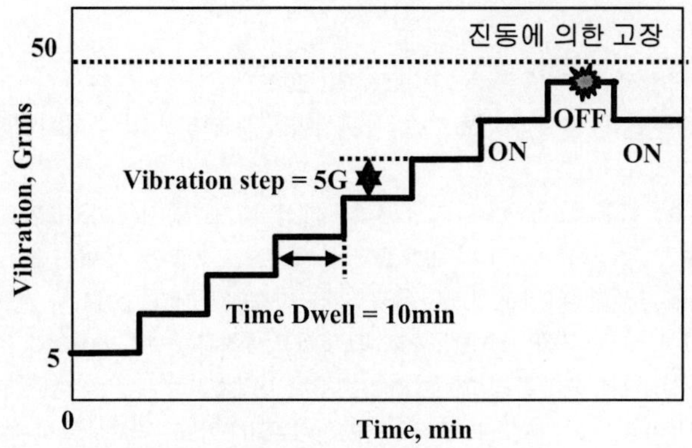

그림 1.39 진동스텝 스트레스 시험

1.3.4.4 복합환경 스트레스 시험(Combined Environment Stress Test)

복합환경 스트레스 시험은 5사이클 안에 파괴고장이 발생하지 않는다면 최소 5사이클을 수행한다. 최소 유지시간은 10분을 기본으로 한다. 진동조건은 진동스텝 스트레스 시험에서 정해진 최대 진동조건을 5단계로 나누어 적용한다. 예를 들어 진동스텝 스트레스 시험에서 정해진 시료의 파괴고장이 35Grms에서 발생하였다면 초기 진동조건은 7Grms가 되며 증가분은 역시 7Grms가 된다.

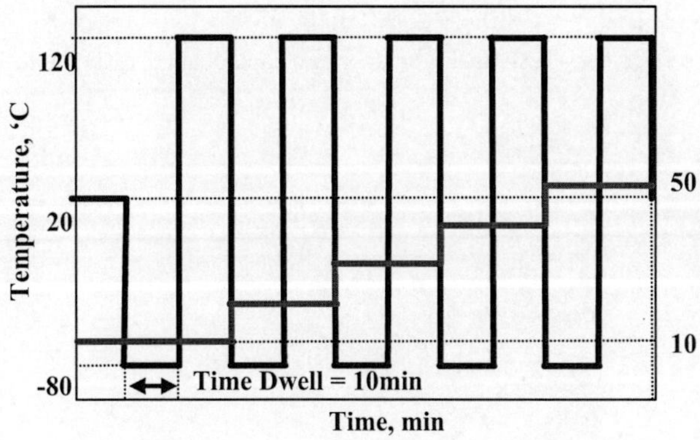

그림 1.40 복합환경 스트레스 시험

참고문헌

[1] 신뢰성용어 해설서, 산업자원부 기술표준원, 2003
[2] 신뢰성평가 전문인력 양성과정(초고속 신뢰성평가를 위한 가속수명시험), 산업자원부 기술표준원, 2003
[3] 정해성, 권영일, 박동호 공저, 신뢰성 시험 분석 평가, 영지문화사, 2005
[4] 강영식, 김태구, 황영하 공저, 신뢰성공학과 응용, 도서출판 동화기술, 2007
[5] 임무생, 자동차부품의 신뢰성엔지니어링, 한국학술정보(주), 2011
[6] 심화교육과정-신뢰성 공학, 한양대학교 신뢰성분석연구센터, 2005
[7] 특집-품질과 신뢰성, 국방품질 19호, 2002
[8] 가속수명시험 Guideline(1부 가속시험의 개요), 수원대학교 신뢰성혁신센터, 도서출판 아이엔지, 2004
[9] 가속수명시험 Guideline(2부 가속시험의 설계), 수원대학교 신뢰성혁신센터, 도서출판 아이엔지, 2004
[10] 가속수명시험 Guideline(3부 가속수명시험 데이터 분석), 수원대학교 신뢰성혁신센터, 도서출판 아이엔지, 2004
[11] 신뢰성시험 Guideline, 수원대학교 신뢰성혁신센터, 도서출판 아이엔지, 2004
[12] GMW 8287-Highly Accelerated Life Testing, GM Worldwide Engineering standards-Test procedure analysis, 2004
[13] 김상섭, 박성태, 박태원, 백운경, 이덕영, 홍동표 공역, 차량 동역학, 진샘미디어, 2002
[14] SAE J670, Vehicle Dynamics Terminology, 2008
[15] 박보영, 허승진 공저, 차량동역학, 문운당, 2005
[16] ISO 2631, Mechanical vibration and shock-Evaluation of human exposure to whole-body vibration
[17] 安部正人, 자동차의 운동과 제어, 동경전기대학, 2008
[18] ISO 3882, Passenger cars-Test track for a severe lane-change manoeuvre-Part 1: Double lane-change

02

Interconnect design 및 테스트 기술

2.1 소개

2.1.1 테스트의 범위

생산되는 제품의 특성은 일반적으로 그림 2.1에 나타난 바와 같이 정규분포 함수를 따르게 된다.

예를 들어 10KΩ 저항이 표준편차 1%의 공정에서 제조되었다고 한다면, 68%의 저항값은 9.9KΩ에서 10.1KΩ 사이의 값을 가질 것이고 95.4%의 저항값은 9.8KΩ에서 10.2KΩ 사이의 값을 가질 것이다. 또한, 99.7%는 9.7KΩ에서 10.3KΩ 범위 안의 값을 가지게 될 것이다. 3σ에 해당하는 제품만이 문제가 없는 부품이라 하고, 만약 15,000개의 보드(board)가 각 20개의 저항을 가지고 있다면 전체 300,000개의 저항 중 900개의 저항이 문제가 될 것이다. 만약 각 저항이 각기 다른 보드에 위치한다면 이것으로 인해 보드의 수율은 94%가 될 것이다.

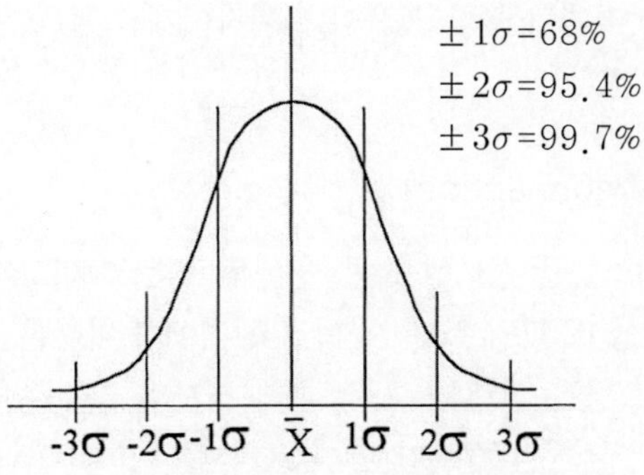

그림 2.1 정규분포 함수

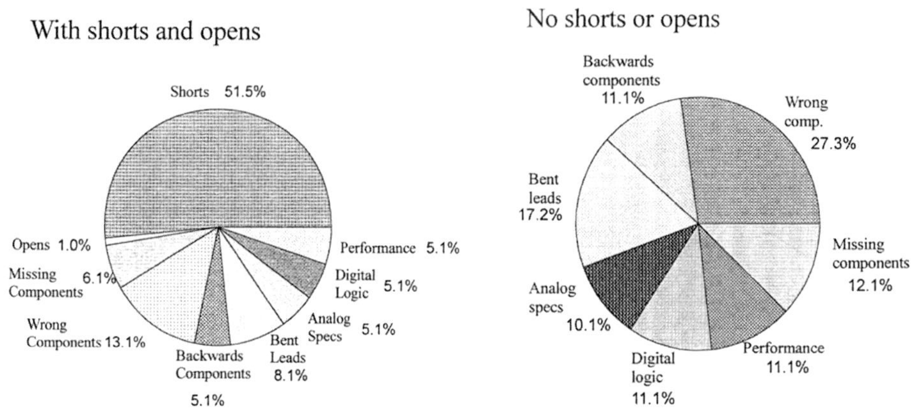

그림 2.2 결함 발생의 원인

4σ 제조공정은 각 구성 부품별, 각 공정 단계별로 63ppm의 결함만을 일으킨다. 63ppm이라는 수치는 매우 작은 수치로 보일 수 있으나 만일 어떤 제품이 10,000개의 구성 부품과 공정 단계를 가지고 있다면 해당 제품 100개 중 47개의 제품은 결함을 가지게 된 것을 의미한다. 물론 이때 결함을 가지게 되는 부품이 100개의 제품에 균일하게 나누어져 있다면 최악에 100개의 모든 제품이 문제될 수 있다.

6σ 제조공정은 각 구성 부품별, 각 공정 단계별로 단 0.002ppm의 결함만을 일으킨다. 위에서 예를 들은 것과 같은 제품이 6σ 제조공정에서 만들어진다면 10,000개의 제품 중 오직 2개의 제품만이 결함을 가지게 된다.

구성요소의 결함과 공정 오차는 수율에 굉장히 커다란 영향을 미치게 된다. 그러므로 엄격한 품질관리가 반드시 이루어져야 한다.

그림 2.2는 결함을 일으키는 원인에 대한 분포도를 나타낸 것이다. 대부분의 결함은 단락 회로(short circuit)에 의해서 발생된다. 단락과 개방회로(open circuit)에 의해 발생되는 문제를 제외하면 잘못 사용한 부품이 결함을 일으키는 가장 큰 원인이 된다. 이렇게 발생되는 문제들을 사전에 찾아내어 불량 제품이 소비자에게 전달되는 것을 방지하는 것이 테스트의 역할이라 할 수 있다.

2.1.2 인터컨넥션(Interconnection)

엔지니어는 디지털 시스템을 정보의 흐름, 전력의 흐름, 그리고 타이밍(timing)의 관점에서 바라보게 된다. 예를 들어, 그림 2.3은 공학적 관점에서 바라본 현대 멀티컴퓨터의 노드(node)이다. 그림의 화살표들은 신호의 프로토콜과 정보의 흐름을 나타내며, 각 구성요소들에 대해서는 전력 정보와 타이밍 정보가 함께 표기되어 있다. 이러한 요소들은 서로 독립된 변수들처럼 보이지만 사실은 그렇지 않다. 예를 들어, 사용할 신호 프로토콜을 결정할

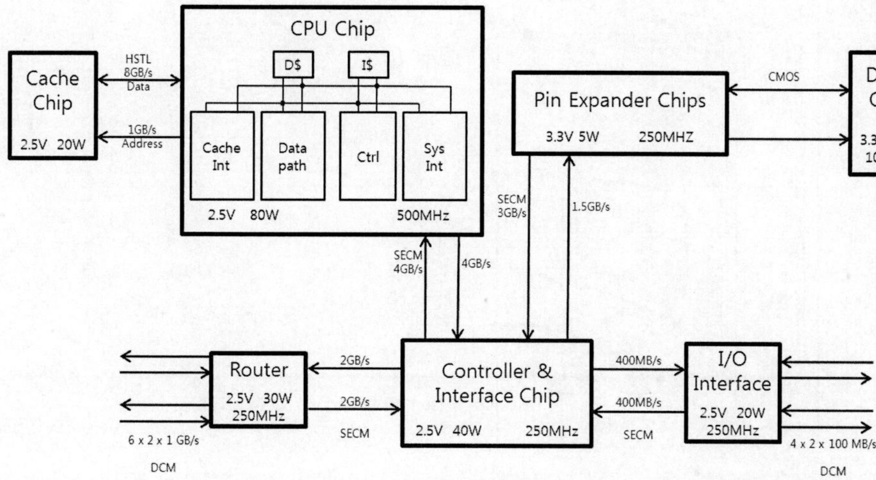

William J.Dally et al., *Digital Systems Engineering,* 1998.

그림 2.3 멀티 컴퓨터 노드의 시스템 다이어그램

때에도 구성요소의 사용 가능한 대역폭뿐만 아니라 프로토콜의 소비 전력 역시 고려의 대상이 되어야 한다.

이 시스템의 중앙처리장치는 데이터 라인(data line), 어드레스 라인(address line)을 통해 캐쉬 칩(cache chip)들과 연결되어 있으며 두 개의 단방향 채널(channel)을 통해 컨트롤러 칩과 연결되어 있다. 컨트롤러 칩은 차례차례 라우터(router), 입출력 인터페이스(interface), 다이내믹 램(DRAM : Dynamic Random Access Memory) 등과 연결되어 있다. 라우터는 다른 노드들과의 통신을 위한 여섯 개의 양방향 채널을 가지고 있으며, 입출력 인터페이스(interface)는 주변기기들과의 연결을 위한 네 개의 채널을 가지고 있다. 이 모두가 이 시스템에서의 인터컨넥션이다.

그림 2.4는 시스템에서 제일 하위단의 칩 내부의 본딩 와이어(bonding wire), 회로 기판(PCB : Printed Circuit Board)의 도선, 회로 기판 사이의 소켓 등을 보여 주고 있으며, 여러 단계를 통하여 최종적으로 샤쉬 밖의 시스템과 상호 연결되는데, 중간 과정에 거쳐야 하는 여러 구성요소들 모두 인터컨넥션의 일부로 생각되어야 한다.

그림 2.5는 칩간의 인터컨넥션을 좀 더 세부적인 부분을 보여 주고 있다. 본딩 와이어와 패키지의 볼, PCB 선, 비아(via), AC-Coupling 커패시터, 터미네이션(termination) 저항 등이 포함되어 있다.

이렇듯 어떤 시스템에서든 인터컨넥션은 상당한 비중을 차지하고 있다. 시스템이 점점 더 커지고, 더 고속화됨에 따라 신호들은 물리적으로, 그리고 전기적으로도 더 멀리 전송되어야만 하며, 인터컨넥션에서 생기는 전기적인 문제로 인하여 그 같은 전송이 제한되는 경우가 많다.

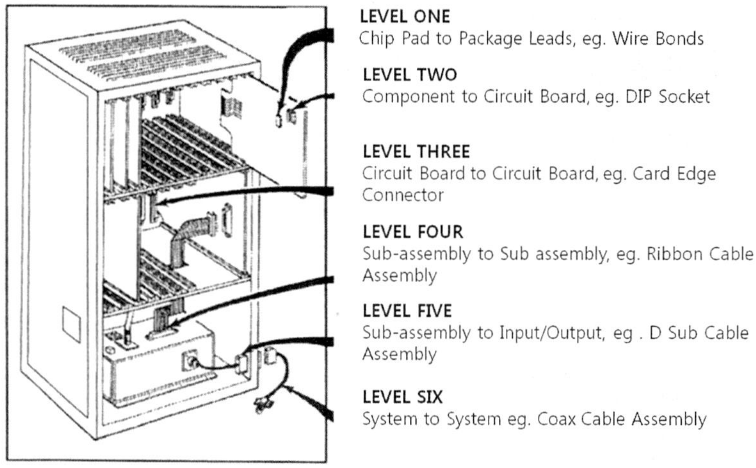

그림 2.4 패키지의 단계

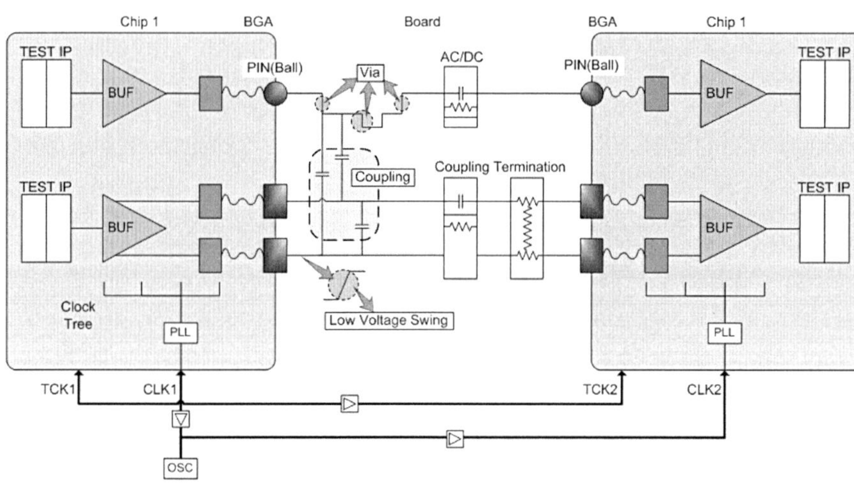

그림 2.5 칩 간 인터컨넥션의 개략도

따라서 적절한 인터컨넥션의 테스트는 제품생산의 품질을 결정하는 중요한 부분임을 감지할 수 있다. 그림 2.6에서 보여주는 바와 같이 칩이나 시스템 간 인터컨넥션은 ISI(Inter Symbol Interference), SSN(Simultaneous Switching Noise), 타이밍, 크로스톡 등과 같은 문제를 일으킬 만한 요소를 많이 가지고 있다. 위 요소들 중 어떠한 것이라도 시스템의 고장을 일으킬 수 있으므로, 인터컨넥션과 신호 무결성은 매우 조심스럽게 다루어져야 하는 중요한 주제이다.

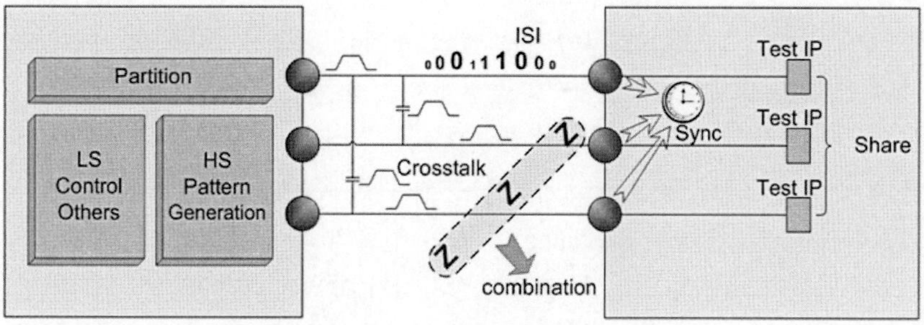

그림 2.6 인터컨넥션에서 발생되는 문제

2.2 인터컨넥션 배경지식

2.2.1 PCB(Print Circuit Board) 도선

PCB상에서 도선은 마이크로스트립(microstrip)과 스트립라인(stripline)으로 구분 지을 수 있다. 마이크로스트립의 전자기장은 대칭적이지 않고 순수한 TEM 모드(Transverse Electromagnetic mode)가 아니다. 또한 위상속도가 주파수 의존적이다. 따라서 사용하는 주파수에 따라서 그림 2.7과 그림 2.8에서의 폭(w), 두께(t), 유전체의 두께(h) 등을 조절하여 임피던스를 잘 고려하여 설계하는 것이 요구된다. 스트립라인은 유전체의 윗면과 아랫면에 두 도체가 부착되어 있고 이 유전체가 PCB 도선을 감싸고 있는 구조를 말한다. 이와 같은 구조 때문에 마이크로스트립과 비교하여 몇 가지 장점이 있다. 구조 안에 전자기장을 가두기 때문에 이에 대한 크로스톡에 대해 강하다. 또한, 위아래 도체는 기준면으로 작용하여 내부 도선의 자기장을 완전히 상쇄시킬 수 있다.

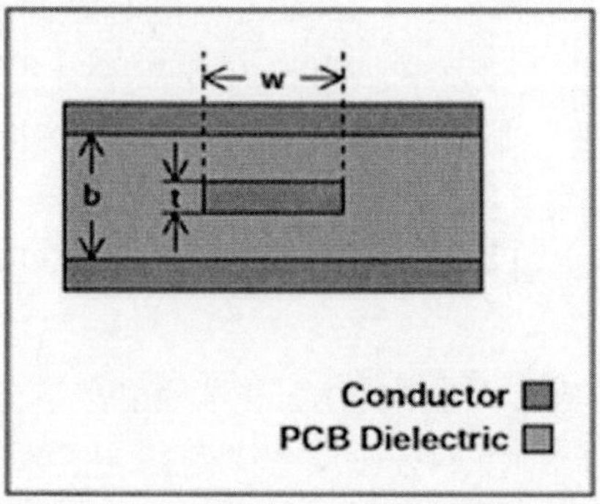

그림 2.7 스트립라인

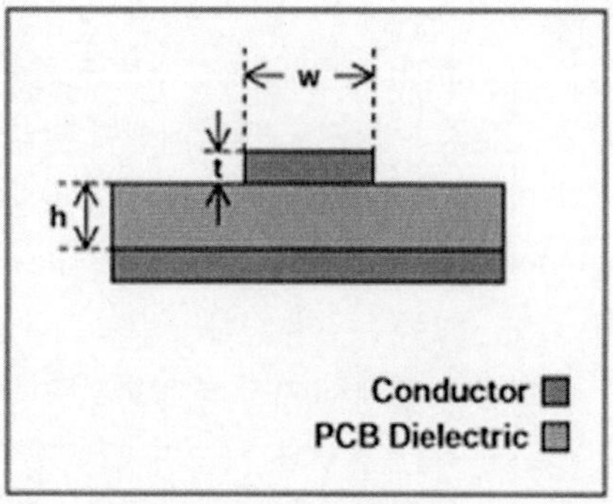

그림 2.8 마이크로스트립

PCB 도선의 임피던스 매칭은 채널의 반사계수를 줄이는데 중요한 역할을 한다. 따라서 도선의 특성 임피던스 조절은 고속 시스템 설계에서 필수적이라고 할 수 있다.

통상 유전체 및 도체의 두께는 PCB 공정에서 고정된다. 따라서 이러한 특성 임피던스의 조절은 선폭으로 하게 된다. 그러나 실제 신호가 전파되는 과정에서 주파수에 따른 임피던스에 변화가 생기기 때문에 시뮬레이션을 통해 관심 주파수에서 임피던스 매칭을 시키는 것이 필요하다. 또한 실제 에칭(etching)이 끝난 선로의 폭은 설계 값과 다를 수도 있다. 제조과정에서 도선의 윗면에 있는 구리의 가장자리가 에칭이 되어 없어지게 되는데 이 때문에 도선 폭은 원하는 값보다 작아질 수 있다.이러한 오차를 최소한으로 하기 위해서 설계 초기 단계에서 PCB 제조공정의 유전체와 도선 두께를 미리 정해 가능하다면 선폭을 두껍게 할 수 있는 방향으로 설계를 진행하는 것이 좋다.

2.2.2 적층구조

PCB의 제작에 있어서 가장 우선적으로 고려되어야 할 부분 중에 하나가 적층구조이다. 과거의 경우 전원 및 신호선의 밀도가 PCB 층수를 결정하는데 가장 중요한 요소였다. 그러나 시스템의 고속화됨에 따라 단순히 설계에 필요한 층에 의해 층의 수를 결정하는 것이 아니라 잡음의 최소화, 신호 카테고리의 부분화, 임피던스 컨트롤, 전원 및 접지판의 임피던스 등 시스템의 성능 및 요구조건을 충족시키기 위해서 층의 수가 결정된다.

전원은 어떤 시스템의 성능을 결정짓는 중요한 요소이다. 신호의 '1'과 '0'의 판단을 전원과 접지의 전압으로 이루어지므로 전원층과 접지층은 전달되는 신호의 질과 직접적인 관련이 있다. 즉 전원 공급망의 안정화는 신호의 마진(margin)을 늘리는 것을 의미한다. PCB에서 전원층과 접지층은 전원의 전류패스 상 기생 인덕턴스 성분에 중대한 역할을 한다. 기본적으로 시스템 상에서 가장 주가 되는 전원층은 자기선속을 최소화하기 위하여 IC (Integrated Circuit)가 부착된 표면에 가깝게 배치해야 한다. 또한, 수 GHz에서 동작하는 보드에서는 전원층과 접지층을 가깝게 적층구조를 설계해야 한다. 이는 전원층과 접지층간 인덕턴스를 최소화시켜서 시스템의 전류공급을 원활하게 뿐만 아니라 전원층에서 발생하는 표피효과에 의한 반작용을 최소화 시켜준다. 시스템에서 고속으로 전류를 당겨쓰는 경우 표피효과에 의해서 전자가 전원층 표면을 통해 이동하게 된다. 이 경우 순간적으로 같은 전원층 내에서도 전압레벨이 달라지며, 이 때문에 전원층 내에서 신호전류의 귀환패스가 발생하여 전체에 노이즈가 발생한다. 이러한 현상을 막아주기 위해 전원층 바로 인접한 곳에 접지층을 배치하여 신호전류의 귀환패스가 접지층에 생길 수 있게 하여 전원층의 노이즈를 막아주어야 한다.

고속 시스템에서 가장 최적화된 전원공급 회로망은 시뮬레이션을 통해 검증한 후 실제 테스트를 통한 튜닝과정을 거치는 것이 필요하다. 이는 다음과 같은 과정을 거친다.

① 네트워크 어널라이저(Network Analyzer)를 통해 프로토타입 보드를 측정한다. 이의

출력값을 변환하여 주파수에 따른 임피던스로 값을 구한다.

② 스펙트럼 어널라이저(Spectrum Analyzer)를 통해 전원층의 주파수에 따른 전압값을 구한다.

③ 위의 값을 통하여 식을 구한다.

$$I(f) = \frac{V(f)\ \text{스펙트럼 어널라이저}}{Z(f)\ \text{네트워크 어널라이저}}$$

④ 위 순간전류의 분석을 통해 디커플링 커패시터로 시스템을 조절할 수 있으며 시스템의 전원공급 회로망을 보다 안정화 시킬 수 있게 된다.

2.2.3 공통모드와 차동모드

시스템이란 말은 여러 가지 의미를 내포하고 있지만 일반적으로 어떤 환경에서 무언가를 감지하여 이것이 미리 정의된 어떤 조건과 맞아 떨어질 때 특정 동작을 수행하는 계라고 정의할 수 있다. 전자공학의 경우 이러한 시스템은 전압과 전류의 컨트롤을 통하여 동작을 수행시킨다. 여기에서 의미하는 전압과 전류의 컨트롤이란 전하의 변화를 의미한다. 이때 전하에 변화가 생기면 페러데이의 법칙에 따라 이 움직임을 억제하는 방향으로 반작용이 발생하게 된다. 실제로 의도하지 않은 반작용은 시스템의 정상된 동작을 방해하고, 일반적으로 시스템 상에서 '0'에서 '1'로 혹은 '1'에서 '0'로 동작할 때의 반작용은 RF 에너지의 형태로 발생하게 된다. 과거 동작속도가 낮은 경우는 시스템에서의 전압상태변화에 따른 상승시간, 하강시간도 낮을뿐더러 변화 자체의 발생이 느리기 때문에 큰 문제를 발생시키지 않았다. 하지만 최근의 Gbps급 고속 시스템의 경우는 신호주기가 짧아짐에 따라서 상승에지와 하강에지가 더욱 날카로워지고 그 발생 빈도 자체도 더 많아져 이러한 RF 에너지가 시스템 상에서 큰 문제로 대두되었다.

RF 에너지는 크게 공통모드와 차동모드 전류에 의해서 전파되며 이에 대한 분석을 위해서 공통모드와 차동모드에 대해서 상세히 알아야 할 필요가 있다. 그림 2.9는 공통모드와 차동모드 전류의 발생에 대해 보여준다. PCB의 마이크로스트립과 스트립라인은 동축케이블처럼 완전히 차폐된 환경에서 동작할 수 없으므로 서로 상쇄되지 않은 나머지 성분이 EMI 발생원이 된다. 움직이는 방향이 서로 반대인 신호와 귀환 경로의 전류를 차동모드전류라고 한다. 두 경로 사이의 위상차가 정확하게 180도가 되면 RF 차동모드 전류는 상쇄되게 된다.

그러나 전원공급 회로망에서 부품으로 전류가 공급될 때 발생하는 접지변동(ground bounce)과 전원층 변동(power plane fluctuation) 때문에 공통모드가 발생한다. 차동모드 신호들은 원하는 데이터를 잘 전송할 수 있으며 서로 반대방향의 전자기장을 발생시키기 때문에 합성될 때 영향은 줄어들어 이들의 적절한 배치를 통하여 상쇄시킬 수 있다.

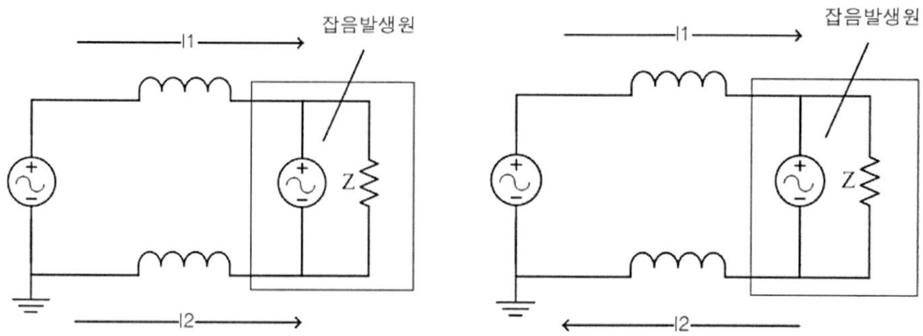

차동모드 전류 $I_{total} = I_1 - I_2$ 공통모드 전류 $I_{total} = I_1 + I_2$

그림 2.9 공통모드 전류와 차동모드 전류

회로의 부품이 차동모드 전류를 보내면 부하에서 이를 받게 된다. 이때 같은 크기의 귀환전류가 반드시 흐르게 되는데 이 두 전류는 크기가 같고 흐르는 방향이 서로 반대인데 이것이 일반적으로 말하는 차동모드 동작이다. 공통모드 전류는 신호와 귀환 경로에 모두 존재하는 RF 에너지의 성문으로 통상 같은 위상을 갖는다. 따라서 차동모드 전류의 경우 신호선과 귀환경로에 의해 발생된 전자장이 서로 상쇄시켜 감소시키는 방향으로 진행되는 것에 비해 공통모드 전류에 의해 발생된 전자장은 신호선과 귀환경로에 존재하는 전류에 의한 전자장의 합한 양이 된다. 이는 경우에 따라서는 상당한 양이 될 수 있으며, 특히 입출력 케이블에서 발생하는 방출의 주요 원인이 된다. 예를 들어 두 차동신호의 전류 위상이 완전히 반대가 되지 않으면 전류들은 상쇄되지 않는데, 상쇄되지 않고 남은 RF 전류가 공통모드 전류가 된다. 이러한 공통모드 전류는 RF 에너지 방사를 일으키는 주요 발생원이며 의도되지 않은 에너지이기 때문에 유용한 정보를 담고 있지 않다.

공통모드는 전원층과 접지층과 같이 부품들이 공통으로 사용하는 금속구조에 흐르는 여러 전류들에 의해 생기게 된다. 보통 전류가 전원층과 접지층에서 의도하지 않은 경로를 통해 흐르게 되어 발생한다. 공통모드 전류는 귀환 전류가 원래의 신호경로와 결합이 되지 못할 때나 여러 신호 도체가 귀환평면의 어떤 구역을 함께 사용할 때 발생한다. 접지층은 일정한 임피던스 값을 가지고 있으므로 이 공통모드 전류가 같은 판 내에 전압차이를 만든다. 발생한 전압은 다른 도체표면이나 신호 도선에 전류를 만들어 EMI를 방사하는 안테나로서 동작하게 한다. 따라서 공통모드에 의해 발생하는 문제에 대한 핵심은 기판에서 전원 공급 전류와 귀환 전류의 경로를 이해하여 전원층과 접지층의 위치와 이 판 안의 전류를 적절히 제어하고 시스템에서 적절한 방식으로 RF 에너지에 대한 접지를 만들어주는 것이다.

2.2.4 자기선속 상쇄

앞에서 시스템 상에서 RF 에너지가 발생하는 원인과 이와 관련하여 공통모드 전류와 차동모드 전류에 대하여 알아보았다. 이렇게 발생하는 RF 에너지는 맥스웰 방정식에 따라 시스템 상에서 RF 경로가 생기는 면적 안의 자기선속을 발생시켜 시스템의 동작을 억제하는 방향으로 에너지를 발생시킨다. 이러한 문제를 없애기 위한 최선의 방법은 자기선속을 상쇄시키는 것이다. 이를 위한 가장 손쉬운 방법은 신호선 바로 옆에 영상판(image plane)을 만들어 주어서 RF 귀환경로를 만들어 주는 것이다. 이와 관련된 상세한 기술은 아래와 같다.

- 다층 기판에서 적절한 적층 배열과 임피던스 억제를 사용한다.
- 주기 신호에 대해서는 귀환 경로용 접지층은 아주 가깝게 배선한다.
- 주기신호 발생 회로와 관련하여 RF 에너지를 줄이기 위해 가능한 낮은 구동 전압을 사용하는 설계를 한다.
- 부품에서 RF 에너지가 방사되는 것을 막기 위하여 접지층은 부품 주위에 배선한다.
- 시스템 상에서 허락하는 한 RF 에너지의 방사가 작은 부품을 선택한다. 즉, 시스템 스펙이 만족시키는 한도 내에서 최대한 에지율이 작은 느린 부품을 사용한다.
- 전원층과 접지층 구조에서 접지 잡음전압을 줄인다.
- PCB 상에서 스위칭이 많은 부품이 배치된 부품들에 대해서는 디커플링을 충분히 하도록 한다.
- 링잉(ringing), 오버슈트(overshoot), 언더슈트(undershoot)를 막기 위해 반드시 적절한 토폴로지로 종단(termination)시켜 준다.
- 필요한 부분에 대해서는 데이터선 필터와 공통모드 초크(common-mode choke)를 사용한다.
- 외부와 연결되는 입출력 단자에 대해서는 적절한 바이패스 커패시터를 달아 준다.
- 내부에서 많은 RF 에너지를 방사시키는 부품에 연결하는 열발산 판은 반드시 접지를 시킨다.

PCB에서 발생하는 RF 에너지의 방출 대부분은 공통모드 전압과 전류에 의한 것이다. 위의 기술들은 이러한 공통모드 전압과 전류를 적절히 다루어 시스템이 원하는 성능을 낼 수 있도록 도움을 주는 방법으로 결국 근본적인 맥락은 RF 귀환 전류가 흐르는 루프가 중간에 끊어지지 않게 하는 것과 그 면적을 최소화시키는 것이라 할 수 있다.

2.2.5 전송선로(Transmission Lines)

전기적 길이(Electrical Length)는 매질의 길이를 매질에서 전파하는 신호의 파장으로 나눈 것으로, 신호의 파장 대비 도선, 선로의 길이를 말한다. 일반적으로 단위는 파장 'λ'를 사용하며, 0.5λ, 2λ, 3.5λ 등으로 표현된다. 전기적 길이는 신호의 파장을 기준으로 삼기 때문에 두 신호가 '물리적으로' 같은 길이의 선로로 전파되더라도 '전기적' 길이는 달라진다.

그림 2.10에서 (a)와 (b) 두 신호는 d만큼의 거리를 진행하지만 신호 (b)의 파장 λ_2가 신호 (a)의 파장 λ_1의 1/3의 값을 가지므로 신호 (a)의 경우는 d/λ_1만큼의 전기적 길이를, 신호 (b)의 경우는 $3 \cdot d/\lambda_1$만큼의 전기적 길이를 진행하게 된다. 즉, 주파수가 높은 신호일수록 물리적으로 같은 거리를 진행하더라도 전기적으로는 먼 거리를 진행하는 것이 된다.

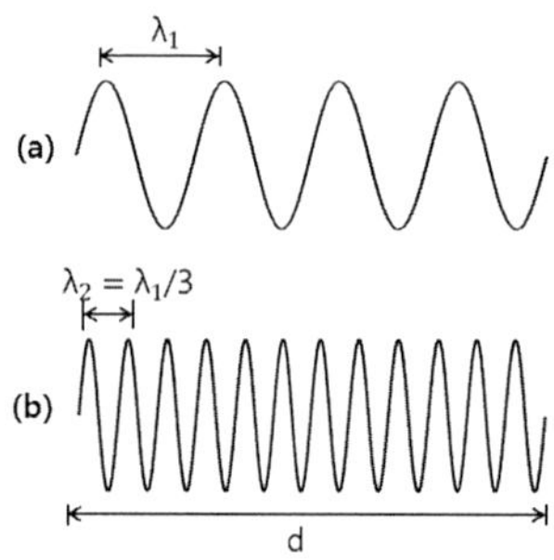

그림 2.10 주파수와 파장

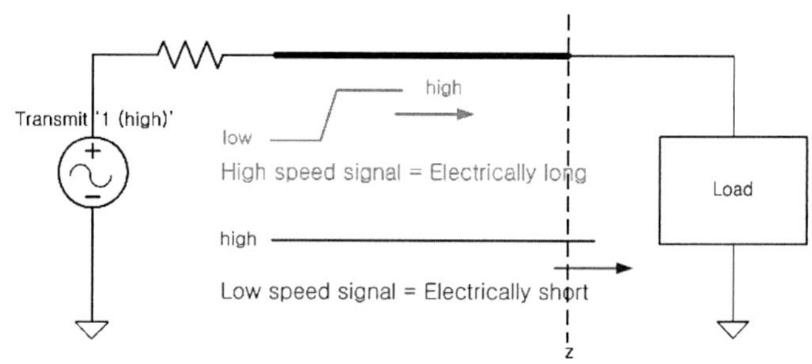

그림 2.11 신호 속도에 따른 전기 길이

또한 신호의 주파수가 증가됨에 따라 선로길이 대비 신호의 파장이 짧아지게 되고 그 결과 기존 전기회로 해석법에서 하나의 노드로써, 거리에 관계없이 같은 전위를 가지는 것으로 가정하던 구간에서도 도선의 위치와 신호의 위상에 따라 전위의 차이가 발생하게 된다.

따라서 수백 Mhz의 동작 주파수를 넘어서는 고속 시스템의 경우 PCB상의 짧은 선로라 하더라도 전기회로 해석에서 사용되는 노드 개념이 아닌 전송이론에서 사용되는 전송선로의 개념을 사용하여 해석해야 한다.

전송이론에서의 전송선로는 그림 2.12와 같이 R, L, G, C의 성분을 가진 것으로 모델링되며, 회로 해석에서와 같이 집중정수회로(lumped circuit) 모델이 아닌 단위길이당 성분을 가진 분포정수회로(distributed circuit)로 모델링한다.

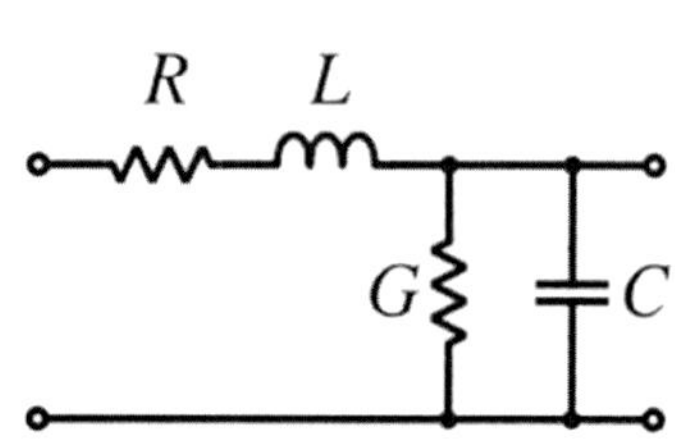

그림 2.12 전송선로의 모델링

2.2.6 시스템 분할

다층 PCB를 사용할 때 전원층과 접지층을 몇 개의 부분으로 나뉘게 되는 경우가 있다. 아날로그 회로를 디지털 회로와 분리, 입출력 연결도선들을 서로 분리, 전압기준 구역들을 서로 분리, 부품들을 서로 격리하는 경우 등의 경우에 판 분할을 시킨다. 그림 2.13은 판 분할의 몇 가지 예시이다. 이러한 판 분할에서 중요한 목적은 RF 귀환전류가 PCB를 통해 정해진 경로를 흐르게 하기 위함이다. 이를 통해 어떤 특정 부분의 RF 에너지가 시스템의 다른 부분에 영향을 미치지 않게 하는 것이다. 이와 관련된 중요한 문제 중 하나는 분할된 판이 서로 겹치지 않도록 설계하는 것이다.

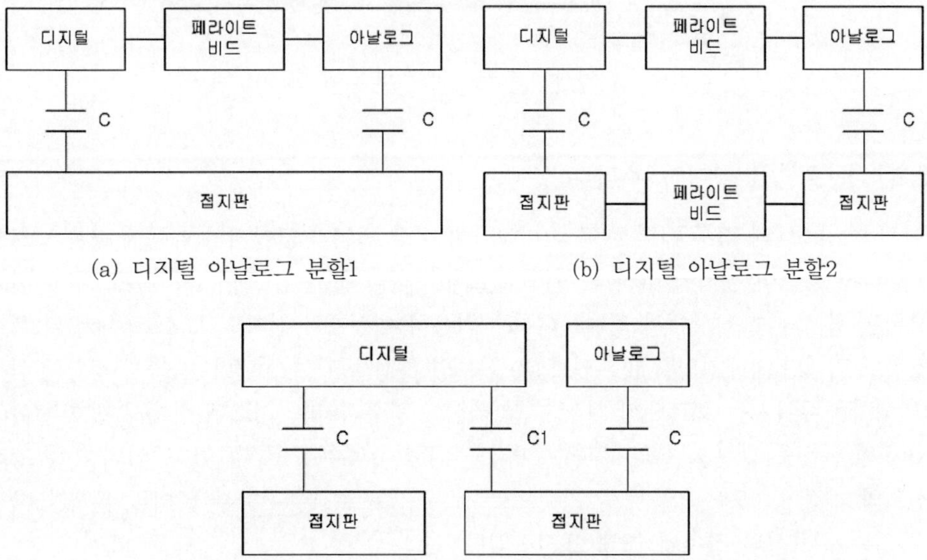

(a) 디지털 아날로그 분할1 (b) 디지털 아날로그 분할2

(c) C1 커패시터에 의해 디지털 스위칭 잡음이 아날로그 접지로 유기되는 경우

그림 2.13 여러 가지 판 분할 구조

판이 겹치게 되면 그림 2.13(c)에서 볼 수 있듯이 겹친 판 조각 사이에 커패시터 C1이 발생한다. 이 커패시터는 RF 에너지가 잡음이 없는 깨끗한 분할 판으로 넘어갈 수 있는 다리 역할을 하게 되어 분할의 의미가 없게 된다.

높은 주파수에 대하여 추가로 분리할 필요가 있다면 접지층을 분리하여 페라이트 비드를 사용하여 두 분할구역을 나누는 경우가 있다. 이 기술을 적용할 때는 주의를 기울여야 하는데, 두 판이 모두 고주파 RF 잡음을 가지고 있으면 보통 두 판을 아예 분리하는 것이 좋다. 디지털 접지기준과 아날로그 접지기준이 서로 같고 부품 동작에 필요한 전원이 아날로그 전원인 경우는 분할된 두 판 사이에 페라이트 비드를 연결해야 한다. 그림 2.14는 설계하여 만든 시스템 상의 판 분할의 예이다.

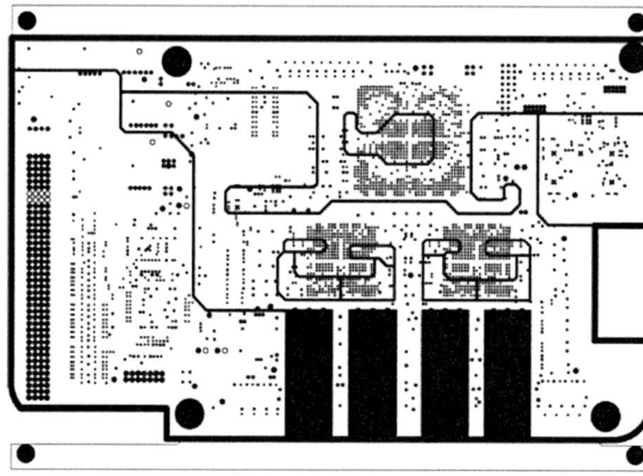

그림 2.14 설계한 40G 계측기 보드의 판 분할의 예

2.2.7 신호선의 길이와 주파수

고속 시스템의 경우 채널 길이와 비교하여 파장 길이가 짧아지기 때문에 같은 노드에서 보더라도 도선의 위치에 따라 파형이 다르게 나타나게 된다. 또한, 이러한 고주파 신호는 오픈된 경우도 보드 상에서 커패시터처럼 작용하여 신호가 전파되고, 쇼트(short)된 회로의 경우도 임피던스 매칭되지 않으면 오픈 회로의 특성을 지니게 된다. 따라서 정확한 시스템의 해석을 위해서는 회로해석 시 전송선 해석이 필수적이다. 시스템 상에서 신호가 이러한 RF적인 특성을 갖는 신호의 주파수 파장을 위험 주파수로 볼 수 있다. 이에 대한 조건은 신호의 파장이 λ/20 작은 때를 기준으로 삼는다. 표 2.1은 주파수에 대한 문제가 발생할 수 있는 신호선의 길이에 대해 표시하였다.

표 2.1 주파수에 따른 문제를 발생시킬 수 있는 도선의 길이

주파수	λ	λ/2π	λ/20
10MHz	30.0m	4.8m	1.50m
35MHz	8.57m	1.4m	0.43m
50MHz	6.00m	95cm	0.30m
80MHz	3.75m	60cm	0.19m
100MHz	3.00m	48cm	0.15m
160MHz	1.88m	30cm	9.4cm
200MHz	1.50m	24cm	7.5cm
400MHz	75cm	12cm	3.6cm
600MHz	50cm	7.9cm	2.5cm
1000MHz	30cm	4.8cm	1.5cm

2.3 인터컨넥션에서의 문제

2.3.1 반사(reflection)

구동하는 회로나 전송선로의 특성은 한 장치에서 다른 장치로 전송되는 신호의 품질에 매우 커다란 영향을 미친다. 따라서 신호가 어떻게 전송선로에 인가되고 수신부에서 어떻게 동작하는지를 이해하는 것은 매우 중요하다.

신호원에서 전송선로에 신호를 전송하기 시작할 때 신호의 크기는 전압과 신호원의 내부저항, 그리고 전송선로의 임피던스에 따라 달라지는데, 신호원에서 측정되는 초기 전압은 신호원 내부저항과 전송선로의 임피던스에 의해 나누어지게 된다.

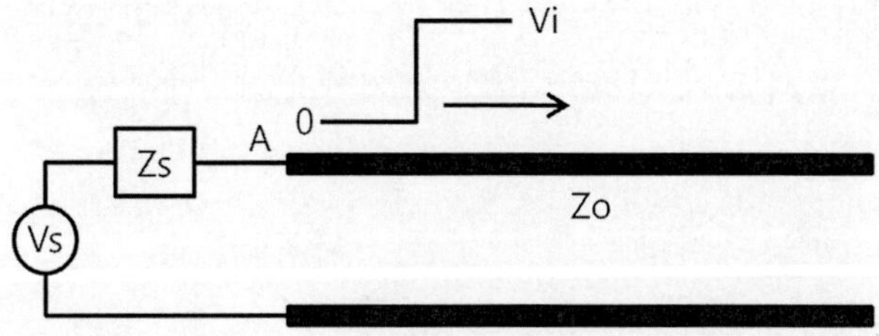

Stephen H. et al., *High-Speed Digital System Design*. 2000.

그림 2.15 긴 전송선로에서 파(wave)의 전송

그림 2.15는 전송선로에 인가되는 초기 신호를 나타낸 것이다. 초기 전압값 V_i는 전송선로의 종단에 도달할 때까지 선로를 따라 전파된다. V_i의 크기는 전압원과 선로의 임피던스에 의해 전압 분배되어 결정된다.

$$V_i = V_s \frac{Z_0}{Z_0 + Z_s}$$

만일 전송선로의 끝이 특성 임피던스와 정확히 일치하는 임피던스로 매칭되어 있다면 V_i의 진폭을 가지는 신호는 접지점까지 전달되며, 선로의 전압 V_i는 전압원이 다시 스위칭할 때까지 유지될 것이다. 이 경우 V_i는 DC 정상상태 전압이 된다. 반면, 만일 전송선로의 종단이 전송선로의 특성 임피던스와 다른 값의 임피던스로 되어 있다면, 신호의 일부분은 접지점으로 전달되어 사라지고 나머지 부분은 전송선로에 남아 신호원으로 반사되어 돌아갈 것이다. 얼마만큼의 신호가 반사될지는 반사계수(reflection coefficient)에 의해 결정되는데, 이 반사계수는 어떤 연결점에서 입사되는 전압과 반사되는 전압의 비로 정의된다. 이 문단에서 연결점은 전송선로의 임피던스 불연속성이 나타나는 지점을 뜻한다. 임피던스

불연속성은 전송선로의 특성 전압이 달라지는 지점, 종단 저항, 또는 어떠한 칩의 입력저항 등에 의해 나타날 수 있다. 반사계수는 아래와 같이 계산할 수 있다.

$$\rho = \frac{V_{reflected}}{V_{incident}} = \frac{Z_t - Z_0}{Z_t + Z_0}$$

여기서 Z_0는 선로의 임피던스이고, Z_t는 불연속 부분의 임피던스이다. 위 식은 신호가 Z_0의 특성 임피던스를 가지는 전송선로에서 진행하던 중 Z_t의 임피던스 불연속지점에 도달하였을 때를 뜻한다. 만일 Z_0와 Z_t가 같은 값을 가진다면 반사계수는 0이 되고 이것은 반사가 일어나지 않는다는 것을 의미한다. 이와 같은 경우를 임피던스 정합이 되었다고 한다.

그림 2.16에서 보이듯, 입사된 신호가 신호선 끝의 Z_t를 만나면 신호의 일부분 $V_i\rho$가 신호원을 향해 반사되어 돌아오고 입사신호와 더해져 전송선로에서의 전압 $V_i\rho + V_i$를 만들어낸다. 반사파가 신호원으로 전달되어 또다시 다른 반사파를 만들어 낼 수도 있다. 이 반사와 재반사는 전송선로가 안정상태에 이르기까지 계속해서 일어난다.

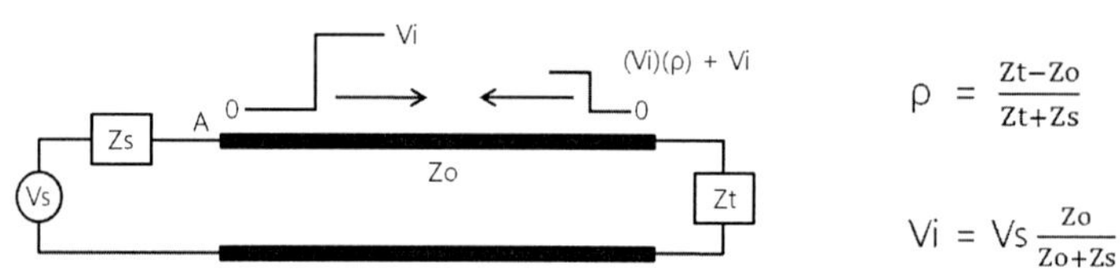

Zo : Characteristic impedance of the transmission line
Zs : Output impedance of the source
Zt : Impedance of the termination
Vi : Initial incident voltage for the transmission line
ρ : Reflection Coefficient

Stephen H. et al., *High-Speed Digital System Design*. 2000.

그림 2.16 매칭되지 않은 부하(load)에서 입사파의 반사

그림 2.17은 특별한 경우의 반사계수들에 대해 나타낸 것이다. 전송선로가 선로의 특성 임피던스와 완벽히 같은 값으로 종단되면 임피던스 불연속은 존재하지 않고, 신호는 반사가 일어나지 않으며 접지점으로 사라지게 된다. 선로의 끝이 개방되거나 단락되게 되면 신호의 전체가 반사되게 되는데, 단락된 경우에는 위상이 180° 바뀌어 반사가 일어나게 된다.

2.3.2 크로스톡(crosstalk)

크로스톡은 한 선로에서 다른 선로로 에너지의 상호작용으로써, 서로 다른 구조물에서 전자기장이 상호작용할 때 발생된다. 디지털 디자인에서 크로스톡은 칩, PCB, 커넥터(connector), 칩의 패키지, 케이블 등에서 매우 광범위하게 일어난다. 더욱이 기술의 발전과

Matched (Zt = Zo)	 There is no reflection	$\rho = \frac{Zo-Zo}{Zo+Zo} = 0$
Open (Zt = ∞)	 Entire signal is reflected	$\rho = \frac{\infty-Zo}{\infty+Zo} = 1$
Short (Zt = 0)	 Entire signal is reflected with opposite phase	$\rho = \frac{0 - Zo}{0 + Zo} = -1$

Stephen H. et al., *High-Speed Digital System Design*. 2000.

그림 2.17 매치, 오픈, 쇼트에 대한 반사계수

소비자의 요구로 인해 제품이 점점 작아지고 빨라지면서 디지털 시스템에서 크로스톡은 급격히 증가하고 있는 추세이다. 따라서 크로스톡은 시스템 디자인에서 중요한 걸림돌로 등장할 것이다. 엔지니어들에게도 크로스톡이 발생되는 원리와 그것을 보상해줄 수 있는 디자인 방법을 배우는 것이 매우 중요하다. 여러 선로가 있는 시스템에서 선로간의 과도한 크로스톡은 두 종류의 나쁜 영향을 미친다.

먼저, 크로스톡은 통신장치에서 실제 특성 임피던스와 전파속도에 영향을 미치면서 전송선로들의 성능을 바꾼다. 이것은 시스템 수준에서 타이밍과 신호 무결성에 좋지 않은 영향을 미친다. 게다가, 크로스톡은 다른 선로에 노이즈를 유발하여 신호 무결성을 떨어뜨리고 노이즈 마진(noise margin)을 감소시킨다. 크로스톡의 이런 측면은 시스템의 성능이 전송하는 데이터의 패턴, 선로간의 간격, 전송 속도에 매우 큰 영향을 받도록 만든다. 이번 장에서는 크로스톡이 발생되는 원리와 모델링 방법, 시스템 수준의 성능에 크로스톡이 미치는 영향에 대해 자세히 알아보도록 한다.

크로스톡은 두 인접 신호선의 상호간 커패시턴스 Cm과 상호간 인덕턴스 Lm에 의해 발생되는 것으로, 인접 신호선에 유도되는 노이즈의 크기는 상호 커패시턴스와 상호 인덕턴스의 크기와 관련이 있다. 예를 들어, 만일 신호가 그림 2.18의 Line 1에 인가된다면, Lm과 Cm에 의해 인접 신호선에 전류가 발생된다. 니어-엔드 크로스톡은 빅팀(victim) 선로에 발생되는 크로스톡 중 신호원과 가까운 쪽 끝에서 관찰되는 크로스톡을 뜻하며, 백워드(backward) 크로스톡이라고도 한다. 파-엔드 크로스톡은 빅팀 선로에서 신호원과 먼 쪽에서 관찰되는 크로스톡을 뜻하며, 포워드(forward) 크로스톡이라고도 한다. 상호 커패시턴스에 의

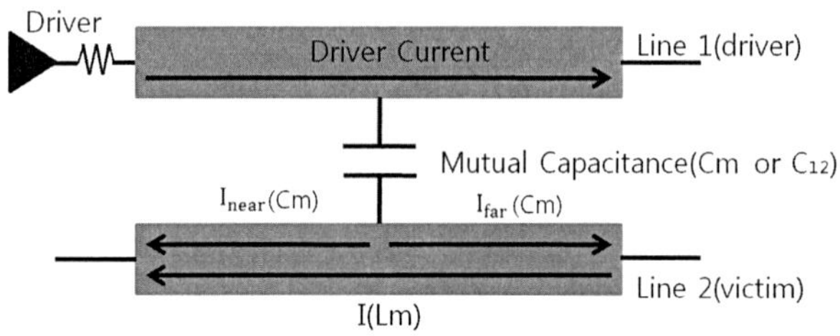

$$V_{noise,L_m} = L_m \frac{dI_{driver}}{dt}$$

$$I_{noise,C_m} = L_m \frac{dI_{driver}}{dt}$$

Stephen H. et al., *High-Speed Digital System Design.* 2000.

그림 2.18 상호 커패시턴스와 인덕턴스에 의해 생긴 크로스톡 전류의 흐름

해 생긴 빅팀(victim) 선로의 전류는 인접 선로의 양 끝단을 향해 나누어져 흐르게 된다. 상호 인덕턴스는 역방향의 전류를 유도하기 때문에 이것에 의해 유도된 전류는 빅팀 선로에서 파-엔드 방향에서 니어-엔드 방향으로 흐르게 된다. 결과적으로 파-엔드와 니어-엔드로 흐르는 크로스톡 전류는 몇몇 요소로 나누어 생각할 수 있다.

니어-엔드와 파-엔드에서의 크로스톡 노이즈 형태는 그림 2.19에서 보는 것과 같이 생각할 수 있다. 디지털 펄스가 전송선로를 따라 진행됨에 따라 상승에지와 하강에지에 의해 인접 선로에 노이즈가 지속적으로 유도된다. 상승시간과 하강시간이 선로의 지연시간과 비교하여 매우 짧다면, 앞서 기술한 것과 같이 크로스톡 노이즈의 일부는 니어-엔드를 향해 전파되고 나머지 일부는 파-엔드쪽으로 전파될 것이다. 니어-엔드와 파-엔드를 향해 진행되는 신호에 대해 각각 니어-엔드 크로스톡 펄스(near-end crosstalk pulse)와 파-엔드 크로스톡 펄스(far-end crosstalk pulse)로 부른다. 그림 2.19에서 보여지듯이 파-엔드 크로스톡 펄스는 신호가 인가된 선로의 신호 에지(edge)와 함께 동시에 전파된다. 니어-엔드 크로스톡 펄스도 인가된 신호 에지에 의해 발생되고, 니어-엔드 방향으로 전파된다. 계속해서, 신호 에지가 시간 t(=TD : 전송선로의 지연시간)이후에 도달하게 되면 전송 신호와 파-엔드 크로스톡은 종단저항으로 인해 사라지게 된다. 하지만, 전송 신호가 사라지기 직전 신호의 에지에 의해 빅팀 선로에 유도된 니어-엔드 크로스톡은 전체 전송선로로 다시 돌아와야 하기 때문에 시간 t = 2TD가 되기 전까지 니어-엔드에 도착하지 못한다. 그러므로 종단된 한 쌍의 전송선로에 대해 니어-엔드 크로스톡은 시간 t = 0에 발생되어 2TD 만큼의 지속시간을 지니게 된다. 파엔드 크로스톡은 t = TD에 발생되고 전송 신호의 상승이나 하강시간과 비슷한 지속시간을 가진다.

그림 2.20 ~ 그림 2.24는 시뮬레이션 툴인 HFSS를 이용하여 두 마이크로 스트립라인의 크로스톡을 측정한 것이다. 시뮬레이션은 두 선로가 8mil의 간격을 가질 때와 20mil의 간격을 가질 때에 대해 이루어졌다. 그래프를 살펴보면 20mil의 간격을 떨어뜨려 놓았을 때(두 선로의 간격이 더 멀 때) 니어-엔드 크로스톡과 파-엔드 크로스톡 모두 감소하는 것을 알 수 있다.

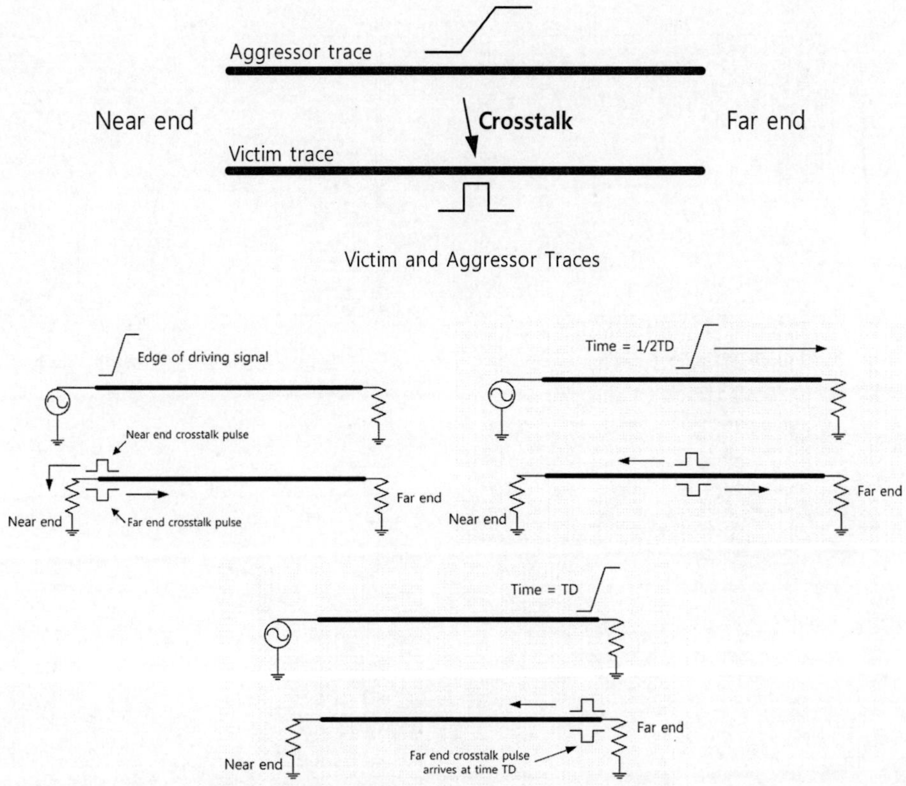

Jeff Hushley, *Measuring crosstalk in high-speed serial links*. 2007.
Stephen H. et al., *High-Speed Digital System Design*. 2000.

그림 2.19 크로스톡 노이즈

그림 2.20 마이크로스트립 라인 모델

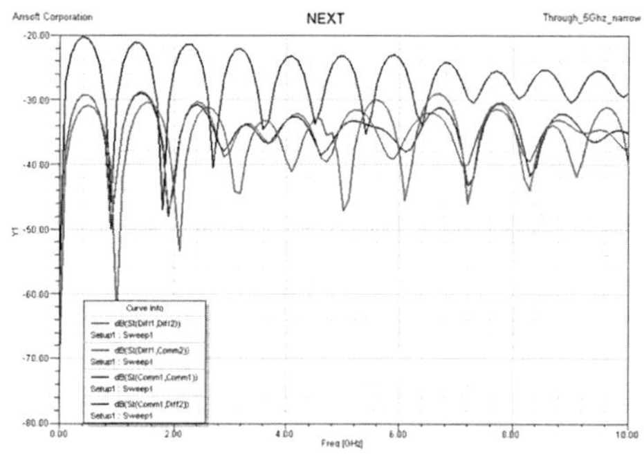

그림 2.21 NEXT, 8mil 간격

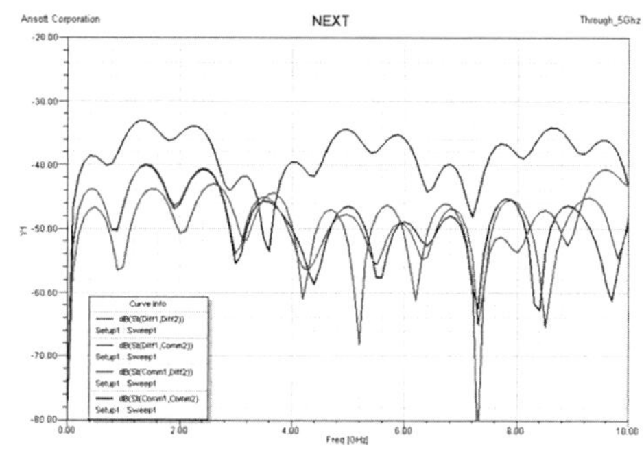

그림 2.22 NEXT, 20mil 간격

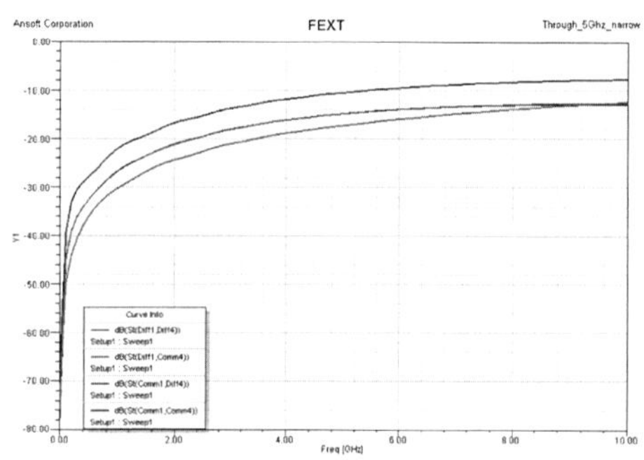

그림 2.23 FEXT, 8mil 간격

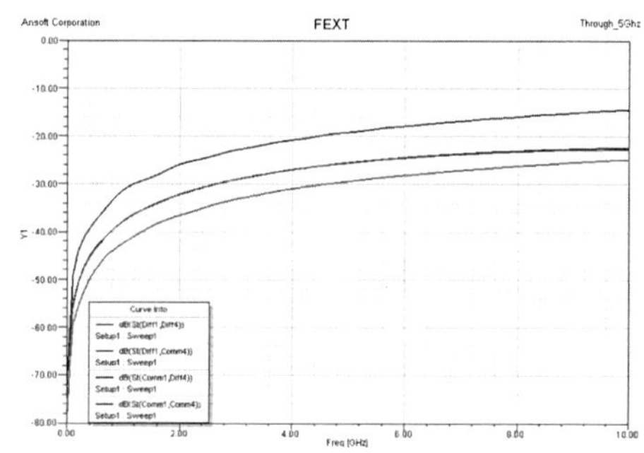

그림 2.24 FEXT, 20mil 간격

2.3.3 SSN(Simultaneous Swithcing Noise)

SSN는 굉장히 특정짓기 어려운 노이즈이다. 빠르고 대략적인 SSN의 평가를 내리기 위한 방법도 많지 않다. 오직 패키지와 전력공급시스템에 정확한 측정과 상세한 시뮬레이션을 통해서만 SSN 발생 정도에 대한 타당한 결과를 얻을 수 있다. 정확한 노이즈를 측정한다고 해도, 완벽한 값을 측정해 내기는 거의 불가능하다. 노이즈와 관련된 변수가 엄청나게 많고 3차원 공간에 대하여 계산을 해야 하기 때문이다. 뿐만 아니라 각 칩 패키지에 따라 그 결과가 달라지며, 커넥터, 핀에 따라서도 달라진다. 이러한 이유로 인해 SSN의 평가는 시뮬레이션과 측정 두 방법 모두를 이용하는 것을 추천한다.

2.3.4 ISI(Inter-Symbol Interference)

하나의 신호가 인가되면 그에 따른 영향은 다음 연속된 신호에서 발생하게 된다. 나중에 인가되는 신호의 경우 앞에서 인가되었던 신호들의 영향이 누적되어 출력이 되는데 이로 인해 에러가 발생하거나 성능이 저하될 수 있다. 이런 현상은 통신 채널이 선형시스템이기

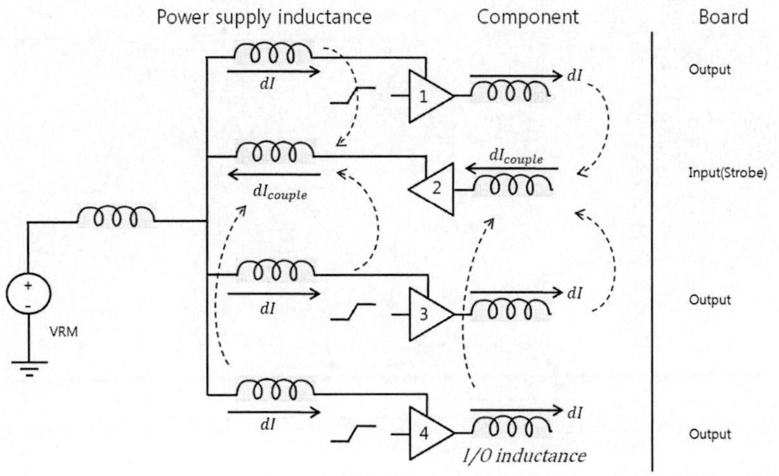

Stephen H. et al., *High-Speed Digital System Design.* 2000.

그림 2.25 SSN 발생 원리

때문이다. 선형시스템의 가장 큰 특징은 입출력에서 중첩의 원리가 적용된다는 것이다. 여러 개의 연속된 펄스 입력에 대한 출력은 각각의 펄스에 대한 출력의 합과 같게 된다. 따라서 1비트 신호 입력에 대한 출력을 알게 되면 연속되는 같은 데이터 입력에 대한 채널의 출력을 알 수 있다.

ISI를 측정하는 방법은 1비트 신호 입력에 대한 채널의 출력을 구하여 측정하게 된다. 출력신호를 주기적으로 캡처하여 분석함으로써 어떤 데이터가 인가될 경우 ISI에 의한 영향이 가장 크게 발생하는지 분석할 수 있다. 그림 2.26은 1비트 신호 입력이 채널을 통과한 후의 출력을 나타낸 것이다. 이것을 전송 속도에 해당하는 주기로 캡처한다. 출력이 최대 전압이 나오는 지점을 커서(cursor)라 하고 이것을 기준으로 앞쪽은 프리커서(precursor), 뒤쪽은 포스트커서(postcursor)라고 한다. 이상적인 채널의 경우라면 프리커서, 포스트커서가 없어야 하지만 채널의 영향으로 값이 나타나게 된다. 이것을 0V보다 큰 경우(ISI+)와 0V보다 작은 경우(ISI-)로 나눈다.

ISI를 통하여 알 수 있는 것은 최악의 경우 1신호가 몇 볼트까지 떨어지는가와 0신호가 몇 볼트까지 올라가는가이다. 식 (1)은 최악의 경우에 발생할 수 있는 1신호의 전압을 구하는 식이고 식 (2)는 최악의 경우에 발생할 수 있는 0신호의 전압을 구하는 식이다. 최악의 경우에 발생할 수 있는 1신호의 전압을 구하는 것은 커서 지점의 전압과 ISI-들의 합으로 구할 수 있고 최악의 경우에 발생할 수 있는 0신호의 전압을 구하는 것은 ISI+들의 합으로 구할 수 있다.

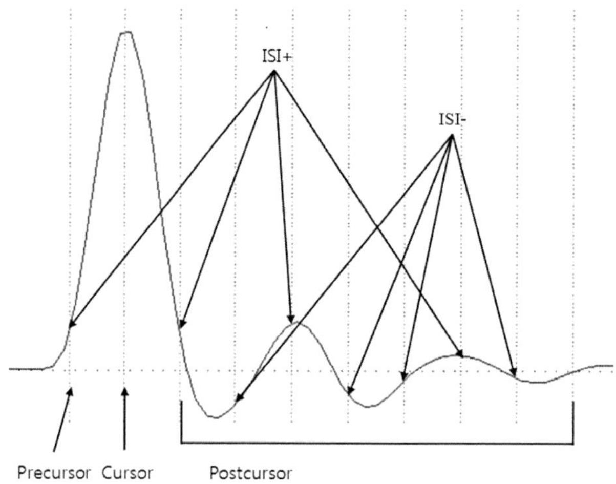

그림 2.26 채널의 ISI 성분

$$V_{wc1} = Cursor + \Sigma ISI \quad (1)$$

$$V_{wc0} = \Sigma ISI+ \quad (2)$$

그림 2.27은 최악의 경우 발생할 수 있는 1신호의 전압을 구하는 것을 나타낸다. "10110000"의 연속된 신호가 인가될 경우 3번째 1신호에서 ISI-의 합이 가장 크게 되어 1신호 전압의 크기가 가장 낮게 된다.

그림 2.28은 최악의 경우 발생할 수 있는 0신호의 전압을 구하는 것을 나타낸다. 11010010의 연속된 신호가 인가될 경우 3번째 0신호에서 ISI+의 합이 가장 크게 되어 0신호 전압의 크기가 가장 크게 된다.

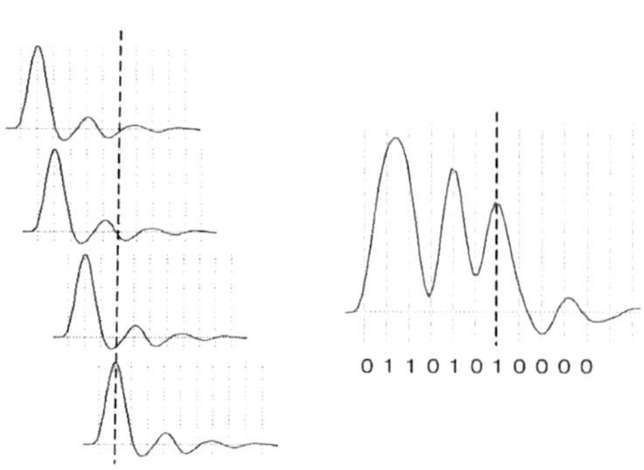

그림 2.27 ISI에 의한 "1" 신호의 왜곡

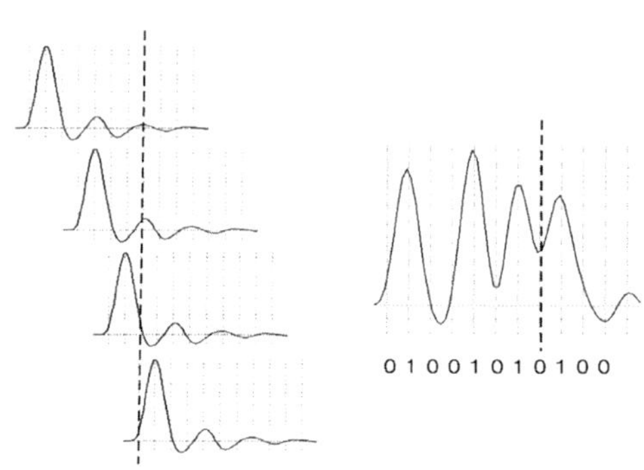

그림 2.28 ISI에 의한 "0" 신호의 왜곡

2.4 채널의 측정

2.4.1 아이 다이어그램

아이 다이어그램(eye diagram 또는 eye pattern)은 시간영역에서 신호들을 일정시간 간격을 기준으로 중첩시키는 방법으로 만들어지는 도표로, 신호의 품질에 대한 대략적인 정보를 사용자에게 보기 쉽게 제공해준다. 신호의 품질이 좋을수록 아이 다이어그램의 아이(eye)의 열림이 더욱 커지고 더욱 명확해진다.

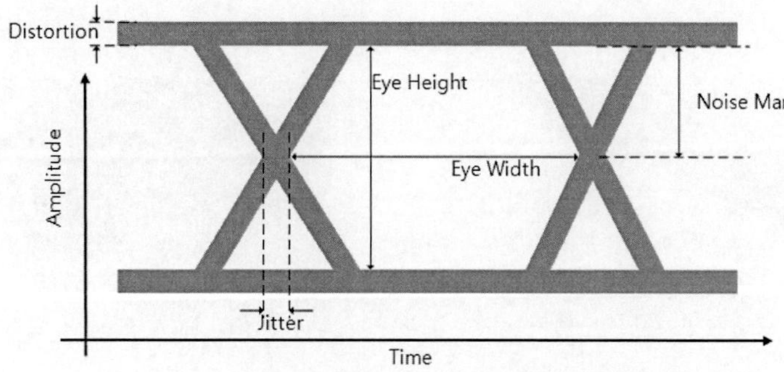

그림 2.29 아이 다이어그램

그림 2.30과 그림 2.31은 시뮬레이션 툴인 스탯아이(stateye)에서 뽑아낸 아이 다이어그램이다. 각 결과는 두 개의 마이크로 스트립라인에서 추출한 것으로 그림 2.30은 두 도선사이의 간격이 20mil일 때의 결과이고, 그림 2.31은 두 도선사이 간격이 8mil일 때의 결과이다. 그림 2.30이 그림 2.31보다 더 큰 아이(eye)를 가지고 있는데 그 이유는 두 도선이 가까워질수록 두 도선에서 신호의 상호간섭이 커져 신호 품질에 저하를 가져오기 때문이다.

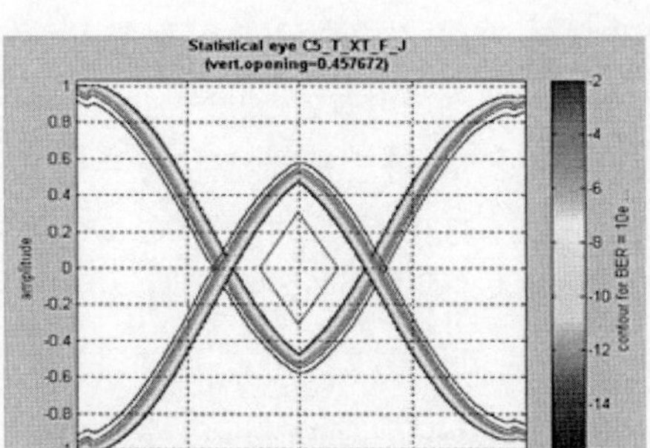

그림 2.30 Eye with 20mil 간격

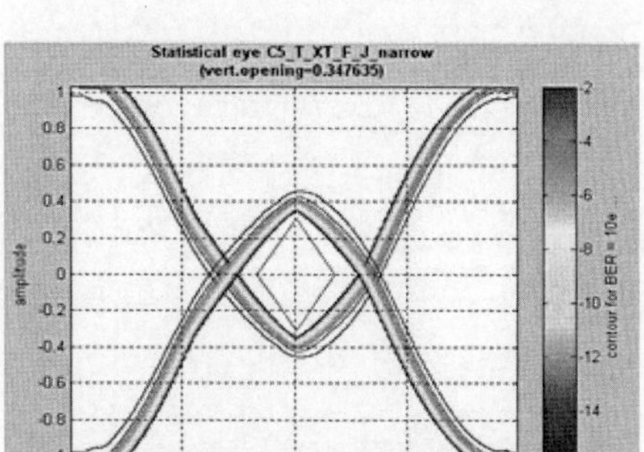

그림 2.31 Eye with 8mil 간격

2.4.2 SMA(subminiature coaxial) 단자 모델링

이번 장에서는 필드 솔버를 이용한 채널의 모델에 따른 S-파라미터의 값과 이에 대한 실제 측정에 대하여 이야기 한다. 이에 대한 이야기를 진행하기 전에 측정에 대해서 짚고 넘어갈 부분이 있다. 통상적으로 측정에서 가장 많이 사용되는 포트로 SMA 단자를 들 수 있다. SMA 단자를 이용한 측정은 100MHz 이하의 주파수 영역에는 유효할 수 있으나 이 이상의 고주파 영역에서는 측정 채널 자체의 특성보다는 SMA 단자의 특성이 지배적으로 나오기 때문에 이를 통한 분석은 많은 오차를 가져온다. 그림 2.32는 SMA 단자의 모델링이며 그림 2.33에서 그림 2.35는 채널에 대하여 SMA 단자가 미치는 영향을 보여준다.

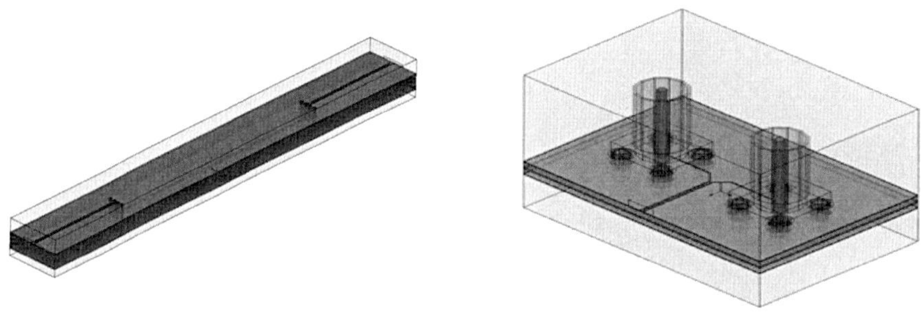

(a) 모델 1의 채널 모델링 (b) SMA 단자의 모델링

그림 2.32 SMA 단자 및 모델1의 채널 모델링

신호의 전송선 특성을 가장 잘 대변해주는 데이터는 채널 신호선의 S-파라미터를 나타내는 그림 2.33이다. 하지만 SMA 단자 및 채널 전체의 시뮬레이션 결과는 그림 2.34와 그림 2.35이다. 즉, 채널의 특성은 SMA 단자의 특성이 지배적으로 나오게 된다. 이러한 문제점 때문에 SMA 단자를 이용한 채널의 검증은 신뢰도가 현저히 떨어지며 이를 통한 검증하기에는 무리가 있다. 프로브스테이션을 사용한 측정은 케이블과 함께 측정 프로브(probe)까지 켈리브레이션(calibration)을 할 수 있기 때문에 측정 자체를 위해 필요한 불연속 요소에 대한 영향을 최소화 할 수 있어서 SMA 단자와 비교해서 측정에 매우 유리하다.

그림 2.36은 S-파라미터의 시뮬레이션 모델과 이에 대한 검증을 위한 측정을 위해 제작한 보드이다. 그림 2.37은 보드 상 한 개의 채널에 대하여 시뮬레이션 및 측정값을 보여준다.

그림 2.37의 결과는 차동쌍(differential pair)의 S31과 S33의 시뮬레이션 및 측정 결과이다. S31은 신호선 자체에 대한 전송 특성을 담고 있고 S33은 이에 대한 반사 특성을 담고 있다. 위의 결과에서 볼 수 있듯이 6~7GHz까지는 시뮬레이션과 측정 결과가 일치하나 그 이상 주파수에서는 차이가 난다. 따라서 고속시스템 및 고주파 회로의 경우 전적으로 시뮬레이션에 의존한 설계는 의도하지 않은 동작을 보일 수 있으며 반드시 측정을 통해 검증과정을 거쳐야 한다. 이러한 과정을 통해 모델링을 보정하고 이후 튜닝(tuning)하는 과정을 거쳐야 시스템의 올바른 동작을 보장할 수 있다.

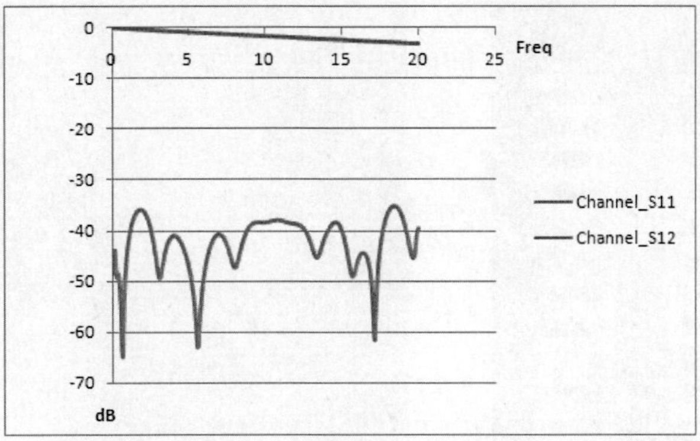

그림 2.33 신호선의 시뮬레이션 결과

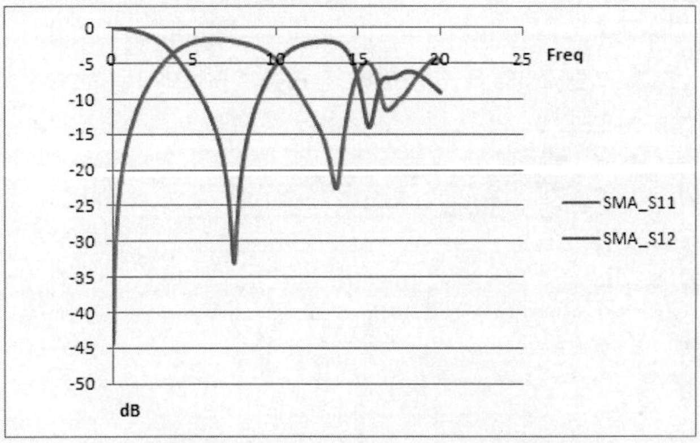

그림 2.34 SMA 단자와 채널의 결과

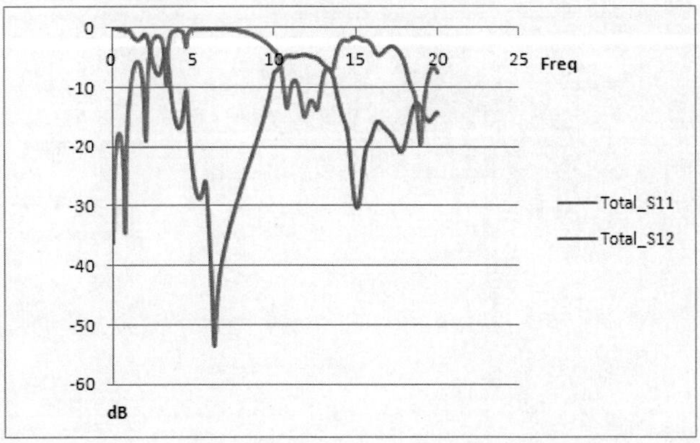

그림 2.35 SMA 단자를 통한 S-파라미터 측정 결과

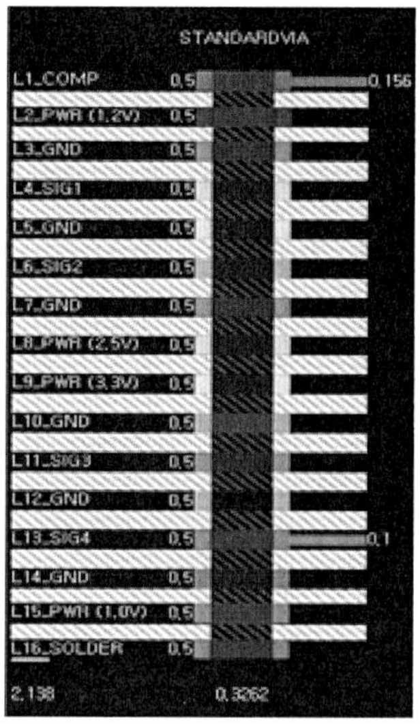

(a) 적층구조

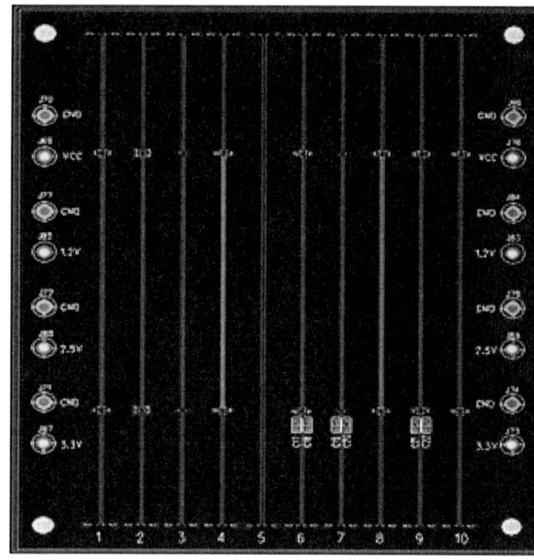

(b) 레이아웃

그림 2.36 S-파라미터 검증을 위해 제작된 보드

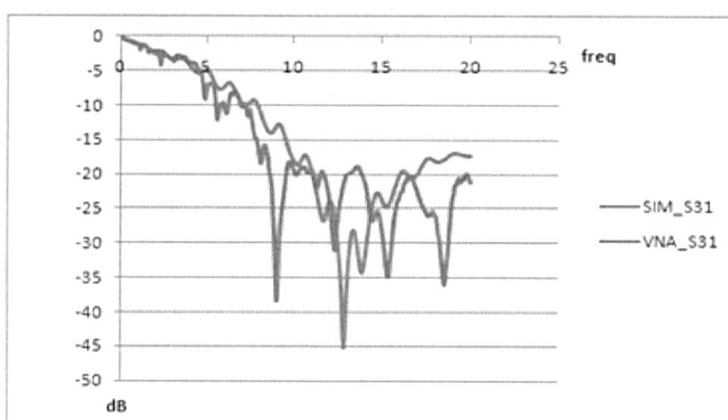

(a) 전달 계수에 대한 결과

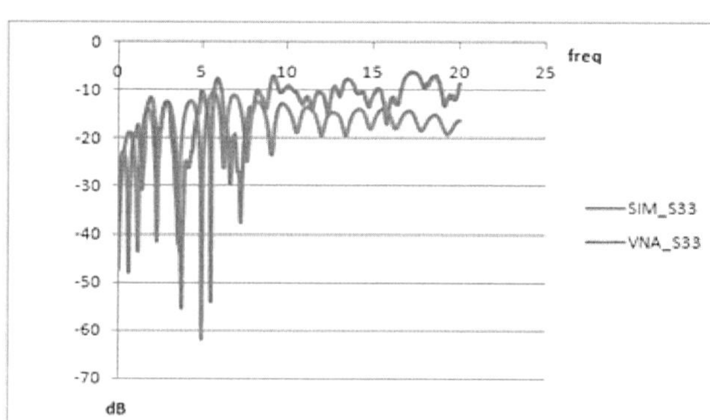

(b) 반사 계수에 대한 결과

그림 2.37 채널에 대한 S-파라미터 결과

2.4.3 아이 다이어그램 측정

S-파라미터는 알고 싶은 모델의 전송 및 반사 특성을 가지고 있기 때문에 이는 곧 채널의 특성을 반영한다고 볼 수 있다. 하지만 이를 통해 직관적인 채널의 성능에 대해서 알기란 쉽지 않다. S-파라미터 자체가 주파수 축의 정보를 담고 있기 때문에 설계자가 알아보기 쉬운 시간축의 값으로 변환할 필요가 있다. 모델링을 통해 S-파라미터를 추출하면 이를 가지고 아이 다이어그램을 시뮬레이션해서 채널의 성능을 알아본다. 아이 다이어그램은 필드솔버 등을 통해 채널의 특성을 나타내는 S-파라미터를 구해 직접 시뮬레이션하는 방법과 시간축의 R(Resistance), L(Inductance), G(Conductance), C(capacitance)의 값을 추출해서 SPICE(Simulation Program of Integrated Circuit Emphasis)를 통한 시뮬레이션 방법이 있다. 이번 절에서는 설계한 40G 이더넷 계측보드 4개의 10Gbps 채널 중 하나에 대한 아이 다이어그램의 시뮬레이션 및 측정에 대하여 다룬다. 채널은 PCB 신호선, 광모듈과 PCB 사이를 연결시켜주는 광모듈 커넥터, 광모듈 이상의 세 가지로 구성된다. 시뮬레이션은 필드솔버의 모델을 통해 추출한 S-파라미터와 molex 사에서 제공하는 광모듈 커넥터에 대한 S-파라미터를 사용하였다. 광모듈 자체에 대한 S-파라미터는 제공되는 것이 없기 때문에 시뮬레

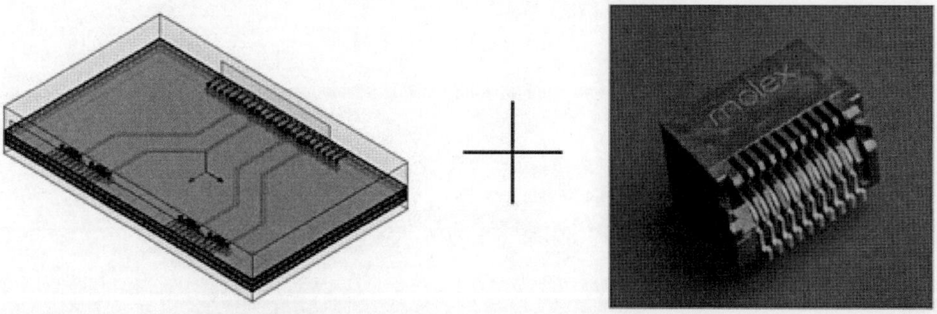

(a) 시뮬레이션에 사용된 채널

(b) 실제 측정 채널 (네모상자 표시)

그림 2.38 아이 다이어그램 시뮬레이션과 측정

이션의 광모듈은 빠진 채널에 대한 전기적 신호에 대한 아이 다이어그램이다. 측정은 광모듈을 통과한 광신호에 대한 아이 다이어그램의 결과로 광신호 파장은 850nm이다. 그림 2.38은 시뮬레이션의 채널과 측정에 사용된 채널을 보여준다. 측정의 경우 보드와 측정 장비와의 연결은 3m 길이의 멀티모드 광케이블을 사용하였다. 케이블의 손실은 광케이블 표준에 따르면 850nm 광신호의 경우 $loss \leq 2.4\text{dB/km}$로 3m 케이블의 경우는 사실상 무시할 수 있다. 아이 다이어그램에 대한 결과는 그림 2.39에 나타내었다.

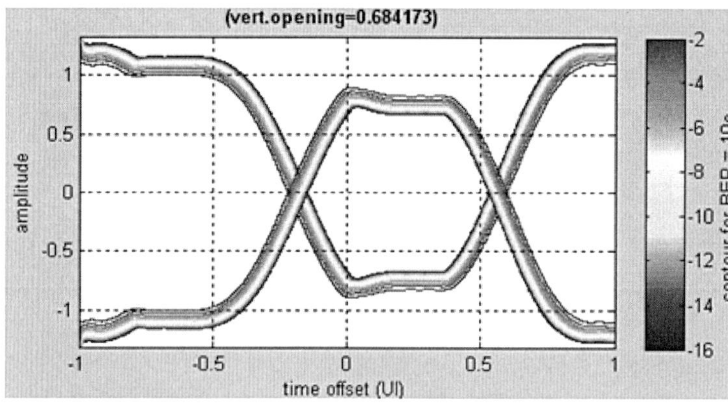

(a) 시뮬레이션 결과

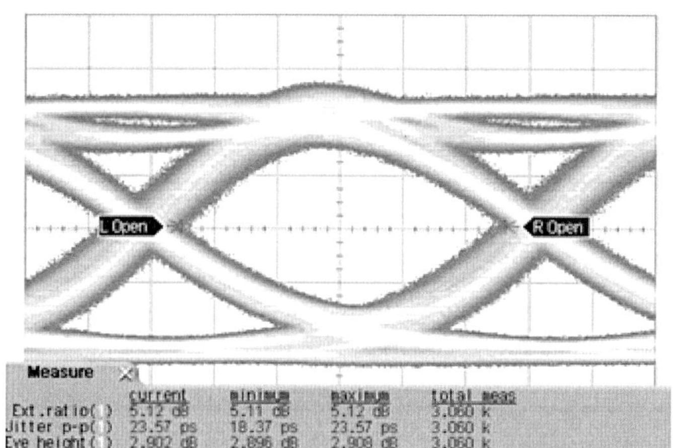

(b) PRBS 31에 대한 샘플링 오실로스코프 측정 결과(BER=10^{-13})

그림 2.39 10bps 채널에 대한 시뮬레이션 및 측정 결과

03 스캔 설계 기법

3.1 서론

VLSI 설계기술 및 공정기술이 최근 들어 급격히 발전함에 따라 회로의 집적도 및 복잡도 또한 크게 증가하고 있다. 이에 따라 완성된 VLSI 시스템의 정상동작 여부를 판단하는 테스팅에 소요되는 비용도 크게 늘고 있다. 설계사양을 만족시켜주는 완벽한 설계 못지않게 완성된 시스템의 완벽한 동작을 보장해주는 테스팅 또한 매우 중요한 문제가 되고 있다. 따라서 설계단계에서부터 테스트를 쉽게 할 수 있는 기법으로서 도입된 테스팅을 고려한 설계방법(DFT: Design for Testability)이 도입되었다. 회로를 효율적으로 테스트하기 위해서는 회로의 특성에 맞도록 여러 가지 테스팅을 고려한 설계방법(또는 테스팅 설계방법)이 사용되어야 하며, 이에 따른 성능저하 및 소요 면적증가 등 부과되는 오버헤드를 최소화할 수 있는 기법이 적용되어야만 한다.

테스팅을 고려한 설계기법 중 많이 쓰이는 방법이 스캔(scan)기법이다. 자동 테스트 패턴 생성을 위한 테스트 용이화 설계기법들의 등장으로 말미암아 조합회로에 대한 테스트 패턴 생성은 쉽게 할 수 있게 되었지만, 일반적으로 순차회로에 대해서는 아직까지도 자동 테스트 패턴 생성기법이 많이 적용되고 있지 않다. 스캔기법은 순차회로의 기본을 이루는 기억소자(memory element)들을 테스트 모드에서 외부로부터 쉽게 제어할 수 있도록 한 기법이다. 다른 기법들과 마찬가지로 스캔기법 또한 향상된 고장 검출률을 얻을 수 있지만, 변형된 기억소자와 부가된 회로소자들로 인하여 면적증가 및 약간의 시간지연을 야기한다. 스캔기법의 기본철학은 회로 안 모든 내부 노드들을 조절하고 관측할 수 있게 하기 위해서 내부 기억소자에 쉽게 접근이 가능하도록 하며, 내부 기억소자는 테스트 패턴을 인가할 수 있는 조절 접점이 되며, 또한 테스트 응답을 관측할 수 있는 관측 접점의 기능을 할 수 있도록 하는 것이다. 따라서 FSM(Finite State Machine)과 같은 순차회로를 조합회로와 마찬가지로 테스트 패턴 생성을 쉽게 해준다.

본 장에서는 테스팅을 고려한 설계방법 중 스캔 테스팅에 관하여 살펴보고, 테스팅이 어려운 경우 이를 쉽게 할 수 있도록 설계단계에서 적용이 가능한 다양한 스캔 테스팅 설계방법들을 살펴본다. 최근에 개발되는 대부분의 칩들은 스캔기법이 적용되고 있으며, 기존 회로에 스캔을 추가함으로써 생기는 오버헤드(overhead) 대비 높은 고장 검출률 때문에 필수적인 DFT 기법이라고 할 수 있다.

3.2 스캔 셀

3.2.1 스캔 셀 디자인

회로에 스캔기법을 추가하기 위해서는 먼저 검증된 회로이어야 한다. 스캔기법이 적용된 회로는 일반 모드와 테스트 모드로 구분되어 동작하며, 그림 3.1을 살펴보면 회로의 첫 입력 단(PI: Primary Input)에 테스트 제어신호(TC: Test Control), 스캔 입력신호(SI: Scan Input)가 추가되고 첫 출력 단(PO: Primary Output)에는 스캔 출력신호(SO: Scan Output)가 추가된다. 또한 회로 내부의 플립플롭(FF: Flip-Flop)은 스캔 셀(SC: Scan Cell)로 대체 된다. 여러 가지 스캔 셀의 구조가 있지만 공통적으로 스캔 셀은 테스트 모드에서 하나 또는 여러 개의 시프트 레지스터(shift register)처럼 동작하기 위해 연결되어 있고, 회로의 첫 입력 단과 출력 단을 통해 스캔 셀은 조절과 관측이 가능하다.

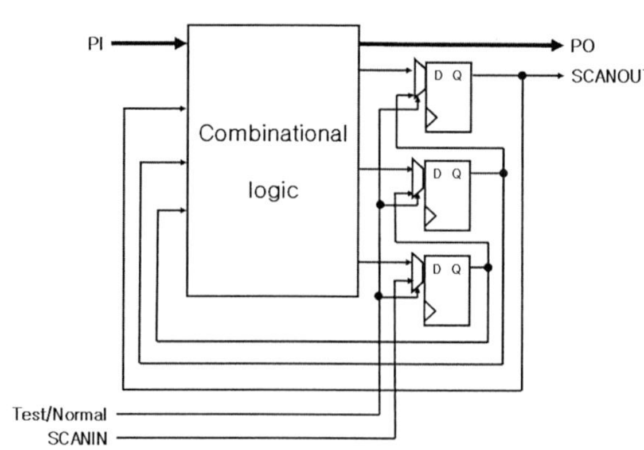

그림 3.1 기존 회로에 스캔이 적용된 구조

그림 3.1의 일반적인 스캔이 적용된 구조를 살펴보면, 조합회로 부분의 입력은 주입력 신호와 플립플롭의 현재상태로 이루어지며 출력은 주출력 신호와 다음 상태로 이루어진다. 위 그림에서는 스캔 셀의 구조를 M-SFF(multiplexed scan flip-flop)로 가정하였다. 멀티플렉서(mux), T/N(test/normal), SCANIN, SCANOUT이 없다고 가정하면 플립플롭의 현재상

태 및 다음상태는 칩 외부로부터 직접적으로 조절 및 관측이 불가능하다. 따라서 주어진 회로의 모든 플립플롭을 스캔사슬(scan chain)로 연결하여 스캔기법에 의해 변형시키면 그림 3.1의 순차회로는 조합회로처럼 모든 노드에 대해 조절 및 관측이 가능하다. 즉, 순차회로 내부의 플립플롭들의 상태를 'SCANIN'과 연결된 스캔사슬을 통해 원하는 상태로 설정하여 조합회로처럼 입력값에 따른 출력 결과를 예상할 수 있게 된다.

3.2.2 Multiplexed D Scan Flip-Flop

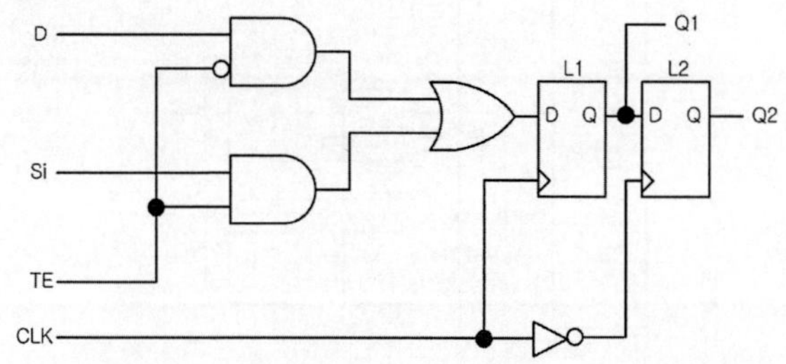

그림 3.2 Multiplexed D Scan Flip-Flop

기본적인 스캔 플립플롭의 구조로써 동작을 살펴보면 TE에 1을 인가하고 SI를 통해 테스트 패턴을 시프트한다. 그후 TE에 0을 인가하고 PI에 테스트 패턴을 인가한 다음 PO값을 확인한다. 다음 클럭 신호(CLK)에 FF에 다음 상태가 저장되고 TE에 1을 인가하여 FF에 담긴 데이터를 시프트 동작을 통해 SO로 보낸다. SO로 FF의 데이터가 빠져나감과 동시에 다음 테스트 패턴이 SI를 통해 들어오면서 테스트가 끝날 때까지 반복적으로 수행된다.

3.2.3 Clocked D Scan Flip-Flop

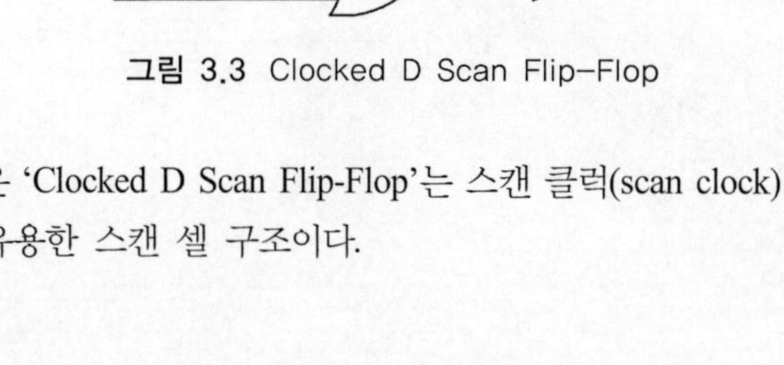

그림 3.3 Clocked D Scan Flip-Flop

그림 3.3과 같은 'Clocked D Scan Flip-Flop'는 스캔 클럭(scan clock)이 정상 클럭과 분리되어 있을 때 유용한 스캔 셀 구조이다.

3.2.4 LSSD(Level Sensitive Scan Design)

LSSD 기법은 주로 IBM에서 적용하고 있는 완전 스캔기법으로서 스캔 경로의 적용과 함께 'level sensitive'한 래치를 사용한다. 'level sensitive'한 래치는 상승시간, 하강시간 또는 시간지연 등과 같은 논리 요소의 동적 특성과 무관하게 회로를 동작시킬 수 있게 한다. 그림 3.4에서 보면 L1과 L2는 시스템의 동작에서 분리되어 있는 것을 볼 수 있다.

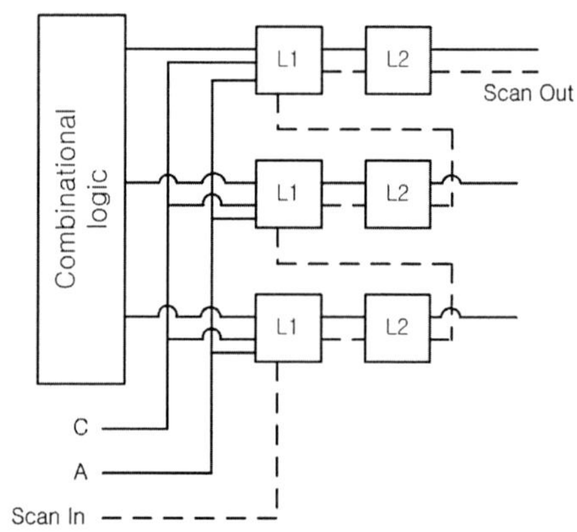

그림 3.4 LSSD

LSSD 설계기법의 적용 시 가장 중요한 요소는 극성을 유지시켜주는 역할인 L1, L2와 같은 SRL(shift register latch)이며, 그 한 예가 그림 3.5, 3.6에 나타나 있다.

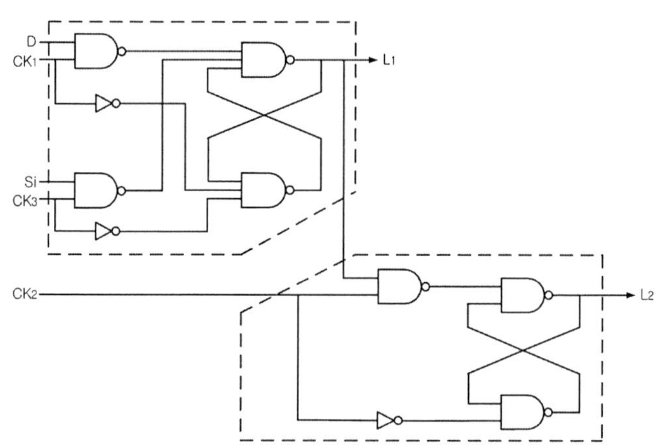

그림 3.5 SRL

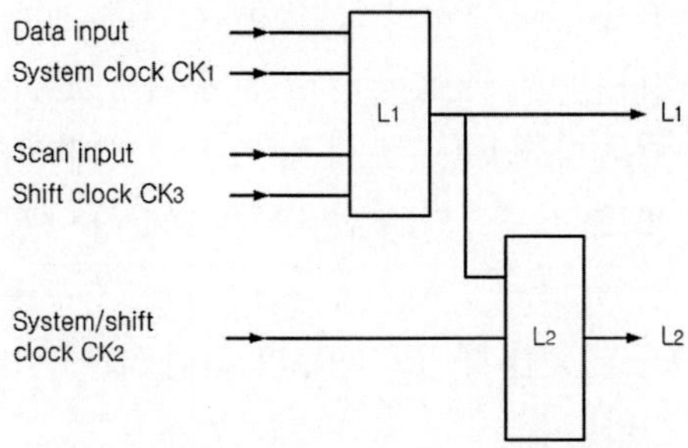

그림 3.6 SRL의 블록 다이어그램

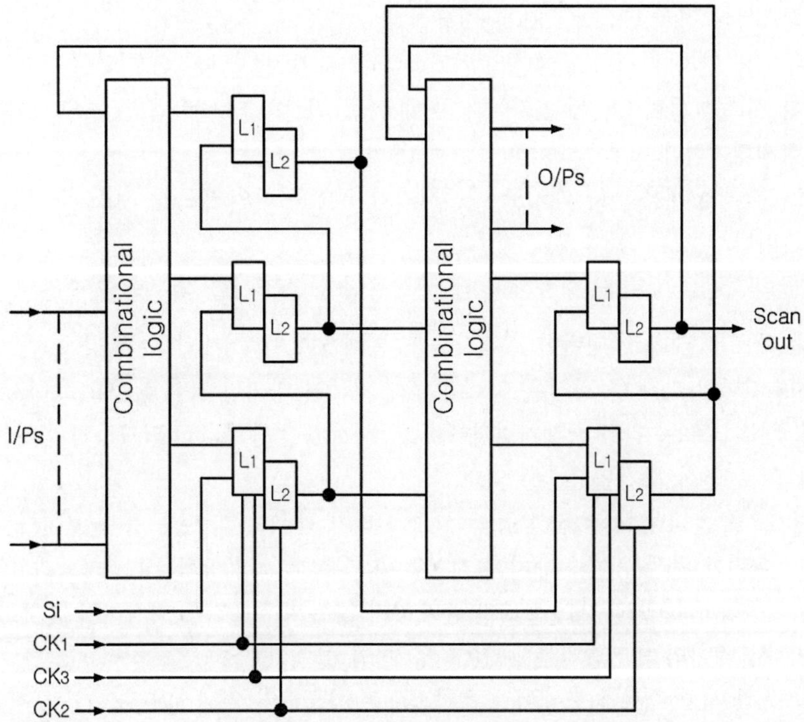

그림 3.7 LSSD를 이용한 테스트 회로

이와 같은 SRL이 회로의 모든 저장요소로서 사용되게 된다. SRL은 마스터-슬레이브 플립플롭과 유사하며 회로의 입력 단자로부터 바로 구동되는 두 개의 중첩되지 않은 클럭에 의해 동작되게 된다. 테스트 모드에서는 SRL들이 하나의 긴 시프트 레지스터를 형성하여 완전 스캔기법과 똑같이 회로 내부의 상태를 조절하거나 관측할 수 있도록 해준다. 그림 3.6에서 입력 D는 정상 동작 시 쓰이는 데이터 입력 단으로 표시되어 있으며, 클럭 CK_1과 CK_2는 정상 동작 시 쓰이는 시스템 클럭이다. 신호 SI는 스캔 동작 시 사용되는 테스트 데이터 및 응답의 전달에 쓰이는 스캔 입력 단이며 CK_3와 CK_2는 SRL을 통해 데이터 전송에 쓰이는 테스트 클럭이다. 따라서 CK_2는 시스템 클럭으로도 쓰이며, 테스트 모드에서 시프트 클럭으로도 사용되어진다. 정상 모드나 테스트 모드에 상관없이 SRL의 출력은 L_2로부터 나오게 되며, 어떤 모드로 구동되는지는 어떤 클럭이 구동되어지는가에 따라서 결정되어진다.

단순한 형태의 LSSD를 이용한 테스트 회로가 그림 3.7에 나타나 있다. LSSD를 이용한 테스트 절차는 다음과 같다.

① 먼저 SRL을 테스트하기 위해 테스트 데이터를 SRL 사슬에 인가한 후 결과를 검증한다.
② 조합 회로를 테스트하기 위해 SI 단자를 통하여 테스트 패턴을 SRL 사슬로 전달시킨다. 이때 클럭 CK_3와 CK_2를 사용한다.
③ 주입력 단자에 테스트 패턴을 인가한다. 회로가 안정화된 이후에 한 번의 클럭 펄스를 시스템 클럭 CK_1에 인가한다. 이때 조합 회로의 테스트 응답은 SRL 래치의 L_1에 적재되어진다.
④ L_1 래치의 내용은 L_2 래치로 이동시키기 위해 하나의 펄스를 시스템 클럭 CK_2에 인가한다.
⑤ 클럭 CK_3와 CK_2를 사용하여 테스트 응답을 스캔사슬 외부로 인출한다.

이때 새로운 테스트 패턴이 스캔사슬을 통해 SRL에 적재될 수 있다.

LSSD 기법의 가장 큰 강점은 회로에 대해 자세한 타이밍 분석을 필요로 하지 않는다는 점이다. 단점으로는, 완전 스캔기법과 유한한 시간지연 증가, I/O 단자수의 증가 및 4~20% 정도의 회로 면적 증가를 들 수 있다.

그림 3.7을 분석해 보면 정상 동작 시 데이터가 래치 L_1과 L_2를 통해야 한다는 것을 알 수 있다. 이러한 구성을 이중 래치 설계기법이라 부른다. 이 방식은 L_1과 L_2 래치의 마스터-슬레이브 동작에 따라 레이스(race)가 존재하지 않는 회로동작을 보장하여 준다. 그러나 정상 동작 시 데이터를 전송하는데 있어 두 개의 클럭 펄스가 필요하다.

정상 동작 시 테스트 하드웨어를 효과적으로 사용하기 위해 SRL 구조를 변형시킨 여러가지 LSSD 기법들이 소개되었다. 경우에 따라서 정상 동작 시 두 개의 래치, 즉 L_1과 L_2를 사용하는 대신에 한 개의 래치만을 사용할 경우도 있다. L_1 래치만을 사용하는 single latch 설계기법이라 부르는 LSSD의 구조가 그림 3.8에 나타나 있다.

이때 경쟁 없는 조건(race-free condition)을 만족시켜주기 위해 회로를 분할해야 할 필요가 있다. 정상 동작에는 클럭 CK_1과 CK_4가 사용되며 테스트 동작에는 CK_3과 CK_2가 사용된다. 정상 동작 시 하나만의 래치를 사용할 경우에는 이중 래치 구조에 비해 훨씬 빠르게 회로를 동작시킬 수 있는 장점이 있다.

이외에도 다양한 기능 및 장점을 갖는 LSSD 구조가 쓰이고 있다.

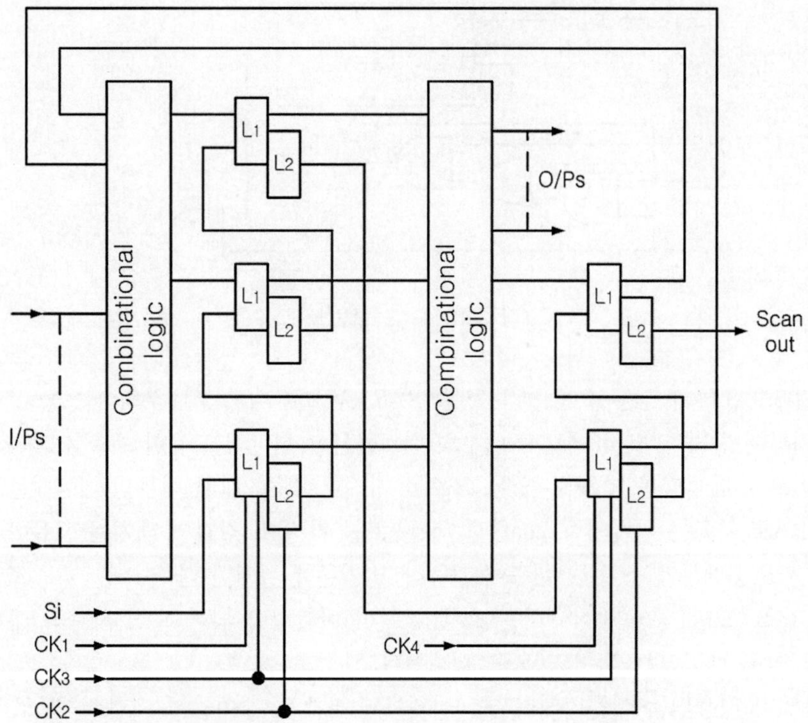

그림 3.8 Single latch를 이용한 LSSD 구조

3.2.5 RAS(Random Access Scan)

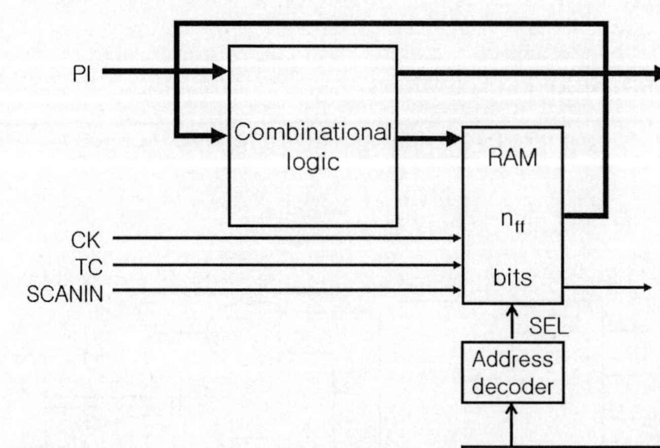

그림 3.9 RAS 전체 구조

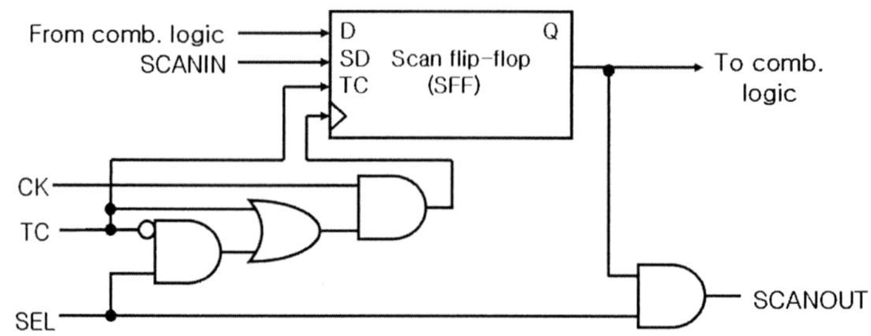

그림 3.10 RAS 플립플롭 구조

그림 3.9, 3.10과 같은 스캔 셀 구조는 'RAS' 구조로 메모리 내부의 비트들로 래치 요소를 처리하는 방법이다. 각 메모리 내부의 비트들은 자신만의 고유한 주소를 가지고 있으며 래치 안으로 데이터를 넣을 수 있는 포트를 가진다. 또한 래치 내부의 데이터는 관측되어지며 'RAS' 구조는 하나의 'scanin'과 'scanout'를 가진다. 각각의 래치는 고유하게 선택되어질 수 있기 때문에 조절 및 관측이 가능하다. 기존에 설명한 다른 스캔 셀 구조와 마찬가지로 'RAS' 또한 정상 동작에서는 스캔 클럭이 비활성화 되며 오직 하나의 래치가 스캔 클럭을 받고 데이터는 래치 안으로 적재된다.

'RAS'가 사용되는 어플리케이션을 살펴보면 테스트 길이를 줄이기 위한 로직 테스트, 쉽게 SIC(Single-Input-Change) 지연 테스트를 생성하기 위한 지연 테스트가 있다.

'RAS' 구조는 메모리가 적용된 특정한 구조에서 적합하다는 장점이 있지만, 랜덤 로직 구조(random logic architecture)에서는 적합하지 않고 스캔 플립플롭에 추가되는 게이트(gate), 'address decoder', 'address register' 그리고 추가적인 핀과 라우팅으로 인한 높은 오버헤드가 단점이다.

3.2.6 SHFF(Scan Hold Flip-Flop)

그림 3.11과 같은 'SHFF' 구조는 제어 신호인 'HOLD'가 플립플롭의 이전 상태의 아웃

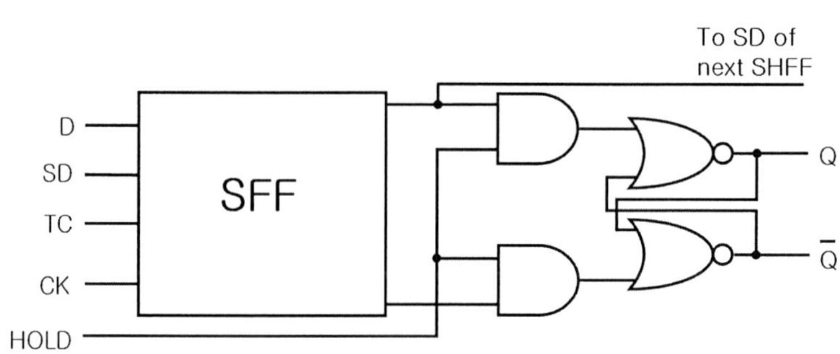

그림 3.11 SHFF 구조

풋(output)을 안정적으로 유지하는 구조이다. 어플리케이션으로는 스캔 동작 시 파워(power)의 소비를 감소시키거나 비동기 로직부분을 격리시킬 때 사용하며 지연 테스팅을 할 때에도 사용한다.

3.2.7 스캔 셀 비교

대표적인 스캔 셀 종류에 대해 비교한 결과를 표 3.1에 나타내었다.

표 3.1 스캔 셀 비교

	장점	단점
Muxed-D Scan Cell	• 디자인과의 호환성 • 디자인에 대한 자동화 도구의 지원 제공	• 부가적인 멀티플렉서 지연
Clocked-Scan Cell	• 성능 저하 없음	• 부가적인 시프트 클럭 경로가 요구
LSSD Scan Cell	• 래치(latch) 기반 디자인에 스캔기법 적용 • 무경쟁(race-free) 보장	• 경로의 복잡성 증가

3.3 스캔기법 방법

3.3.1 스캔 동작

완전 스캔기법에 의해 변형된 회로의 동작을 살펴보면, 정상모드 동작은 T/N 단자에 0을 인가한 경우로서, FF을 SFF으로 바꾸기 전의 정상 동작을 하는 순차회로 동작을 하게 된다. 테스트 모드에서는 T/N 단자에 1을 인가한 경우로서 모든 플립플롭들은 스캔사슬로 연결되어 시프트 레지스터와 같은 동작을 하게 되므로 원하는 테스트 패턴을 'SCANIN'을 통해 적절히 플립플롭에 인가할 수 있게 되며, 테스트 응답은 'SCANOUT'을 통해 칩 외부로 전달된다. 이 방식을 이용한 테스트 순서는 다음과 같다.

① T/N 단자에 1을 인가한다.
② 스캔사슬 자체의 고장을 탐지하기 위해 1과 0이 반복되는 테스트 패턴을 인가한다. 이 테스트를 통해 스캔사슬 자체의 고착 고장을 탐지할 수 있다.
③ 필요한 테스트 패턴을 스캔사슬의 'SCANIN'을 통해 스캔사슬에 인가한다. 이 경우에 회로의 주입력 신호는 랜덤값을 가지게 된다.

④ T/N에 0을 인가하여 정상모드로 돌아온다. 그리고 주입력 단자에 필요한 테스트 패턴을 인가한 뒤 주출력 단자의 값을 테스트한다. 다음 상태값을 적재시키기 위해 플립플롭에 클럭을 인가한다.

⑤ T/N에 1을 인가하여 테스트 모드로 다시 돌아오고 플립플롭에 저장된 회로의 상태를 스캔사슬을 통하여 외부로 전달시킨다. 이와 동시에 다음 테스트를 위한 테스트 패턴을 회로 내부로 인가시킬 수 있다.

⑥ 테스트가 더 필요한 경우 '다' 단계부터 다시 수행한다.

그림 3.12를 살펴보면, SFF의 출력이 회로로 들어가게 되고 해당 회로의 출력이 다시 또 다른 SFF에 입력으로 들어가는 것을 볼 수 있다. 이와 같이 테스트 모드에서 시프트 동작을 통해 채워진 SFF의 데이터는 정상 모드에서 빠져나감과 동시에 다음 상태값을 적재하게 됨으로서 테스트가 가능하게 된다.

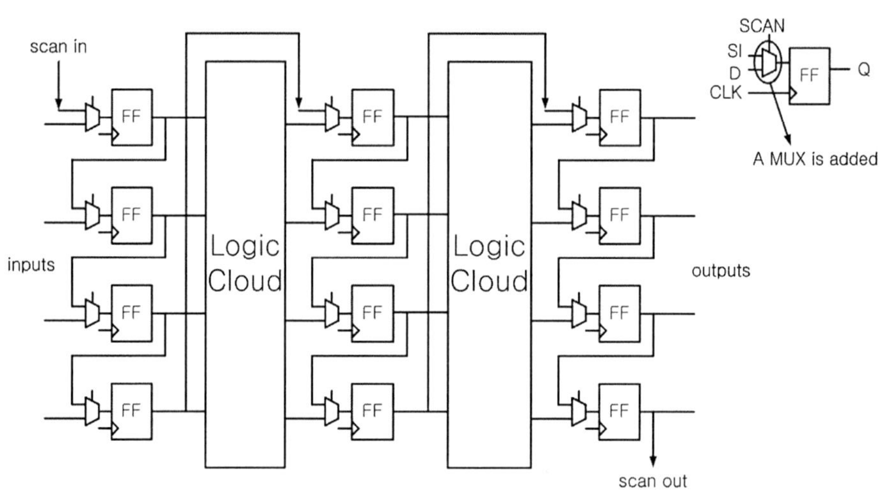

그림 3.12 스캔 테스트

이처럼 스캔기법을 적용한 경우에는 추가적으로 T/N, SCANIN, SCANOUT 등의 입 출력단자가 더 필요하게 되고 멀티플렉서(multiplexer) 및 추가되는 라우팅(routing)으로 말미암아 회로 면적이 증가하게 된다. 그럼에도 불구하고 널리 쓰이는 이유는 테스트에 소요되는 비용을 크게 줄일 수 있기 때문이다.

3.3.2 스캔기법 설계 순서

스캔기법 디자인에 대한 전반적인 설계 순서도를 보면 그림 3.13과 같다.

회로 설계자가 설계한 디자인에 대해 검증이 완료되면 스캔기법을 적용하기 위한 규칙을 검사한다. 위 과정은 반복적으로 시행된다. 통과한 디자인에 대해 게이트 레벨 수준의

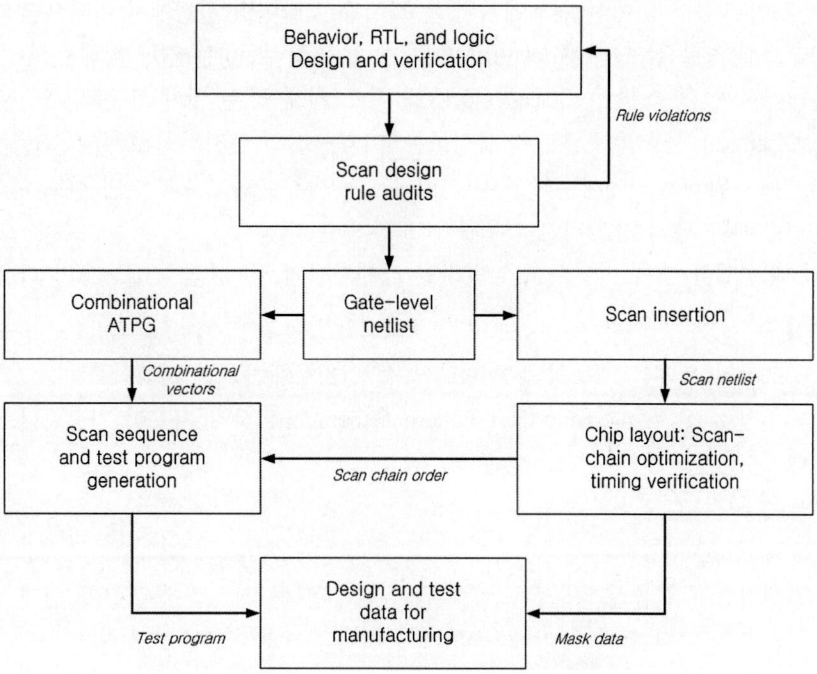

그림 3.13 자동화된 스캔기법 디자인

넷 리스트(net list) 정보를 추출하고 테스트 패턴을 생성한다. 또한 추출된 넷 리스트를 가지고 스캔기법을 삽입하여 스캔사슬을 형성함과 동시에 타이밍을 검증한다. 그후 테스트 패턴과 스캔사슬 정보를 가지고 스캔 시퀀스(sequence)와 테스트 프로그램을 생성하고, 디자인 및 테스트 데이터를 가지고 테스트를 시행한다. 위와 같은 일련의 과정들은 현재는 다양한 툴이 개발되어 자동화를 통해 설계한 디자인에 대해 스캔기법을 적용할 수 있게 되었다.

이와 같은 스캔기법과 기존의 테스트 방법을 비교하면 표 3.2와 같다.

표 3.2 스캔기법 vs 기존의 방법 비교

	스캔기법	기존 방법
테스트 생성	자동	수동
벡터 유형(vector type)	구조적	중간
테스트 검출률(test coverage)	매우 높다	중간
벡터 셋(vector set)	작다	크다
테스트 시간	짧다	길다
테스트 메모리	작다	크다

스캔기법 적용에 있어서 설계에서의 주요 이슈인 타이밍 관점에서 비교하면 기존 방법과 달리 스캔 경로 상 딜레이(delay)와 클럭 스큐(clock skew)는 경쟁 상태를 유발할 수 있고, 딜레이로 인해 스캔 클럭(scan clock)을 더 느리게 하는 것이 요구되기도 한다. 또한 TC(Test Control) 신호의 스큐는 D 플립플롭의 D와 SD의 일시적인 쇼트(short)를 야기시키기도 한다. 파워(power)에서는 스캔이 진행되는 동안에 조합회로의 랜덤 신호 활성화는 정상 모드일 때와 달리 초과적인 파워를 소모하게 된다.

위에서 설명한 것을 바탕으로 일반적인 스캔기법의 장·단점을 살펴보면 다음과 같다.

(1) 장점

① 구조적인 설계를 가능하게 함으로써 설계 자동화가 가능하다.
② 기존의 ATPG(Automatic Test Pattern Generation) 장비 사용이 가능하다.
③ 테스트 생성 시간이 감소한다.
④ 높은 고장 검출률을 얻을 수 있다.
⑤ 고장 진단이 쉽다.
⑥ 스캔기법이 적용된 모듈은 스캔기법이 적용된 큰 시스템에 결합이 쉽게 가능하다.
⑦ 일반적으로 면적 10% 이하, 속도 5% 이하의 오버헤드를 가진다.

(2) 단점

① 플립플롭에 회로가 추가됨으로 인해 칩 면적이 증가한다.
② 추가적인 인/아웃 핀이 요구된다.
③ 증가된 전달시간으로 인해 동작에 대한 페널티(penalty)가 있다.
④ 스캔사슬에 대한 시프트 동작과 DC 테스트 그리고 많은 테스트 데이터 양 때문에 테스트 시간이 길어진다.
⑤ 몇몇 디자인은 쉽게 스캔기법을 적용하기 어렵다.
⑥ 증가된 테스트 데이터의 양으로 인해 패턴을 저장할 공간이 필요하다.
⑦ 칩의 동작 속도로 테스트가 불가능하다.

이처럼 스캔기법은 많은 장·단점이 있지만 현재 대부분의 회로에 대한 테스트 기법으로 널리 쓰이고 있으며, 높은 고장 검출률 및 자동화로 인해 필수적인 DFT 기법으로 사용되고 있다.

3.3.3 테스트 생성

스캔과 비 스캔 플립플롭은 분할된 클럭으로부터 제어된다. 정상 모드는 두 개의 클럭이 활성화 되고 스캔 모드는 오직 스캔 클럭만 활성화 된다.

테스트 생성에 대한 모델은 다음과 같다.

① 스캔 플립플롭은 PI, PO에 의해 대체된다.

② 테스트 생성을 하기 위해 ATPG 프로그램을 사용한다.

③ $n_{sff}+4$ 길이의 001100...와 같은 스캔 레지스터 테스트 시퀀스는 스캔 모드에서 적용된다.

④ 각 ATPG 벡터는 스캔 플립플롭 상태를 설정하기 위해 스캔-인 시퀀스보다 앞서 들어간다.

⑤ 스캔-아웃 시퀀스는 각 벡터 시퀀스의 끝에 추가된다.

※ 테스트 길이 = $(n_{ATPG}+2)n_{sff}+n_{ATPG}+4\,clocks$

3.3.4 스캔사슬(scan chain) 테스트

순차 회로에 대해 테스트를 용이화 하기 위해 스캔기법과 같은 DFT를 사용함으로써 테스트 비용 절감 효과가 있다는 것을 살펴보았다. 설계된 회로에 대해 스캔기법을 적용함으로써 조절 용이도와 관측 용이도를 향상시켜 테스트 검출률을 높였다. 하지만 스캔기법을 추가하면 기존 디자인에는 없던 스캔사슬이 회로에 추가 되면서 스캔사슬에 대해서도 테스트가 필요로 하게 되었다. 스캔사슬을 테스트하는 방법으로는 'flush test', 'shift test'가 있다.

먼저, 'flush test'는 2개의 클럭을 가진 회로에서 사용하고 스캔 모드에서 스캔 클럭과 마스터 클럭을 동시에 활성화 시킨다. 그리고 0과 1의 입력을 스캔 레지스터 입력에 연속적으로 넣는다. 플립플롭은 0으로 초기화 되고 플립플롭을 통해 1이 시프트된다. 두 번째 방법인 'shift test'는 두 개 혹은 단일 클럭을 가진 회로 둘 다 사용하며 스캔 모드에서 시프트 레지스터를 통해 0과 1의 패턴을 시프트한다. '00110011...'과 같은 시퀀스가 플립플롭을 통해 시프트되며 스캔 모드에서 $n_{sff}+4$ 길이의 시프트 시퀀스는 모든 플립플롭에 00, 01, 11, 10과 같은 전환을 발생시키고 'SCANOUT'을 통해 결과가 관찰된다.

3.3.5 스캔 시프트 감소 방법

스캔사슬이 길어지면 길어질수록 테스트에 걸리는 시간이 증가하게 된다. 따라서 스캔기법을 적용할 때에 스캔사슬의 길이를 줄이기 위한 다양한 방법들이 연구되었다. 첫째, 특정 테스트 벡터가 아주 적은 고장만을 검출한다면 적은 수의 플립플롭만이 조절 또는 관측하는 것이 요구되어질 것이다. 둘째, 빈번하게 조절과 관측이 요구되어지는 플립플롭은 스캔 입력과 출력 가까이에 배치한다면 적은 스캔 시프트 동작이 요구된다. 셋째, 테스트 벡터를 순서화하는 방법이 있다. 마지막으로, 연속적인 스캔 사이의 오버랩을 최대화하는 방법이 있다.

3.3.6 다수의 스캔 레지스터

스캔 플립플롭은 여러 개의 시프트 레지스터로 분할이 가능하며 분할된 각각의 시프트

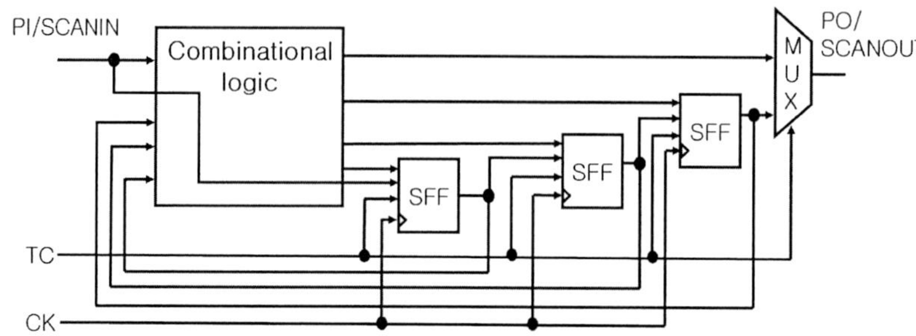

그림 3.14 다수의 스캔 레지스터를 적용한 회로 1

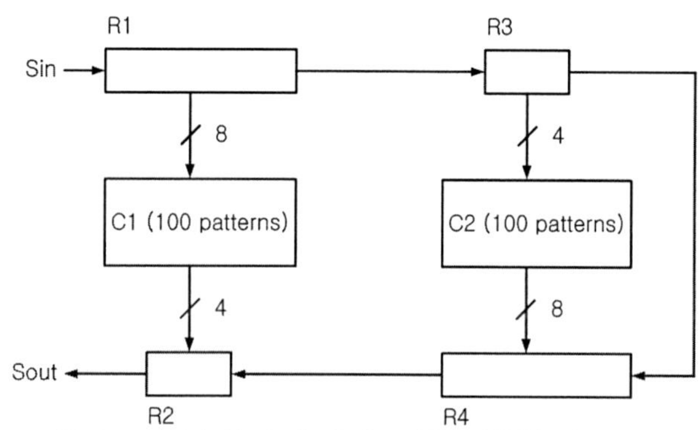

그림 3.15 다수의 스캔 레지스터를 적용한 회로 2

경로는 독립적인 'scanin', 'scanout' 핀을 가진다. 또한 테스트 시퀀스의 길이는 가장 긴 시프트 레지스터로 결정되고 하나의 테스트 제어핀은 필수적이다. 다수의 스캔 레지스터를 적용한 회로의 예는 그림 3.14와 같다.

다수의 스캔 레지스터를 사용한 테스트는 스캔 경로와 다른 로직을 구성하고 스캔 테스트 방법을 사용하여 테스팅한다. 다수의 스캔 레지스터가 적용된 회로의 테스트 방법은 'together mode', 'separate mode', 'overlapping mode'와 같은 모드가 있으며 'together mode'는 그림 3.15을 보면 스캔 경로의 길이가 12이고 가장 많은 테스트 패턴이 필요한 회로가 100개가 필요하다면 100×12=1200 클럭 사이클이 소요된다. 즉, 테스팅 시작은 동시에 되지만 가장 오래 걸리는 스캔 경로가 끝날 때 테스팅이 끝나게 된다. 두 번째로 'separate mode'는 'together mode'와는 반대로 특정 스캔 경로가 테스팅될 때 다른 한 경로는 무시되고 먼저 테스팅된 스캔 경로가 테스팅이 끝나면 무시되었던 스캔 경로가 테스팅 되는 방법을 말하며 이 모드에서는 'together mode'의 클럭 낭비를 줄일 수 있다. 'C1'이 먼저 테스트 되고 (8×100사이클) 그 후에 'C2'가 테스트 되어 (8×100사이클) 총 1600사이클이 소요된다.

3.3.7 스캔기법 오버헤드

기존 설계된 디자인에 스캔기법을 적용함으로써 추가적으로 발생하는 오버헤드는 크게 면적 오버헤드와 성능 오버헤드로 나눌 수 있다.

(1) 면적 오버헤드

면적 오버헤드(area overhead)는 게이트 오버헤드로 표현될 수 있는데 수식으로 표현하면 아래와 같다.

$$[4n_{sff}/(n_g+10n_{ff})]\times 100\%$$

n_g = 조합 게이트(comb. gates)

n_{ff} = 플립플롭

추가적으로, 더 정확한 측정을 위해서는 스캔 연결과 레이아웃 면적(layout area)을 고려해야만 한다.

(2) 성능 오버헤드

성능 오버헤드(performance overhead)는 멀티플렉서 지연과 플립플롭 출력 지연이 있다. 멀티플렉서 지연은 조합 경로에 멀티플렉서를 추가함으로써 발생하는 것이며 대략 2개의 게이트(gate) 지연 정도이다. 또한 플립플롭 출력 지연은 하나의 추가적인 펜-아웃(fanout)으로 인한 지연이며 대략 5~6% 정도이다.

3.4 기타 스캔 설계기법

3.4.1 계층적 스캔기법

계층적 스캔기법은 그림 3.16과 같이 스캔 플립플롭들을 여러 개의 서브네트워크들로 엮는 방법이며 다음과 같은 장점이 있다.

① 넷 리스트로 자동화된 스캔 삽입

② 계층적으로 설계된 디자인을 유지함으로써 디버깅과 디자인 변화에 대한 대처가 가능하다.

하지만, 계층적 스캔기법은 칩 레이아웃 관점에서 봤을 때 최적화된 것이 아니기 때문에 설계단계에서부터 고려되어야 한다.

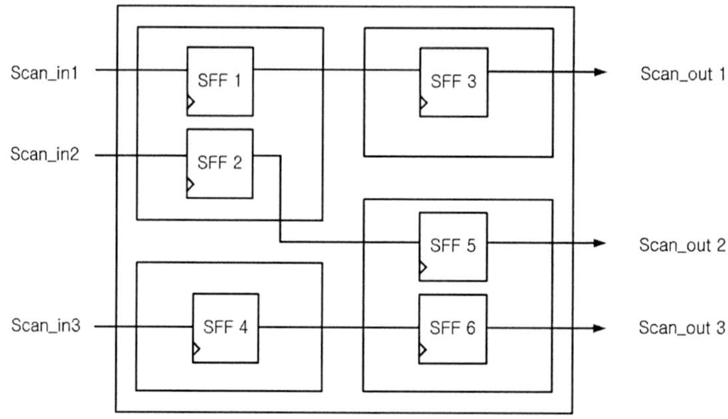

그림 3.16 계층적 스캔기법 디자인

3.4.2 부분스캔기법

이상에서 설명한 바와 같이 완전스캔기법 적용 시 면적오버헤드가 부담이 되는 경우에는 회로상의 전체 플립플롭 중 일부분만을 스캔사슬로 연결시키면서 완전스캔기법에 버금가는 고장 검출률을 얻을 수 있는 부분스캔(partial scan)기법이 사용될 수 있다.

완전스캔기법과 부분스캔기법을 비교 설명한 예가 그림 3.17에 나타나 있다. 그림 3.17에서 (a)는 스캔기법이 적용되지 않은 원래의 회로를 나타내고 있으며 (b)는 모든 플립플롭을 스캔사슬로 연결한 완전 스캔기법의 적용 예를 보여주고 있다. 이에 따른 오버헤드를 경감시키는 하나의 방법으로서 (c)는 부분스캔기법이 적용된 예이다. 일반적으로 부분스캔기법을 적용한 회로는 외부로부터 직접 관측할 수 없는 기억소자를 필연적으로 갖게 되기 때문에 순차회로의 특성을 갖게 되며 따라서 이 순차회로 부분에 대해서는 테스트 패턴을 따로 생성해야만 한다. 부분스캔의 적용에 따른 면적에서 오버헤드 경감과 완전스캔기법에 의한 테스트 패턴 생성의 용이성 사이에는 상호조정효과(trade-off)가 존재하므로 적합한 타협점을 찾아야만 한다.

부분스캔 적용 시 고려해야 할 점은 스캔사슬에 속하지 않는 기억소자들의 클럭과 스캔사슬의 클럭이 동일 클럭원(clock source)에 의해 구동된 경우이다. 이때 스캔사슬에 속한 플립플롭의 값들은 외부에서 정확하게 제어할 수 있지만, 이들에 의해 영향을 받는 스캔사슬에 속하지 않는 기억소자의 값은 계속 변하기 때문이다. 이를 해결하기 위해서는 또 다른 테스트 클럭을 입력 단자로서 추가하든지 또는 스캔사슬에 속하지 않는 플립플롭의 값을 모르는 상태(unknown state)로 가정하고 테스트 패턴을 생성하는 것이다.

고려해야 할 또 하나의 중요한 점은 부분스캔기법 적용 시 어떤 저장 소자를 스캔사슬에 첨가하는 것이 고장 검출률 및 오버헤드 측면에서 좋은가 하는 것이다. 이를 위하여 여러 가지 방법들이 소개되고 있다. 대표적인 방법으로서는 모든 플립플롭들에 대해 테스트

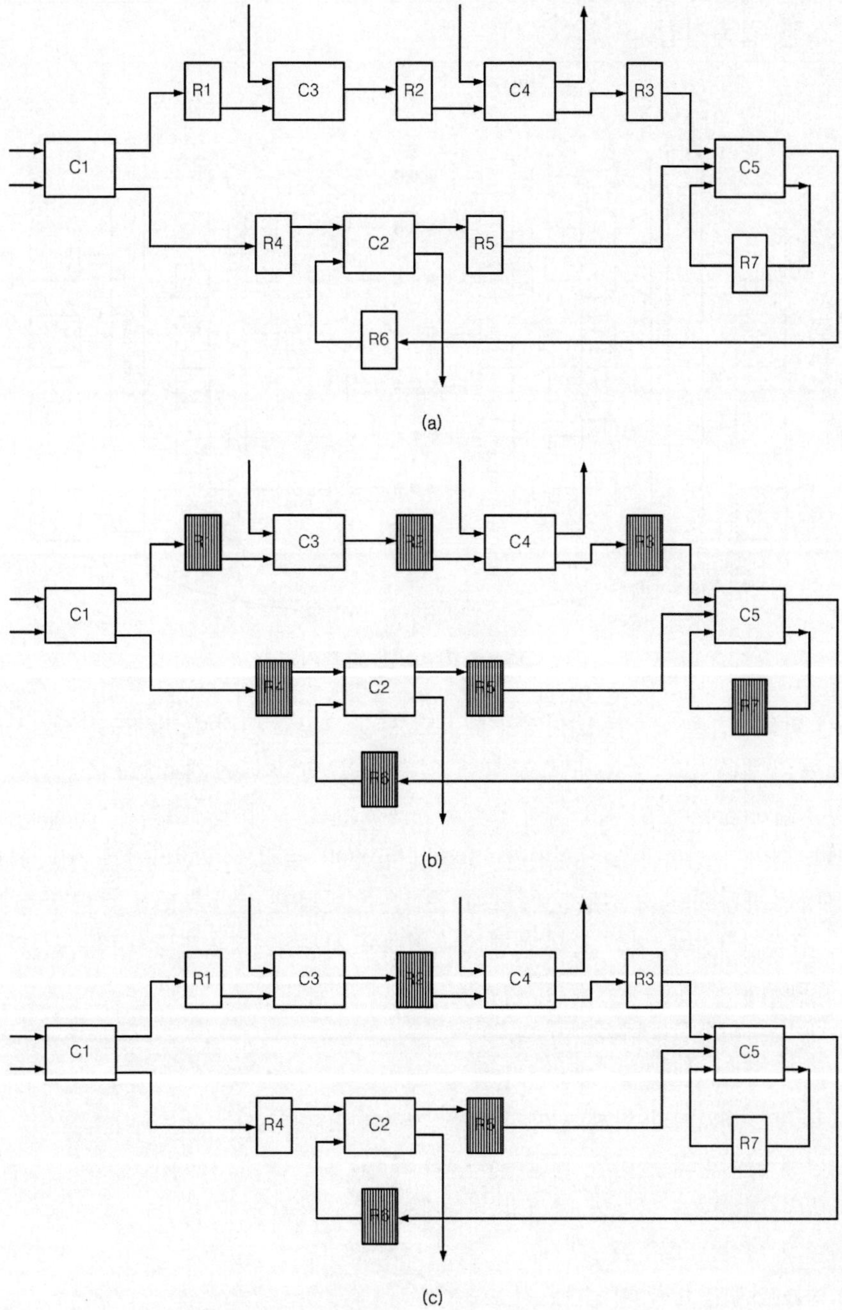

그림 3.17 완전스캔 및 부분스캔기법의 적용 예

용이도를 구하고 이를 기준으로 하여 정해진 숫자만큼의 플립플롭을 스캔사슬로 묶거나 자체 루프(self loop)를 제외한 모든 피드백을 잘라내는 방법 등이 적용될 수 있다.

3.5 스캔 압축기법

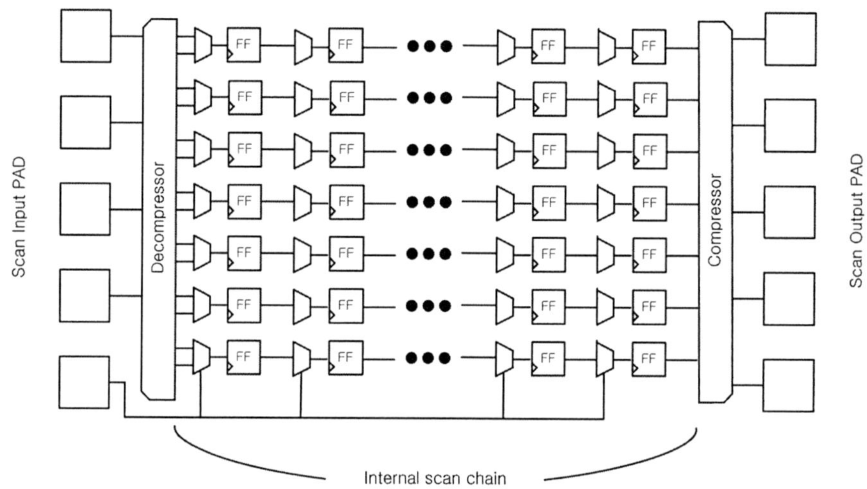

그림 3.18 스캔 압축기법

스캔 압축기법은 테스트 데이터와 테스트 시간 그리고 면적 오버헤드를 감소시키는 방법으로써 그림 3.18과 같은 구조로 되어 있는 것을 말한다. 스캔사슬과 스캔입력 사이의 로직은 'decompressor'이라고 하며 스캔사슬과 스캔출력 사이의 로직은 'compressor'이라고 한다. 다양한 압축구조가 있지만 그 중에서 XOR 로직은 구현하기가 가장 쉽고 높은 관측용이성 때문에 흔히 사용된다. 또한 동작은 일반적인 스캔 모드와 스캔 압축 모드 두 가지로 구분되어진다. 이와 같은 스캔 압축기법을 사용함으로써 얻는 이점을 살펴보면 다음과 같다.

① 테스트 비용이 더 적게 든다.
② 높은 고장 검출률을 제공한다.
③ 표준 스캔기법과 함께 쉽게 적용이 가능하다.
④ 설계 타이밍의 영향을 피할 수 있다.
⑤ 면적 최적화가 가능한 물리적인 디자인 설계 가능하다.
⑥ 면적 영향을 최소화
⑦ 테스트에 필요한 핀 수를 최소화
⑧ 저전력으로 설계된 디자인 유지가 가능하다.
⑨ 테스트 동안에 파워 소모를 최소화

이상에서 살펴본 바와 같이 완전스캔기법의 오버헤드를 줄이기 위해 다양한 부분스캔기법들이 소개되고 있으나, 아직까지는 널리 쓰이고 있지 않는 실정이다.

3.6 스캔기법을 적용하기 위한 규칙

지금까지 살펴본 스캔기법을 실제 설계하고 검증된 디자인에 적용하기 위해서는 다음과 같은 설계규칙을 적용해야 한다.

① 모든 상태 변수는 'clocked D-Flipflop'을 사용해야 한다.

② 적어도 한 개의 테스트를 위한 핀이 PI에 있어야 한다.

③ 모든 클럭은 PI으로부터 조절되어져야 한다.

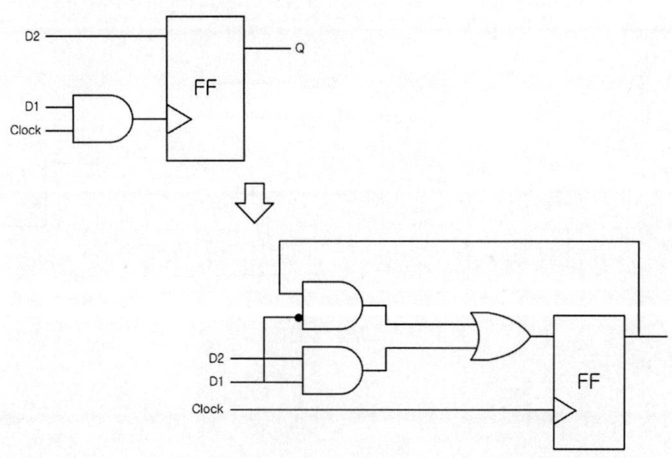

그림 3.19

④ 클럭은 플립플롭의 데이터 입력으로 들어가서는 안 된다.

⑤ 게이트 클럭을 피해야 한다.

⑤-1. 게이트 클럭은 클럭 스큐 문제를 야기한다.

⑤-2. 동기화 'LOAD' 신호를 가진 플립플롭을 사용한다.

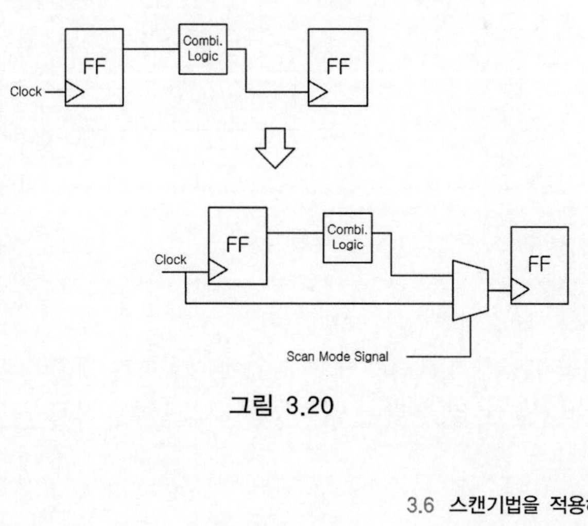

그림 3.20

⑥ 내부의 클럭 생성회로를 사용하지 않는다.
⑦ 데이터 신호로써 클럭을 사용하지 않는다.

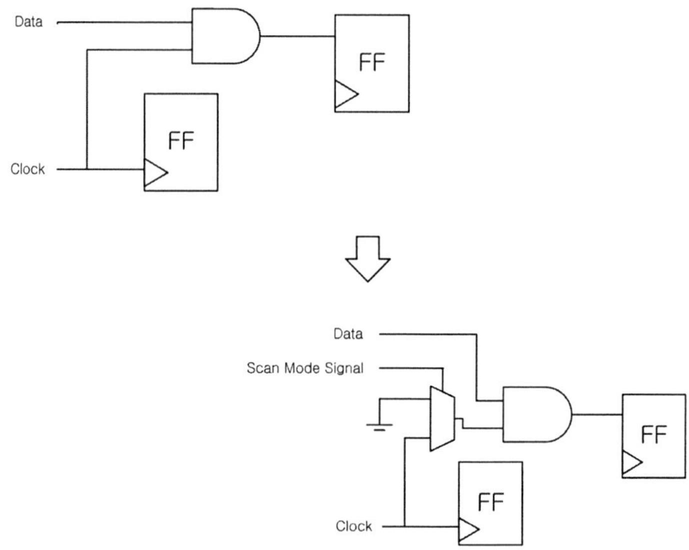

그림 3.21

⑧ 전체 리셋 또는 프리셋을 사용하여야 하며, 비동기 리셋 또는 프리셋을 피해야 한다.

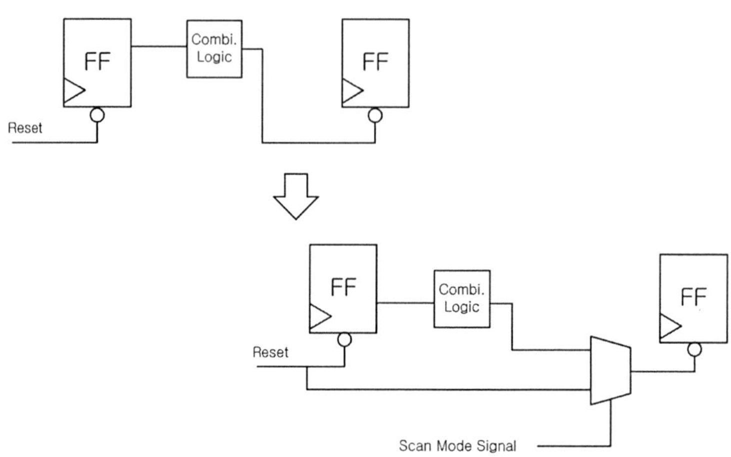

그림 3.22

⑨ 비동기 루프는 조절이 가능하여야 한다.
⑩ 멀티플렉서를 이용하여 테스트 모드 동안에 제공하기 위해 PI와 서브모듈의 입력으로부터 조절 가능한 몇몇 다른 클럭들은 테스트 클럭으로 지정되어야 한다.

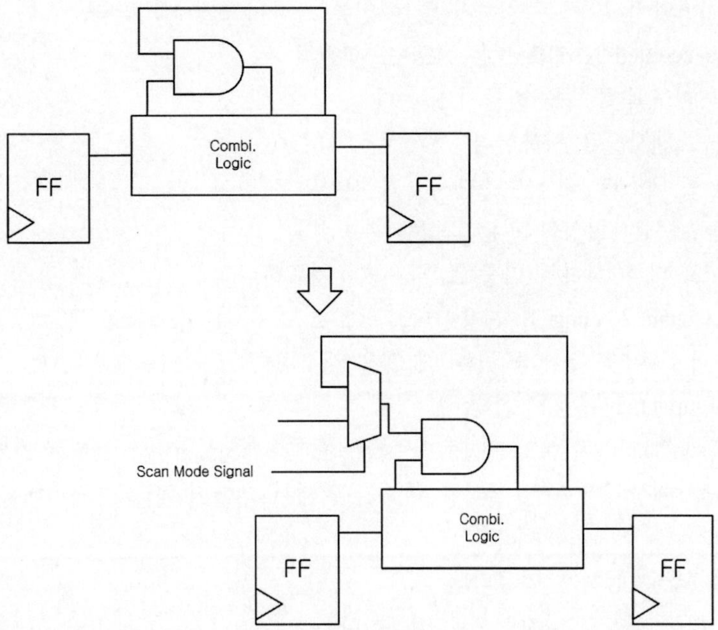

그림 3.23

이 외에도 추가적으로 설계자가 고려해야 할 사항은 다음과 같다.

① 대부분의 스캔 유형은 스캔 레지스터가 스캔 모드에서 비활성화 되기 위해서 비동기 클리어와 프리셋이 요구된다. 그렇게 하기 위해서 스캔사슬의 비트는 스캔사슬이 적재 될 때 클리어 되지 않는다.
② 스캔 동작 동안에 내부의 3-상태 경합은 제거되어야 한다.
③ 디자인 안에 내부 버스들이 존재한다면 스캔 모드 동안에 내부 버스 경합을 야기할 수도 있는 랜덤 상태로 놓일 수 있다.
④ 다수의 드라이버를 예방해야 한다.
⑤ 스캔 신호가 활성화 되면 모든 드라이버들은 비활성화 되어야 한다.
⑥ 추가적인 디코딩 로직은 하나의 3-상태 활성화가 언제라도 바뀔 수 있게 보장해야만 한다.
⑦ 스캔 동작 동안에 램의 쓰기 신호는 비활성화 되어야 한다.
⑧ 램의 내용을 유지하는 것과 마찬가지로 FIFOs와 레지스터 파일을 유지하는 것도 중요하다.
⑨ 스캔 인에이블 신호가 활성화 될 때에 램의 쓰기 인에이블(Write Enable) 신호는 비활성화 된다.
⑩ 스캔 동작 동안에 양방향 출력 버퍼는 비활성화 된다.
⑪ 스캔 모드 동안에 레지스터는 스캔사슬을 따라서 빈번하게 토글된다. 그러므로 양방

향 버퍼의 온-오프는 원하지 않는 전류 스파이크를 야기한다.

⑫ cross coupled NAND 또는 NOR을 피한다.

⑬ 조합 피드백 루프을 만들지 않는다.

⑭ 다중 스캔사슬을 사용한다.

⑭-1. 테스트 시간은 스캔사슬의 길이와 관련이 깊다.

⑭-2. 스캔 활성화 핀은 공유할 수 있다.

⑭-3. 다른 길이의 다중 스캔사슬이 가능하다.

⑮ 'scan chain loading'을 사용한다.

⑯ Q에서 팬-아웃 문제가 있을 때 Q'을 사용한다.

⑰ 'look-up latch'를 사용한다.

⑱ 'look-up latch'는 주요 블록들의 'scan out'과 'scan in' 사이 또는 스캔사슬이 클럭 스큐의 예상하지 못한 결과를 피하기 위해서 분할된 클럭 드라이버를 변화시킬 때 필요하다.

⑲ 램을 조절가능하게 만든다.

⑳ 완전히 동기화된 디자인으로 설계한다.

3.7 결론

지금까지 DFT의 중요한 기법 중에 하나인 스캔기법에 대해서 살펴보았다. 순차회로에 대해서 높은 고장 검출률을 얻을 수 있는 이점으로 인해 설계단계에서부터 스캔기법을 적용하기 위한 규칙이 적용되고 있으며 다양한 'tool'의 개발로 설계자는 쉽게 설계하고 검증된 회로에 대해 스캔기법을 적용할 수 있게 되었다. 더 나아가 스캔 테스트에 걸리는 시간을 단축시키기 위한 다양한 연구들이 진행 중에 있다.

04 경계스캔 및 코어 테스트 설계기술

4.1 경계스캔기술의 필요성

자동차 전장시스템이 갈수록 복잡해지면서 다양한 고장에 대한 신뢰성이 중요한 문제로 대두되고 있다. 최근 TOYOTA는 검증이 어려운 고장으로 인하여 인명 손실은 물론 수백만 대의 리콜로 인한 치명적인 손실을 입고 있다. 자동차 전장시스템이 복잡해지면서 체계적인 고장 진단 및 수리를 위한 계층적인 설계기술의 적용이 필수적이다.

자동차 원격진단 및 유지보수를 위한 통신 게이트웨이 구성에 관하여 무결성을 유지하고 보안을 고려하여 모바일기기를 접근하는데 필요한 연구가 유럽에서 MobilitY and CollAboRative Work in European Vehicle Emergency NeTworks(MYCAREVENT)으로 제안되었다[1]. 그림 4.1에서 보면 고장이 난 자동차의 On-Board Diagnostic(OBD) 정보를 무

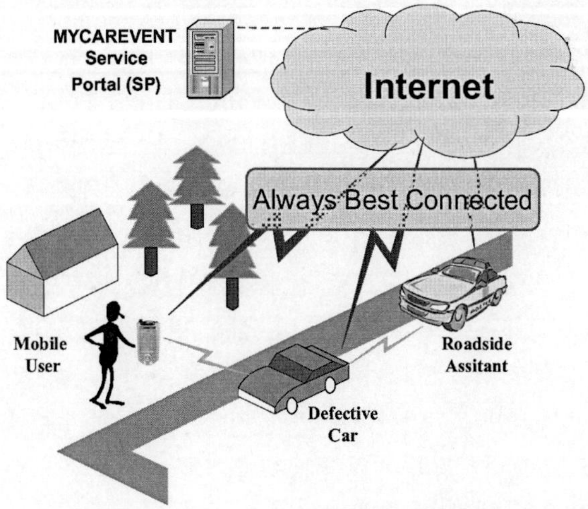

그림 4.1 MYCAREVENT의 무선 통신의 방법

선으로 전송받고, 웹 서버를 통해 그 자동차의 고장수리내역을 전송받아 현장에서 바로 고장자동차 서비스를 받을 수 있도록 하였다. 그러나 운전 중 전장시스템에서 발생한 고장으로 인하여 자동차 제어가 불가능한 경우는 실시간으로 고장을 진단하여 자가 치유를 하거나 혹은 운전자가 적절한 조치를 취할 수 있도록 최소한의 안내 서비스를 할 수 있어야 한다.

이더넷을 통한 시스템 유지보수와 관련된 연구가 활발히 진행되고 관련 제품이 출시되고 있다. 미국에서 IEEE 1149.5 MTM-Bus 기반 시스템을 인터넷으로 보수하기 위한 이더넷 MAC 프로토콜을 제안하였다[2, 3]. 첨단 텔레콤 컴퓨팅 구조(ATCA)를 제안하여 지능형 플랫폼 관리(IPMB)에 적용할 수 있는 원격 시스템 테스트 기술이 Ericsson에서 개발되었다[4]. 원격 테스트 장비를 기존 네트워크 환경에서 활용하여 타겟 SoC 내부의 특정 IP를 진단하고 테스트할 수 있는 원격 SoC 테스트 기술이 프랑스 DeFacTo 회사에서 개발되었다[5]. 그러나 이더넷 기반 인터넷을 통하여 자동차의 OBD 정보를 전송받기 위해서는 40G/100G 이더넷 Medium Access Control(MAC)층에 maintenance 관련 정보를 처리할 수 있는 프로토콜이 새롭게 정의되고 자동차 전장시스템의 각 제어모듈과 CAN/LIN/Flex-Ray/MOST를 통한 통신이 이루어져야 한다. 자동차 전장시스템을 구성하는 각 제어모듈은 프로세서와 메모리 블록으로 구성되어 있다. 비휘발성 메모리인 NAND 플래시 메모리가 자동차 시스템 데이터 저장매체로 널리 사용된다. 내장형 시스템 칩의 내부 고장정보는 IEEE 1149.X 및 IEEE 1500 경계스캔을 이용하여 체계적으로 전송되어야 한다. 자동차 전자시스템의 효율적인 개발 및 제작을 위하여 NEXUS 표준안을 채택하고 있다[6]. ISO 26262는 IEC 61508의 핵심 개념인 안전성 보전등급과 하드웨어 중심의 안정생명주기를 개선하여 ASIL(Automotive Safety Integrity Level)과 시스템 중심의 안전생명주기를 도입하고 있다.

본 장에서는 자동차 전자시스템의 체계적인 고장 검출 및 진단을 위해서 기본적으로 필요한 임베디드 시스템 칩의 경계스캔 관련 기술을 소개하고자 한다.

보드 및 시스템 수준에서의 테스트를 위해서 IEEE 1149.1-1149.7 경계스캔 기술이 각종 SoC 칩에 적용되고 있다. 각 칩에 있는 IEEE 1149.X 테스트 제어부를 활용하여 SoC 내부 코어 테스트를 용이하게 하기 위한 IEEE std. 1500 래퍼 설계가 ARM을 위시한 여러 IP 코어에 적용되고 있다. SoC 설계자 입장에서는 각 코어에 대한 테스트 패턴 생성을 SoC 완성 이전에 동시에 진행할 수 있으므로 전체 설계시간을 단축시킨다. 또한 래퍼는 코어 외부에 설계된 회로를 테스트할 수도 있으며, 설계 변화가 있을 때 타이밍, 레이아웃 및 테스트 패턴 생성 등의 작업을 SoC 수준이 아닌 코어 수준에서만 진행함으로 SoC 재설계 시간도 매우 단축할 수 있다. 이러한 경계스캔 기술은 시스템 수준에서는 매 순간 발생하는 고장을 실시간으로 모니터링하며 원격으로 실시간 대처할 수 있는 고신뢰성 자동차 전장시스템 개발에 필요한 핵심 설계기술이다.

4.2 IEEE 1149.1 경계스캔

4.2.1 IEEE 1149.1 경계스캔 개요

IEEE 1149.1 경계스캔은 칩의 입출력 핀에 각각 경계스캔 셀을 씌우고 그 셀들을 연결한 경계스캔 레지스터를 사용하여 칩을 테스트할 수 있는 테스트 패턴을 주입하거나 테스트 결과를 관측할 수 있게 하는 보드 수준에서의 테스트 설계 기술이다[7]. 그러한 IEEE 1149.1 경계스캔은 1990년대에 업체의 표준으로 채택되었고 그 이후부터 제작되는 비메모리 칩에 널리 내장, 설계되고 있다. 디지털, 아날로그, 고속 네트워크 신호, 시스템 유지보수 등 다양한 입출력 신호의 테스트를 위하여 표 4.1과 같이 IEEE 1149.1 경계스캔은 확장하여 사용되고 있다. IEEE 1149.1은 보드 수준에서 순수한 디지털 테스트를 위한 표준이다. IEEE 1149.4는 디지털과 아날로그 혼성 신호 테스트를 위한 표준이며, IEEE 1149.5는 보드수준을 넘어 여러 개의 보드가 슬롯에 장착된 하드웨어 시스템의 유지보수를 위하여 제정된 표준이다. IEEE 1149.6은 differential 전압을 사용하는 고속 디지털 네트워크의 입출력 신호 테스트를 위한 표준이며, IEEE 1149.7은 테스트 핀을 최소화하고 스타구조를 지원하여 3D stacked IC 테스트 효율성을 높일 수 있는 표준이다.

표 4.1 IEEE 경계스캔 표준 설계기술

경계스캔 표준 번호	경계스캔 표준 이름
IEEE std 1149.1	Test Access Port and Boundary-Scan Architecture
IEEE std 1149.4	Mixed Signal Test Bus
IEEE std 1149.5	Module Test and Maintenance Bus(MTM-Bus) Protocol
IEEE std 1149.6	Boundary-Scan Test of Advanced Digital Networks(AC-coupled and/or differential nets)
IEEE std 1149.7	Reduced-Pin and Enhanced-Functionality Test Access Port and Boundary Scan Architecture

IEEE 1149.1 경계스캔의 구조는 그림 4.2와 같이 Test Access Port(TAP), TAP 제어기, 명령어 및 각종 테스트 데이터 레지스터로 구성되어 있다. TAP은 1149.1 경계스캔에서 필요로 하는 칩의 핀으로 Test Data Input(TDI), Test Data Output(TDO), Test Clock(TCK), Test Mode Select(TMS), Test Reset*(TRST*)이고, TAP 제어기는 각종 레지스터의 동작을 제어하기 위한 신호를 내보내는 모듈이다. 칩의 각 입력핀은 연계된 경계스캔 셀을 통하여 칩 내부로 신호를 주입하고, 회로 내부에서 생성된 신호는 경계스캔 셀을 통하여 칩 외부로 출력하게 되어 있다.

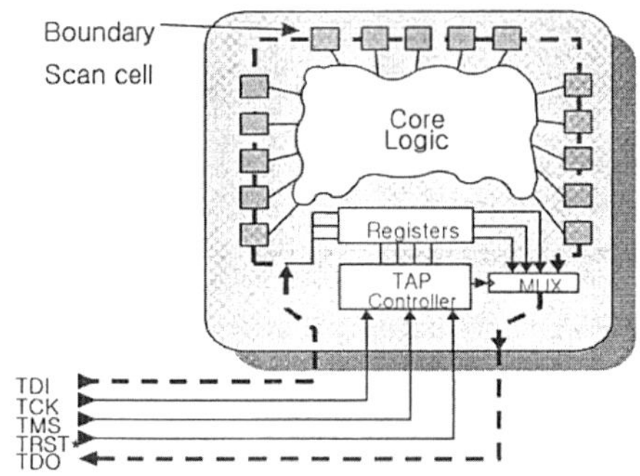

그림 4.2 IEEE 1149.1 구조

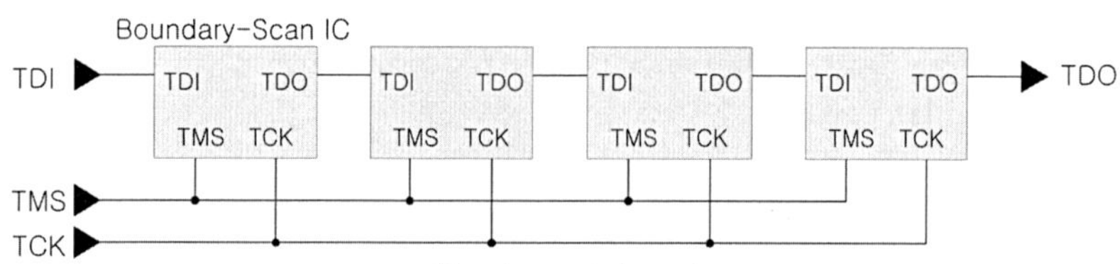

Single serial path

(a) IEEE 1149.1 경계스캔 직렬구조

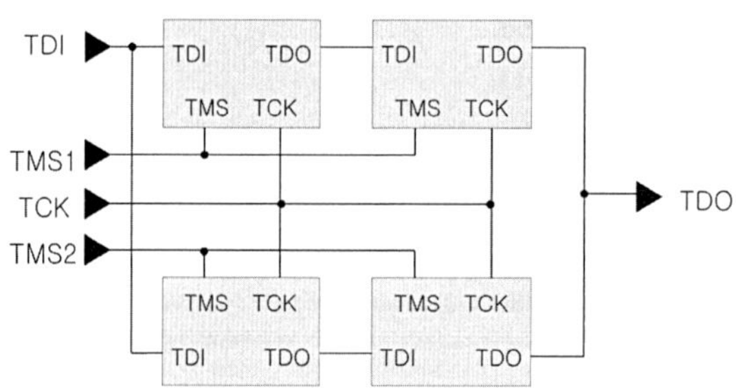

Multiple paths using multiple TMS's

(b) 다중 TMS 단일 TDI-TDO(단일 TDI, TDO 핀)

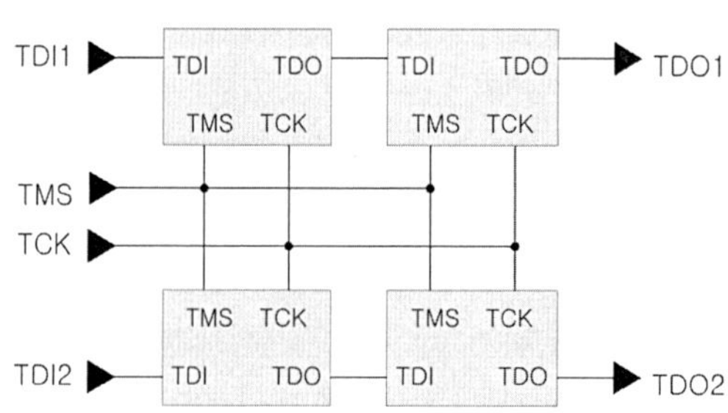

Multiple paths using multiple TDI-TDO

(c) 단일 TMS 다중 TDI-TDO(다중 TDI, TDO 핀)

그림 4.3

그림 4.3(a, b, c)는 경계스캔 설계된 칩을 연결하는 다양한 구조를 보여준다. 그림 4.3(a)는 가장 보편적으로 사용하는 직렬연결 구조로 각 칩의 TDO는 다른 칩의 TDI에 연결되어 전체적으로 하나의 TDI-TDO 경계스캔 통로와 하나의 TMS 제어신호로 구성되어 있다. 그림 4.3(b)는 보드수준에서 한 개의 TDI와 TDO 핀으로 구성되어 있지만 내부적으로는 여러 개의 TDI-TDO 통로와 각 통로를 제어하는 별도의 TMS 제어신호로 구성된 구조이다. 반면에 그림 4.3(c)는 보드수준에서 여러 개의 TDI 및 TDO로 구성된 독립적인 TDI-TDO 통로를 제공하지만 내부적으로 이를 제어하는 TMS는 한 개로만 구성되어 있다. 이 세 가지 구조는 IEEE 1149.1에서 명시한 표준 구조이며, 완전한 star형의 다중 TDI-TDO 통로 및 다중 TMS를 사용하는 구조는 IEEE 1149.7에 새롭게 명시되어 있다.

그림 4.4는 경계스캔 설계된 네 개의 칩으로 구성된 보드를 보여준다. 각 칩의 I/O 패드는 한 개 이상의 경계스캔 셀과 연결되어 있다. 각 칩의 TDI-TDO 경계스캔 통로는 다른 칩의 TDI-TDO 경계스캔 통로와 직렬로 연결되어 있으며 단일 TMS 제어신호로 구성된 그림 4.3(a)의 직렬구조를 취하고 있다. 칩과 칩 간의 다양한 연결선 고장을 테스트하기 위해서는 IEEE 1149.1 경계스캔에서 제공하는 EXTEST 명령어를 이용하여 테스트 패턴을

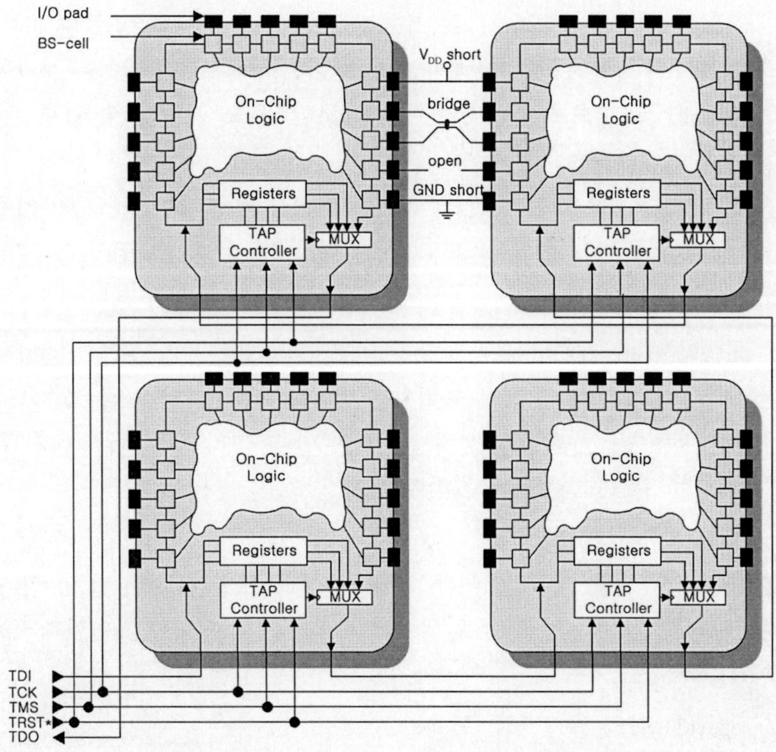

그림 4.4 네 개의 경계스캔 칩으로 구성된 보드

출력 핀에 해당하는 경계스캔 셀에 로딩하고 타겟 연결선에 인가한 후 결과 값은 입력 핀에 연결된 경계스캔 셀을 통하여 캡처한 후 관측하면 된다. 보드에 장착된 특정 칩의 고장 유무를 확인하기 위해서는 INTEST 명령어를 이용하여 칩 테스트 패턴을 입력 핀에 연결된 경계스캔 셀에 로딩하고 칩에 인가한 후 출력 핀에 연결된 경계스캔 셀에서 캡처한 후 관측하면 된다.

4.2.2 IEEE 1149.1 경계스캔 TAP 구성

4.2.2.1 Test Access Ports

TAP은 TDI, TDO, TCK, TMS의 네 개의 필수 핀과 선택적으로 사용할 수 있는 TRST 핀으로 구성되어 있다. TDI는 테스트 패턴의 인가를 위한 것이며, TDO는 테스트 결과의 관측을 위한 것이다. TMS는 TAP 제어기의 상태를 결정하기 위한 제어신호이고, TCK는 테스트 클럭이다. TRST는 TAP 제어기의 상태를 초기화하는데 사용하고, TRST가 없을 경우에는 TCK의 상승에지에 동기화하여 TMS를 1로 5번 인가하면 TAP 제어기의 상태가 초기화된다. 각 핀에 대한 상세한 설명은 다음과 같다.

(1) Test clock input(TCK)

PCB에 있는 여러 개의 칩 사이와 칩 내부의 테스트 동작을 동기화하는데 필요한 클럭 입력이다. TCK는 시스템 클럭과는 독립적으로 동작하여 칩 내부의 컴포넌트와 칩 간 연결선의 테스트 등을 수행할 수 있어야 한다. 시스템이 정상적으로 동작하는 동안에 경계스캔 값을 캡처하고 시프트함으로써 온라인 시스템 모니터링도 가능할 수 있게 된다.

(2) Test data input(TDI)

경계스캔 명령어 및 테스트 데이터를 직렬로 명령어 레지스터 및 다양한 테스트 데이터 레지스터에 로딩할 수 있는 입력 핀이다. TDI에 인가되는 값은 TCK의 상승 에지에 선택된 레지스터로 옮겨진다.

(3) Test data output(TDO)

다양한 내부 테스트 데이터 값을 출력하는 핀이다. TDO 드라이버는 데이터를 스캔 출력하는 경우를 제외하고는 비활성 상태로 있어야 한다. 그리고 TDI에서부터 TDO까지 전송되는 테스트 데이터는 반전되지 않아야 한다.

(4) Test mode select(TMS)

TAP 제어부의 유일한 제어신호이다. 경계스캔 테스트의 시프트, 캡처, 업데이트 등의 모든 동작은 TMS 입력에 인가되는 값의 테스트 시퀀스에 의하여 제어된다. TMS에 인가되는 값은 TCK의 상승 혹은 하강에지에 TAP 제어부의 상태가 천이된다.

(5) Test reset(TRST*)

TAP 제어부 리셋에 사용하는 선택 사양의 핀이다. 만약 TRST* 핀이 있다면 TAP 제어부는 입력 값 “0”에 의하여 비동기적으로 리셋된다. 만약 TRST* 핀이 없다고 해도 TMS에 연속적으로 다섯번 “1”값을 인가함으로써 TAP 제어부는 리셋이 된다.

4.2.2.2 경계스캔 테스트 데이터 레지스터 및 경계스캔 셀

그림 4.5(a)은 테스트 데이터 레지스터를 그리고 그림 4.5(b)는 테스트 데이터 및 명령어 레지스터와 TAP 제어부의 연결부를 보여준다. 테스트 데이터 레지스터에서 boundary-scan 레지스터와 bypass 레지스터는 반드시 포함되어야 하고 나머지 device ID 등의 레지스터는 선택적으로 사용된다. 그림 4.5(b)에서 보는 바와 같이 TDI를 통해서 입력되는 신호는 먼저

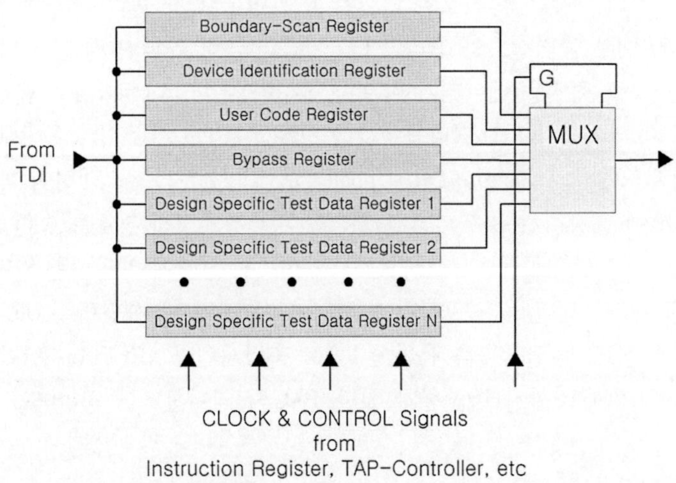

(a) IEEE 1149.1 경계스캔 테스트 데이터 레지스터

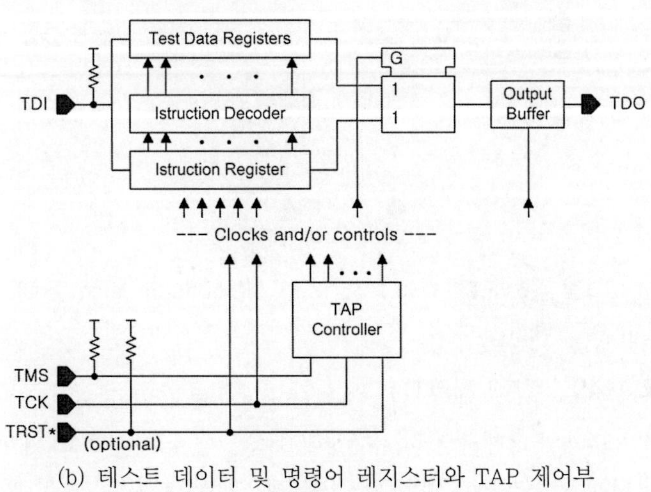

(b) 테스트 데이터 및 명령어 레지스터와 TAP 제어부

그림 4.5

명령어 레지스터로 인가되어 디코딩된 후 이 명령어에 테스트 데이터 레지스터가 선택된다. 만약 명령어가 BYPASS라면 bypass 레지스터가 선택되고 EXTEST라면 boundary-scan 레지스터가 선택된다. 그 다음에 TDI로 인가되는 데이터는 선택된 테스트 데이터 레지스터로 인가된다. Bypass 레지스터는 단일 비트 레지스터로 현재 테스트에 참여하지 않는 칩을 bypass시킨다. TDI-TDO 경계스캔 통로에서 불필요한 칩의 경계스캔 레지스터를 bypass 시킴으로 테스트 시간을 상당히 줄일 수 있다.

Boundary-scan 레지스터는 경계스캔 셀(boundary-scan cell: BSC)의 조합으로 구성되어 있으며 그림 4.6은 여러 종류의 경계스캔 셀 가운데 가장 널리 사용되는 한 구조를 보여준다. BSC는 입력 혹은 출력 핀과 연결된다. BSC가 입력 핀과 연결될 경우에는 BSC의 PI가 입력 핀과 PO는 칩의 내부 입력신호와 연결된다. 반면 BSC가 출력 핀과 연결될 경우에는 BSC의 PI가 칩의 내부 출력신호와 그리고 PO는 칩의 출력 핀과 연결된다. MODE=0인 정상 모드에서는 PI로 입력되는 데이터가 바로 PO로 출력된다. MODE=1인 테스트 모드에서는 F2 플립플롭의 데이터가 M2 멀티플렉서를 경유하여 PO로 출력된다. BSC는 그림 4.7 TAP 제어부 상태도에서의 Capture-DR, Update-DR 및 Shift-DR에 의하여 테스트 동작을 한다. Capture-DR에 해당하는 BSC의 CLOCK 신호는 경계스캔 경로를 통한 SI 테스트 값이나 혹은 PI 값을 F1 플립플롭으로 캡처한다. Shift-DR 상태에 해당하는 SHIFT는 M1 멀티플렉서에서 SI 경계스캔 값을 시프트하게 하며, Update-DR에 해당하는 UPDATE 제어신호는 캡처된 신호를 F2 플립플롭을 통하여 PO로 출력시킨다. IEEE 1149.1에서 정의하는 BSC 유형은 BSC1-BSC10까지 10종류가 있다. BSC의 제어신호를 정리하면 다음과 같다.

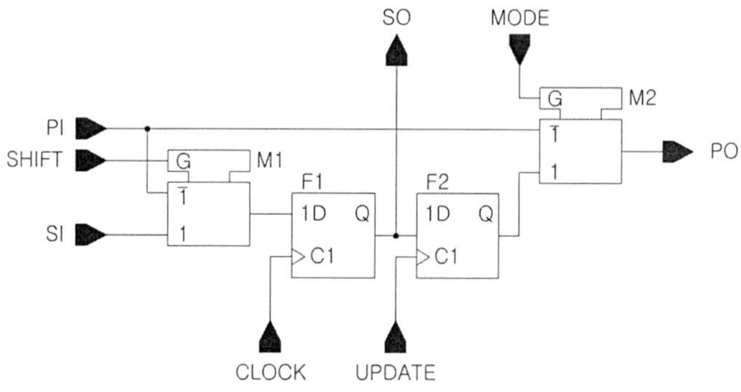

그림 4.6 IEEE 1149.1 경계스캔 셀(boundary-scan cell)

4.2.2.3 IEEE 1149.1 TAP 제어기

TAP 제어기는 16개의 상태를 가진 유한상태기로, 그림 4.7에서 TAP 제어기의 상태천이도를 보여준다. 그림에 보이는 16가지 상태는 TAP 제어기를 초기화하는 상태(Test-Logic-Reset),

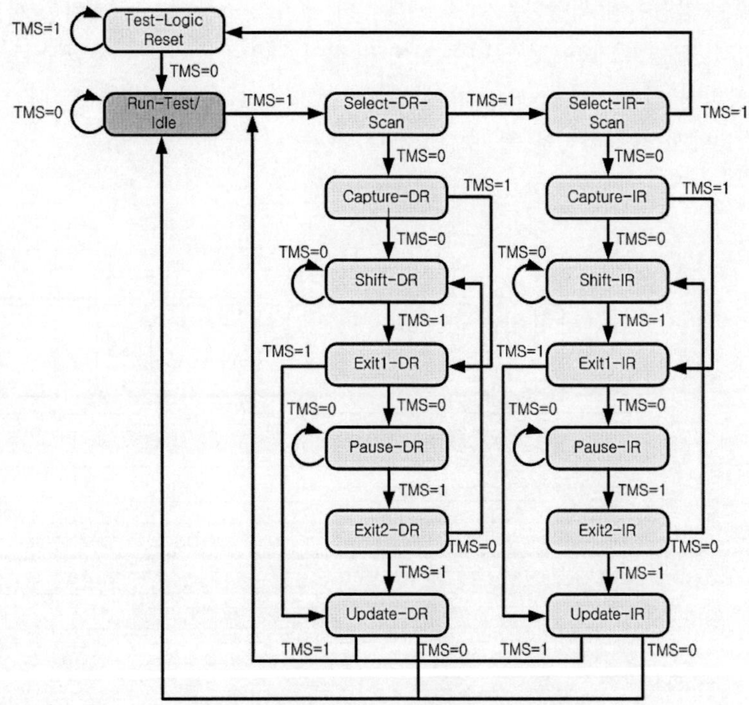

그림 4.7 IEEE 1149.1 TAP 제어부 상태도

대기상태(Run-Test-IDLE), 데이터 레지스터와 관련된 상태(Select-DR-Scan, Capture-DR, Shift-DR, Exit1-DR, Pause-DR, Exit2-DR, Update-DR) 및 명령어 레지스터와 관련된 상태(Select-IR-Scan, Capture-IR, Shift-IR, Exit1-IR, Pause-IR, Exit2-IR, Update-IR)이다.

데이터 레지스터와 관련된 상태 중 Select-DR-Scan, Exit1-DR, Pause-DR, Exit2-DR은 임시상태이고, Capture-DR 상태에서는 칩의 주 입력값, 즉 칩의 정상동작 시의 값이 경계스캔 셀에서 캡처되고, Shift-DR 상태에서는 테스트 데이터의 값이 다음에 연결된 경계스캔 셀로 이동하고, Update-DR 상태에서는 테스트 데이터의 값들이 병렬로 출력하게 된다. 명령어 레지스터와 관련된 상태는 대상이 명령어 레지스터일 뿐 동작 자체는 데이터와 관련된 상태와 동일한 동작을 한다. TAP 제어부의 16개 상태는 TMS 제어신호와 TCK에 의하여 동작하며, Update-IR과 Update-DR은 TCK의 하강에지에 활성화되며 나머지 14 상태는 TCK의 상승 에지에 활성화된다.

경계스캔 명령어를 수행하는 과정은 다음과 같다.

① 먼저 명령어를 명령어 레지스터에 직렬 시프트하여 로딩한다. 그림 4.8(a)에서 보여주는 바와 같이 두 번째 Shift-IR 상태에서 4비트 명령어 opcode를 로딩하고 Update-IR 상태에서 명령어가 디코딩된다.

② 다음은 명령어에 해당하는 테스트 데이터 레지스터에 테스트 패턴을 시프트하여 로딩한다. 그림 4.8(b)에서 보여주는 바와 같이 Shift-DR 상태에서 테스트 패턴을 TDI를 통하여 인가하며 Update-DR 상태에서 로딩된 데이터를 병렬로 테스트 데이터 레지스터에서 출력시킴을 볼 수 있다.

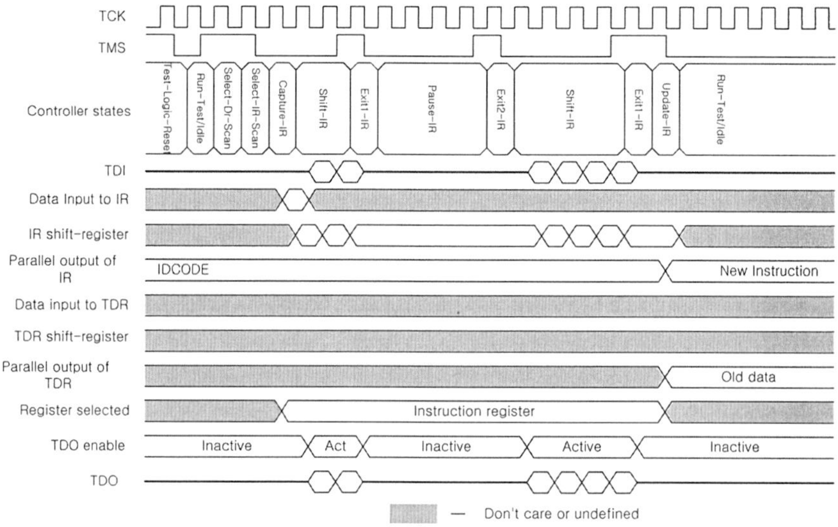

(a) 경계스캔 명령어 인가 과정

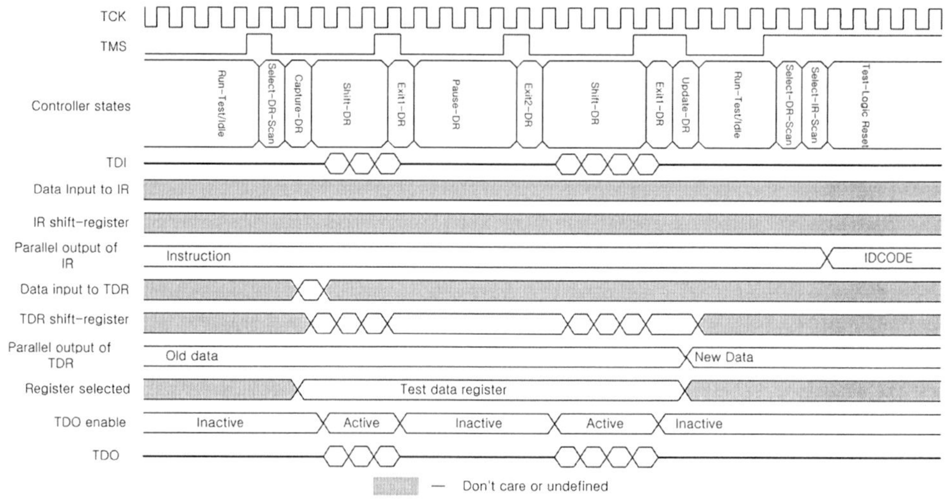

(b) 경계스캔 명령어에 대한 테스트 데이터 인가 과정

그림 4.8 경계스캔 명령어/데이터 인가 과정

4.2.3 IEEE 1149.1 명령어

명령어 레지스터는 입력되는 명령어에 따라 TDI에서 TDO 경로 사이에 테스트 데이터 레지스터 중 해당되는 레지스터를 배치해준다. 1149.1 경계스캔에서 사용되는 명령어로는 필수 명령어인 BYPASS, EXTEST, SAMPLE/PRELOAD와 선택적인 명령어인 CLAMP, INTEST, RUNBIST, IDCODE, USERCODE, HIGHZ 등이 있다. 필수 명령어 중 BYPASS는 BYPASS 명령어가 인식된 칩의 TDI와 TDO 경로 상에 한 개의 플립플롭으로 구성된 바이패스 레지스터를 두어 한 클럭만에 칩을 통과하게 하는 명령이다. 이는 테스트가 필요 없는 칩은 바로 통과시켜 테스트 시간을 단축할 수 있게 한다. EXTEST는 칩과 칩 사이의 연결선 테스트 시 사용되는 명령이고, SAMPLE/PRELOAD는 칩의 정상 동작 시 입출력 핀에 실리는 값을 알아보거나(SAMPLE), 정상 동작이 수행되어지는 동안에도 미리 테스트 패턴을 경계스캔 셀에 적재할 수 있도록 하는 명령(PRELOAD)이다. 이러한 명령어에 대한 opcode, 해당 테스트 데이터 레지스터 등은 표 4.2와 같이 정리할 수 있다.

표 4.2 IEEE 1149.1 instructions

Instruction	Code	Register	Operation	Status
SAMPLE	Undefined	BS reg.	Data sampling during normal operation	Required (tends to be optional)
PRELOAD	Undefined	BS reg.	Data input during normal operation	Required
BYPASS	All 1s	Bypass reg.	Bypassing the corresponding IC	Required
IDCODE	Undefined	Device identification reg.	Output ID code of the IC	Optional
USERCODE	Undefined	Used-code reg.	Output user information	Optional
EXTEST	All 0s (changing to defined)	BS reg.	Interconnection test	Required
INTEST	Undefined	BS reg.	On-chip logic test	Optional
RUNBIST	Undefined	BS or Design-specific data register	Perform Built-In Self Test	Optional
HIGHZ	Undefined	Bypass reg.	All outputs and bidirectional pins into high-imp.state	Optional
CLAMP	Undefined	Bypass reg.	Fix values of specific nodes or cells to specific values	Optional

각 명령어에 대한 동작과정을 도식적으로 살펴보겠다. 그림 4.9(a)는 정상동작 모드로 입력 BSC에서 플립플롭을 통하지 않고 관통하는 신호가 칩의 내부 회로에 인가되고 출력신호는 출력 BSC의 플립플롭을 통하지 않고 바로 출력 핀으로 전송됨을 볼 수 있다. PRELOAD 명령어는 그림 4.9(b)와 같이 칩이 정상동작을 하고 있는 도중에 BSC로 구성된 경계스캔 레지스터에 테스트 데이터를 미리 시프트하고 로딩하는 동작을 수행한다. 그림 4.9(c)는 SAMPLE 동작으로 칩이 정상동작을 하고 있는 과정 중 입출력 신호를 BSC를 통하여 캡처하고 TDI-TDO 통로를 통하여 관측할 수 있다. 칩과 칩 간의 연결선 고장을 테스트하는 IEEE 1149.1의 가장 중요한 명령어인 EXTEST는 그림 4.9(d)와 같이 출력 BSC로 직렬 시프트를 통하여 로딩된 테스트 패턴을 병렬로 타겟 연결선에 인가하고 그 결과값은 입력 BSC에서 캡처한 후 TDI-TDO 통로를 통하여 관측한다. 그림 4.9(e)의 INTEST는 보드에 장착된 칩의 고장 유무를 확인하기 위하여 입력 BSC에 칩 테스트 패턴을 직렬 시프트하여 로딩하고 칩에 인가한 후 결과값을 출력 BSC를 통하여 캡처한 후 TDI-TDO 통로를 통하여 관측한다.

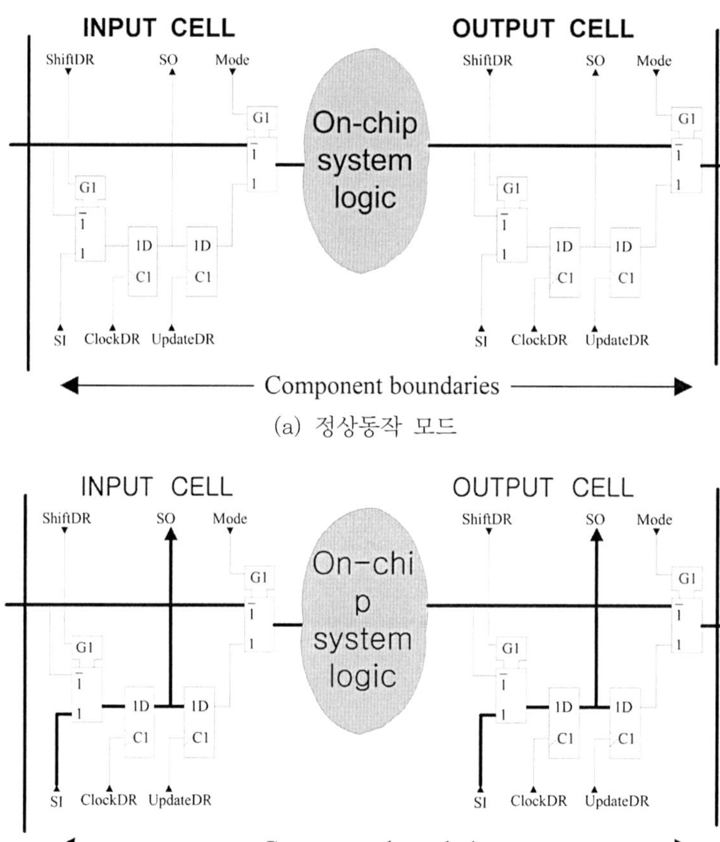

(a) 정상동작 모드

(b) PRELOAD 동작

그림 4.9

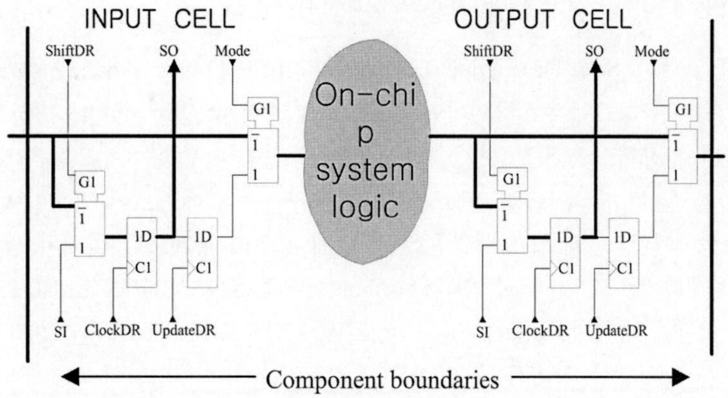

(c) SAMPLE 동작

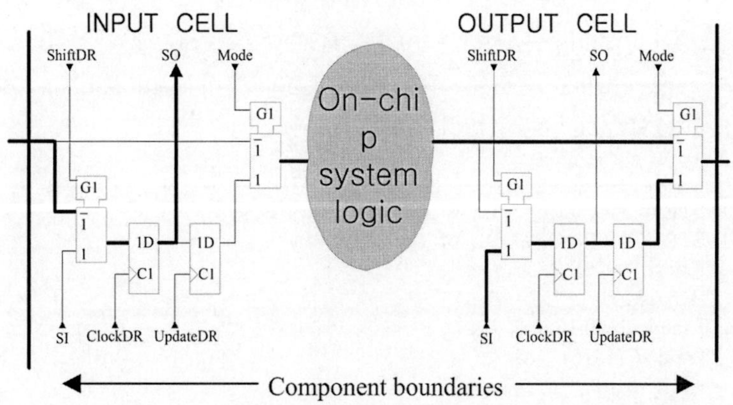

(d) EXTEST 동작

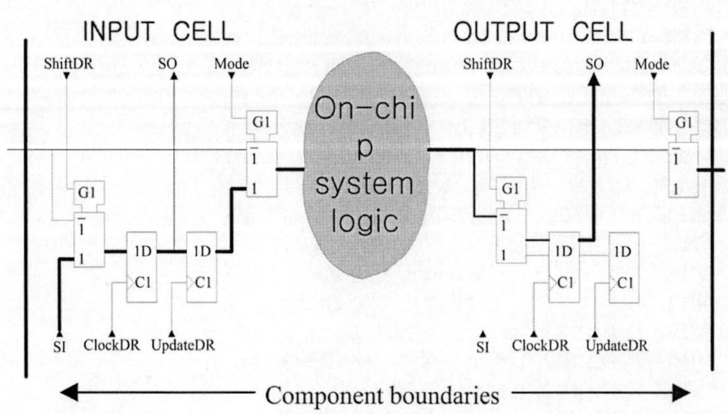

(e) INTEST 동작

그림 4.9 (계속)

4.2.4 IEEE 1149.1 경계스캔 기술을 위한 BSDL

BSDL(Boundary Scan Description Language)은 IEEE 1149.1 경계스캔 설계된 칩의 경계스캔 특성을 일반 하드웨어 설계언어인 VHDL로 기술할 수 있는 언어이다. 상용 칩은 BSDL 표준에 따라서 경계스캔 정보를 기술하고 이러한 칩을 사용하여 시스템을 설계하는 경우 상용 CAD 툴은 각 칩의 BSDL 정보를 입력받아서 보드 테스트에 필요한 다양한 테스트 패턴을 생성하여 양산 테스트에 활용한다. 그림 4.10의 경계스캔 설계된 샘플 칩에 대한 BSDL은 아래와 같이 기술할 수 있다. attribute에서 INSTRUCTION_LENGTH는 명령어의 opcode 길이를 나타내며 예제에서는 4비트로서 EXTEST의 opcode는 "0000", BYPASS는 "1111" 등을 나타낸다. INSTRUCTION_CAPTURE는 초기 명령어 레지스터에 캡처되는 값을 나타내며 경계스캔 자체의 기본적인 고장 유무를 테스트하는 패턴이다. 본 예제에서 사용하는 경계스캔 셀은 BC_1, BC_2, BC_6 세 종류이며 경계스캔 레지스터의 길이는 10이다. 경계스캔 레지스터를 구성하는 10개의 BSC 번호, BSC 셀 타입, BSC가 연결된 핀 이름, 핀의 특성, High-Z 출력에 대한 제어신호의 극성 등이 attribute BOUNDARY_REGISTER에 상세히 기술되어 있다.

```
attribute INSTRUCTION_LENGTH of My_IC: entity is 4;
attribute INSTRUCTION_OPCODE of My_IC: entity is
          "Extest (0000), " &
          "Bypass(1111), " &
          "Sample(1100,1010), " &
          "Preload (1010)," &
          "Hi_Z (0101)," &
          "Secret (0001) ";
attribute INSTRUCTION_CAPTURE of My_IC: entity is "0101";
attribute INSTRUCTION_DISABLE of My_IC: entity is "Hi_Z";
attribute INSTRUCTION_CAPTURE of My_IC: entity is "Secret";
attribute BOUNDARY_CELLS of Figure2.9: entity is "BC_1, BC_2, BC_6;
attribute BOUNDARY_LENGTH of Figure2.9: entity is 10;
attribute BOUNDARY_REGISTER of Figure2.9: entity is
          --num cell port    function safe [ccell, disval, rslt]
          "0 (BC_1, *,          control, 0), " &
          "1(BC_1, OUT2,  output2, 1, 1, 1, weak1)," &
          "2(BC_6, BIDIR1,bidir,       X, 3,0, Z)," &
          "3(BC_2, *,             control, 0)," &
          "4(BC_1, *,             control, 0)," &
          "5(BC_1, BIDIR3, input,      X)," &
          "5(BC_1, BIDIR2, output3, X, 7, 1, Z)," &
          "6(BC_1, BIDIR2, input,      X)," &
          "6(BC_1, BIDIR3, output3, X, 4, 0, Z)," &
          "7(BC_1, *,             control , 1), " &
          "8(BC_1, IN2,          input,  X), " &
          "9(BC_1, IN1,          input, X), " &
          "9(BC_1, OUT1,    output3, X, 0, 0, Z)" ;
```

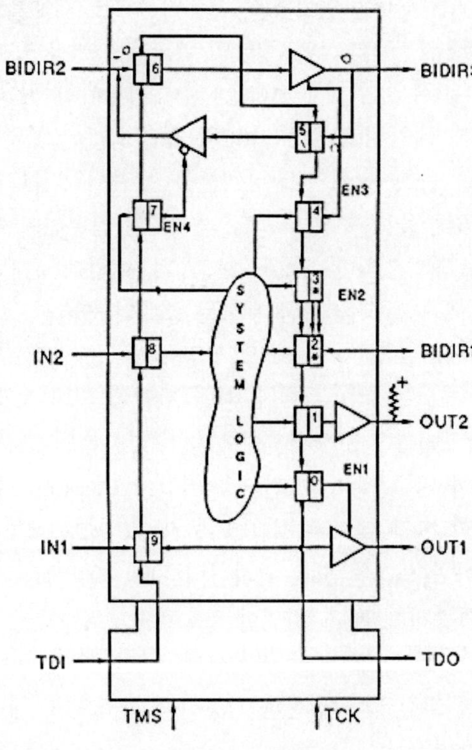

그림 4.10 IEEE 1149.1 경계스캔 설계된 샘플 칩

4.2.5 IEEE 1149.1 연결선 테스트 기술

초고밀도 반도체 집적기술의 발전은 시스템 설계시 미리 설계된 여러 코어를 이용하여 하나의 시스템으로 구현할 수 있는 SoC 기술을 가능하게 하였다. SoC 기술은 전체 칩 면적을 줄이고, 저전력을 통해서 보다 많은 기능을 통합하여 수행할 수 있는 장점을 가진다. 시스템이 점점 복잡해지고, 내부 코어의 수가 증가함에 따라 SoC의 신뢰성은 코어 내부 뿐 아니라 코어와 코어 사이의 연결선(interconnects) 안전성에 크게 영향을 받게 되었다. 또한 나노공정과 같은 미세공정의 발달을 통해 연결선상에서 일어나는 정적 및 동적 고장의 종류가 다양해지면서 SoC 테스트 설계기술에 대한 요구가 더욱 증대되고 있다. 특히 고속의 신호 전송시 발생되는 연결선 사이의 crosstalk 현상은 정적 고장과 더불어 큰 문제가 된다[8-11].

(1) 결선 정적고장 테스트 기술

연결선에서 발생되는 정적고장은 고착고장(stuck at fault), 개방고장(open net fault), 단락고장(shorted net fault)이 있다. 고착고장은 연결선이 0 또는 1로 고정되는 현상을 말하며, 개방고장은 연결선 일부가 개방되는 현상을 말한다. 고착고장은 두 개 이상의 연결선이 서로 영향을 주면서 OR, AND, Dominating 현상을 일으키는 고장을 말한다. 이러한 정적고장을 테스트하기 위해 연결선 테스트 알고리즘이 연구되어 왔으며, 이런 알고리즘은 고장 검출(detection)뿐 아니라 고장의 위치진단(diagnosis) 기능까지 필요로 한다. 이러한 연결선 테스트를 수행하기 위해 제안된 그림 4.11(a)와 같은 log(n+2) 알고리즘은 카운팅 시퀀스(counting sequence)를 이용하여 쉽게 고장검출을 할 수 있다[12].

6개의 연결선 고장 검출을 위해서 n+2개, 즉 8개의 연결선에 대한 카운팅 시퀀스를 생성한 후 "000"과 "111"을 제외한 log(6+2)=3개의 패턴을 6개 연결선에 인가함으로써 stuck-at-0와 stuck-at-1 고착 고장을 포함한 모든 종류의 연결선 고장을 검출할 수 있다. 그러나 그림 4.11(a)에서 OR 고장 대신 AND 고장이 발생했다면 결과값은 모두 "000"으로 어떤 연결선끼리 서로 short이 되었는지 구분할 수 없게 되어 고장 진단은 불가능하다. 그림 4.11(b)의 2log(n) 알고리즘은 고장검출뿐 아니라 부분적인 고장진단이 가능하도록 하였다. 8개 연결선의 완벽한 검출 및 부분 진단을 위하여 2log(8)=6개의 패턴을 생성하였으며 인접한 연결선만의 short 고장은 모두 진단할 수 있지만 그림 4.11(b)와 같이 (3,6)과 (4,5) 연결선 간의 OR short이 발생하면 모든 결과값이 "000 000"으로 어떤 연결선 간에 고장이 발생했는지 진단이 불가능하게 된다. 완벽한 고장검출과 완벽한 고장진단을 위하여 2(n)알고리즘이 제안되었다. 표 4.3과 같이 각 연결선에 march "0"와 march "1"의 2(n)개의 패턴을 인가함으로써 완벽한 고장 검출/진단을 가능하게 하였으며, 패턴의 개수를 더욱더 줄인 n+1 알고리즘까지 제안되었다.

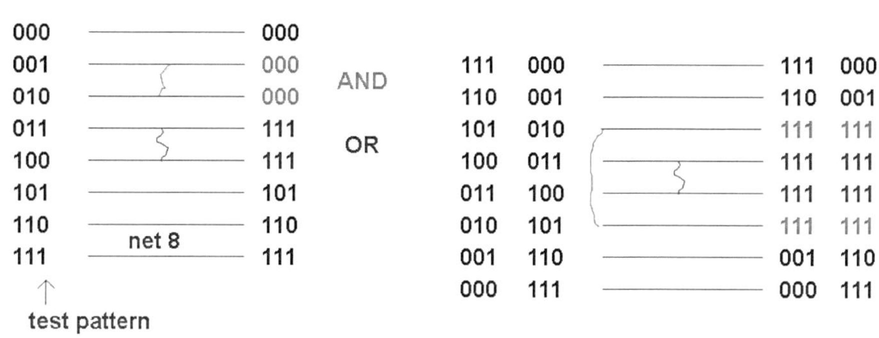

(a) 연결선 테스트 패턴(log(n+2))　　(b) 연결선 테스트 패턴(2log(n))

그림 4.11 연결선 테스트 패턴

(2) 연결선 Crosstalk 고장 테스트 패턴 생성

연결선에서 발생하는 대표적인 동적고장인 crosstalk은 연결선 사이의 로직값 스위칭시 발생되는 glitch, delay 등이 발생하는 현상을 말하며, 그림 4.12와 같이 positive glitch, negative glitch, rising delay, falling delay의 4가지 동적고장 모델로 구분할 수 있다. 여기서

표 4.3 net의 개수가 6일 경우 정적고장 점검을 위한 2n 테스트 패턴 알고리즘 예

nets	Input vector											
net1	0	1	1	1	1	1	1	0	0	0	0	0
net2	1	0	1	1	1	1	0	1	0	0	0	0
net3	1	1	0	1	1	1	0	0	1	0	0	0
net4	1	1	1	0	1	1	0	0	0	1	0	0
net5	1	1	1	1	0	1	0	0	0	0	1	0
net6	1	1	1	1	1	0	0	0	0	0	0	1

victim은 crosstalk에 의한 영향을 받아 고장이 발생되는 net이며, aggressor는 victim에게 crosstalk을 유발시키는 net으로 정의한다. Crosstalk을 효과적으로 검출하기 위해서는 다양한 유형의 aggressor 천이에 대하여 victim net에 필요한 값을 인가하여야 한다[10-11].

우선 crosstalk 테스트 패턴 분석을 위해 사용할 몇 가지 용어를 다음과 같이 정의한다.

- Net : Net는 칩이나 코어의 입력 핀과 출력 핀 사이의 연결선(interconnect wire)을 말한다.
- 테스트 패턴(test pattern) : 테스트 패턴은 칩이나 코어의 각 핀들마다 할당하기 위해 필요한 논리값의 집합을 말한다. 예로 표 4.3의 첫 번째 테스트 패턴은 '00000..0'으로 입력벡터의 첫 번째 열을 말한다.
- 테스트 벡터 (test vector) : 각각의 net에 인가되는 일련의 테스트 패턴을 말한다. 예로 표 4.3의 첫 번째 net1에 해당하는 테스트 벡터는 '0001..01'로서 net1에 해당하는 행을 말한다.

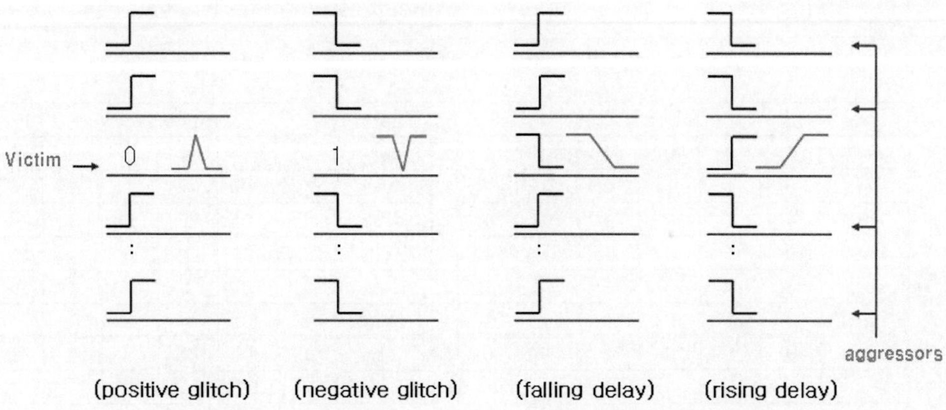

그림 4.12 Crosstalk 고장 모델

- Crosstalk 고장 종류 : Crosstalk 고장 종류로는 그림 4.12와 같이 positive glitch, negative glitch, falling delay, rising delay가 있다. 하나의 crosstalk 고장을 점검하기 위해서는 천이를 발생하는 두개의 테스트 패턴이 필요하며 첫 번째 테스트 패턴을 헤드(head), 두 번째 테스트 패턴은 테일(tail)이라 한다. 각각의 crosstalk 고장 종류에 따라 테스트 패턴 집합을 pi(positive glitch), ni(negative glitch), fi(falling delay), ri(rising delay)로 정의한다. 여기서 i는 i번째 net을 나타낸다. 예로 표 4.3에서 p1은 첫 번째 net의 positive glitch를 점검하기 위한 테스트 패턴 집합으로 헤드 '000000...0'와 테일 '011111...1'로 구성된다.
- Aggressor 및 Victim : Crosstalk 고장과 관련된 연결선에서 고장을 유발시키는 연결선을 aggressor, 그리고 aggressor의 영향을 받아서 고장이 발생하는 연결선을 victim이라고 한다.
- Ineffective Aggressor : Aggressor 가운데 victim 연결선과 일정거리 이상 떨어진 연결선의 영향력은 거의 무시할 수 있으면, 이러한 연결선을 ineffective aggressor라고 정의한다.

표 4.4 각각의 crosstalk 고장 점검을 위한 패턴

nets	Input vector					
net1	0	0	0	1	0	1
net2	0	1	0	0	0	1
net3	0	1	0	1	0	1
net4	0	1	0	1	0	1
net5	0	1	0	1	0	1
net6	0	1	0	1	0	1
net i	0	1	0	1	0	0
	p1		p2		pi	

(a) positive glitch

nets	Input vector					
net1	1	1	1	0	1	0
net2	1	0	1	1	1	0
net3	1	0	1	0	1	0
net4	1	0	1	0	1	0
net5	1	0	1	0	1	0
net6	1	0	1	0	1	0
net i	1	0	1	0	1	1
	p1		p2		pi	

(b) negative glitch

nets	Input vector					
net1	1	0	0	1	0	1
net2	0	1	1	0	0	1
net3	0	1	0	1	0	1
net4	0	1	0	1	0	1
net5	0	1	0	1	0	1
net6	0	1	0	1	0	1
net i	0	1	0	1	1	0
	p1		p2		pi	

(c) falling delay

nets	Input vector					
net1	0	1	1	0	1	0
net2	1	0	0	1	1	0
net3	1	0	1	0	1	0
net4	1	0	1	0	1	0
net5	1	0	1	0	1	0
net6	1	0	1	0	1	0
net i	1	0	1	0	0	1
	p1		p2		pi	

(d) rising delay

표 4.4는 4가지 종류의 crosstalk 고장을 점검하기 위한 각각의 테스트 패턴을 보여준다. 예로 표 4.4(a)는 각 net의 positive glitch를 점검하기 위한 테스트 패턴을 보여준다. p1, p2, …, pi는 각각 i번째 net의 positive glitch를 점검하기 위한 헤드와 테일로 구성된 2개의 테스트 패턴으로 구성되어 있으며, p1에서 net1에 해당하는 '00'이 victim으로, 나머지 net에 입력되는 테스트 벡터 '01'는 aggressor로 작용한다. 따라서 임의의 i에 대하여 pi의 i번째 net에 해당하는 테스트 벡터를 victim으로, 나머지 net에 해당하는 테스트 벡터는 aggressor로 작용하며 ni, fi, ri도 동일하게 적용된다.

n개의 net에 대하여 4종류의 crosstalk 고장을 점검하기 위해 필요한 테스트 패턴의 개수를 알아보자.

Crosstalk 고장 점검을 위해서 각 테스트 벡터들의 스위치를 통해서 victim과 aggressor를 만들 수 있다. 예로 표 4.4(a) positive glitch를 점검하기 위한 테스트 패턴 개수는 p1, p2, …, pn마다 헤드/테일로 구성된 2개의 테스트 패턴이 필요함으로 2n개의 테스트 패턴이 필요하다. 따라서 net의 개수가 n일 때 positive glitch를 점검하기 위한 테스트 패턴 개수는 2n이 되고, negative glitch, falling delay, rising delay를 포함한 4가지 crosstalk 고장 점검을 위해 필요한 테스트 패턴 개수는 8n이 된다.

한 개의 net에 발생되는 crosstalk 고장의 종류는 4가지로 n개의 net에 발생되는 모든 crosstalk 고장의 종류는 4n이다. 만일 연속적인 천이가 모두 crosstalk 고장을 점검할 수 있다고 가정하면, 4n개의 고장점검을 위해 필요한 천이의 개수는 4n개가 필요하며, 4n개의 천이를 만들기 위해 필요한 테스트 패턴 개수는 4n+1이 된다. 이러한 이상적인 상황(ideal)에서 필요한 최소의 테스트 패턴 개수는 4n+1이 되며, crosstalk 고장 점검을 위한 테스트 패턴 개수를 정리하면 다음과 같다.

$$4n+1 \le (\text{테스트 패턴 개수}) \le 8n \qquad (2)$$

여기서 우리는 모든 net에 대하여 crosstalk 고장 점검을 할 수 있는 최소의 테스트 패턴 개수를 구해보자.

임의의 i번째 net에 대하여 crosstalk 고장 점검을 위해 필요한 테스트 패턴 pi, ni, fi, ri는 각각 헤드와 테일로 구성되어 있으며, 하나의 테일은 다른 하나의 헤드가 될 수 있기 때문에 pi, ni, fi, ri 간 헤드와 테일 사이의 관계를 이용하면 체인형식으로 테스트 패턴을 구할 수 있다. 예를 들어, 표 4.4에서 (c) falling delay의 f1은 헤드 '100000...0', 테일 '011111...1'로 구성되어 있으며 테일 '011111...1'은 (d) rising delay의 r1의 헤드 '011111...1'과 같다. 또한 r1의 테일 '100000...0'은 f1의 헤드와 같게 됨으로 3개의 테스트 패턴을 통해서 r1, f1 또는 f1, r1순으로 고장 점검을 할 수 있다.

그렇다면 net의 개수가 n이고 임의의 net i에 대하여 pi, ni, fi, ri 사이의 관계를 살펴보자.

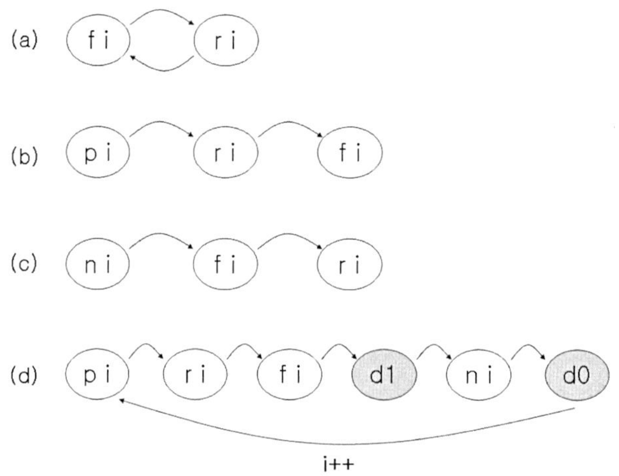

그림 4.13 crosstalk 고장 점검을 위한 패턴들 간의 관계

fi의 테일은 ri의 헤드로, ri의 테일은 fi의 헤드와 같기 때문에 그림 4.13(a)와 같이 나타낼 수 있다. pi의 테일은 ri의 헤드와 같다. 또한 ni의 테일은 fi의 헤드와 같게 됨으로 그림 4.13(b), (c)와 같이 나타낼 수 있다. 결국 연속적인 테스트 패턴을 이용하여 각각의 pi, ni, fi, ri를 검증할 수 있는 최대 방법은 그림 4.13의 (b), (c)에서와 같이 3가지 종류의 crosstalk를 점검할 수가 있다.

그림 4.13의 (b)를 기준으로 crosstalk 고장 점검을 할 수 없는 요소는 ni(negative glitch)이다. ni 점검하기 위해서 임의의 테스트 패턴 d1, d0을 정의하면, d1은 로직값이 1로만 구성된 테스트 패턴 '111111...1'으로, d0은 로직값이 0으로만 구성된 테스트 패턴 '00000...0'으로 정의한다. 그림 4.13의 (b)에서 fi 뒤에 ni를 테스트하기 위해서는 d1이 필요하게 된다. 그리고 임의의 net i에 대한 검증이 끝난 뒤 다음 net(i+1)을 점검하기 위해서는 테스트 패턴 d0을 통해서 p(i+1)을 유도하게 된다. 결국 그림 4.13의 (d)와 같은 체인형식으로 테스트 패턴을 나타낼 수 있으며 i = 1일 때 테스트 패턴을 표 4.5를 통해서 확인할 수 있다.

표 4.5 net 1에 대한 테스트 패턴에 따른 crosstalk 고장 점검 결과(6n)

nets	Input vector					
net1	0	0	1	0	1	1
net2	0	1	0	1	1	0
net3	0	1	0	1	1	0
net4	0	1	0	1	1	0
:	:	:	:	:	:	:
net i	0	1	0	1	1	0
	d0	p1	r1	f1	d1	n1

표 4.5를 통해서 1개의 net에 대한 crosstalk 고장 점검을 위한 최소의 테스트 패턴 개수가 6개임을 알 수 있다. 따라서 n개의 net에 대한 crosstalk 고장 점검을 위한 최소 테스트 패턴 개수는 6n임을 알 수 있으며 식 (2)을 다음과 같이 다시 나타낼 수 있다.

$$4n+1 <= (\text{테스트 패턴 개수}) <= 6n \qquad (2)$$

결국 crosstalk 고장 점검을 위해서 필요한 테스트 패턴의 개수는 천이만을 고려한 이상적인 상황(ideal)에서의 4n+1과 모든 crosstalk 고장 점검을 위한 최소한 테스트 패턴의 개수 6n 사이에서 결정할 수 있으며, 6n보다 적은 테스트 패턴인 경우 100% 고장 점검을 만족시키지 못하게 된다. 하지만 연결선 상에서 발생되는 crosstalk 현상은 각 victim에 대한 aggressor의 영향력이 다르며 aggressor로 동작하지 않는 net도 존재하기 때문에 기존의 6n 알고리즘을 사용하지 않아도 100% 고장 점검을 할 수 있다.

각각의 aggressor의 victim에 대한 crosstalk 현상은 victim에 인접한 거리에 따라 영향력이 다르다. 즉 victim에 가까운 aggressor일수록 crosstalk 영향력이 더 크다. 그림 4.14와 같이 victim에 영향을 주는 aggressor는 victim과 물리적으로 인접해있는 affecting line과 victim에 간접적인 영향을 주는 supporting line으로 구분할 수 있다. Supporting line은 victim과의 거리에 대한 단계에 의해 Level을 정할 수 있으며, Level 3 이상인 supporting line의 victim에 대한 영향력은 무시할 수 있을 만큼 매우 작은 특성이 있다[10-12].

그림 4.14 Affecting Line과 Supporting Line

이러한 특성은 각각의 victim에 대하여 crosstalk 영향을 미칠 수 있는 net은 인접한 3개의 net이라 할 수 있으며, 모든 net을 aggressor로 동작시키지 않아도 100% 고장점검을 얻을 수 있다. net에 대한 인접 정보는 회로의 합성 후 net list 정보를 통해 알 수 있으며, 이 정보를 토대로 net을 정렬하면 레벨에 따라 분석하고 관리할 수 있다. crosstalk 고장점검을 위해서 필요한 최소의 패턴 개수는 4n+1이다. 현재까지 발간된 다양한 연구결과를 이용하여 6n보다 적고 4n보다 많은 crosstalk 고장 테스트 패턴을 활용하여 테스트 효율성을 제고할 수 있을 것이다.

4.3 IEEE 1500 코어 경계스캔 테스트 표준

4.3.1 IEEE 1500 구조

IEEE Std 1500은 칩이나 코어의 기능과는 무관하게 코어가 내장된 칩에 대한 테스트 설계 표준을 제공한다. IEEE 1500은 scalable한 해법을 제공하여 코어 사용자가 테스트 자동화 및 재사용에 편리하게 사용할 수 있게 한다. IEEE 1500 래퍼는 IEEE 1149.1과 비슷한 구조로써, 크게 래퍼 명령어 레지스터(Wrapper Instruction Register, WIR), 래퍼 바이패스 레지스터(Wrapper Bypass Register, WBY), 래퍼 경계 레지스터(Wrapper Boundary Register, WBR)로 구성되어 있다. 테스트 접근 단자(Test access terminal)로는 필수적인 래퍼 직렬 포트(Wrapper Serial Port, WSP)와 선택사항인 래퍼 병렬 포트(Wrapper Parallel Port, WPP)를 정의하고 있다[13]. 그림 4.15는 IEEE 1500 코어 래퍼로 재구성 가능한 일반적인 제어 구조를 보여주고 있다.

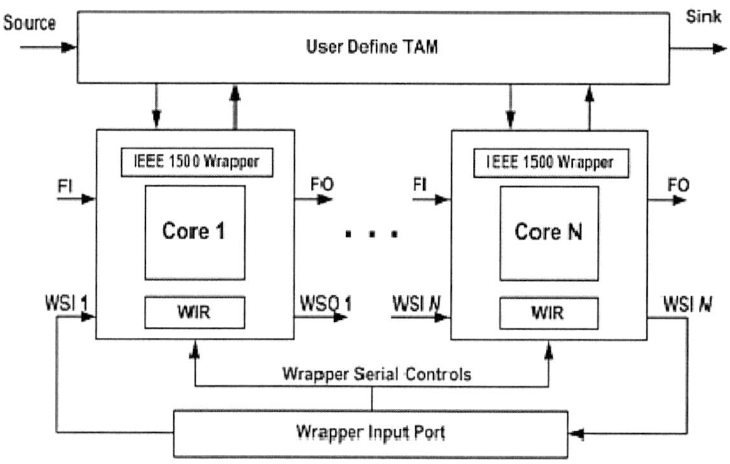

그림 4.15 IEEE 1500 구조

IEEE 1500의 재구성 가능한 하드웨어 구조는 다음과 같은 특징이 있다.

- 사용자 정의에 의한 테스트 접근 메커니즘(Test Access Mechanism, TAM)을 통해 테스트 패턴을 직렬/병렬로 인가하고 결과를 직렬/병렬로 관측할 수 있다.
- 테스트를 요하는 코어 이외의 로직과 다른 코어들의 테스트를 수월하게 하기 위하여 특정 코어를 분리할 수 있다.
- 별도의 테스트 제어기를 정의하지 않고 있기 때문에 사용자 정의에 의한 제어기를 이용하여 테스트를 제어할 수 있다.

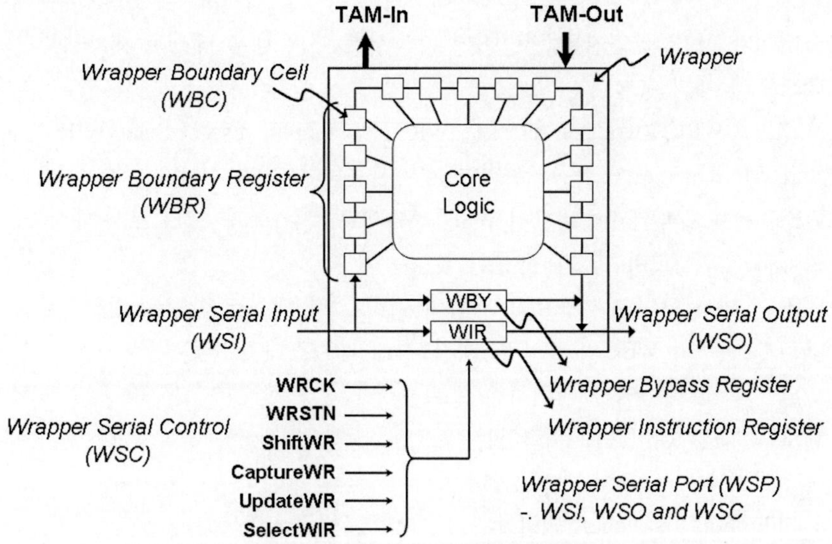

그림 4.16 IEEE 1500 래퍼 & WSP

IEEE 1500의 구성요소는 필수요소인 IEEE 1500 래퍼와 사용자 정의의 테스트 접근 메커니즘과 테스트 제어기, 명령어 레지스터 등이 있다.

그림 4.16은 IEEE 1500 래퍼의 구조를 보여준다. IEEE 1149.1의 TAP 제어기와 같은 테스트 제어부 및 TAM은 SoC 설계자에 의해 설계되어야 한다. 필수 테스트 명령어로는 WS_BYPASS, WS_EXTEST, Wx_INTEST가 있으며 그밖에 여러 선택적인 명령어를 정의하고 있다. 세부 구조는 래퍼 명령어 레지스터, 래퍼 직렬 제어부(Wrapper Serial Control : WSC), 래퍼 바이패스 레지스터(Wrapper Bypass Register : WBR), 래퍼 경계 셀(Wrapper Boundary Cell : WBC), 래퍼 직렬 데이터 입력(Wrapper Serial Input, WSI), 래퍼 직렬 데이터 출력(Wrapper Serial Output, WSO)으로 구성되어 있으며 각각의 기능은 다음과 같다.

- WSP: WSP 단자는 IEEE 1500 래퍼에 대한 제1차 인터페이스이다. 이 직렬 단자는 칩 수준의 핀 혹은 IEEE 1149과 같은 내장된 제어부와 연결된다. WSP는 명령어를 load/unload 하거나 데이터를 IEEE 1500 레지스터에 입출력하는데 사용한다. WSP는 WSI 및 WSO 단자만이 아니라 IEEE 1500 레지스터 동작을 제어하는 WSC를 포함한다.
- WPP: WPP 단자는 IEEE 1500 래퍼에 병렬 인터페이스를 제공하며 병렬 모드에서 사용자가 정의하여 사용하는 래퍼 단자 집합이다. WPP 단자는 WPI, WPO 및 래퍼 병렬 제어 단자인 WPC로 구성되어 있다. WPC 단자는 WSC의 일부 단자도 포함한다.
- WIR : IEEE 1500 동작을 구동시키는 명령어 레지스터로 WSP를 통하여 IEEE 1500 데이터 레지스터를 선택하는 명령어를 저장한다. 사용자 정의 명령어와 필수 명령어로 구분된다.

- WBR : 테스트 데이터를 입력하고 테스트 결과값을 캡처하는데 사용하는 데이터 레지스터이다. WIR에 인가된 명령어에 따라서 코어의 내부 테스트 및 코어 간의 연결선 테스트 등에 사용한다.
- WSC : WRCK(wrapper clock), WRSTN(wrapper reset), SelectWIR, CaptureWR, ShiftWR, UpdateWR 등 필수적인 제어신호들이 있다.
- WBY : 1비트의 레지스터로서 WSI를 WSO로 바로 통과시킴으로서 대상 코어를 테스트에서 제외하고자 할 때 사용한다.
- WBC : 대상 코어의 테스트를 위하여 여러 고장 테스트 방법을 지원하는 다양한 cell 구조가 있으며 WBC의 모음을 래퍼 경계 레지스터라 부른다.
- WSI : 직렬 데이터를 입력하는 포트
- WSO : 직렬 데이터를 출력하는 포트

표 4.6 IEEE 1500 instruction 명령어

명령어	필수 유무	개요
WS_BYPASS	필수	정상 동작하며 래퍼는 bypass 모드
WS_EXTEST	필수	WBR은 단일 체인으로 연결선 테스트 수행
WP_EXTEST	선택	WBR은 다중 스캔체인으로 연결선 테스트 수행
Wx_EXTEST	선택	사용자 정의에 의한 연결선 테스트 수행
WS_SAFE	선택	코어 출력포트에서 미리 정해진 safe값 출력. WBR은 bypass 모드
WS_CLAMP	선택	코어 출력포트에서 프로그램 가능한 safe값 출력. WBR은 bypass 모드이며 Wx_PRELOAD 명령어를 먼저 수행
WS_PRELOAD	조건부 필수	WBR의 한 개의 silent 시프트 경로에 데이터를 로드하며 silent 시프트 경로가 있을 경우에는 필수
WP_PRELOAD	선택	WBR의 다중 silent 시프트 경로에 데이터 로드
WS_INTEST_RING	선택	WBR에 단일 체인 구성을 사용하여 내부 테스팅 허용
WS_INTEST_SCAN	선택	래퍼체인과 내부 스캔체인을 연결하여 내부 테스팅 수행
Wx_INTEST	선택	사용자 정의 코어 내부 테스트 수행

그림 4.17은 내부 스캔 체인을 가지고 있는 IEEE 1500 랩드 코어의 한 예이다. WSI와 WSO를 이용한 직렬 테스트 도메인뿐만 아니라 WPI와 WPO를 통한 병렬 테스트 도메인

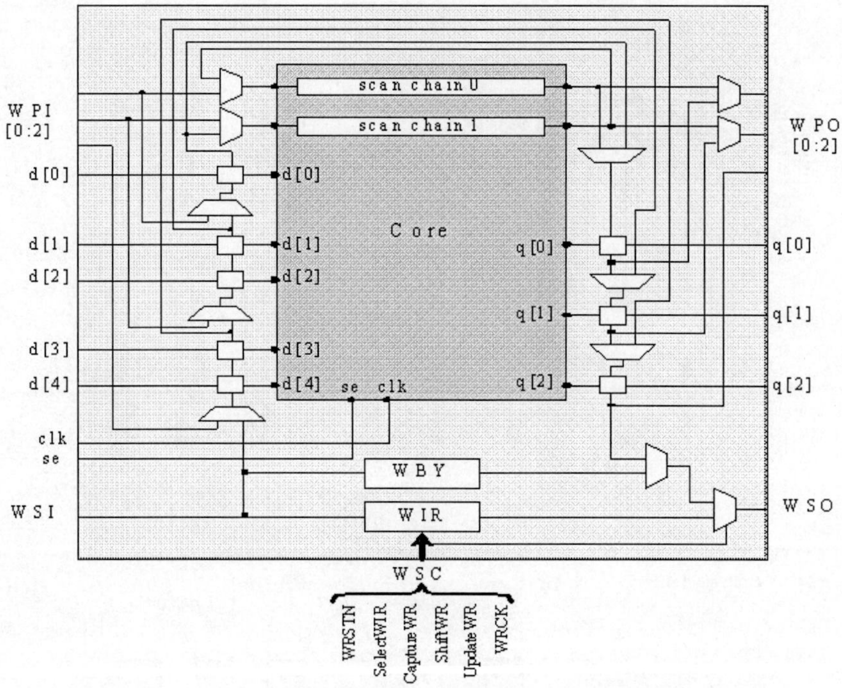

그림 4.17 IEEE 1500 랩드 코어

도 포함하고 있다. 여러 MUX를 이용하여 테스트 모드에 따라서 테스트 패턴의 경로를 다양하게 설정할 수 있도록 구성되어 있다. 코어 내의 스캔 체인 또한 WPI-WPO를 통한 독립적인 경로로 설정되거나, WBR과 같은 경로로 설정이 가능하다. 이러한 테스트 래퍼는 WSC 신호에 의해 스캔 체인은 se와 clk에 의해 제어된다.

WSP 접근 메커니즘은 IEEE 1500 스펙에 정의되어 있지 않다. 관련 연구에서도 기존에 많이 사용되었던 IEEE 1149.1 TAP을 주로 활용했으며[14-15], IEEE 1500 스펙에서도 그림 4.18과 같은 IEEE 1149.1 TAP을 통한 WSC 접근 로직을 제시하고 있다. WRCK는 TCK에 직접 연결된다. SelectWIR은 TAP 제어기의 Select 신호가 직접 연결되며, 이 값에 의해 WIR(SelectWIR='1') 또는 WBR(SelectWIR='0')이 선택된다.

CaptureWR와 ShiftWR이 '1'로 유지되는 동안 각각 WRCK의 상승에지에 Capture와 Shift 동작을 수행하고, UpdateWR이 '1'인 동안에는 WRCK의 하강에지에 Update 동작에 수행한다. SoC 내에서 테스트 하고자 하는 하나의 코어 또는 복수 개의 코어를 선택하고 테스트 데이터 경로를 설정 및 해제하기 위한 메커니즘은 IEEE 1149.1 명령어 디코더를 사용하여 간단하게 구현할 수 있다[16].

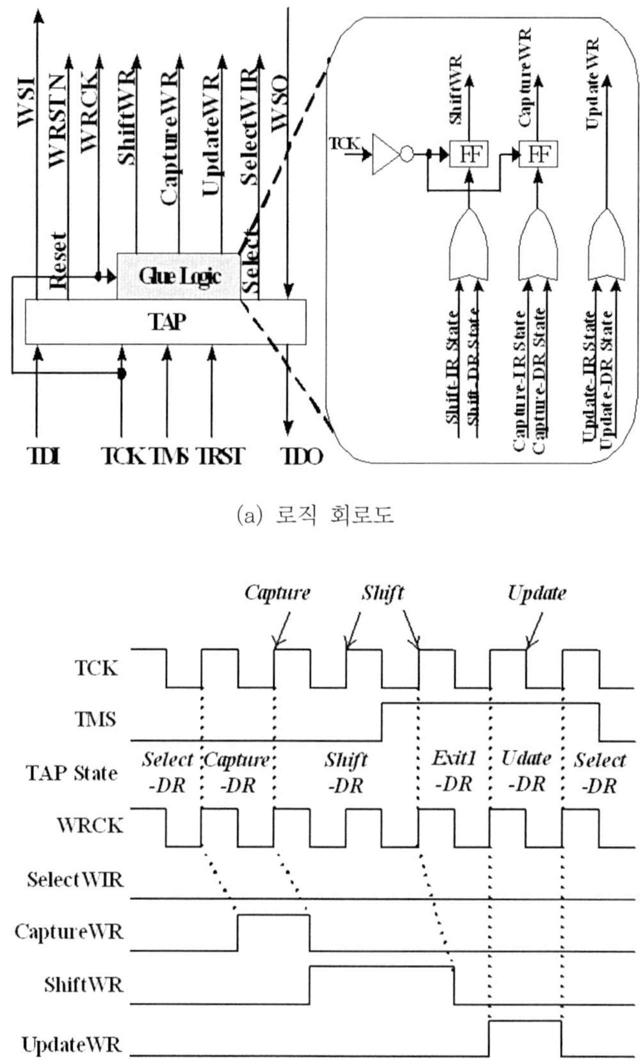

(a) 로직 회로도

(b) 타이밍도

그림 4.18 IEEE 1149.1 TAP-to-IEEE 1500 WSP 인터페이스 로직

4.3.2 IEEE 1500 명령어

IEEE 1500 표준은 IEEE 1149.1 표준보다 다양한 명령어를 지원하며 추가적인 병렬 테스트 동작을 지원한다. 모든 명령어는 IEEE 1500 표준에 정의되어 있으며 명시하고 있는 명령어는 필수적인 것과 추가적인 것이 있으며 간단한 설명은 다음과 같다.

• WS_INTEST_SCAN : 코어 내부 회로를 테스트하기 위한 필수 명령어로서 그림 4.19

와 같이 래퍼 레지스터와 내부 스캔체인이 하나의 긴 직렬 스캔체인으로 연결되어 있다.

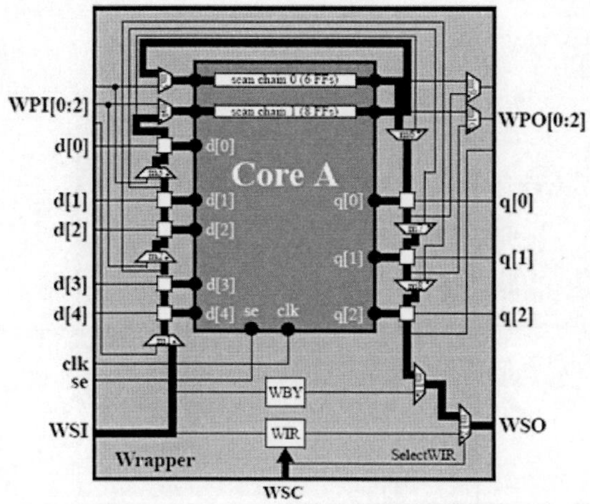

그림 4.19 IEEE 1500 WS_INTEST_SCAN 명령어

- WS_BYPASS : 필수 명령어로 특정 코어를 테스트에서 제외시킬 때 사용한다. 그림 4.20에서 WSI 입력과 WSO 출력은 WBR과 연결되어 있지 않고 WBY bypass 레지스터와 직접 연결되어 있다.

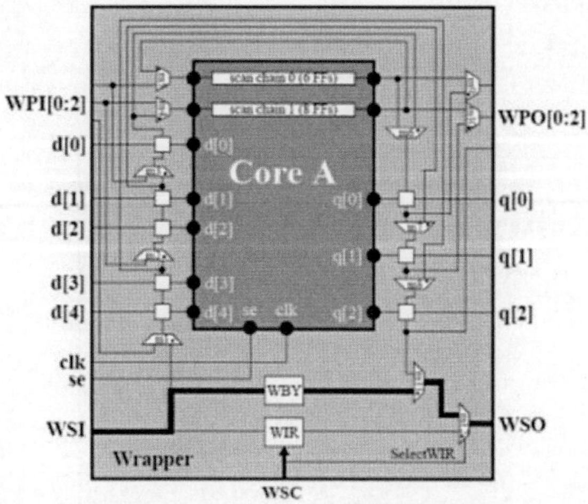

그림 4.20 IEEE 1500 WS_BYPASS 명령어

- WS_EXTEST : 필수 명령어로 코어와 코어 간 또는 코어와 사용자 정의 회로(User Defined Logic : UDL)간의 연결선 고장 테스트를 수행한다. 그림 4.21과 같이 WSI와

WSO는 한 개의 래퍼 레지스터에 직렬로 연결되어 있으며 출력 셀을 통하여 인가된 테스트 패턴에 의한 결과는 입력 셀을 통하여 캡처한 후 래퍼 레지스터를 통하여 출력한다.

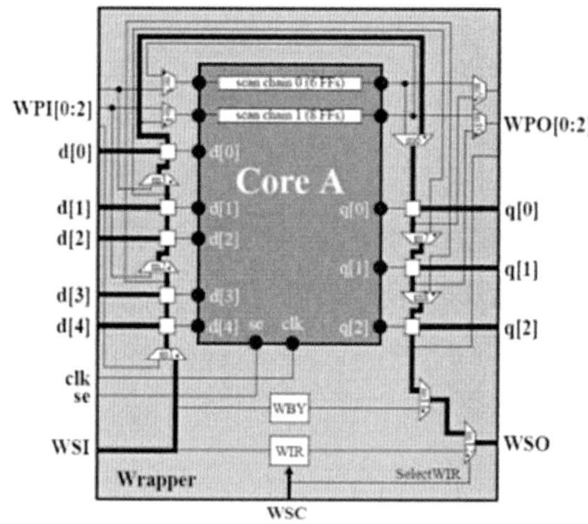

그림 4.21 IEEE 1500 WS_EXTEST 명령어

• WP_INTEST/WP_EXTEST : 기능은 WS_INTEST 및 WS_EXTEST와 동일하며 연결 구조는 그림 4.22 및 그림 4.23과 같이 한 개의 WSI/WSO 직렬 입출력 단자 대신에 여러 개의 WPI/WPO 입출력 단자를 통하여 병렬 래퍼 스캔체인을 구성하여 테스트 시간을 단축한다.

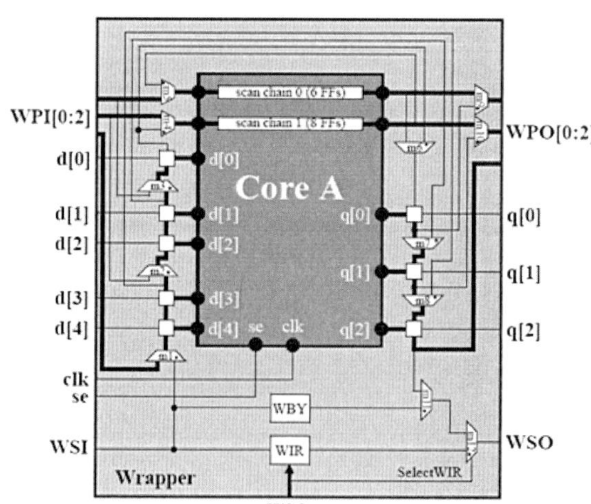

그림 4.22 IEEE 1500 WP_INTEST 명령어

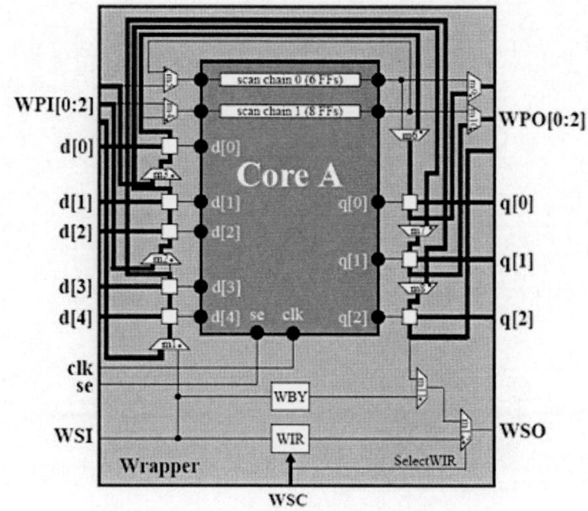

그림 4.23 IEEE 1500 WP_EXTEST 명령어

위에서 설명한 4가지 명령어 외에도 WS_SAFE, WS_PRELOAD, WS_CLAMP 등 여러 가지 명령어가 있으며 사용자 정의에 의한 명령어도 사용가능하며 이에 대한 세부적인 내용은 IEEE 1500 표준에 명시되어 있다. 그림 4.24는 IEEE 1500 제어신호와 IEEE 1149.1 제어신호의 연결을 보여주며, IEEE 1149.1 TAP 제어부에서 생성되는 상세한 제어신호가 구체적으로 어떻게 IEEE 1500 제어신호와 연결되는지를 그림 4.25는 보여주고 있다.

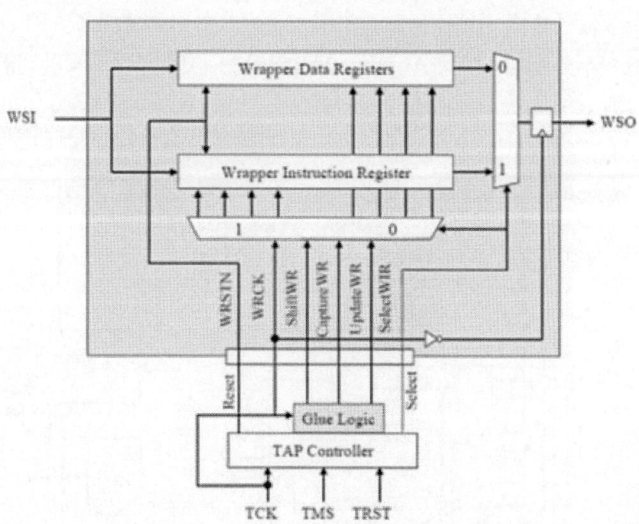

그림 4.24 IEEE 1500과 IEEE 1149.1 인터페이스

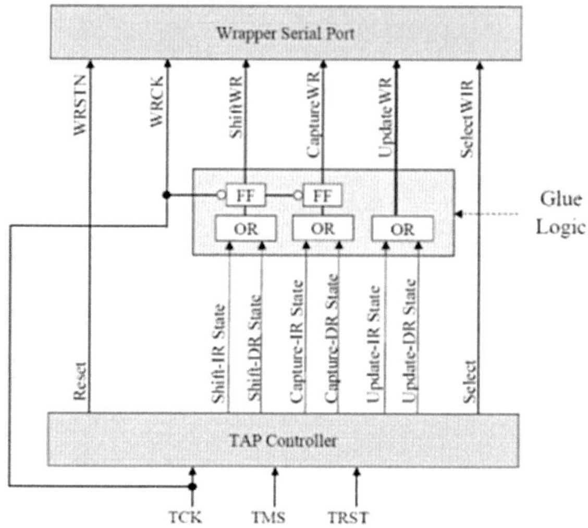

그림 4.25 IEEE 1149.1 TAP 제어기 인터페이스 회로

4.3.3 지연고장 테스트를 위한 WBR 설계

지연고장 테스트를 위하여 그림 4.26과 같은 WC_SD2_CIO WBR 셀을 사용한다. 버블 다이아그램은 그림 4.27과 같으며 중요 특징은 Transfer 기능 지원이다. 두 개의 독립적인 데이터에 대한 전용 시프트 경로를 가지고 있어서 Transfer(XFER)가 가능하다. CFI 포트에서 데이터를 캡처하여 CTO에 인접한 시프트경로 저장고인 dff_2 플립플롭에 보관한다. 코어의 입력 단자 혹은 출력 단자와 연결하여 사용하며 SHIFT와 CAPT는 Shift와 Capture 동작을 위한 제어신호이다. IO_FACE는 WIR로부터 신호를 받는다. Dff_1은 조건 없이

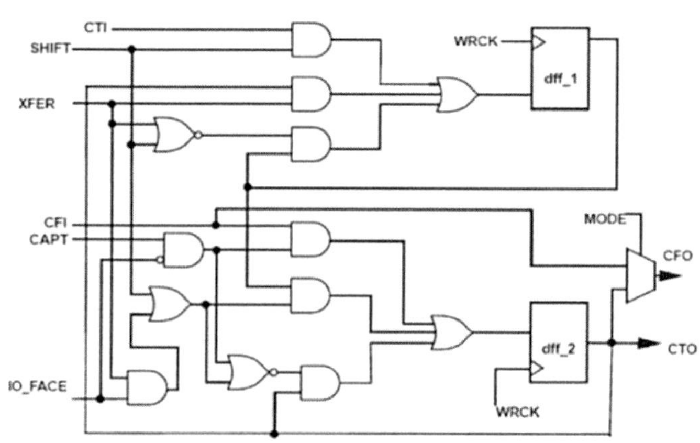

그림 4.26 IEEE 1500 지연고장 테스트를 위한 WBR 셀 (WS_SD2_CIO)

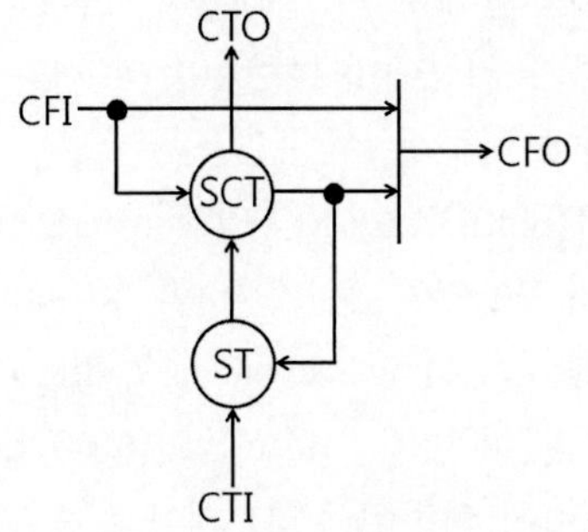

그림 4.27 IEEE 1500 WS_SD2_CIO 셀 버블 다이아그램

Shift와 Transfer에 관여하며 dff_2는 Shift 동작에 조건 없이 그리고 IO_FACE의 값에 따라서 Transfer와 Capture에 반응한다.

그림 4.28은 한 개의 AND 게이트로 구성된 코어에 세 개의 WC_SD2_CIO 셀을 사용하여 WBR을 구성한 회로도이다. Mode는 셀이 테스트 혹은 정상모드임을 나타내며 transfer, shift 및 capture 신호는 TransferDR, ShiftWR 및 CaptureWR로부터 받는다. IEEE 1149.1의 TAP 제어부에서 생성되는 신호에는 Shift-DR이 있으며 Transfer에 관련된 신호는 없다. Transfer 동작은 CTI를 통하여 Shift가 완료된 후 WBR 셀의 내부 플립플롭 간에 데이터를 전송하므로 ShiftDR이 inactive한 경우에만 TransferDR이 active 하게 IEEE 1500 제어부에서 생성한다. IN0, IN1 및 OUT의 코어 입력 출력 포트에 WBR 셀이 연결되어 있으며

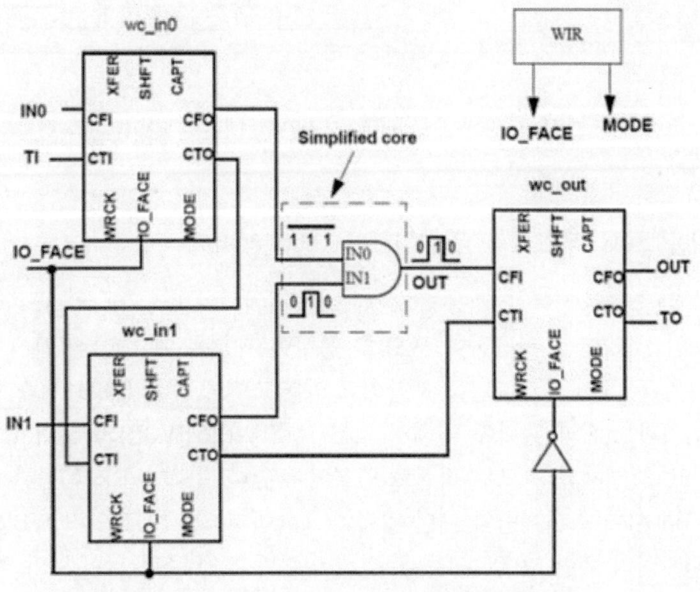

그림 4.28 IEEE 1500 코어 주위의 WBR 셀 연결

IO_FACE 신호는 입력과 출력 단에서 서로 반대의 값을 받게 되어 있다. 그리고 AN D게이트의 지연고장을 테스트하기 위하여 (111, 010) 세 개의 테스트 패턴을 인가하고 (010) 결과 값을 관찰하는 과정을 보여준다.

그림 4.29에서 보면 SHFT(ShiftDR)와 XFER(TransferDR)이 서로 상반관계에 있음을 알 수 있다. ShiftDR에서 6개의 WRCK를 인가한 후 wc_in0 셀의 dff_1과 dff_2에는 (1,1), wc_in1 셀의 dff_1과 dff_2에는 (1,0) 및 wc_out 셀의 dff_1과 dff_2에는 (0,0) 값이 로드된다. WBR 셀의 dff_2에 있는 값이 먼저 Update되어 CTO에 인가되므로 7번째 WRCK에서 wc_in0와 wc_in1의 (1,0) 입력에 의하여 AND 게이트 출력은 (0)가 된다. TransferDR에서는 WRCK의 상승에지마다 dff_2와 dff_1 간에 데이터 이동이 발생하므로 8번째 WRCK에서 wc_in0와 wc_in1는 (1,1) 값을 9번째 WRCK에서 wc_in0와 wc_in1는 (1,0) 값을 AND 게이트로 인가한다. 결론적으로 7, 8 및 9번째 WRCK에 지연고장이 없는 AND 게이트라면 (010) 값을 출력하게 된다.

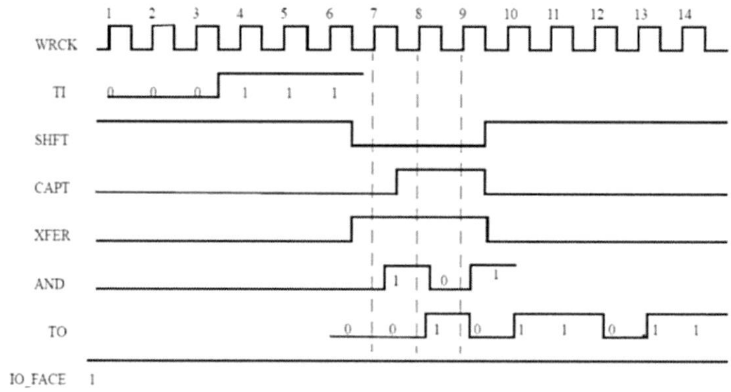

그림 4.29 IEEE 1500 지연고장 테스트 타이밍도

4.3.4 저비용 SoC 테스트를 위한 IEEE 1500 래퍼

최소한의 핀을 사용하는 저비용 SoC 테스트를 위하여 병렬 테스트를 위한 WPP 대신 직렬 테스트인 WSP만을 사용하며 WSP를 통하여 래퍼를 제어한다[17].

그림 4.30은 두 개의 스캔체인을 포함하고 있는 코어에 대한 IEEE 1500 래퍼 구성 예이다. n개의 입력과 m개의 출력에 대해서 각각 입력 WBR(IWBR)과 출력 WBR(OWBR)이 구성되어 있고, 스캔체인과 모두 직렬로 연결되어 있다. 출력 WBR을 통한 코어간 테스트 (WS_EXTEST) 시에 스캔체인의 패턴 입력이 필요하지 않으므로 입력 WBR을 출력 WBR로 바로 연결시키기 위한 MUX를 둔다. 스캔 입력과 스캔 출력 핀인 SI와 SO는 WPP관련 핀으로 WSP만을 이용한 테스트 시에는 사용되지 않는다.

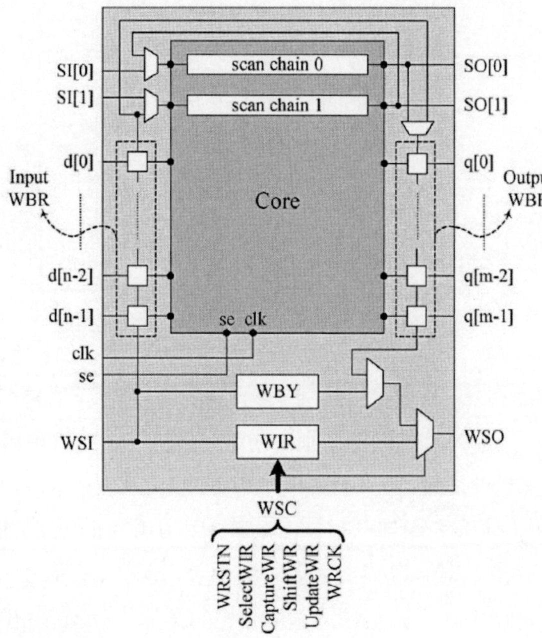

그림 4.30 WSP를 지원하는 IEEE 1500 래퍼

4.4 IEEE 1149.7 표준

IEEE 1149.7은 기존 IEEE 1149.1을 엑세스할 수 있는 시스템 테스트 로직(system test logic)과 4와이어 또는 2와이어의 칩-레벨 TAP.7을 연결해주는 칩-레벨 TAP.7 제어기를 제공한다. 시스템 테스트 로직들은 각각 1149.1 칩-레벨 TAP 제어기(CLTAPC)와 칩-레벨 바운더리 스캔 레지스터, EXTEST, PRELOAD, SAMPLE 명령어를 포함하는 테스트 로직 구조를 포함한다. 1149.7은 T0부터 T5까지 서로 다른 클래스들의 확장된 기능을 지원하는 명령어와 레지스터들을 추가하였다. 추가된 클래스들은 스캔 형태, SSD에 따른 직접 주소 접근방식(direct addressability), TMS(C) 신호를 이용한 스캔 데이터(TMS, TDI, TDO), 비스캔 데이터(background and/or custom data)의 패킷전송 기능들이 추가되었다.

1149.7은 사용목적에 따라 T0~T5의 6개 클래스로 구분할 수 있으며, TAP.7 제어기는 사용목적에 맞도록 구성되어야 한다[18]. 각 클래스의 TAP.7은 자신보다 하위 클래스의 특징들을 모두 포함한다(T0⊂T5). 그림 4.31은 1149.7의 구조를 나타내며, Advanced Protocol Unit(APU), Extended Protocol Unit(EPU), Pin-Sharing Logic(PSL) 그리고 Reset and Selection Unit(RSU)로 구성된다.

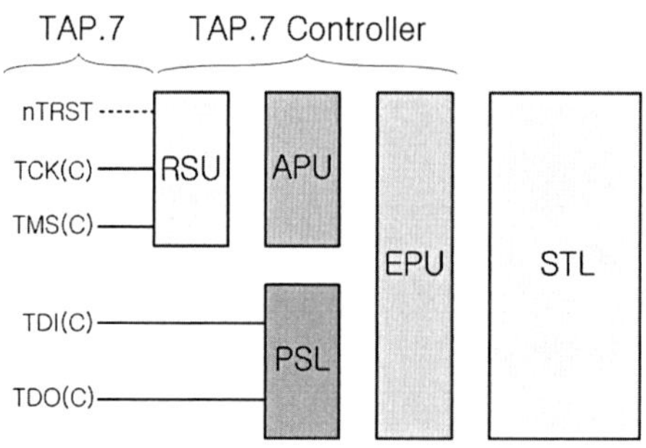

그림 4.31 IEEE 1149.7의 추상적인 구조

클래스 T0은 테스트 로직 리셋(test-logic-reset) 후에 모든 1149.7 멀티탭 장치들은 1149.1 명령 동작을 따라야 하며 바이패스 명령에 대한 1비트 DR-Scan을 실행해야 한다.

클래스 T1은 후속 클래스의 고급 기능이 기반되는 제어시스템을 정의한다. 1149.1 호환 TAP 상태 시퀀스 및 시프트 상태 감시를 채택하여 0비트 DR 스캔(ZBS)을 통해 1149.7 호환 칩의 상태를 설정하면서 1149.1 호환 칩에는 전혀 영향을 주지 않는 제어시스템을 생성한다.

ZBS는 Select-DR-Scan 상태에서 시작하여 엑시트(exit)를 거쳐 TAP 제어기에서 아무런 변화 없이 Update-DR 상태로 계속 진행된다. 1149.1 표준에 대하여 중요한 것에 대한 변화는 일어나지 않는다. 하지만 그림 4.32에 표현된 로직은 ZBS 상태 시퀀스가 시작된 횟수를 지속적으로 계수한다. Capture-DR 상태에서 Shift-DR 상태로 움직여 ZBS 시퀀스가 중단되

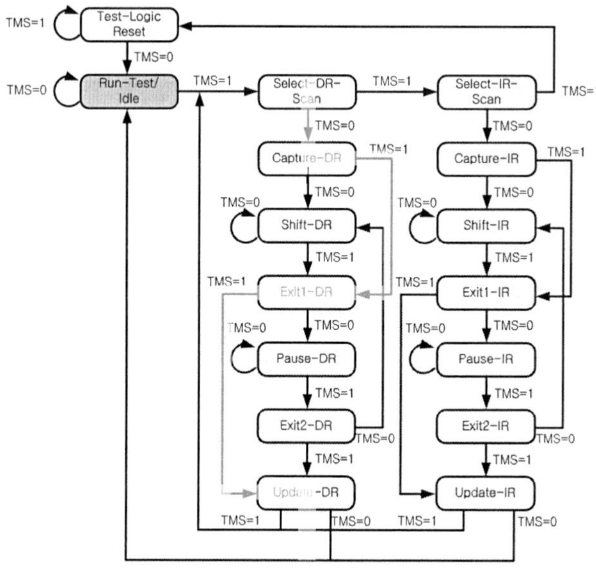

그림 4.32 ZBS 상태 시퀀스

면, 로직은 ZBS 계수를 고정시킨다. ZBS 계수 고정은 ZBS 계수(1~7)와 동등한 컨트롤 레벨을 활성화시킨다. 제어 레벨 2를 이용하여 1149.7 시스템에 대한 명령을 생성한다. 표 4.7은 제어 레벨 기능을 나타낸다. 특정 이벤트가 발생하면 제어 레벨이 종료된다. 이러한 이벤트는 Select-IR-Scan 상태, 테스트 로직 리셋 상태, 그리고 클래스 T4 및 T5 제어기의 연산을 동기화하기 위한 특정 제어기 명령 및 이벤트이다. 클래스 T1은 전력 제어에도 유용하다.

표 4.7 ZBS의 제어 레벨 기능

Controller level	Overload function	DR scan path
0~1	None	System
2	Commands	Chip level bypass bit
3	None(reserved)	Reserved
4~5	Auxilary scan paths	User defined
6~7	DTS can use these control levels	User defined

1149.7은 보드 테스트, 칩 테스트 및 애플리케이션 디버깅과 같은 용례를 위해 설계된 네 가지 전력다운 모드를 규정하고 있다. 디버그 로직에 대하여 정의된 전력다운 모드는 시스템 전력 감소에 도움이 될 뿐만 아니라 툴 벤더가 전력다운 디바이스를 다루는 표준 방식을 제공한다.

클래스 T2는 칩 레벨 바이패스 메커니즘을 구현함으로써 스캔체인을 현저히 단축시켜 칩수가 많은 애플리케이션의 디버깅 성능을 향상시킨다. 1149.7 이전에는 각 칩의 TAP 제어기가 직렬로 연결되어 있기 때문에 여러 디바이스를 갖춘 설계에는 스캔 체인의 모든 디바이스에 대한 TAP 제어기가 포함되어 있다.

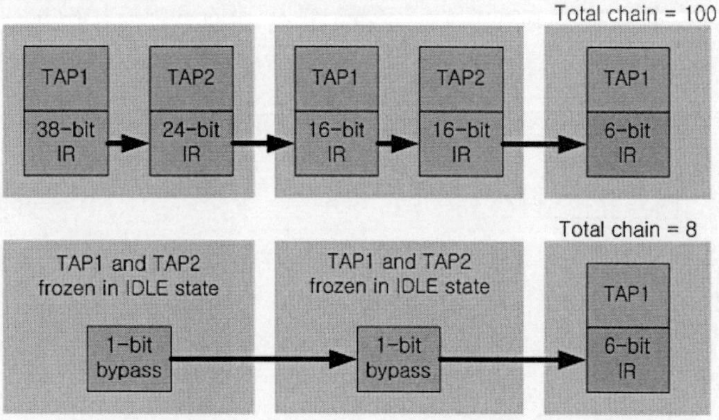

그림 4.33 클래스 T2를 사용한 칩-레벨 바이패스 메커니즘

그림 4.33의 예제 시스템에는 다섯 개의 코어를 갖춘 세 개의 디바이스가 있어 스캔체인에 총 100비트를 제공하고 있다. 개발자가 체인 상 마지막 디바이스에 신호를 보낼 경우 매번 100비트 스캔을 해야 한다. 이는 매우 비효율적이어서 임베디드 소프트웨어 개발자의 디바이스 액세스가 둔화되는 결과를 가져올 수 있다. IEEE 1149.7의 새로운 칩 레벨 바이패스 기능은 관심 대상이 아닌 디바이스 내부의 TAP 제어기를 정지시키고 스캔 비트수를 100에서 8로 감소시킨다. 이로써 시스템에서 제거해야 할 비트수가 감소되어 스캔체인의 성능이 현저히 향상된다.

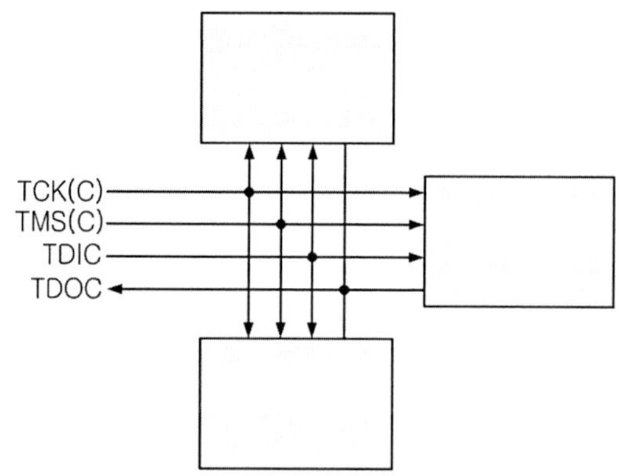

그림 4.34 스타-4 토폴로지

그림 4.34의 클래스 T3는 칩 선정 메커니즘과 link-ID 할당을 통해 개발자가 기존 IEEE 1149.1 표준의 직렬 구성 대신에 4와이어(TCK(C), TMS(C), TDIC, TDOC)로 구성이 된 직접 주소접근방식(direct addressability)을 사용하는 스타 토폴로지 구조로 구현된다. 직접 주소접근방식을 사용하기 위해서 SSD(Scan Selection Directives), JScan3 모드, TCA(TAP Controller Address), CID(Controller ID)가 추가되었다.

스타 구성을 생성하려면 연관된 칩에 번호를 매겨야 한다. 하지만 시동(start up) 시, 칩들은 컨트롤러에 등록된 번호가 없다. 클래스 T3은 본질적으로 IDCODE 및 고유(unique) ID에 의거한 소거 프로세스를 이용하여 칩들에 번호를 할당하는 방법을 정의하고 있다. 클래스 T3은 스타형 구성을 생성하여 클래스 T4에 구현되어 있는 2핀 연산의 상당한 혁신을 가능케 한다.

클래스 T0 - T3을 IEEE 1149.1 표준의 연장으로 볼 수 있는 반면 클래스 T4는 기능의 비약적인 진보를 보여준다. 그림 4.35에서 요구되는 핀 수가 4개에서 2개로 감소된 것과 최적화된 트랜잭션을 지원하는 새로운 스캔 포맷이 도입되어 감소된 핀(reduced pin) 구성으로 성능이 향상되었다는 점이다. 디바이스 다이(device die)를 스택할 때 커넥터가 많을수록 다이를 스택하는 것이 어려워지므로 최소한의 커넥터를 사용하는 것이 바람직하다. 커넥터 하나하나가 추가 비용이기 때문에 그 수가 적을수록 태스크가 용이해진다. 기존 데

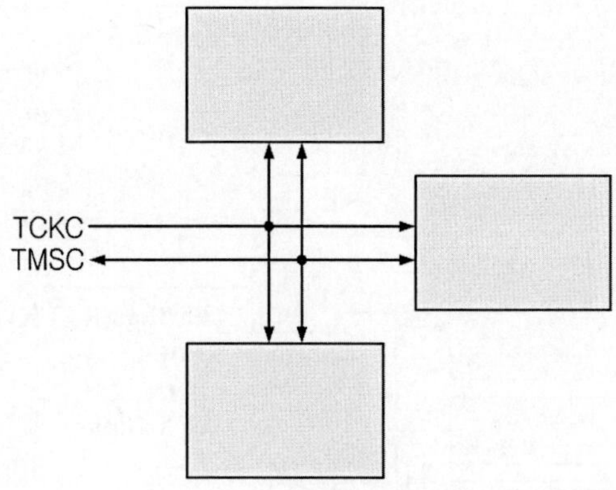

그림 4.35 스타-2 토폴로지

이터 라인인 TDI와 TDO가 없어지고, TMSC 라인을 이용한 직렬 데이터의 양방향 전송이 가능하다. 4와이어에서 2와이어로 감소되고, 스캔 데이터를 패킷단위로 전송할 수 있는 새로운 스캔포맷이 도입되어 성능이 향상되었다.

클래스 T5는 패킷 전송할 스캔 데이터에 백그라운드 데이터나 사용자정의 데이터 등의 비스캔 데이터를 삽입하여 전송이 가능하다.

4.4.1 IEEE 5001 및 Nexus-2010과 IEEE 1149.7 통합

IEEE 5001 Nexus 표준은 실시간 디버그 장비 구조 및 방법론에 관한 표준이며 현재 20여개 이상의 회사가 멤버로 가입하고 있다. 미국 자동차 전자장치의 표준으로 사용하고 있으며 IEEE 1149.1 및 IEEE 1149.7 경계스캔과도 연동이 된다. Nexus는 SoC 디버그를 위한 패킷 메세징(TCODES) 및 응용 레지스터를 제공하고 4 레벨의 디버그 기능, 즉 내장형 run control, breakpoints, instruction/data trace, 메모리/레지스터 구성 및 시스템 분석 접근(access)을 수행한다. 그리고 다중 trace 및 디버그 접근방법과 IEEE 1149.X JTAG, 병렬 및 보조 Read/Write 포트, 고속 serdes와의 인터페이스를 정의한다.

그림 4.36은 IEEE 5001 Nexus 디버그 환경을 보여준다. 여기서 JTAG 인터페이스는 실시간으로 내부 신호를 모니터링함으로 자동차 전자시스템 디버깅에 사용됨은 물론 내장된 칩의 노화에 따른 고장 등을 계층적인 자동차 네크워크 시스템을 통하여 진단할 수도 있게 해준다. IEEE 1149는 기본적으로 IEEE 1149.1의 4핀과 IEEE 1149.7의 2핀으로 Nexus 디버그 환경과 연결되며 고속 Read/Write를 위해서는 AUX 포트를 병행하여 사용한다. Nexus 메시지는 6비트 TCODE(Transfer Code)와 메시지 관련 패킷수로 구성되고 패킷은 고정 크기와 가변 크기를 가진다. JTAG를 통한 Nexus 접근은 IR과 DR을 통하여 이루어진다. IEEE 1149.7과의 연계에서 Nexus 메시지는 하나의 레지스터로 간주하고 데이터를 쓰고 읽으며 1149.7 제어부의 가동은 독립적으로 이루어진다.

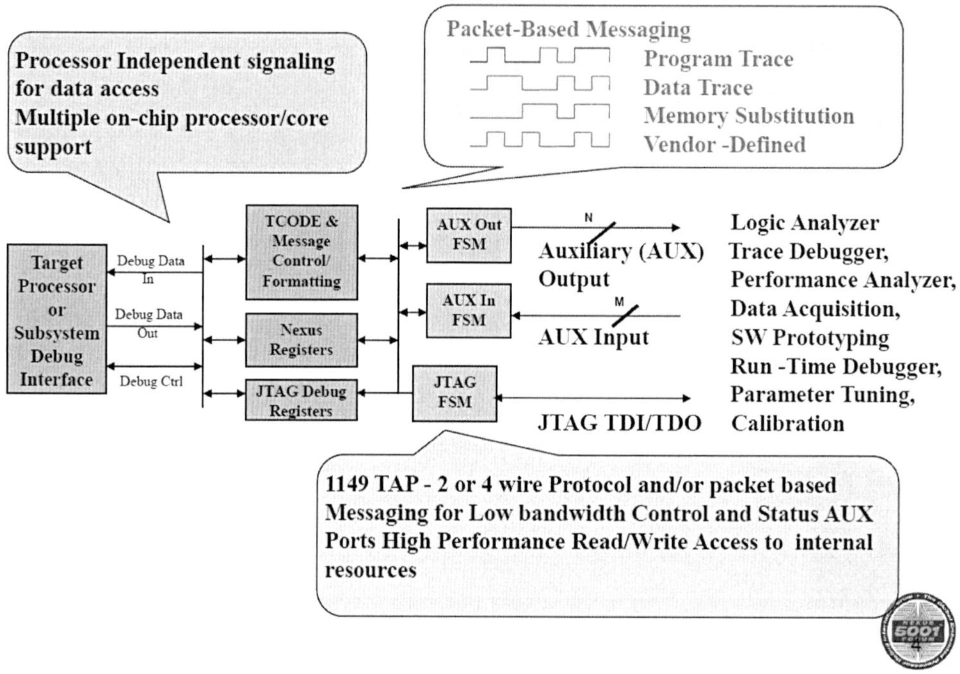

그림 4.36 IEEE 5001 Nexus debug environment

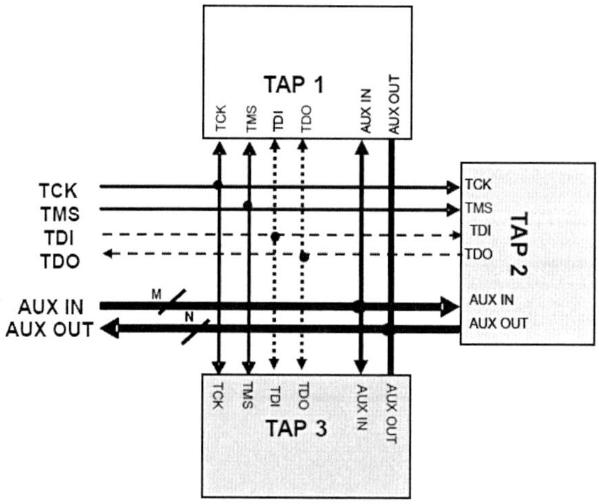

그림 4.37 IEEE 1149.7과 Nexus AUX 포트의 스타형 연결구조

그림 4.37은 IEEE 1149.7에서 Nexus AUX 보조 포트를 병행 사용하여 고속으로 특정 칩을 처리할 수 있는 스타형 구조를 보여준다. 1149.7은 4개의 TAP 포트가운데 TCK와 TMS 두 개의 포트만을 사용하여 패킷 형태로 경계스캔 신호를 전송하며 스타형으로 연결

한 경우 특정 칩만을 택하여 테스트할 수 있다. 그런데 시스템의 디버깅을 위해서는 많은 양의 데이터를 처리해야 하는 경우가 발생하여 Nexus에서 사용하는 데이터버스 폭이 넓은 AUX 보조 포트를 그림 4.37과 같이 병행하여 사용한다. 그런데 Nexus 및 JTAG 표준으로 설계된 반도체 칩들이 자동차 전자시스템을 구성하는 네트워크와 연결되기 위해서는 CAN, LIN, FlexRay 및 MOST를 통하여 전송되는 데이터 패킷과 칩의 JTAG과 인터페이스가 필요하다.

참고문헌

[1] Weiss, E.; Gehlen, G.; Lukas, S.; Rokitansky, C.; , “MYCAREVENT - Vehicular Communication Gateway for Car Maintenance and Remote Diagnosis,” Computers and Communications, 2006. ISCC ’06. Proceedings. 11th IEEE Symposium on , vol., no., pp. 318-323, 26-29 June 2006

[2] Jin-Hua Hong; Chung-Hung Tsai; Cheng-Wen Wu; , “Hierarchical system test by an IEEE 1149.5 MTM-bus slave-module interface core,” Very Large Scale Integration(VLSI) Systems, IEEE Transactions on , vol.8, no.5, pp.503-516, Oct 2000

[3] Hyunbean Yi, Kunal Ganeshpure, Shinjini Kundu, Sungju Park and Sandip Kundu “A System Maintenance Architecture via Ethernet”, IEEE Int. Workshop on Reliability Aware System Design and Test 2010

[4] Backstrom, D.; Carlsson, G.; Larsson, E.; , “Remote boundary-scan system test control for the ATCA standard,” Test Conference, 2005. Proceedings. ITC 2005. IEEE International , vol., no., pp.10 pp.-797, 8-8 Nov. 2005

[5] Laouamri, O.; Aktouf, C.; , “Remote Testing and Diagnosis of System-on-Chips Using Network Management Frameworks,” Design, Automation &Test in Europe Conference &Exhibition, 2007. DATE '07, vol., no., pp.1-6, 16-20 April 2007

[6] IEEE-ISTO 5001-2003, “The Nexus 5001 Forum Standard for a Global Embedded Processor Debug Interface”, IEEE, 2003.

[7] IEEE Std 1149.1-2001, “IEEE Standard Test Access Port and Boundary-Scan Architecture”, IEEE, 2001.

[8] N. Jarwala and C.W. Yau, “A new framework for analyzing test generation and diagnosis algorithms for wiring interconnects” Test Conference, Proceedings, International, pp. 63-70 Aug. 1989

[9] Sungju Park, “A new complete diagnosis patterns for wiring interconnects,” Design Automation Conference Proceedings 1996, 33rd , pp. 203-208 June 1996.

[10] R. Pendurkar and A. Chatterjee and Y. Zorian, “Switching activity generation with automated BIST synthesis for performance testing of interconnects,” Computer-Aided Design of Integrated Circuits and Systems, IEEE Transactions on , Volume: 20 , Issue: 9 , pp. 1143-1158, Sept. 2001

[11] Sirisaengtaksin and Sandeep K. Gupta “Enhanced crosstalk fault model and methodology to generate tests for arbitrary inter-core interconnect topology” Test Symposium, 2002. (ATS '02). Proceedings of the 11th Asian, 18-20 Nov. 2002 Pages:163-169

[12] Pyoungwoo Min, Hyunbean Yi, Jaehoon Song, Sanghyeon Baeg, and Sungju Park, "Efficient Interconnect Test Patterns for Crosstalk and Static Faults", IEEE Transactions on Computer-Aided Design of Intergrated Circuits and Systems, 25 Issue: 11, Page(s): 2605-2608, Date: Nov. 2006

[13] Da Silva, F. (Ed.), "IEEE Std 1500TM-2005 Standard Testability Method for Embedded Core-based Integrated Circuits", IEEE, 2005

[14] Marinissen, E.J., Arendsen, R. Bos, G., Dingemanse, H., Lousberg, M., and Wouters, C. "A structured and scalable mechanism for test access to embedded reusable cores", Proc. IEEE Int. Test Conf. 1998, pp. 284-293

[15] Marinissen, E.J., Goel, S.K., and Lousberg, M., "Wrapper design for embedded core Test", Proc. IEEE Int. Test Conf., 2000. pp. 911-920.

[16] H. Yi, J. Song and S. Park, "Interconnect Delay Fault Test on Boards and SoCs with Multiple Clock Domains", Proc. IEEE Int. Test Conf., pp 1-7, 2006

[17] H. Yi, J. Song and S. Park, "Low Cost Scan Test for IEEE 1500-Based SoC", IEEE Transactions on Instrumentation and Measurement, Volume 57, Number 5, pp 1071-1078, May 2008

[18] "IEEE Standard for Reduced-Pin and Enhanced-Functionality Test Access Port and Boundary-Scan Architecture", IEEE Std 1149.7-2009, vol., no., pp.c1-985, Feb. 10 2010.

05 차량용 전자시스템 네트워크 및 ISO 26262 하드웨어 신뢰성

5.1 원격 고장진단 자동차 전자시스템 설계

5.1.1 자동차 네트워크

자동차는 과거 운송수단의 역할에서 벗어나 이제는 편의성과 안전성에 비중을 둔 지능형 자동차가 되어가고 있다. 이에 따라 전자장치들이 차지하는 비중이 높아졌고 이러한 장치들을 제어하기에 전선의 사용량이 방대해지게 되고 선로의 배치설계에 많은 어려움이 있었다. 이러한 문제를 해결하여 적은 수의 통신라인으로 각 전자장치를 제어할 수 있도록 하는 것이 차량용 네트워크 시스템이다.

차량용 네트워크 시스템에는 멀티미디어 네트워크 통신규격인 MOST(Media Oriented Systems Transport)와 IDB1394가 있으며, 전자장치용 네트워크 통신규격인 CAN, LIN, FlexRay가 있다.

그림 5.1과 표 5.1은 각 차량용 네트워크의 사용처와 전반적인 것을 비교한 자료이다. LIN과 저속 CAN과 같은 바디 계열에 전송하는 경우 전송속도가 느리고 전송되는 데이터의 용량이 상대적으로 적다. FlexRay와 고속 CAN의 경우 제어신호를 보내는데 주로 사용하며 실시간 전송을 위한 빠른 속도가 특징이고 MOST의 경우 음성과 영상 등의 멀티미디어 데이터를 처리해야 하기 때문에 대용량 데이터를 위한 고속통신 속도를 가지는 것을 알 수 있다.

여기서는 전자장치용 네트워크인 CAN, LIN, FlexRay에 관하여 좀 더 자세히 알아보도록 하겠다.

표 5.1 차량용 네트워크 비교

	LIN	CAN		FlexRay	MOST
		저 속	고 속		
응용분야	Actuator/Sensor (도어, 미러, 와이퍼)	바 디	엔진/섀시	동력계통/섀시/ X-by-Wire	멀티미디어 (오디오, 내비게이션)
전송속도	19.6Kbit/s	125Kbit/s	1Mbit/s	10Mbit/s	25Mbit/s
버스액세스	폴링	CSMA/CD		CSMA	TDMA
사용 케이블	전기통신(단선)	전기통신(트위스트)		주로 광통신	광통신, 전기통신(트위스트)
통신방식	싱글 마스터	멀티 마스터		싱글 마스터	멀티 마스터
채널	1ch	1ch		1ch	2ch
최대 노드수	16	30		22	64
최대 통신거리	40m	40m		24m	70m

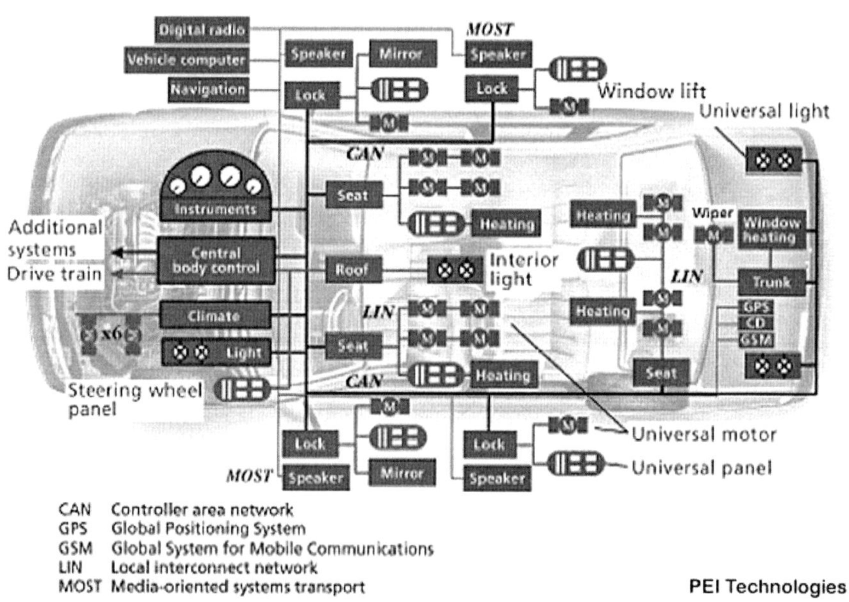

그림 5.1 차량용 네트워크 구조

5.1.1.1 CAN

CAN(Controller Area Network)은 1985년 BOSCH사에서 차량 네트워크용으로 개발되어 1993년에 ISO에서 국제 표준규격(ISO 11898)으로 제정하였다.

CAN 통신은 MCU 간의 통신을 위해 설계된 시리얼 네트워크 통신방식으로 여러 개의 CAN 디바이스가 서로 통신할 수 있는 네트워크이다. 하나의 CAN 인터페이스로 여러 개의 ECU를 제어할 수 있으며 각 디바이스마다 CAN 컨트롤러 칩이 있어 효율적으로 시스템을 제어할 수 있는 장점이 있다.

CAN의 주요 특징으로는 노이즈에 매우 강하며, 여러 개의 ECU를 병렬로 연결하여 통신하며, 2가닥의 꼬임선으로 연결되어 있으며, 직렬통신 프로토콜이다. 그리고 메시지는 ID에 의하여 내용과 우선순위가 결정된다.

(1) 구조

그림 5.2와 같이 Microcontroller는 데이터의 전송과 수신을 제어한다.

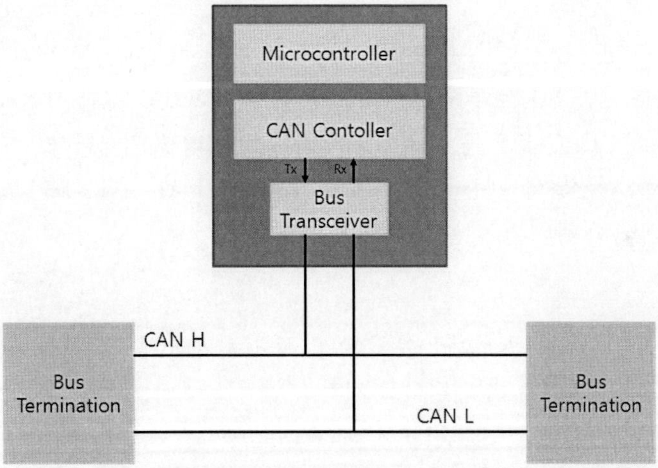

그림 5.2 CAN 프로토콜 구조

CAN controller에서는 식별자를 비교하여 메시지 내용을 분석하고 우선순위를 정하고 data field의 데이터를 microcontroller로 전송한다. 그리고 microcontroller의 전송신호를 Tx를 통하여 bus transceiver로 전송한다.

Bus transceiver에서는 CAN H, CAN L 신호를 차동제어하고, Tx를 통하여 받은 전송신호를 CAN H, CAN L로 전달하고, Rx를 통하여 신호를 CAN controller로 전달한다.

(2) 프레임 구조(일반형 CAN 2.0A)

그림 5.3은 CAN 2.0A에 데이터 프레임 구조를 보여준다.

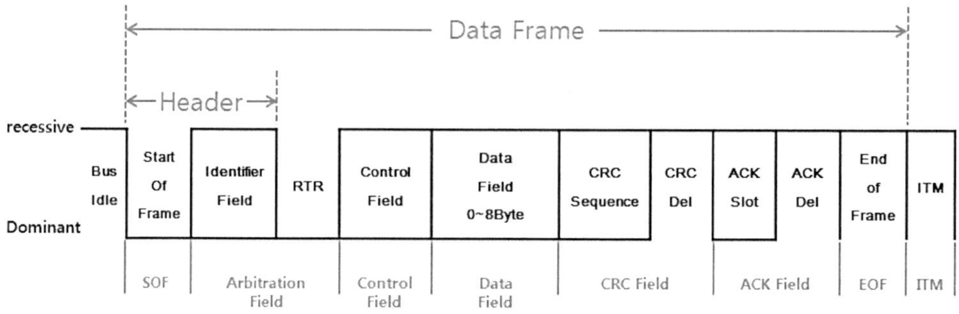

그림 5.3 CAN 프로토콜 프레임 구조

- Start of Frame Field : 메시지 프레임의 시작을 표시한다.
- Arbitration Field : 11비트의 식별자와 RTR 비트를 가진다. Identifier Field는 식별자로서 메시지 내용을 식별하고 메시지의 우선순위를 부여한다(확장형인 CAN2.0B에서는 29비트의 식별자를 가진다). RTR 비트는 '0'일 때 CAN 메시지가 데이터 프레임이라는 것을 가리킨다.
- Control Field : 6비트로 구성되며 DLC(Data Length Code)를 나타낸다.
- Data Field : 한 노드로부터 전달하고자 하는 데이터를 포함한다.
- CRC Field : CRC 코드를 가져 프레임의 송신에러를 검사한다.
- ACK Field : 전달한 내용을 제대로 받았으며 에러가 없을 때를 표시한다.
- EOF Field : 프레임의 끝을 나타내고 종료한다.

5.1.1.2 LIN

LIN(Local Interconnect Network)은 CAN을 토대로 개발된 프로토콜로서 자동차용 저비용 직렬통신 프로토콜이다. 상대적으로 저가 구현이 요구되는 다량의 문이나 선루프 같은 장치에 적용하며 일반적으로 LIN-CAN gateway를 통하여 서브시스템이 CAN에 연결되어 CAN과 데이터를 교환하는 형식으로 하나의 네트워크를 구성하게 된다.

LIN의 특징으로는 하나의 마스터와 다중 슬레이브로 구성되어 정확한 응답시간을 예측할 수 있으며, 데이터 프레임의 메시지 필드 길이가 가변할 수 있으며, 멀티캐스트 수신이 가능하며 데이터 전송의 안정성을 확보하기 위하여 12V를 지원하는 버스를 사용한다. 그리고 마스터가 모든 노드가 정상적으로 작동하고 있는지 체크하여 네트워크상 손상 노드를 검출할 수 있는 등 다양한 고장 검출 알고리즘을 가지고 있다. 그림 5.4는 LIN이 게이트웨이를 통하여 CAN과 함께 사용되고 있는 연계구조를 보여주고 있다.

(1) 구조

LIN 프로토콜은 그림 5.5와 같이 하나의 마스터 노드와 여러 개의 슬레이브 노드(최대 15개)로 구성된다. 이때 노드들은 LIN버스를 통해 동기화하기 때문에 오실레이터가

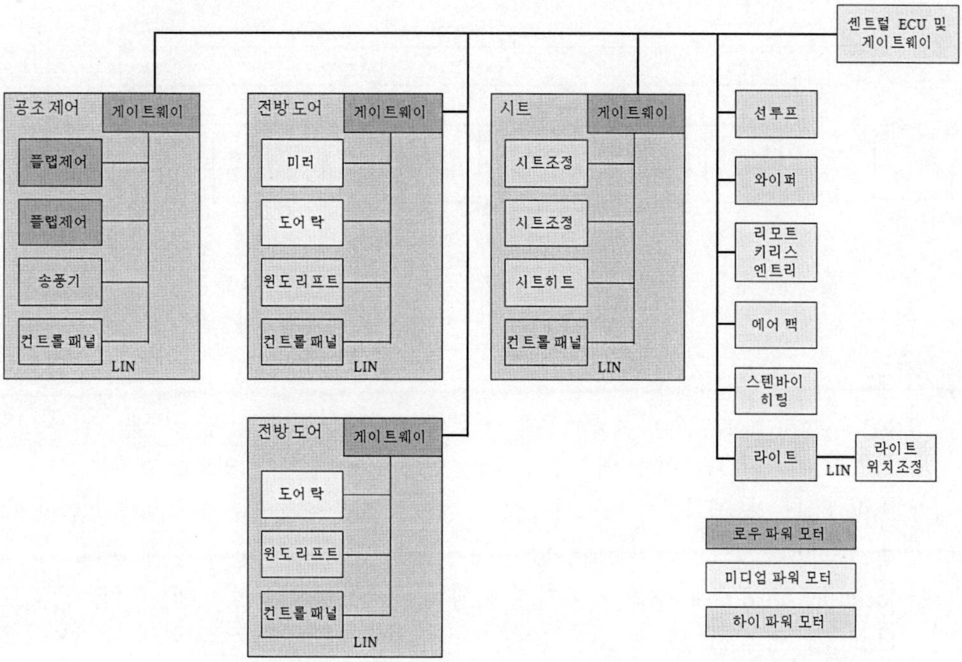

그림 5.4 CAN/LIN 네트워크 연계 구조

필요 없다.

구조를 다시 자세히 보면 마스터 노드는 마스터 태스크와 슬레이브 태스크로 구성되고 슬레이브 노드는 슬레이브 태스크만으로 구성된다.

마스터 태스크는 LIN 버스 상에서 어떤 노드가 데이터를 전송할 것인지를 결정하고 슬레이브 태스크에서는 마스터 태스크가 요청한 데이터 전송을 수행한다.

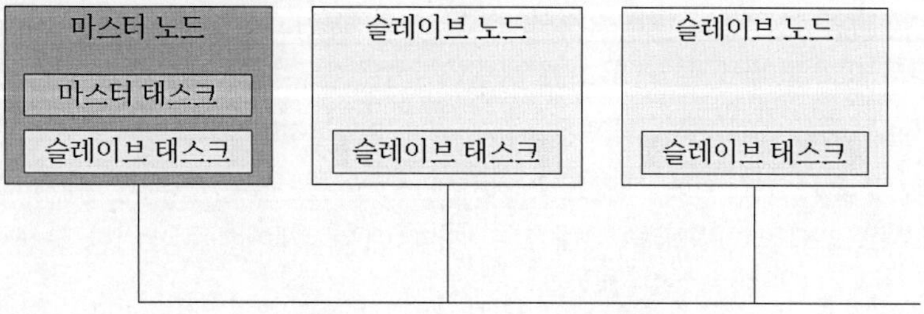

그림 5.5 LIN 프로토콜 구조

(2) 프레임 구조

그림 5.6과 같이 LIN 메시지 프레임의 경우 크게 Header와 Response로 구성이 되는데 Header는 마스터에서만 보내고 Response는 마스터와 슬레이브가 모두 사용한다.

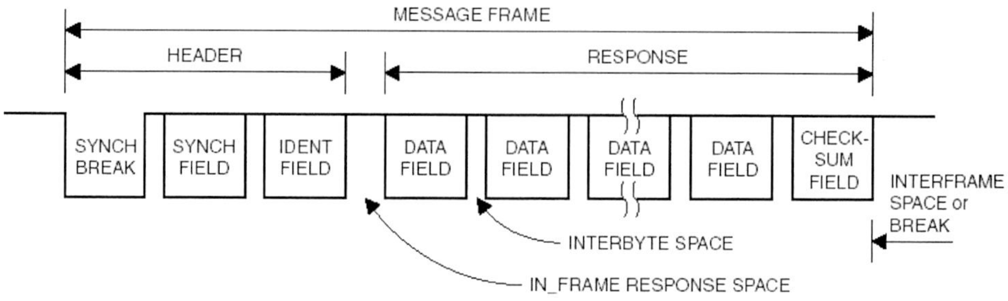

그림 5.6 LIN 프로토콜 프레임 구조

- Sync Break Field : 메시지 프레임의 시작을 나타내는 필드로, 이 필드는 마스터 태스크가 송신하며 슬레이브 태스크가 Sync 필드를 준비할 수 있도록 한다.
- Sync Field : 슬레이브가 마스터 클럭과 동기를 맞추는데 필요한 신호를 포함하고 있는 필드이다. 이는 오실레이터 없이 모든 노드를 동기화 할 수 있게 한다.
- Identifier Field : 메시지의 내용과 길이에 대한 정보를 제공하는 필드이다. 이 필드는 identifier bit(4bit), length control bit(2bit), parity bit(2bit)로 구성된다.
- Data Field : 8비트로 구성된 2~8개의 데이터 필드를 가진다. 응답하는 슬레이브 태스크가 데이터 필드에 기록하게 되고, LIN에서는 버스 중재가 없어서 하나의 슬레이브 태스크만 각 식별자에 대하여 응답하게 된다.
- Cheaksum Field : Identifier를 제외한 모든 데이터 필드의 modulo 256sum이 기록되어 에러를 검출하는 영역이다.

5.1.1.3 FlexRay

자동차의 기능이 증가됨에 따라 ECU의 수도 계속 증가하고 있다. 증가된 ECU를 CAN 버스만으로 제어하는 것이 어려워져서, ECU 수를 줄이고 하나의 ECU의 더 많은 기능과 높은 성능을 유지할 수 있도록 하려고 하였다. 이렇게 문제를 해결하기 위해서 더 넓은 대역폭의 프로토콜을 요구하게 되고 이에 따라 개발된 것이 FlexRay 프로토콜이다.

FlexRay 컨소시엄에 의해 개발된 FlexRay 프로토콜은 파워트레인, 섀시 그리고 X-by-wire 시스템을 포함한 차량의 차세대 고속 제어 애플리케이션들을 위한 통신 기반 구조를 제공한다.

CAN 프로토콜은 CSMA(Carrier Sense Multiple Access) 방식에 따라 작동하여 각 ECU 들이 시간을 할당하여 사용하는 것이 아니어서 메시지가 버스 상에 있는 시간을 예측하기 불가능하였으며, 버스 접속이 비확정적이었다. 이에 비하여 FlexRay 프로토콜은 TDMA(Time Division Multiple Access) 방식에 따라 작동하며, 각 ECU가 시간을 분할해서 사용하므로, 메시지가 버스 상에 있는 시간을 예측할 수 있으며, 버스 접속이 확정적이다.

FlexRay의 특징으로는 빠른 데이터 속도(최고 10M bit/s)로 가장 신뢰성이 높고, 2개의 채널을 사용하며, 실시간 제어 시스템에 적용되며, 멀티 마스터 제어이고, TDMA/FDTMA 방식을 사용하며, 그리고 다수의 네트워크 토폴로지 적용이 가능해 확장할 수가 있다는 장점이 있다.

(1) 구조

FlexRay의 구조는 그림 5.7과 같다. Host Microcontroller에서는 응용알고리즘과 데이터를 처리하고 주변기기를 제어한다. Communication controllers는 크게 두 부분으로 나누는데 Controller Host Interface와 Protocol engine으로 나눈다. Controller Host Interface는 상태 시그널링을 하고, 프레임과 데이터를 취급하며, Protocol engine에서는 에러 검출과 시그널링, 메시지의 유효성을 검증, 그리고 스케줄링과 접근제어를 한다. Bus Driver, Bus Guardian, Channel은 에러검출과 시그널링, 신호수준과 비트표현 그리고 전송매체의 역할을 한다.

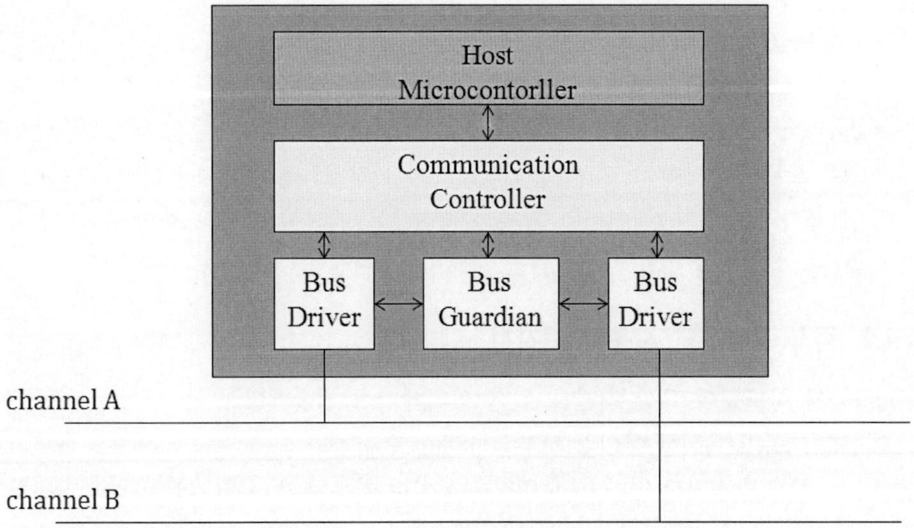

그림 5.7 FlexRay 프로토콜 구조

(2) 프레임 구조

FlexRay의 프레임은 크게 헤더, 페이로드, 트레일러의 세 부분으로 되어 있다.

- Protocol Flags : 헤더 세그먼트의 앞 5비트인 Reserved bit, payload preamble indicator, null frame indicator, Sync frame indicator, startup frame indicator를 protocol flags라고 한다.
- Frame ID : 프레임의 슬롯넘버(1~2047)로 채널 안에서 고유한 값을 나타낸다.

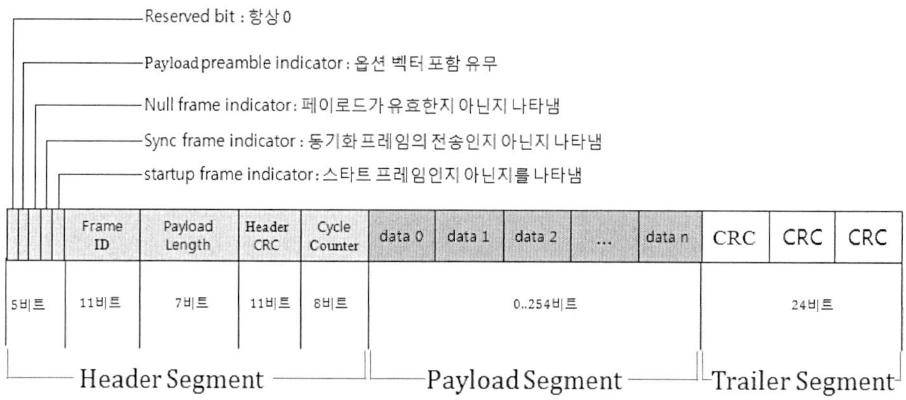

그림 5.8 FlexRay 프로토콜 프레임 구조

- Payload Length : 페이로드의 길이로 정적 세그먼트에서는 모든 메시지에 대하여 동일한 값을 가져야 한다.
- Header CRC : 헤더 데이터의 에러검출을 위한 값이다.
- Cycle Counter : 현재 사이클의 수이다.
- Payload Segment : 데이터를 256바이트까지 가지고 있다. 이 값은 정적 세그먼트의 경우 모두 동일해야 하고, 만약 페이로드에서 데이터를 가지고 있지 않으면 null frame이 표시되게 된다. 데이터의 경우 선택적으로 메시지 ID를 포함할 수도 있다.
- Trailer Segment : 전체 프레임을 보호하는 24bit의 CRC가 포함되어 있다.

5.1.2 원격 고장진단 자동차 전자시스템 설계

(1) 자동차 하드웨어 고장 진단을 위한 인터페이스 기술개발

지능형 자동차를 위한 여러 전장부품이 개발됨에 따라 이를 위한 자동차용 네트워크 기술도 다양하게 발전되고 있다. 네트워크를 통하여 자동차 멀티미디어 시스템, 자동차의 엔진, 브레이크 등 중요한 전자시스템에서 발생 가능한 하드웨어의 결함을 실시간으로 진단하고 치유할 수 있는 기술 개발은 매우 중요하다. 자동차 전자시스템을 구성하는 각종 제어소자는 NEXUS 표준을 채택하여 개발과정에 필요한 debug 및 기능 검증은 용이하게 할 수 있다. MOST, CAN, LIN, FlexRay 네트워크의 기본적인 기능 점검 및 이에 연결되어 있는 각종 소자의 기본 기능은 원격을 통해서 검증할 수 있다. 그러나 자동차 전자시스템을 구성하는 각 하드웨어 소자의 상세한 고장을 실시간으로 진단할 수 있는 인터페이스는 아직 제공하지 않고 있다. NEXUS와 IEEE 1149.X 경계스캔을 자동차 네트워크 프로토콜을 통하여 접근할 수 있는 인터페이스 기술을 개발함으로서 하드웨어시스템의 다양한 고장에 대한 실시간 원격 진단이 가능할 것이다.

(2) 원격고장 진단을 위한 이더넷 제어부

이더넷 MAC 제어부는 Preamble, Destination MAC address, Source MAC address, EtherType, PayLoad 및 CRC의 이더넷 프레임으로 구성되어 있다. 이더넷 프레임의 필드 가운데 EtherType은 PayLoad에 Internet Protocol Version 4(IPv4), Address Resolution Protocol(ARP), Internet Protocol Version 6(IPv6), HyperSCSI(SCSI over Ethernet) 등의 type을 지정한다. 원격고장 진단을 위해서는 그림 5.9와 같은 이더넷에 maintenance 패킷을 새롭게 정의하고 이를 인식할 수 있는 MAC 제어부 회로의 개발이 필요하다.

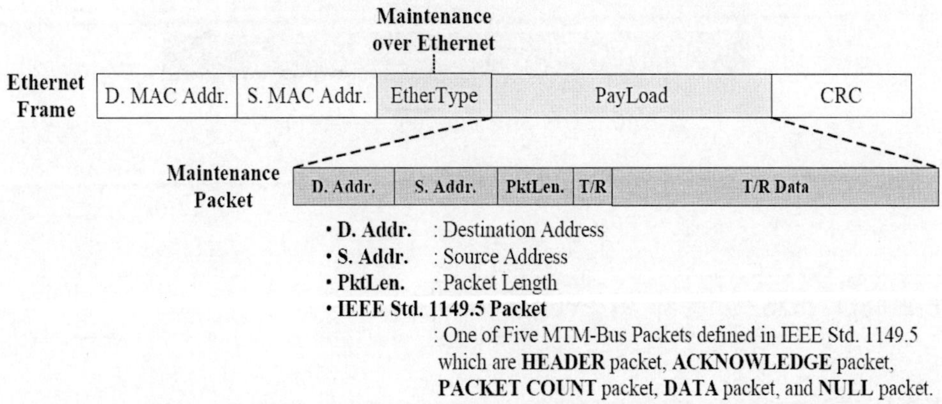

그림 5.9 Maintenance 패킷의 구조

(3) 원격고장 진단을 시스템 소프트웨어

자동차 전장시스템이 복잡해지면서 자동차연구소에서 소프트웨어를 체계적으로 개발/관리하기 위한 표준 소프트웨어 통합 플랫폼 개발이 필요하다. AUTomotive Open System ARchitecture(AUTOSAR)는 자동차 소프트웨어의 플랫폼과 설계 도구의 표준화를 다루는 기구이다. 많은 자동차 제조사, 부품회사, 전자부품회사, 소프트웨어개발회사, 자동화도구 개발사 등이 AUTOSAR에 참여한다. 가장 중요한 목표는 자동차 전장시스템 하드웨어와 소프트웨어를 middle 계층을 통하여 엄격하게 분리시킨 후 시스템 기능의 표준화를 이루는 것이다.

Open Mobile Alliance Device Management(OMA DM) 프로토콜을 통하여 자동차의 원격 관리 시스템을 구축하는 것도 핵심 응용분야의 하나이며, 그림 5.10은 AUTOSAR의 Layered 소프트웨어 구조를 보여준다. 자동차 수리센터와 자동차 전장시스템간의 원격제어 프로토콜인 OMA DM의 표준안과 호환이 되면서 이더넷 MAC 제어부와 연동되는 maintenance 프로토콜의 개발이 필요하다.

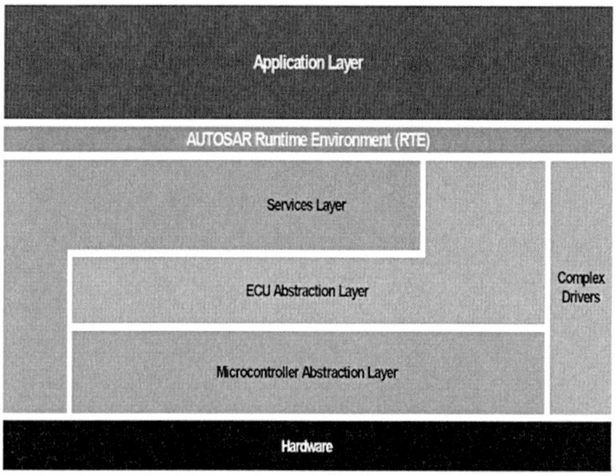

그림 5.10 AUTOSAR layered 소프트웨어 구성도

5.2 ISO 26262 자동차 기능안정성 국제표준

5.2.1 ISO 26262란 무엇인가?

전자장치 안전관련 시스템을 바탕으로 작동하는 안전기능을 이용하여 안전을 확보하는 것을 기능안전성이라고 한다. 이러한 기능안전성을 다루는 대표적인 표준인 IEC 61508은 광범위한 규격으로 인하여 여러 산업분야의 다양성을 충분히 고려하지 못한 채 개념적인 내용만을 다루는 단점을 가지고 있었다. 이러한 문제점을 해결하여 자동차 분야의 특성을 고려한 기능안전성 국제표준을 제정하게 되었는데 이것이 ISO 26262이다. IEC 61508의 핵심 개념인 안전성보전등급(SIL)과 하드웨어 중심의 안정생명주기(safety life cycle)를 개선하여 ASIL과 시스템 중심의 안전생명주기를 도입하고 있다. 하드웨어와 소프트웨어 구성요소를 모두 고려한 시스템 수준에서 독립적인 제품개발을 통해 시스템을 설계하며 하드웨어와 소프트웨어 개발이 독립적으로 병행될 수 있는 구조로 구성되어 있다. ISO 26262는 그림 5.11과 같이 총 10개의 파트로 구성된다[1]. 각 파트별로 간단히 설명하면 다음과 같다.

① Vocabulary - 관련 용어를 정의

② Management of functional safety - 전반적인 안전성 관리 요구사항을 정의

③ Concept phase - 개발 품목 정의를 기반으로 해저드 분석 및 위험 심사를 통해 ASIL을 판정하며, 안전 목표와 안전 메커니즘을 정의

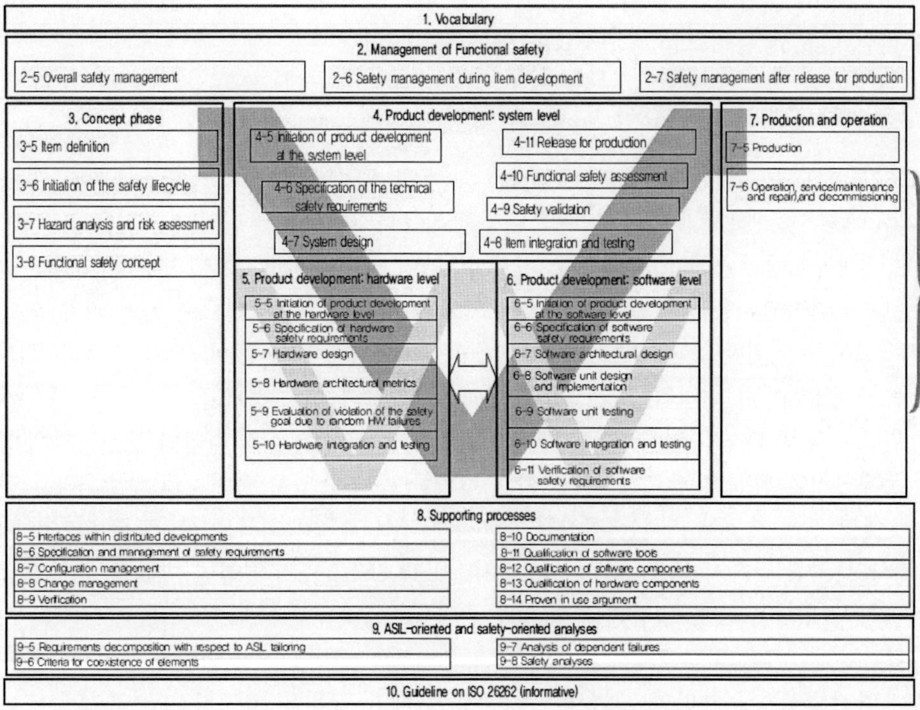

그림 5.11 ISO 26262의 프로세스 구조

④ Product development : system level - 시스템 수준에서의 개발은 기본적으로 V모델을 따르며 기술적 요구사항과 시스템 디자인, 그리고 테스트 프로세스가 통합의 왼쪽부분에 오고, 검증, 확인과 심사가 오른쪽 부분에 위치

⑤ Product development : hardware level - V모델의 개념에 따른 하드웨어 개발, 통합, 검증 등에 대한 요구사항을 정의

⑥ Product development : software level - V모델의 개념에 따른 소프트웨어 개발, 통합, 검증 등에 대한 요구사항을 정의

⑦ Production and operation - 품목생산을 위한 계획, 샘플생산, 양산, 서비스 등에 대한 요구사항을 정의

⑧ Supporting process - 안전요구사항의 관리와 명세방법, 형상관리, 변경관리, 검증, 문서화, 지원도구의 자격검증, 재사용 소프트웨어의 자격검증, 하드웨어의 자격검증, 실제 사용을 통해서 입증된 안전성 등에 대한 요구사항을 정의

⑨ ASIL-oriented and safety-oriented analysis - 안전요구사항 ASIL을 분해하는 방법, 안전관련 구성요소 사이 공존의 조건인 상호간섭의 정도, 위험분석 방법 등을 기술

⑩ Guidelines on ISO 26262 - 주요개념, 안전 케이스, ASIL 분해 등 ISO 26262의 이해에 도움이 되는 정보를 기술

ISO 26262 적합성을 인정받기 위해서는 위에서 정의하는 각 요구사항에 따라 개발되어야 하며 반드시 문서화된 증거자료로 입증해야 한다.

5.2.2 ISO 26262의 필요성

초기의 ECU는 엔진제어에 주로 사용되어져 왔다. 이후 자동차의 발전에 따라 수십여개의 ECU를 탑재하게 되었고 ECU를 이용한 자동차시스템을 발전시키기 위해서 좀 더 복잡한 전자시스템이 필요하게 되었다. 전자시스템이 발전하면서 결함이 발생할 확률도 높아졌는데 결함발생의 원인도 기계부분에서 고도화 되는 전자시스템으로 옮겨 가게 되었다. ISO 26262는 이러한 결함이나 문제의 영향을 최소화하기 위해 제시되었다. 자동차 회사와 자동차 제조업체의 협력업체 입장을 예를들어 보면 다음과 같다[2].

우선 자동차 회사의 경우 도로운행 중 사고 발생 시 자동차의 결함이 문제인지 운전자의 문제인지를 확인할 필요가 있다. 이때 명확한 증거가 없어 운전자의 부주의라는 것을 알지 못할 경우 자동차 회사는 법적책임을 지게 되고 자동차 회사는 신뢰도를 잃거나 이를 방지하기 위해 리콜제 등을 도입한다. 하지만 ISO 26262를 도입하면 이러한 경우 자동차는 결함이 없다는 것을 입증하여 피해를 줄일 수 있다.

협력업체의 경우 ISO 26262를 자동차 제조업체와 협력업체에 도입하면, ISO 26262의 기능 안전생명주기에 따라 제조업체가 부품에 대한 규격을 요구하고 협력업체는 이를 ASIL 인증을 받아 부품결함에 대한 책임을 면할 수 있다.

5.2.3 ASIL(Automotive Safety Integrity Level)

ASIL이란 개발되는 자동차에 대하여 기능안전성을 확보하기 위하여 ISO에서 제시하는 요구사항이다. ASIL은 A부터 D등급까지 4개의 수준으로 구성되며 D등급에 근접할 수록 만족하기 위한 요구사항이 더 많아진다. ISO 26262의 5부에서 ASIL을 달성하기 위한 하드웨어 수준의 정성적인 요구사항과 정략적인 요구사항에 대해 다루고 있다.

5.2.4 정량적 하드웨어 평가기법

ISO 26262 5부에서 제시하는 하드웨어 ASIL의 평가항목 구성은 그림 5.12와 같다. 그림에서 정량적인 요구사항과 정성적인 요구사항으로 나누어 평가함을 알 수 있는데 정성적인 요구사항은 개발프로세스, 사용 툴, 문서화 등과 관련된 요구사항을 단순히 수행함으로써 달성 가능한 부분이기 때문에 정량적 하드웨어 평가기법에 대해서 설명할 것이다[3].

그림 5.12를 다시 보면 정량적 하드웨어 평가는 하드웨어 아키텍쳐 척도와 하드웨어 우발고장에 대한 안전목표 위배평가 두 가지가 있다. ASIL을 달성하기 위해서는 두 가지 정량적인 요구사항을 모두 만족하여야 한다.

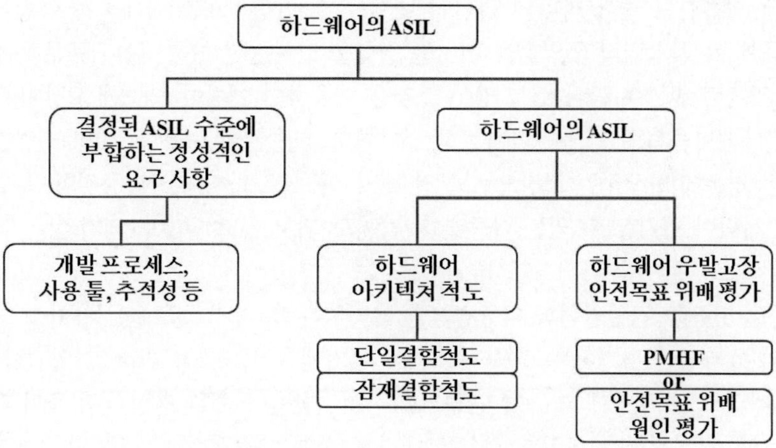

그림 5.12 하드웨어 ASIL 평가 항목 구성

5.2.5 하드웨어 아키텍쳐 척도

하드웨어 아키텍쳐 척도는 상당부분 하드웨어에서 발생하는 고장에 의하여 결정된다. 하드웨어에서 발생하는 고장은 그림 5.13과 같이 비 안전관련 요소의 고장과 안전관련 요소의 고장으로 구성된다.

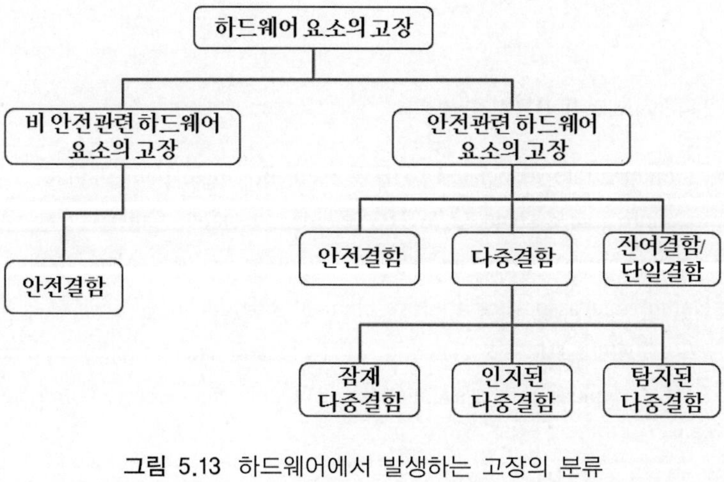

그림 5.13 하드웨어에서 발생하는 고장의 분류

그림 5.13에서 나타나는 결함의 종류를 설명하면 다음과 같다. 안전결함은 결함이 내재하고 있지만 위험한 상황을 초래하지 않는 결함을 의미하는 것으로 비안전관련 요소와 안전관련 하드웨어 요소의 결함에 내재하지만 발생해도 위험하지 않은 결함을 말한다. 단일

결함과 잔여결함은 둘다 하나의 결함이 내재할 때 안전목표를 침해하는 상황을 초래하여 안전목표에 가장 치명적인 영향을 미치는 결함을 말하는데 이를 좀 더 구분하면, 단일결함은 임의의 안전 메커니즘이 있을 경우 그것을 이용하여 예방이 가능한 고장이며, 잔여결함은 안전 메커니즘으로 예방이 불가능한 결함이다. 다중결함은 두 개 이상의 결함이 동시에 존재하는 경우에 발생하는 고장으로 안전 메커니즘으로 탐지되는 다중결함, 특별한 탐지기능 없이 사람이 인지할 수 있는 다중결함, 탐지도 되지 않고 인지도 되지 않는 잠재 다중결함의 3가지로 나누어진다.

이런 결함들 중 단일결함과 다중결함을 고려하는 두 가지 척도를 사용하여 하드웨어 아키텍쳐의 효과성을 평가하는 것을 하드웨어 아키텍쳐 척도라고 한다. 단일결함 척도는 하드웨어 내의 모든 결함에 대하여 단일결함/잔여결함을 제외한 결함의 비율이고, 잠재결함 척도는 단일/잔여결함을 제외한 결함에 대하여 잠재 다중결함과 단일/잔여 결함을 제외한 결함의 비율로 나타내며, 아래의 식과 같다.

$$(\text{단일결함 척도}) = 1 - \frac{\sum_{SR}(\lambda SPF + \lambda RF)}{\sum_{SR}\lambda} = \frac{\sum_{SR}(\lambda MPF + \lambda S)}{\sum_{SR}\lambda} \quad (1)$$

$$(\text{잠재결함 척도}) = 1 - \frac{\sum_{SR}(\lambda MPFL)}{\sum_{SR}(\lambda - \lambda SPF - \lambda RF)} = \frac{\sum_{SR}(\lambda MPFD + \lambda S)}{\sum_{SR}(\lambda - \lambda SPF - \lambda RF)} \quad (2)$$

- $\sum_{SR}$: Safety related HW elements.
- λSPF : Failure rate associated to HW element single point faults.
- λRF : Failure rate associated to HW element residual faults.
- λMPF : Failure rate associated to HW element multiple point faults.
- λS : Failure rate associated to HW element safe faults.
- $\lambda MPFL$: Failure rate associated to HW element latent multiple point faults.
- $\lambda MOFOD$: Failure rate associated to HW element perceived or detected multiple point faults.

위 두식에 의해 나온 척도값을 가지고 표 5.2에서 제시하는 ASIL 수준에 부합하는지 비교하고 이를 달성하지 못하면 다른 방법을 이용한 부품개선이 요구된다.

표 5.2 목표로 성정 가능한 결함척도에 대한 값

ASIL 레벨	ASIL D	ASIL C	ASIL B
단일결함 척도	>99%	>97%	>90%
잠재결함 척도	>90%	>80%	>60%

아키텍쳐 척도를 사용하는 예를보면 다음과 같다[4]. 먼저 표 5.3과 5.4와 같은 표를 작성한 후 이 표를 토대로 결함척도 식에 대입하여 결함 척도를 구하게 된다. 이후 나온 결함 척도를 가지고 ASIL에 적합한지 아닌지를 판단하게 된다.

표 5.3에서 보듯이 전체 고장률은 118인데 이중 안전관련 결함률이 108이고, 단일결함과 잔여결함에 대한 고장률은 5.234이므로 단일결함 척도식에 따라서 1-5.234/108 = 95.2%가 된다. 이는 고장 검출률이 >90%이므로 ASIL B등급에 해당하게 된다.

마찬가지로 표 5.4에서 나온 값을 토대로 잠재결함 척도를 구하면 1-0.6/(108-5.234) = 99.42%가 된다. 이는 고장 검출률이 >99% ASIL D 등급이 되지만 단일결함 척도가 ASIL B등급이므로 본 하드웨어 시스템의 안정등급은 ASIL B가 된다.

표 5.3 단일결함 척도 예제

C	F	SR	FM	FD	V	SM	FC	RF/SPF
R1	2	SR	Open	90%	X	none	90%	0.18
			Closed	10%				
C1	2	SR	Open	20%		SM1		
			Closed	80%	X		99%	0.016
I1	4	SR	Open	70%	X	SM1	99%	0.028
			Closed	20%	X		99%	0.008
			Drift 0.5	5%	X		99%	0.002
			Drift 2	5%				
L1	10	NSR	Open	90%				
			Closed	10%				
μC	100	SR	All	50%	X	SM3	90%	5
			All	50%				
Total	118							5.234

표 5.4 잠재결함 척도 예제

C	F	SR	FM	FD	VI	SM	FCL	LMPF
R1	2	SR	Open	90%	X	SM1	100%	0
			Closed	10%	X		0%	0.2
C1	2	SR	Open	20%	X	SM1	0%	0.4
			Closed	80%	X		100%	0
I1	4	SR	Open	70%	X	SM1	100%	0
			Closed	20%	X		100%	0
			Drift 0.5	5%	X		100%	0
			Drift 2	5%				
L1	10	NSR	Open	90%				
			Closed	10%				
μC	100	SR	All	50%	X	SM3	100%	0
			All	50%				
Total	118							0.6

- C : List of components.
- F : Input failure rate of the component.
- SR : Safety related(SR) or not(NSR)
- FM : Failure mode
- FD : Failure rate distribution
- V : Potential to violate the safety goal in absence of safety mechanism.
- SM : if checked(X), write the safety mechanism.
- FC : Failure mode coverage.
- FCL : Failure mode coverage wrt. latent failures.
- RF/SPF(Residual or single point fault failure rate) = F*FD*(1-FC)
- LMPF(Latent multiple point fault failure rate) = F*FD*(1-FCL)

5.2.6 하드웨어 우발고장에 대한 안전목표 위반여부 평가

우발고장에 대한 안전목표 위반여부 평가를 위하여 PMHF와 안전목표 위배의 원인을 평가하는 두 가지 방법이 있는데 두 가지 중 주어진 조건에서 가용한 한 가지 방법을 실시한 결과가 도출된 ASIL에 부합하면 하드웨어 우발고장에 대한 안전목표 위반여부 평가 기준을 만족한다.

첫 번째 방법인 PMHF의 경우 표 5.5에서 주어지는 하드웨어 부품의 고장률에 대한 목표값이 필요하다. 도출된 ASIL에 부합하기 위해서는 제시된 고장률보다 작은 값을 가지는 것이 요구된다.

표 5.5 하드웨어 부품의 고장률에 대한 목표 값

ASIL	하드웨어 우발고장 목표 값
D	$< 10^{-8}\ h^{-1}$
C	$< 10^{-7}\ h^{-1}$
B	$< 10^{-7}\ h^{-1}$
A	$< 10^{-6}\ h^{-1}$

두 번째 방법은 안전목표 달성을 방해할 수 있는 원인에 대한 평가를 실시하는 것으로 하드웨어 파트 수준에서 실시한다. 그림 5.14와 같은 플로우차트에 따라 실시되며 각 결함에 대한 평가를 실시하는 절차를 나타낸다. 이중 점선으로 표시된 부분이 각 결함에 대하여 목표로 하는 ASIL에 대한 만족여부를 평가하는 부분이다.

평가기준은 표 5.6에 제시되어 있고 이 평가기준에 미달할 경우 플로우차트에 따라 안전 메커니즘의 추가 또는 향상이 요구되며 플로우차트가 종료되어야 목표로 하는 ASIL을 달성한 것으로 된다. 표 5.6에서 DM이란 특정 모적을 위한 수단(dedicated measures)을 말

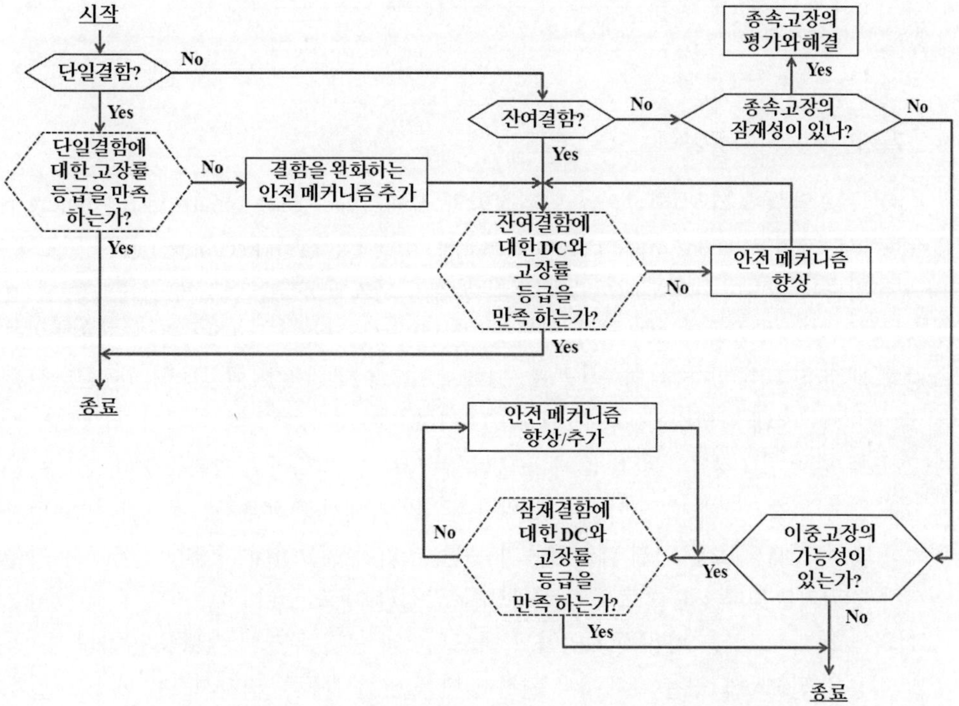

그림 5.14 안전목표 달성의 방해원인에 대한 평가 플로우차트

하는데 이는 정량적으로 평가된 요소들에 대하여 보완적인 역할을 할 수 있는 방법을 말하는 것으로 번인 시험, 특정 샘플에 관한 시험, 여유설계 등의 기법을 예로 들 수 있다. 그리고 고장률 등급이란 고장률과 유사한 개념으로 일반적으로 1~3의 값을 가진다. 고장률 등급 1에 속하려면 10-10 이하의 고장률을 가져야 하고 고장률 등급 2와 3은 각각 고장률 등급 1 값의 10배, 100배 되는 값을 가지는 하드웨어 파트를 말한다.

표 5.6 결함과 관련된 고장률 등급과 진단 범위의 목표 값

<table>
<tr><td rowspan="3">단일결함</td><td>ASIL D</td><td colspan="12">고장률 등급 1 & DM</td></tr>
<tr><td>ASIL C</td><td colspan="12">고장률 등급 & DM 또는 고장률 등급 1</td></tr>
<tr><td>ASIL B</td><td colspan="12">고장률 등급 2 또는 1</td></tr>
<tr><td rowspan="4">잔여결함</td><td>진단범위(DC)</td><td colspan="3">≥99.9%</td><td colspan="3">≥99%</td><td colspan="3">≥90%</td><td colspan="3">〈90%</td></tr>
<tr><td>ASIL D</td><td colspan="3">고장률 등급 4</td><td colspan="3">고장률 등급 3</td><td colspan="3">고장률 등급 2</td><td colspan="3">고장률 등급 1 & DM</td></tr>
<tr><td>ASIL C</td><td colspan="3">고장률 등급 5</td><td colspan="3">고장률 등급 4</td><td colspan="3">고장률 등급 3</td><td colspan="3">고장률 등급 2 & DM</td></tr>
<tr><td>ASIL B</td><td colspan="3">고장률 등급 5</td><td colspan="3">고장률 등급 4</td><td colspan="3">고장률 등급 3</td><td colspan="3">고장률 등급 2</td></tr>
<tr><td rowspan="3">이중결함</td><td>진단범위(DC)</td><td colspan="4">≥99%</td><td colspan="4">≥90%</td><td colspan="4"><90%</td></tr>
<tr><td>ASIL D</td><td colspan="4">고장률 등급 4</td><td colspan="4">고장률 등급 3</td><td colspan="4">고장률 등급 2</td></tr>
<tr><td>ASIL C</td><td colspan="4">고장률 등급 5</td><td colspan="4">고장률 등급 4</td><td colspan="4">고장률 등급 3</td></tr>
</table>

5.2.7 고신뢰성 자동차와 ISO 26262

안전목표 달성에 가장 핵심적인 단일결함과 잠재결함 척도는 failure rate와 failure rate distribution, 그리고 failure mode coverage(FC)에 의하여 결정된다. Failure rate은 반도체 칩의 공정기술에 의하여 결정되어서 높이는데 한계가 있지만, FC는 반도체 칩에서 발생 가능한 다양한 고장을 정확히 모델링하고 검출 및 진단하는 테스트 설계기술을 적용함으로써 상당히 개선시킬 수 있다. 예를 들어 표 5.3에서 μC의 FC가 90%가 아니라 99%로 상승시킬 수 있다면 전체 단일결함 척도는 $1-0.734/108=99.32\%$가 되어 이전의 95.2%로 인해 ASIL B에 해당하는 것에서 ASIL D를 도출할 수 있는 등급 향상의 효과를 불러 올 수 있다.

하드웨어 우발고장에 대한 안전목표 위반여부 평가에서 플로우차트에서의 결함 평가에 만족하지 못할 때 새로운 안전 메커니즘의 구현, 추가가 필요한데 다양한 결함 허용기술과 실시간 진단기술을 적용함으로써 안전목표를 달성할 수도 있다.

이외에 현재 고장률 사용을 지양하고 하드웨어의 안전 무결성 정도를 평가할 수 있는 방법 적용을 권고하고 있는 추세에서 원격 진단을 위한 자동차 전자시스템 테스트 설계기술은 ISO 26262의 하드웨어 시스템의 ASIL 등급 상승에 많은 기여를 할 수 있을 것이다.

참고문헌

[1] 한태만, 조진희, "자동차 전자제어 장치용 소프트웨어 기술 및 표준화 동향", 전자통신동향분석 제 25권 제4호, pp 69~82, Aug. 2010.

[2] 채승엽, 자동차 기능안전 ISO 26262 완벽 대응 가이드라인, Dec. 2010.

[3] 김기영, 장중순, "ISO 26262 의 하드웨어 ASIL 정량적 평가 절차", 한국신뢰성학회, pp 271~279, Jun. 3 2011.

[4] H. Jeon, J. Cho, Y. Jung, S. Park and T. Han, "Automotive Hardware Development According to ISO 26262", ICACT, pp 588~592. Feb. 2011.

06

로직의 내장된 자체 테스트

6.1 서론

최근에 구현되는 회로의 집적도 및 복잡도가 크게 증가함에 따라 칩 외부에서 테스트 패턴을 인가하고 이에 따른 테스트 응답을 저장된 정확한 값과 1:1 비교하는 방식의 전통적인 테스트 기법은 점차 그 적용이 어려워지고 있다. 이러한 문제점을 효과적으로 해결하기 위한 방편으로서 내장된 자체 테스트(BIST: built-in self test) 기법이 등장하게 되었다. 이 기법은 테스트 패턴을 칩 내부에서 생성하고 그 테스트 응답 또한 칩 내부에서 압축하여 단지 고장의 유무만을 외부에 알려주는 매우 효율적인 테스트 기법이다.

이 기법의 장점으로는 테스트 생성이 매우 쉽고 테스트 또한 칩의 동작 주파수에 의해 수행 가능하므로 테스트 소요시간이 적게 걸리며 테스트 응답의 비교를 위한 부수적인 테스트 장비가 필요하지 않다는 점이다.

테스트 복잡도의 증가에 따라 기하급수적으로 증가하는 테스트 비용 측면에서 살펴볼 때, 내장된 자체 테스트 기법은 그 적용에 따라 발생하는 면적증가 및 시간지연 등과 같은 필연적인 오버헤드에도 불구하고 대부분의 많은 반도체 회사에서 칩 설계시 광범위하게 실제 적용하고 있다. 이 방법을 효과적으로 적용하기 위해서는 시스템 설계단계에서부터 top-down 방식에 의한 모듈단위의 회로구현 방법을 적용하여 모듈단위의 자체 테스트 기법 적용이 가능하도록 해야 한다.

6.2 Pattern Generation

내장된 자체 테스트 기법은 회로의 한 부분이 회로 그 자체를 테스트하고, 또한 테스트 응답을 압축시킬 수 있도록 하여 테스팅을 쉽게 해주는 테스팅 설계기법의 가장 발전된 형태라 할 수 있다. 이 테스트 기법의 특징은 테스트 입력이 칩 자체 내에서 생성되고 테스트도 자체 내에서 평가되어지는 것이다. 따라서 외부에서 필요한 동작은 테스트를 시작하고 테스트 종료 후에 고장이 있는지 없는지에 대한 결과만을 확인하면 된다. 일반적인 내장된 자체 테스트 기법의 구조는 그림 6.1과 같다.

정상모드 시 입력 신호에 따라 회로가 정상 동작을 하고 그 결과는 출력 단자로 전해진다. 테스트모드 시 테스트 패턴 생성기에서 생성된 패턴으로 회로를 테스트한 후 결과를 테스트 응답 비교기에서 분석하여 회로의 고장 유무를 판단하게 된다. 이때 테스트 패턴 생성기와 테스트 응답 분석기는 칩 내부에 존재하게 되며 정상모드와 테스트모드는 테스트/정상 단자를 통하여 결정하게 된다. 따라서 이 기법의 장점은 테스트 패턴의 생성이 쉽고 비싼 테스트 장비를 필요로 하지 않으며, 시스템의 정규 동작 속도로 회로를 테스트할 수 있다는 점이다. 그러나 이 방법을 사용하면 테스팅을 위한 부수적인 하드웨어의 추가로 인해 면적 오버헤드가 커지고 또한 약간의 시간지연 증가에 따른 성능저하를 가져오게 된다. 그리고 무작위 테스트 패턴(random test pattern)에 잘 테스트되지 않는 회로가 존재하며 테스트 결과의 분석시 고장이 있는 회로를 고장이 없다고 여기는 동일 현상 문제가 생길 수 있다는 점 등을 잘 고려해야만 한다.

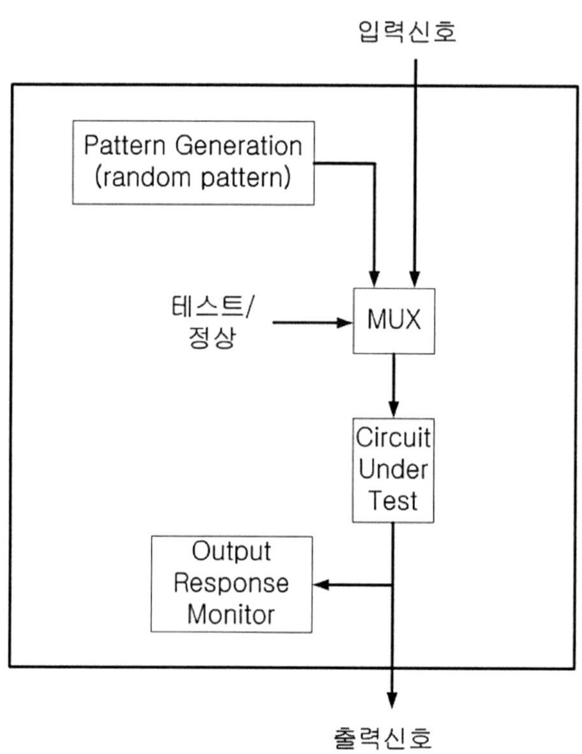

그림 6.1 BIST의 구조

먼저 테스팅 설계방법 및 내장된 자체 테스트 기법에 가장 널리 쓰이는 LFSR(Linear Feedback Shift Register)과 관련된 기본 개념을 설명하기로 한다. 대표적인 그 응용예로서 의사 무작위 테스트(pseudorandom test) 생성과 테스트 응답의 압축에 쓰이는 압축치 분석 기법이 있다. 먼저 그림 6.2의 LFSR을 살펴보도록 하자.

이 회로들은 클럭 이외에 다른 입력이 없고 D 플립플롭과 XOR로만 구성되어 있으며 출력값들은 일정 길이를 가지고 반복되는 특징을 가진다. n개의 플립플롭을 갖는 이진 카운터가 0, 1, ⋯, 2^n-1까지의 상태를 계속해서 반복하듯이, n개의 플립플롭을 갖는 LFSR은 최대 2^n개의 상태를 가지게 된다. 그림 6.2(a)는 단지 2개의 상태(01, 10)를 가지는 것을 알 수 있다. 단 초기값이 00이거나 11인 경우에는 상태변화가 없음을 쉽게 알 수 있다. 그림 6.2(b)는 초기상태가 111이거나 000인 경우에 상태의 변화없이 항상 일정한 값만을 내보내는 것을 알 수 있다. 그러나 똑같은 회로에 초기값이 011인 경우에는 그림 6.2(c)와 같이 4개의 상태를 가지고 반복됨을 알 수 있다.

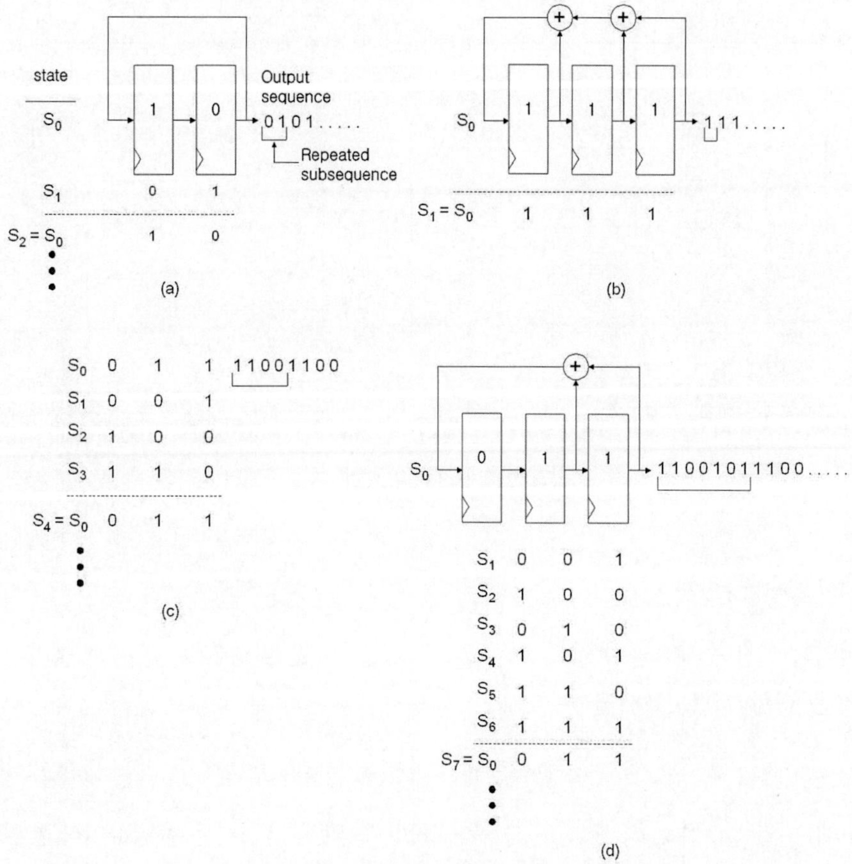

그림 6.2 LFSR의 예

그림 6.2(d)는 길이가 2^3-1인 신호를 생성해내며 7개의 반복되는 상태를 가지는 경우를 보여주고 있다. 이때에도 초기값이 모두 0인 경우에는 상태가 변하지 않고 항상 0만 출력함을 알 수 있다. 초기값이 0이 아닌 경우에 2^n-1개의 길이를 갖는 신호를 생성해내는 회로를 최대길이를 갖는(maximal length) 시프트 레지스터라 부른다. 유한개(k)의 상태를 가지는 회로는 또한 k번의 클럭이 인가될 때마다 같은 출력이 반복됨을 주목한다.

우리가 다루고자 하는 선형회로(linear circuit)는 다음과 같은 기본 요소들로 구성된다.

LFSR 회로의 분석에 있어서 쓰이는 모든 연산들은 modulo 2에 기본을 두고 있으며, 덧셈과 뺄셈의 예가 다음에 나타나 있다. 따라서 $x+x=-x-x=x-x=0$임을 알 수 있다. 이러한 회로들은 중첩의 원리를 따르기 때문에 선형이라 불리운다. 즉 입력신호들의 선형조합에 따른 응답은 각 입력신호 출력들의 선형조합과 같기 때문이다.

내장된 자체 테스트 기법을 이용하여 테스트하기 위해서는 테스트 패턴을 자체적으로 생성해야 한다. 이 테스트 패턴을 생성하기 위해서는 일반적으로 LFSR이 쓰이는데 LFSR의 구조는 그림 6.3과 같이 두 가지로 분류될 수 있다.

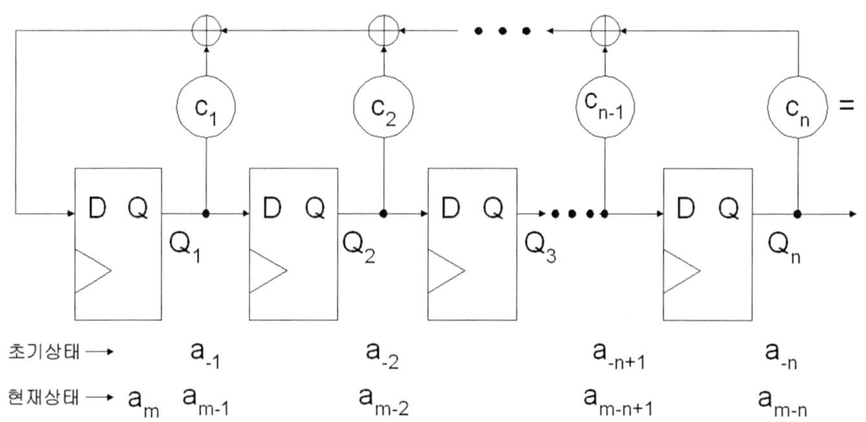

그림 6.3 LFSR의 구조

6.2.1 특성 다항식

임의의 이진 숫자들의 수열 $a_0,\ a_1,\ a_2,\ \cdots,\ a_m,\ \cdots$은 발생함수 $G(x)$라 불리우는 다음과 같은 다항식으로 표시될 수 있다.

$$G(x)=a_0+a_1x+a_2x^2+\cdots+a_mx^m\ \cdots \tag{4}$$

이때 수열 $\{a_m\}=a_0,\ a_1,\ a_2,\ \cdots$가 LFSR에 의해 생성되는 출력값이라고 가정하면, 이 수열은 다음과 같이 표시된다.

$$G(x) = \sum_{m=0}^{\infty} a_m x^n \tag{5}$$

그림 6.3의 (a)와 같은 type 1 형태를 갖는 LFSR의 경우에 Q_i의 현재 상태를 a_{m-i}라 하면, a_m은 다음과 같이 표현된다.

$$a_m = \sum_{i=1}^{n} c_i a_{m-i} \tag{6}$$

LFSR의 초기값을 a_{-1}, a_{-2}, ⋯, a_{-n+1}, a_{-n}이라 가정하면

$$G(x) = \sum_{m=0}^{\infty} \sum_{i=0}^{n} c_i a_{m-i} x^m = \sum_{i=1}^{n} c_i x^i \sum_{m=0}^{\infty} a_{m-i} x^{m-i} \tag{7}$$

$$= \sum_{i=1}^{n} c_i x^i [a_{-i} x^{-i} + \ldots + a_{-1} x^{-1} + G(x)]$$

따라서 $G(x)$는 다음과 같이 표현된다.

$$G(x) = \frac{\sum_{i=1}^{n} c_i x^i [a_{-i} x^{-i} + \ldots + a_{-1} x^{-1}]}{1 + \sum_{i=1}^{n} c_i x^i} \tag{8}$$

그러므로 $G(x)$는 LFSR의 초기값인 a_{-1}, a_{-2}, ⋯, a_{-n}과 되먹임 상수 c_1, c_2, ⋯, c_n의 함수이다. $G(x)$의 분모는 다음과 같이 표시되며 이를 특성 다항식 $P(x)$라 부른다.

$$P(x) = 1 + c_1 x + c_2 x^2 + \ldots + c_n x^n \tag{9}$$

특성 다항식은 LFSR의 구조에 따라 결정되며, 그림 6.3(b)의 특성 다항식 $P(x) = 1 + x + x^2 + x^3$이며 그림 6.3(c)의 특성 다항식 $P(x) = 1 + x^2 + x^3$이다.

LFSR이 출력할 수 있는 반복되지 않는 가장 긴 수열의 길이는 플립플롭의 개수를 n이라 할 때 $2^n - 1$이며, 이러한 수열을 발생시킬 수 있는 특성 다항식을 기본 다항식(primitive polinomial)이라 부른다. 그림 6.4는 n의 값이 1과 36사이에 존재할 때 그 각각에 대해 한 개씩 기본 다항식을 보여주고 있다. 예를 들면 12: 7 4 3 0은 $x^{12} + x^7 + x^4 + x^3 + 1$을 표현하며 이 다항식에 의한 최대 수열의 길이는 $2^{12} - 1$이다.

기본 다항식에 의해 구현된 LFSR이 생성하는 수열을 의사 무작위(pseudorandom) 수열이라 부른다. 이들 수열은 무작위한 것처럼 보이지만 실제적으로는 규칙을 가지고 반복되는 수열을 생성해 낸다.

[1]	0				[13]	4	3	1	0	[25]	3	0		
[2]	1	0			[14]	12	11	1	0	[26]	8	7	1	0
[3]	1	0			[15]	1	0			[27]	8	7	1	0
[4]	1	0			[16]	5	3	2	0	[28]	3	0		
[5]	2	0			[17]	3	0			[29]	2	0		
[6]	1	0			[18]	7	0			[30]	16	15	1	0
[7]	1	0			[19]	6	5	1	0	[31]	3	0		
[8]	6	5	1	0	[20]	3	0			[32]	28	27	1	0
[9]	4	0			[21]	2	0			[33]	13	0		
[10]	3	0			[22]	1	0			[34]	15	14	1	0
[11]	2	0			[23]	5	0			[35]	2	0		
[12]	7	4	3	0	[24]	4	3	1	0	[36]	11	0		

그림 6.4 기본 다항식의 예

6.2.2 테스트 패턴 생성

지금까지 LFSR을 사용한 의사 무작위 테스트 패턴 생성기에 대하여 살펴보았다. 여기에서는 내장된 자체 테스트 기법을 위한 다양한 테스트 패턴 생성과정을 살펴보고자 한다.

(1) 전경우 테스팅

전경우 테스팅(exhaustive testing) 방법은 n개의 입력을 갖는 조합회로에 대해 2^n개의 모든 가능한 입력조합을 인가하여 테스트하는 방법이다. 이를 위하여 2진 카운터가 테스트 패턴 생성기로 사용될 수 있다. 만약 최대길이를 가지는 자동 LFSR이 사용된다면, 모두가 0을 가지는 상태도 포함될 수 있도록 LFSR의 설계가 변경될 수도 있다. 이러한 LFSR은 완벽한 LFSR이라고 부른다. 전경우 테스팅은 순차적인 동작을 유발시키지 않고도 탐지할 수 있는 모든 고장들이 탐지되는 것을 보장한다. 단 n이 22보다 더 큰 경우에는 필요한 테스트 패턴이 너무 많기 때문에 이 방식은 적합하지 않다. 일반적으로 n이 큰 경우에는 다른 방식이 훨씬 더 효과적이다. 전경우 테스팅 방식은 순차회로의 테스팅에는 일반적으로 적합하지 않다.

(2) 의사 무작위 테스팅

의사 무작위 테스팅(pseudorandom testing)은 무작위한 성격을 띠는 테스트 패턴을 사용하지만, 실제로는 패턴의 발생순서가 정해져 있으므로 패턴을 새롭게 반복할 수도 있다. 그러나, 때로는 만족할 만한 고장 검출률을 얻는데 있어서 2^n개의 모든 패턴 조합을 생성할 필요가 없을 수도 있다. 고장 검출률은 고장 시뮬레이션에 의해 결정되어지며 필요 테스트 패턴의 수는 만족할 만한 고장 검출률에 따라 결정된다. LFSR은 그 본래의 속성상 테스트 패턴 생성시 같은 수의 0과 1을 생성해낸다. 그러나 많은 회로에 있어서 작은 수의 테스트 패턴으로 높은 고장 검출률을 얻고자 할 경우에는 0과 1의 분포를 다르게 하는 것이 필요하다. 예를 들어, 4입력을 갖는 AND 게이트의 경우를 살펴보면, 0과 1의 분포가 균일한 경우 어떤 입력에 최소한 하나의 0을 인가할 확률은 15/16이다. 어떤 입력에 0을 인가할 경우 다른 입력에서 발생한 s-a-0나 s-a-1을 테스트할 수 없게 만든다. 그러므로, 이와 같이 0과 1의 분포가 균일하지 않은 테스트 패턴의 생성(weighted test generation)이 필요한 경우가 생기게 된다. 이러한 테스트 패턴의 생성은 LFSR과 조합회로의 결합을 통하여 만들어질 수 있다. 예를 들어, 1의 발생 확률이 0.5인 최대 길이의 테스트 패턴을 생성하는 LFSR은 결합 탐지율을 높이기 위해 매우 쉽게 그 분포를 0.25나 0.75로 바꿀 수 있다. 회로의 여러 부분들은 특성에 따라 다양한 비균일 분포를 갖는 의사 무작위 패턴을 이용하여 보다 더 효과적으로 테스트할 수 있다. 일단 이러한 비균일 분포에 대한 정확한 값이 정해지기만 하면 이를 위한 적합한 회로를 쉽게 설계할 수 있다.

(3) 의사 전경우 테스팅

의사 전경우 테스팅(pseudo-exhaustive testing)은 전경우 테스팅의 장점을 모두 갖는 반면에 훨씬 더 작은 수의 테스트 패턴을 요구한다. 이 방식은 다양한 형태의 회로 분할에 의존하며 분할된 각 회로는 전경우 테스트 방식에 의해 테스트된다. 예를 들어 n개의 입력을 가지는 회로를 의사 전경우 테스트하고자 할 때, 단지 m개(m<n)의 입력에 대한 의사 전경우 테스트 패턴만을 생성할 수 있도록 입력을 재배열할 수 있다.

6.2.3 압축치 분석기로 사용되는 LFSR

압축치 분석기법은 CRC(cyclic redundancy checking)에 기반을 둔 압축방법이다. 가장 간단한 형태로는 하나의 입력을 갖는 LFSR로 구성된 그림 6.5와 같은 압축치 분석기를 들 수 있다.

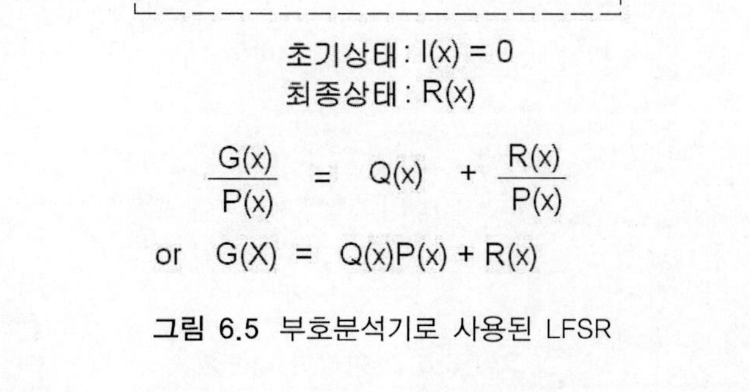

$$\frac{G(x)}{P(x)} = Q(x) + \frac{R(x)}{P(x)}$$

$$\text{or} \quad G(X) = Q(x)P(x) + R(x)$$

그림 6.5 부호분석기로 사용된 LFSR

LFSR이 압축치 분석기로 사용되며 그 기본이 되는 연산은 다항식의 나눗셈 연산이다. 여기에서 압축치는 나눗셈 연산에서의 나머지, 즉 실제 테스트 과정 이후에 레지스터에 남게 되는 값이다.

그림 6.5를 살펴보자. 입력신호 $\{a_m\}$을 $G(x)$로, 출력신호를 $Q(x)$로 나타내고 LFSR의 초기값을 0이라 가정하자. 그러면 LFSR의 마지막 상태를 $R(x)$로 표시하면 다음의 수식이 성립하게 된다.

$$\frac{G(x)}{P(x)} = Q(x) + \frac{R(x)}{P(x)} \tag{10}$$

여기에서 $P(x)$는 LFSR의 특성 다항식이다. 따라서 LFSR은 특성 다항식으로 입력신호에 대해 나눗셈을 수행하게 되고 이때 몫은 $Q(x)$이며 나머지는 $R(x)$가 된다.

하나의 입력 x만을 갖고 특성 다항식 $P(x) = 1 + x^2 + x^4 + x^5$을 갖는 압축치 분석기가 그림 6.6에 나타나 있다. 또한 입력으로 사용되는 테스트 응답 신호열이 그림 6.6(b)에 나타나 있으며, 테스트 수행에 따른 결과가 그림 6.6(c)에 나타나 있다. 최종적인 결과로서 몫 $Q(x)$가 $x^2 + 1$이 되고 나머지 $R(x)$가 $x^4 + x^2$가 됨을 알 수 있다.

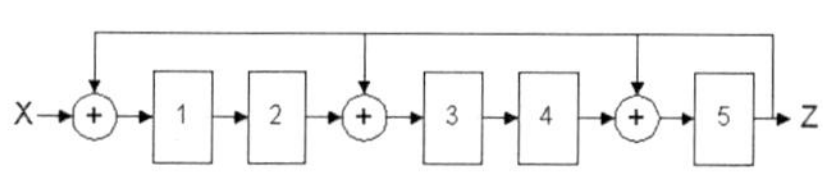

P(x) = 1 + x^2 + x^4 + x^5

(a)

Input sequence: 1 0 1 1 0 1 0 1 (8 bits)

G(x) = x^7 + x^5 + x^4 + x^2 + 1

(b)

Time	Input stream	Register contents	Output stream
		1 2 3 4 5	
0	1 0 1 0 1 1 0 1	0 0 0 0 0 ←	Initial state
1	1 0 1 0 1 1 0	1 0 0 0 0	
•	•	•	
•	•	•	
•	•	•	
5	1 0 1	0 1 1 0 1	
6	1 0	0 0 0 1 1	1
7	1	0 0 1 0 0	1 1
8	Remainder →	1 0 0 1 0	0 1 1
		Remaninder	Remaninder
		R(x) = 1 + x^3	Q(x) = x^1 + x^2

(c)

그림 6.6 다항식의 나눗셈

이를 다시 한 번 확인하면

$$\begin{aligned} P(x):&\ \ x^5 + x^4 + x^2 + 1 \\ \times Q(x):&\ \ x^2 + 1 \\ \hline &\ \ x^7 + x^6 + x^4 + x^2 + x^5 + x^4 + x^2 + 1 \\ &= x^7 + x^6 + x^5 + 1 \end{aligned}$$

이고 입력신호를 다시 구해보면

$$P(x)Q(x) + R(x) = x^7 + x^6 + x^5 + x^4 + x^2 + 1$$

이 됨을 알 수 있다.

LFSR을 이용하여 테스트 패턴을 생성했던 것과 마찬가지로 LFSR을 이용하여 테스트 응답을 압축시키고 최종적으로 압축치인 나머지 $R(x)$를 검사함으로써 고장유무를 칩 자체 내에서 효과적으로 탐지할 수 있음을 알 수 있다. 단, 고장의 존재에도 불구하고 정상적으로 압축치가 생성되는 압축치 동일현상 문제를 해결하기 위한 연구 및 개선책이 필요하다.

압축치 분석기는 여러 개의 출력단을 갖는 회로에도 그 응용이 가능하다. 대부분의 경우에 있어서 면적증가에 의한 오버헤드가 너무 크기 때문에 하나의 입력을 갖는 압축치 분석기를 이런 회로에 적용하지는 않는다. 이때 일반적으로 그림 6.7과 같은 MISR(Multiple Input Signature Register)이라 불리우는 다중입력 압축치 분석기를 사용한다.

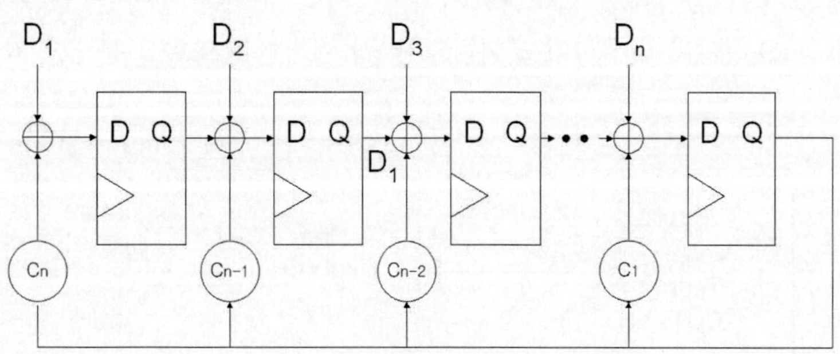

그림 6.7 다중입력 압축치 분석기

6.3 Response Analysis

지금까지 살펴본 테스트 기법들은 특정 테스트 패턴을 인가한 후 테스트 응답이 나올 때마다 저장된 정확한 결과값과의 비교를 통하여 고장 유무를 판정하는 방법을 사용하였다. 그러나 이러한 방식은 회로의 크기가 커지고 테스트 패턴의 숫자가 기하급수적으로 증가함에 따라 시간 및 메모리 측면에서 살펴볼 때 실제 적용이 적합하지 않았다. 이에 대한 해결책으로서 등장하게 된 방식이 테스트 응답 압축기술이다. 이 방식은 내장된 자체 테스트 기법과 함께 쓰여지면서 효율적인 테스트가 가능하게 되었다. 테스트 응답 압축기술의 일반적인 예가 그림 6.8에 나타나 있다.

테스트 데이터 T가 CUT에 인가된 후 그 테스트 응답 R'은 바로 회로 외부로 전달되지 않고 테스트 데이터 압축 회로(data compression unit)를 통과하여 S(R')이라는 매우 짧은 길이를 갖는 압축치가 생성되고, 이 압축치는 바로 회로 외부로 전달되거나 또는 내장된 비교기(comparator)를 통하여 정확한 압축치 $S(R_0)$와 비교된 뒤 고장의 존재유무만을 회로 외부로 전달하게 된다. 이렇게 함으로써 모든 테스트 패턴의 응답을 1:1로 비교하지 않고도 회로의 고장 유무를 쉽게 파악할 수 있게 된다. 테스트 패턴인 T 또한 회로 외부에서 인가하지 않고 회로 내부에서 자동으로 생성하여 테스트할 수 있다. 이러한 테스트 응답 압축기술이 내장된 자체 테스트 기법의 근간을 이루며 현재 생산되는 많은 칩들이 이를 채택하여 자체 테스트(self-test)에 이용하고 있다.

테스트 응답 압축기술이 가져야 할 특성 중 가장 중요한 것은 압축치가 고장이 없는 경우와 있는 경우가 달라야만 한다. 그러나 발생한 고장들끼리의 상호 상쇄(offsetting) 등의 효과에 의해 고장이 있음에도 불구하고 없는 것처럼 보이는 현상인 압축치 동일현상(signature aliasing) 문제가 발생하기도 한다. 따라서 이러한 동일현상 문제를 최소화시키고

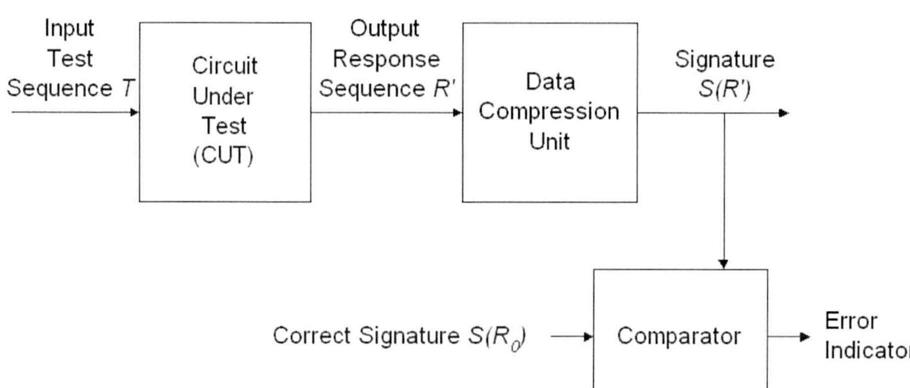

그림 6.8 테스트 출력 압축기술의 사용 예

압축치의 크기를 작게 하며 또한 야기되는 부가적인 시간지연이 작은 테스트 응답 압축기법의 개발이 매우 중요하다.

6.3.1 계수 압축기법

1계수 압축기법은 가장 간단한 방법으로서 출력값에 나타나는 '1'의 개수를 세어 부호로 만든 것이다. 하나의 출력을 갖는 회로 C에 대해 그 출력값이 $R = r_1, r_2, \cdots, r_m$이라고 가정하자. 1계수 압축기법에서의 압축치 $1C(R)$은 출력값 R에 나타나는 1의 개수로서 다음과 같다.

$$1C(R) = \sum_i r_i \tag{1}$$

압축기는 그림 6.9와 같이 단순한 카운터로 구현이 가능하고 압축의 정도는 ⌈log2(m+1)⌉이다.

R_0를 정상적인 회로 출력이라고 가정할 때 정상 압축치 $1C(R_0)$는 1이다. 고장으로 말미암은 테스트 응답의 압축치는 0과 2임을 알 수 있다. m개의 입력 신호에 대해 테스트한 고장이 없는 회로의 압축치 $1C(R_0)$를 r이라고 가정하자. 이때 m개의 입력 신호 중 r개의 1을 가지는 신호의 수는 $\begin{bmatrix} m \\ r \end{bmatrix}$이다. 이중 하나만이 정상 출력이므로 압축치 동일현상이 발생할 확률은 다음과 같음을 알 수 있다.

$$P_{1C}(M|m,r) = \frac{\begin{bmatrix} m \\ r \end{bmatrix} - 1}{2^m - 1} \tag{2}$$

여러 개의 출력을 가지는 회로에 대해서도 여러 개의 분리된 카운터를 사용함으로써 이

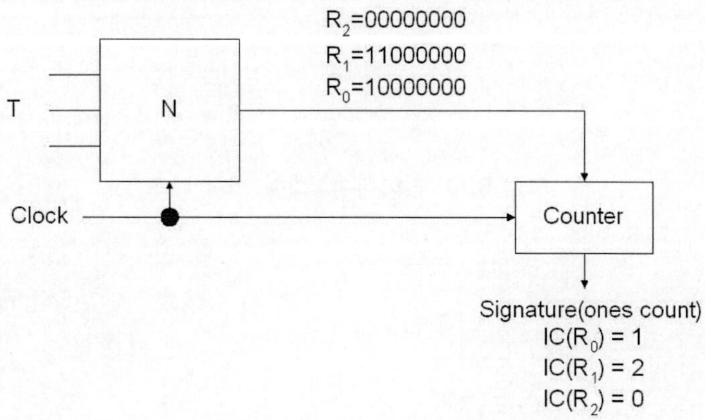

그림 6.9 계수 압축을 이용한 테스팅

1계수 압축기법을 적용시킬 수 있다. 면적 오버헤드를 줄이기 위해서 병렬 출력단자의 신호를 직렬화(serialization)하여 하나의 카운터로 테스팅할 수도 있다.

6.3.2 천이 계수 압축기법

천이 계수 압축기법에서는 테스트 응답 신호에서의 '1'에서 '0' 또는 '0'에서 '1'로의 천이의 개수가 압축치가 된다. 따라서 응답 신호 $R = r_1, r_2, \cdots, r_m$을 가정할 때 천이수는 다음과 같다.

$$TC(R) = \sum_{i=1}^{m-1} (r_i \bigoplus r_{i+1}) \tag{3}$$

수식에서 ⊕는 XOR 연산을 나타낸다. 따라서 이를 구현한 회로는 천이 검출기와 $\lceil \log_2 m \rceil$ 단계를 갖는 카운터로 이루어지며 그림 6.10에 그 예가 나타나 있다. Ones count 기법과는 달리 천이 계수 압축기법은 그림 6.11에서와 같이 D 플립플롭과 XOR 게이트로 쉽게 구현될 수 있다.

6.3.3 패리티 검사 압축기법

패리티 검사 압축기법은 그림 6.12에 보인 것과 같이 간단한 회로를 이용하여 구현할 수 있다. 만약 플립플롭의 초기 상태가 0이면, 압축치 S는 전체회로 응답의 패리티가 된다.

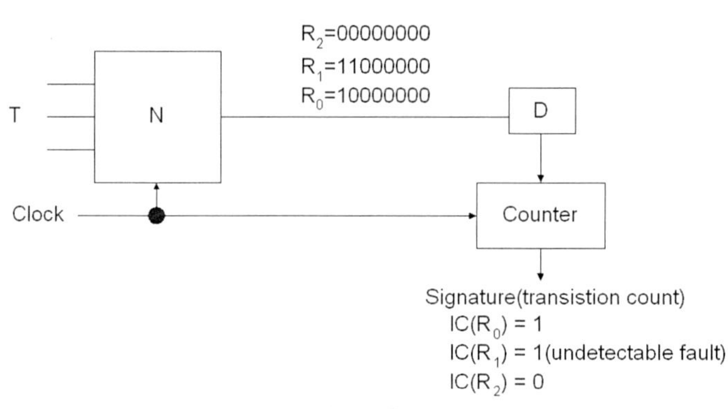

그림 6.10 천이계수압축에 의한 테스트

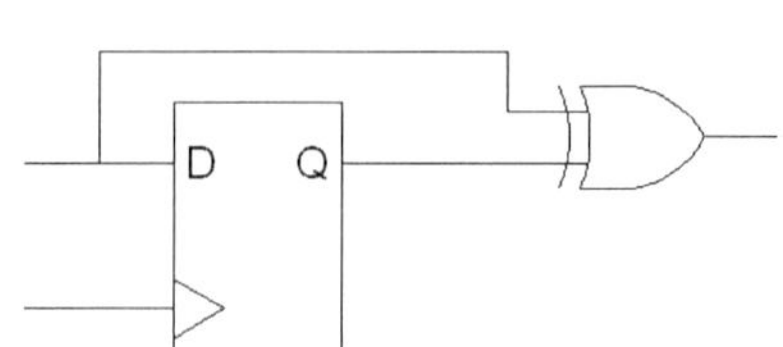

그림 6.11 천이 검출기

즉 패리티가 짝수이면 압축치는 0이고, 홀수이면 1이 된다. 이 기법은 모든 한 비트 오류를 가지는 고장을 다 검출할 수 있으며 또한 홀수개의 오류를 가지는 고장을 다 검출할 수 있다. 그러나 짝수개의 오류를 발생시키는 고장은 검출할 수 없는 단점이 있다.

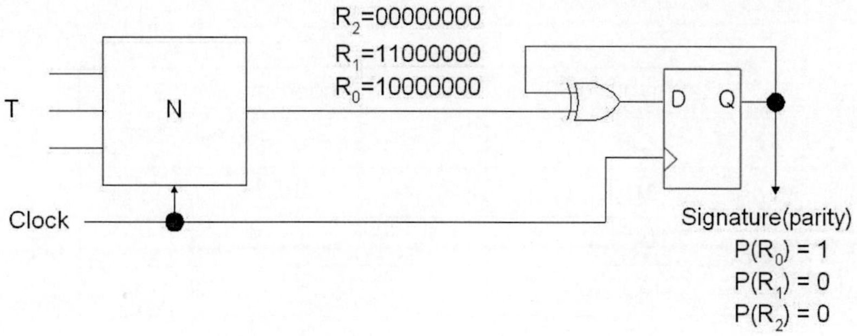

그림 6.12 패리티 검사 압축기법

6.3.4 신드롬 테스트 기법

신드롬 테스팅(syndrom testing)은 기본적으로 전경우 테스팅(exhaustive testing) 기법, 즉 n개의 주입력 단자를 가지는 회로의 경우 2^n개의 가능한 모든 입력 테스트 패턴을 인가하는 기법에 기반을 두고 있다. 먼저, 함수 f를 구현한 하나의 출력을 갖는 회로를 고려해 보자. 이때 신드롬 S는 전체 출력 비트들 중에서 1의 개수가 나오는 정규화된 비율을 말한다. 즉 $S = k/2^n$으로서 k는 함수 f에 있어서 minterm의 개수를 나타낸다. 따라서 신드롬 테스팅은 1계수 압축기법의 특수한 경우라고 말할 수 있다. 이때 S는 항상 0보다 크거나 같고 1보다 작거나 같다. 3개의 입력을 갖는 AND 게이트의 신드롬은 1/8이고 3개의 입력을 갖는 OR 게이트의 신드롬은 7/8이다. 또한, 함수 f의 신드롬은 그 구현 방법과는 상관없이 항상 일정하다.

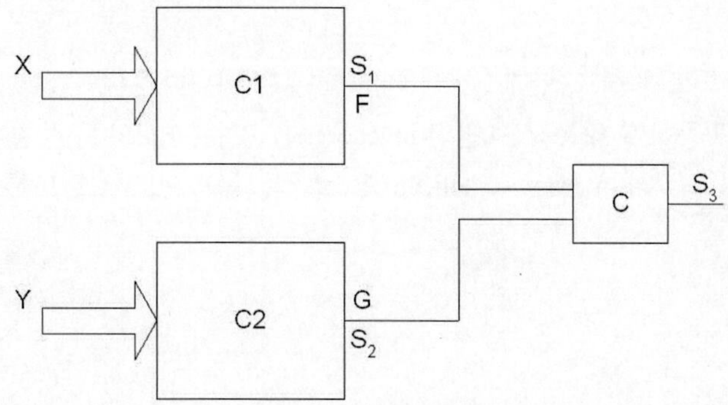

그림 6.13 신드롬 테스팅

그림 6.13에 주어진 회로는 C_1과 C_2로 분할되어 있으며 이 두 회로는 공통 입력신호를 가지지 않는다고 가정하자. 또한 $S(F) = S_1$이고 $S(G) = S_2$라 가정하자.

이때 회로 C를 구현하는데 사용된 게이트의 유형에 따른 전체 회로의 신드롬 S_3는 그림 6.14와 같이 구해질 수 있다.

Gate type for C	Syndorome S3
OR	$S_1 + S_2 - S_1S_2$
AND	S_1S_2
NAND	$1 - S_1S_2$
NOR	$1 - (S_1 + S_2 - S_1S_2)$
XOR	$S_1 + S_2 - 2S_1S_2$

그림 6.14 게이트 유형에 따른 신드롬 계산

신드롬 테스트를 위한 테스트 패턴 생성기로는 n비트 카운터를 사용할 수 있으며, 아울러 테스트 응답을 압축시키기 위해서도 카운터를 사용하면 된다.

만약 분할된 회로 모듈 C_1과 C_2가 어떤 입력신호를 공유할 경우에, 즉 재결합 분기(reconvergent fanout)가 존재하는 경우, 최종 신드롬은 그림 6.15와 같이 구해지게 된다.

Gate type for C	Syndorome S3
OR	$S_1 + S_2 - S(FG)$
AND	$S_1 + S_2 + S(\overline{FG}) - 1$
XOR	$S(\overline{F}G) + S(F\overline{G})$

그림 6.15 reconvergent fanout을 갖는 회로에 대한 신드롬

그러나 모든 회로가 신드롬 테스팅이 가능한 것은 아니다. 예를 들어 회로가 XOR 게이트를 가지거나 동등하지 않는 신호반전(inversion)을 갖는 경로로 구성된 재결합 분기를 갖는 경우이다. 이 경우에는 prime implicant의 크기를 늘림으로서 회로를 신드롬 테스팅이 가능하게 바꿀 수 있다.

6.4 BIST Architecture

실제 회로의 테스팅에 적용되어진 다양한 내장된 자체 테스트 기법의 응용 예를 살펴보고자 한다.

6.4.1 CSBL의 구조

CSBL(centralized and separate board-level) BIST의 한 응용 예가 그림 6.16에 나타나 있다. 테스트 모드에서는 입력 신호들이 PRPG에 의해 구동되고 테스트 응답은 단일 입력을 갖는 압축치 분석기(SISR)에 의해 압축되어진다. 이 CSBL 방식에서는 하드웨어의 증가에 따른 비용을 줄이기 위해 같은 테스트 패턴을 m번 반복하여 생성하고 그때마다 MUX를 사용하여 각 출력의 테스트 응답을 압축하였다.

이 방식은 되먹임(feedback)이 많지 않은 파이프라인 구조를 가지는 회로에 적합하다. 만족할만한 고장 탐지율을 얻기 위해서는 많은 횟수의 고장 시뮬레이션이 필요하다.

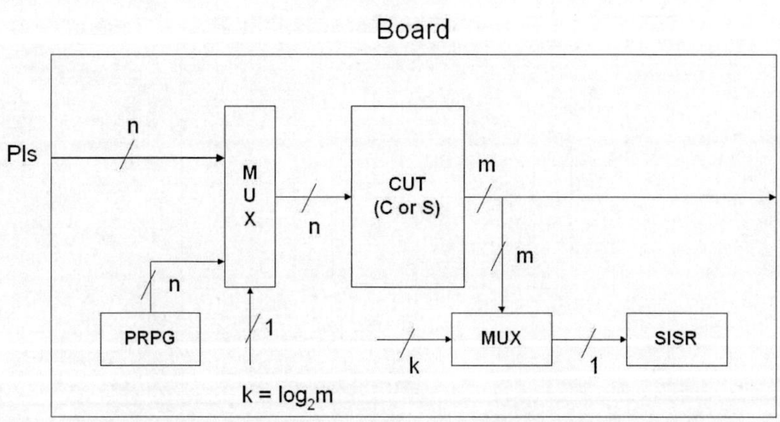

그림 6.16 combined LFSR/XOR

6.4.2 LOCST의 구조

그림 6.17에는 일반적인 형태의 LOCST(LSSD On-Chip Self-Test)의 구조를 보여주고 있다. 이 구조는 IBM의 테스팅 설계기법인 LSSD에 기반을 둔 주사 경로를 가지는 회로에 대해 적용되며 경계 주사 레지스터와 on-chip 테스트 제어기를 가진다. 그림 6.17에서와 같이 입력과 출력은 R_1과 R_2로 표시된 두 개의 경계 주사 레지스터에 의해 버퍼링된다. 실제로 사용된 예를 살펴보면 20비트 길이를 갖는 SRSG를 위해 특성 다항식 $x^{20} + x^{17} + 1$

이 사용되었으며 16비트 SISR를 위해서는 $x^{16}+x^9+x^7+x^4+1$의 특성 다항식이 사용되었다.

LOCST의 테스트 절차를 살펴보면 다음과 같다.

- 초기화 : S_{in} 단자를 통해 주사경로에 seed를 전달시킨다.
- R_1과 R_2의 시스템 클럭을 비활성화시키고 LFSR의 동작을 시작한다.
- 테스트 수행
  a. 의사 무작위 테스트 패턴을 주사 경로에 적재시킨다. 이때 주사 경로상의 데이터는 SISR에서 압축된다. 이 단계는 여러 클럭 신호를 필요로 하고 off-chip 신호에 의해 구동된다.
  b. 시스템 클럭을 한 번 활성화시켜 R_2와 내부 주사 경로에 테스트 응답을 적재시킨다.
  c. 단계 a와 b를 원하는 고장 탐지율이 얻어질 때까지 반복한다.
- SISR에 압축된 압축치 값을 정확한 압축치 값과 비교한다.

주사 경로에 있는 데이터는 S_{out} 단자를 통해 칩 외부로 전달될 수도 있다.

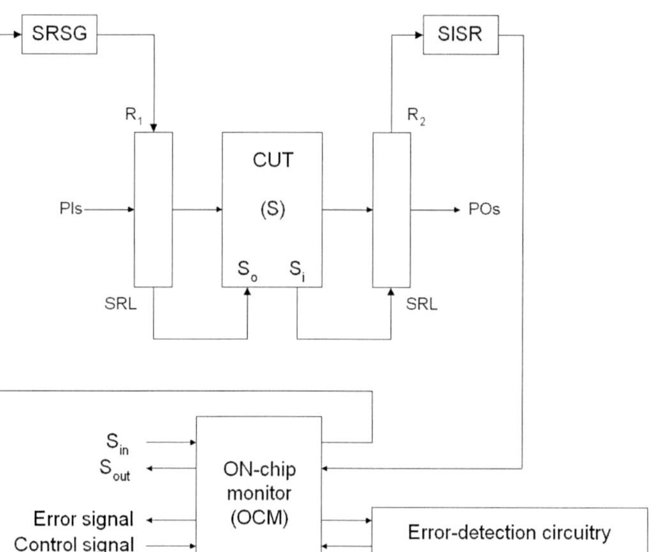

그림 6.17 LOCST 구조

6.4.3 STUMPS의 구조

그림 6.18은 STUMP(self-testing using MISR and parallel SRSG)의 구조를 보여주고 있다. 이 방식은 원래 기판 수준에서 적용되었으나 후에 칩 수준 테스팅 기법으로 쓰여지게

되었다. 이 방식은 여러 개의 주사 경로를 사용하며 경계 주사 레지스터는 사용하지 않는다. 주사 경로는 PRPG에 의해 병렬로 구동되며, 압축치 또한 MISR을 사용하여 각 주사 경로로부터 출력을 압축시킨다.

여러 개의 주사 경로를 사용함으로써 테스트 시간을 많이 줄일 수 있다. 각 주사 경로들은 그 길이가 서로 다를 수 있으므로 PRPG는 가장 긴 주사 경로의 길이인 k번의 클럭을 사용하여 길이가 k인 테스트 패턴을 생성하여야 한다. 이 경우 짧은 주사 경로의 경우 PRPG로부터 데이터가 MISR로 흘러 들어갈 수도 있다.

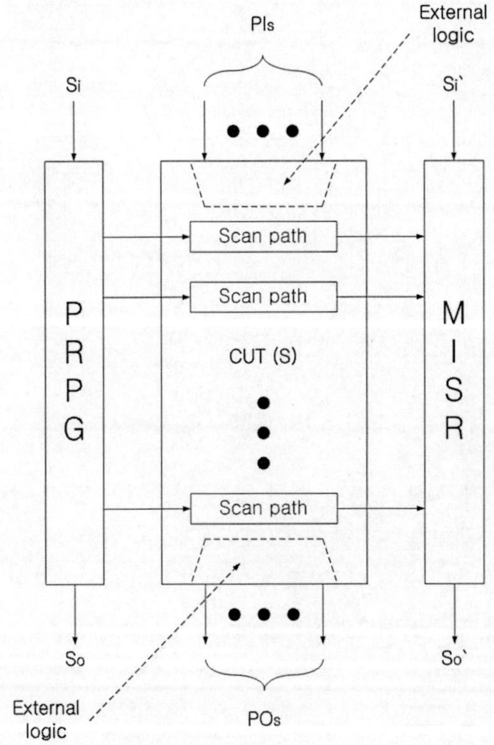

그림 6.18 MISR과 Parallel SRSG를 이용한 자체 테스트

6.4.4 BILBO의 구조

이제까지 살펴본 기법들에 있어서 공통적인 문제는 주어진 회로가 분할되어 있지 않다는 점이다. 즉 모든 주입력 단자, 주출력 단자 및 저장 소자들이 각각 집합을 이루고 있다는 점이다. 그리고 이러한 집합들이 PRPG와 MISR을 구성하게 된다. 따라서 이 경우에 필요한 테스트 패턴의 수가 매우 많기 때문에 전경우 테스트나 의사 전경우 테스트를 적용하는 것이 쉽지 않다. 이러한 문제를 극복하기 위해서는 입출력 단자 및 저장 소자들을 여러 개

의 작은 그룹으로 분할시켜야만 한다. 그러므로 내장된 자체 테스트 기법을 적용할 때는 저장 소자들을 효과적으로 분할할 수 있는지 혹은 분할되었는지를 잘 분석하여야 한다.

이러한 특징을 잘 적용시킨 기법이 바로 BILBO(built-in logic-block observation) 테스트 기법으로서 그림 6.19에 나타나 있다. BILBO는 프로그램 카운터, 명령어 레지스터 및 누산기(accumulator) 등과 같이 기능면에서 분할되어 있는 레지스터를 효과적으로 변형하여 테스트를 쉽게 할 수 있도록 해준다.

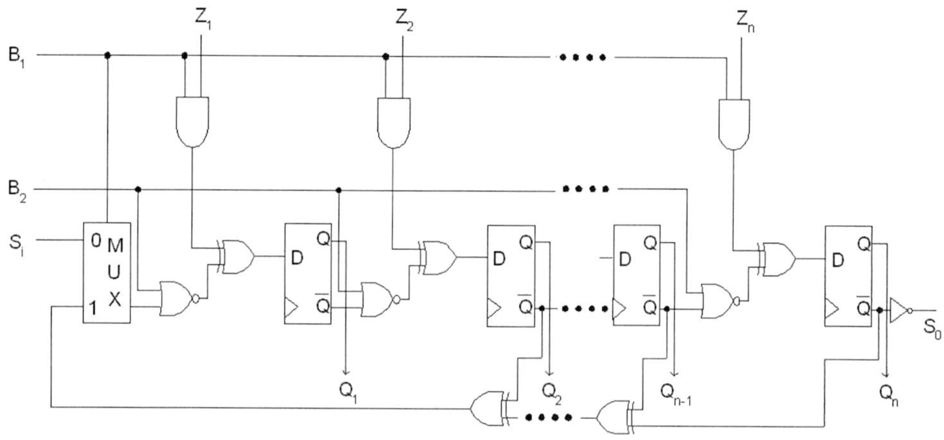

그림 6.19 BILBO 레지스터

회로에서 볼 수 있듯이 저장 소자의 출력 $\overline{Q}$가 역전되어 XOR 게이트를 통과한 뒤 다음 번 저장 소자의 입력이 됨을 알 수 있다. BILBO 구조는 기존 저장 소자에 두 개의 제어선 B_1, B_2와 주사에 필요한 S_i 및 S_o 단자를 첨가하고 MUX와 약간의 게이트를 더하여 쉽게 구현할 수 있다. 이렇게 구성된 BILBO는 제어신호 B_1과 B_2의 값에 의해 다음과 같은 다양한 기능을 하게 된다.

(1) B_1=1, B_2=1 : BILBO 구조는 정상 모드로 동작하여 입력 신호 Z_1, Z_2, ⋯, Z_n을 Q_1, Q_2, ⋯, Q_n에 전달한다.

(2) B_1=0, B_2=0 : BILBO 레지스터는 주사 입력 Si에 대해 자리 이동 동작을 수행하여 주사 사슬에 존재하는 데이터를 So 단자로 이동시키게 된다.

(3) B_1=1, B_2=0 : Z_1, Z_2, ⋯, Z_n을 테스트 하고자 하는 모듈의 출력 단자로 가정할 때 BILBO 레지스터는 그림 6.19와 같이 MISR로 동작하게 되며, 테스트 응답을 압축시키고 압축치를 생성한다. 단 Z_1, Z_2, ⋯, Z_n이 입력 단자로서 0으로 고정되고 적합한 seed 값이 플립플롭에 인가되어 있을 경우에 BILBO는 의사 무작위 테스트 패턴 생성기로서 동작하게 된다.

(4) B_1=0, B_2=1 : 이 경우에는 BILBO의 모든 레지스터가 리셋된다.

기본적인 BILBO 구조는 회로를 여러 개의 레지스터 및 조합 회로 블럭으로 분할시킴으로써 테스팅을 용이하게 하도록 한다. 이때 정상적인 레지스터들은 BILBO 레지스터로 변환된다. 또한 회로 블록 C는 BILBO 레지스터 R_i에 의해 구동되고 C의 출력들은 다른 BILBO 레지스터 R_j를 구동시킨다. 또한 BILBO 레지스터는 그 구조적 특성상 제어 신호에 따라 PRPG로서도 사용이 가능하고 MISR로서도 사용이 가능하므로 회로를 효과적으로 테스트할 수 있다.

6.4.5 CEBS의 구조

boundary scan을 활용하여 구성된 BIST 구조이다 기본적으로 입력되는 boundary scan 레지스터에 비트값들을 활용하여 패턴을 생성하는 구조이다 그림 6.20에서 CEBS (Centralized and Embedded BIST with Boundary Scan)의 구조를 나타내었다.

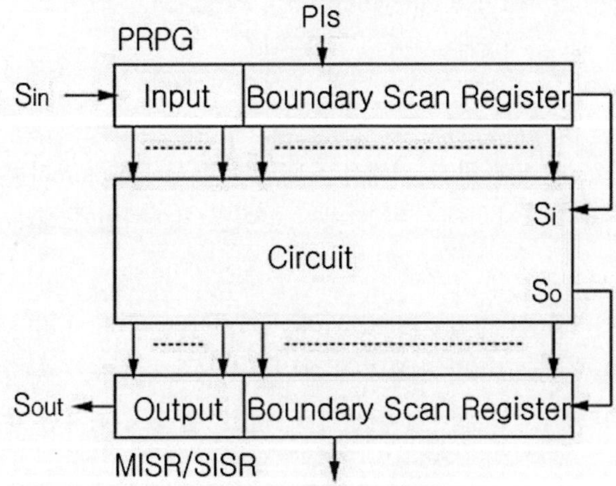

그림 6.20 CEBS의 구조

6.5 고장 검출률과 타이밍

6.5.1 고장 검출률

BIST 고장 검출의 경우 의사무작위 테스트를 하게 될 경우 100%의 고장 검출률을 얻기 위해서 많은 시간을 필요로 하게 된다. 이는 초반의 의사무작위 패턴이 많은 부분의 고장을 찾아내지만 특정 고장을 검출하기 위해서는 특수한 형태의 입력 패턴을 필요로 하게 된다. 이를 무작위 패턴으로 만들어 내기는 시간이 많이 소모된다. 이러한 BIST의 특성 때문에 많은 BIST의 구조가 테스트 패턴을 생성할 수 있는 구조를 칩 내부에 가지고 있다. 일정부분의 테스트는 무작위 테스트 패턴으로 검출하고 별도의 고장 검출률은 내장된 테스트 패턴을 사용하여 고장 검출률 상승을 유도한다. 이는 별도의 하드웨어가 추가되어야 가능하기 때문에 이에 따른 하드웨어 증가가 필요하게 된다. 그림 6.21에서는 이에 대한 내용을 보여주고 있다.

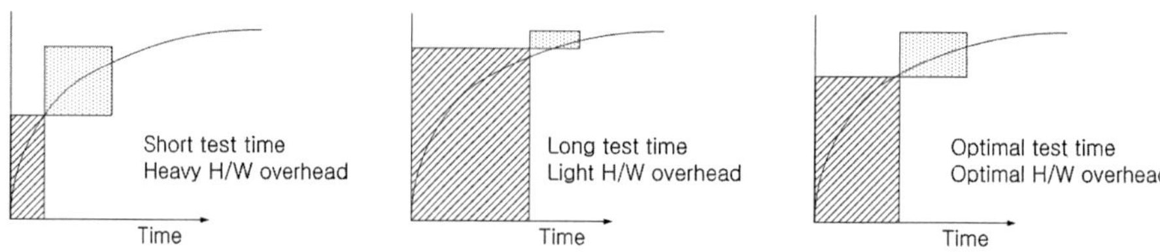

그림 6.21 Hybrid BIST trade-off

6.5.2 BIST 타이밍

LBIST를 동작속도로 테스팅 하기 위해서는 BIST를 launch/capture하는 부분에서 여러 기술이 사용되게 된다. 이에 사용되는 여러 가지 타이밍 제어기법에 대해서 알아본다.

(1) One hot single capture

단순하게 각각의 캡처를 한 클럭 기반으로 하는 기법을 말한다. 이러한 one hot 방식의 경우 클럭 간 타이밍을 전혀 고려할 필요가 없으며 SE 신호의 속도도 무관하기 때문에 하드웨어 오버헤드 관점에서는 상당한 이익을 가져오는 기법이다. 하지만 각각의 클럭 도메

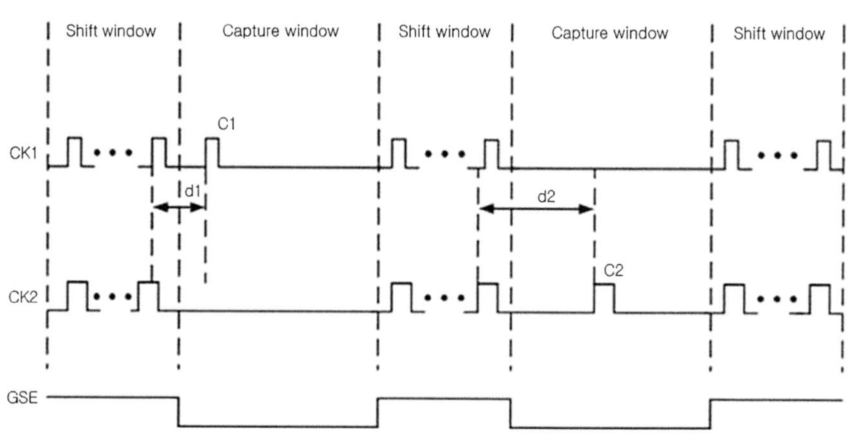

그림 6.22 One hot single capture

인에서 하나씩 캡처하는 기법이기 때문에 테스트 시간이 길어지는 단점을 가지고 있다. 하지만 디자인을 구성할 때 간편하기 때문에 비교적 많이 쓰이는 방법이며 간단하게 테스트를 필요로 하는 블록의 경우 많이 사용되고 있다.

(2) Staggered single capture

이종 클럭 간의 캡처 구간의 타이밍을 조절하여 내부 클럭 범위에서의 지연 고장을 검출할 수 있는 기법이다. 이러한 캡처 방식은 특정 구조에서 고장률 감소를 가져올 수 있다. 이는 캡처할 때 모든 캡처 구간이 고정되기 때문에 생기는 현상이라 할 수 있다. 이는 디자인 시 고려해야 할 타이밍이 많아지기 때문에 이에 대한 구현시 별도의 수고가 필요하게 된다.

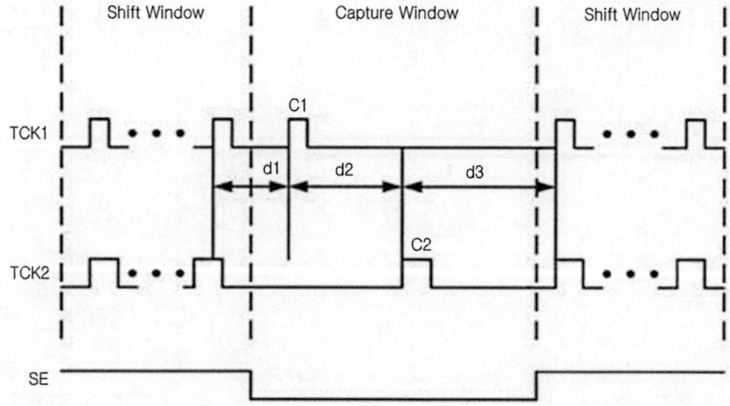

그림 6.23 Staggered single capture

(3) One hot skew load

각각의 클럭 도메인별로 one hot 방식으로 캡처하는 기법을 말한다. 이는 모든 클럭 도메인을 테스트할 수 있어 유용하지만 내부 클럭 범위의 지연 테스트를 할 수 없기 때문에 제한적으로 사용되는 캡처 방식이다. 기존의 one hot 방식에 비해서는 효율적이긴 하지만

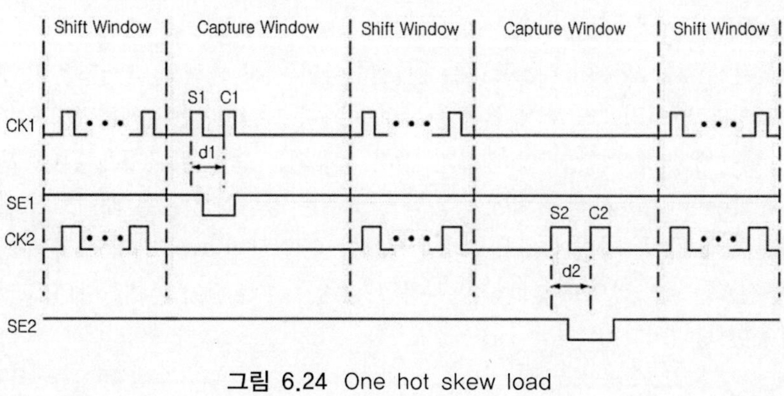

그림 6.24 One hot skew load

여전히 테스트 패턴의 길이는 길어지게 되며 내부 클럭 범위를 테스트하기 위해서는 별도의 테스트 기법을 추가로 필요로 하게 된다. 하지만 구성이 쉬우며 별도의 구현 기법이 필요로 하지 않은 방법이기 때문에 간단한 테스트 목적으로 많이 사용된다.

(4) Capture aligned skew load

One hot 방식이 테스트 시간이 오래 걸리는 단점을 해결한 구조이다 모든 내부/외부 클럭 범위의 고장을 검출할 수 있다. 이 방법은 테스트 적용시간과 패턴수 및 고장검출에는 탁월한 결과를 얻을 수 있지만 클럭 간 타이밍을 고려하여 맞추어야 하기 때문에 타이밍 제어가 어렵고 구현 시 고려할 사항이 많아지게 된다. 이는 결국 칩 제조시간에 영향을 미치기 때문에 디자인 고려시 칩을 개발하는데 사용되는 시간을 적절하게 고려해서 사용하여야 전체적인 비용 낭비없이 사용될 수 있는 기술이다.

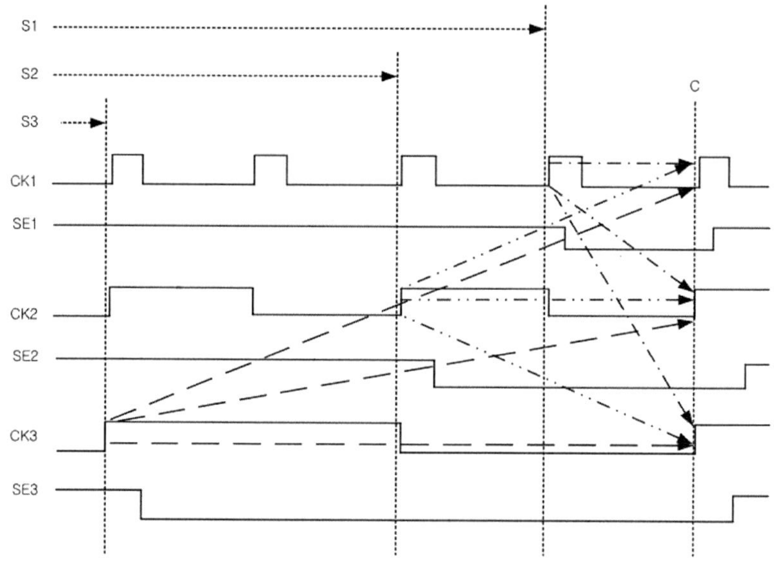

그림 6.25 Capture aligned skew load

(5) Launch aligned skew load

캡처하는 클럭을 맞추어 테스트하는 방식이 아닌 시작 클럭의 타이밍을 맞추어 테스트하는 방식이다. 타이밍을 맞추기 쉽다는 장점을 가지고 있지만 SE를 클럭의 주기에 맞추어야 하기 때문에 이에 대한 제어 신호가 많이 사용되는 단점을 가지게 된다. 캡처 클럭에 동기화를 맞추지 않고 시작 클럭에 동기화를 맞추는 방법의 경우는 패턴의 효율적인 사용으로 저전력 캡처하는 방법에도 유용하게 사용할 수 있으며 여러 가지 장점을 가지게 된다. 이는 SE 신호를 효과적으로 분배하여 사용할 수 있는 I/O 핀이 존재한다면 고려하여 사용하면 유용한 방법이다.

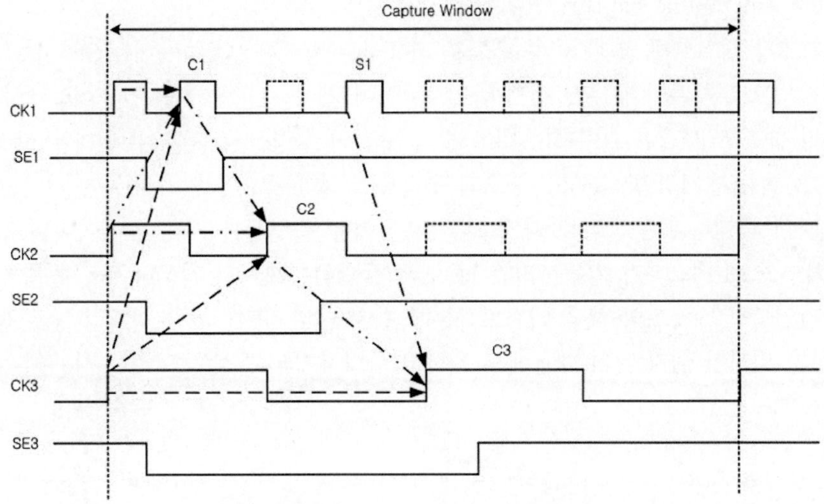

그림 6.26 Launch aligned skew load

(6) Staggered skew load

지연 고장 테스트를 하는 기법이며 캡처 구간에서 내부 클럭 구간의 지연 고장 테스트를 가능하게 해준다. 이는 외부 클럭의 경우와 같이 사용할 수 있기 때문에 보다 손쉬운 디자인이 가능하다. 하지만 이 역시 SE를 공유하여 사용할 수 없기 때문에 제어 신호가 많아지는 단점을 가지게 된다. 클럭 도메인이 적당할 경우 전력 감소의 효과 역시 가져오며 내/외부 클럭 범위의 지연고장 테스트를 많은 하드웨어 추가없이 테스트할 수 있기 때문에 유용한 방법이다. 하지만 클럭 도메인이 많을 경우는 각각에 SE 신호를 필요로 하기 때문에 제어 핀의 개수가 증가하게 되어 사용이 쉽지 않은 기술이다. 이에 디자인의 핀 사용여부와 클럭의 수를 고려하여 그에 맞게 적용하는 것이 중요하다.

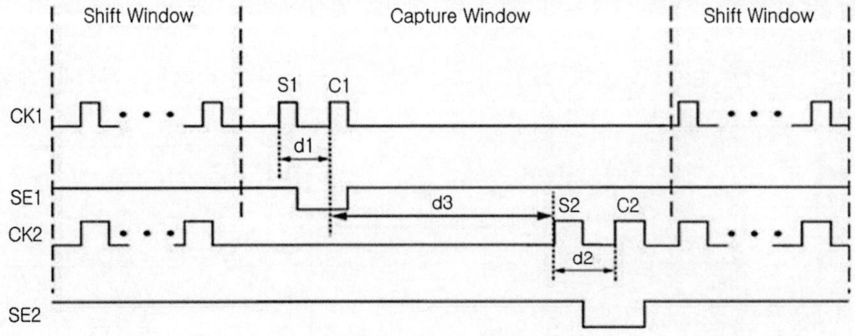

그림 6.27 Staggered skew load

(7) One hot double capture

지연고장 테스트를 할 때 이중 캡처를 사용하는 방식을 말한다. 이는 SE 신호의 구간에 덜 민감하므로 디자인 시 복잡성을 줄일 수 있어 많이 사용되고 있으나 이중 캡처 방식으로 인한 테스트 시간이 길어지며 내부 클럭 구간의 고장을 검출할 수 없다는 단점을 가지고 있다. 이중 캡처의 방식은 SE 신호의 구간을 고려할 필요가 없기 때문에 디자인 시 복잡성이 많이 줄어든다는 장점을 가지고 있지만 이는 플립플롭 사이의 데이터의 경우 이중 캡처 방식으로 테스터가 가능하지만 I/O에서 플립플롭까지의 경우나 플립플롭에서 I/O까지의 지연고장 테스트의 경우 테스트하는데 쉽지 않다. 또한 이중 캡처의 경우 높은 고장 검출률을 얻기가 쉽지 않기 때문에 사용하려는 디자인의 특성을 고려해 사용해야 하는 기술이다.

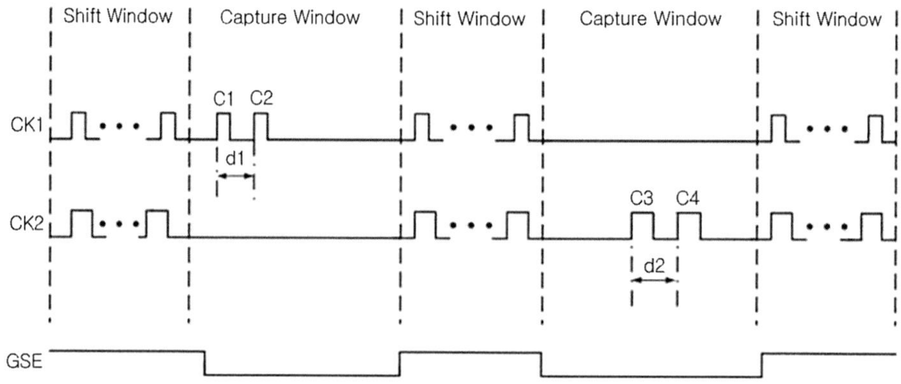

그림 6.28 One hot double capture

(8) Aligned double capture

클럭을 정렬시켜서 내부 클럭 구간의 지연고장 테스트를 진행하고자 한 구성이다. 이 역시 이중 캡처 방식을 사용하여 SE의 범위에 덜 민감하므로 디자인에 편이하며 여러 가지

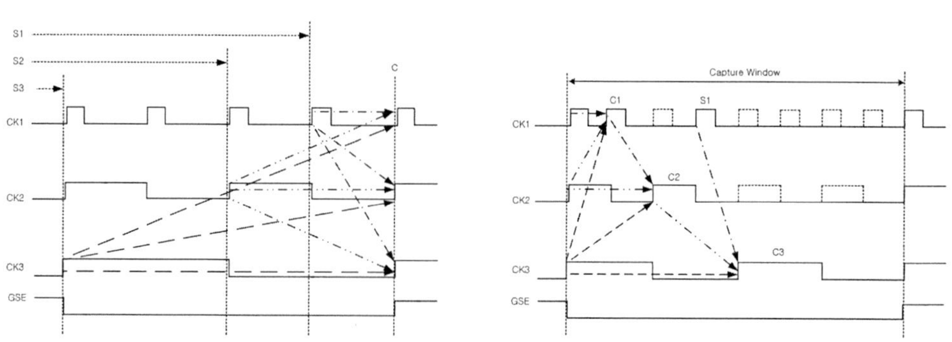

그림 6.29 Aligned double capture

복잡한 디자인에서 많이 채용되는 방식이다. 이렇게 이중 캡처 방식의 경우를 응용하여 각각 내부 클럭 구간의 지연고장 테스트가 가능하게 한 것에 중점을 두었다. 하지만 높은 고장 검출률을 얻기는 어려운 점이 있다. one hot 방식에 비해 테스트 패턴의 수는 많이 줄어들고 비교적 디자인이 쉽다는 장점을 가지고 있다.

(9) Staggered double capture

내/외부 클럭 구간의 지연고장 테스트를 동시에 진행하여 테스트 시간이 빠르다는 장점이 있다. 각각의 제어신호를 맞추어야 하기 때문에 디자인에서 타이밍 고려가 필수적으로 이루어져야 한다는 단점을 가지고 있다. 이는 디자인을 하는데 있어 복잡성이 늘어나게 되며 테스트를 위한 블록이 많이 사용하게 된다. 하지만 이중 캡처 방식을 사용하여 SE의 구간에 민감하지 않기 때문에 많은 부분의 디자인 복잡도가 감소되며 모든 부분에서의 지연고장 테스트를 동시에 진행 가능하여 짧은 테스트 시간에 높은 고장 검출률을 얻을 수 있는 구조가 된다.

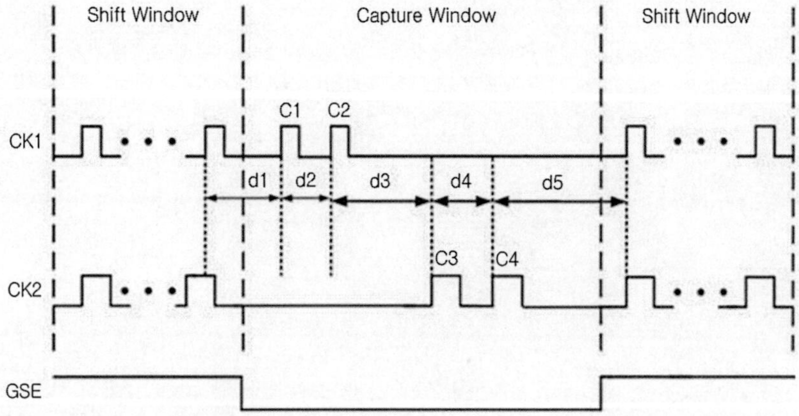

그림 6.30 Staggered double capture

6.6 결론

BIST는 DUT 내부에 패턴을 생성하는 블록을 만들어 기존에 사용하였던 방식인 고가의 ATE에 의존하여 테스트하는 방법을 피하고 저가의 테스트를 가능하게 하는 방법이다. 이러한 BIST는 칩 내부에 디자이너가 고려한 기능 블록 외에 추가로 필요한 하드웨어이기 때문에 BIST를 넣을 때 여러 가지를 고려해야 한다. 첫째 구현이 쉬운지 확인할 필요가 있다. BIST의 경우 내부 클럭 경로 및 여러 가지 동작 신호를 사용하기 때문에 이에 구현이 복잡해질 수 있는 단점을 가지고 있다. 둘째 하드웨어 오버헤드가 작아야 한다. 기능

블럭에 대비하여 작은 크기의 하드웨어를 BIST가 사용해야 경제적인 이점을 가지게 된다. 테스트 시간이 줄어들어도 칩 크기가 커지게 되면 결국 BIST의 이점을 얻을 수 없다. 마지막으로 높은 고장 검출률을 가져야 한다. 검출률이 높지 않으면 결국 높은 검출률을 만족시키기 위해서 별도의 ATE 활용이 필요하게 되므로 내부에 여러 기법들을 사용하여 높은 고장 검출률을 가질 수 있도록 디자인되어야 한다.

BIST의 경우 DUT 내부에서 동작속도 테스트를 요구하는 DSM(Deep-Sub-Micron) 환경에 별도의 고가장비 없이 간단하게 테스트가 가능하게 해주는 기술이며 여러 방법을 통해서 ATE 못지않은 고장 검출률을 가질 수 있는 기술이라 할 수 있겠다.

07 메모리 내장형 자체 테스트

7.1 메모리 테스트 개요

반도체 기술이 나노미터 수준으로 발전하고 있고, 이로 인한 면적 및 전력소비 감소의 이점으로 인하여 최근 대부분의 디지털 기기들은 고성능 동작을 보장하기 위해 대용량의 메모리를 탑재하는 것이 가능해졌다. 특히 SOC(System On a Chip)와 같은 고집적 시스템 반도체의 경우 ITRS(International Technology Roadmap for Semiconductors) 로드맵이나 최근 제품을 분석해보면 전체 크기 중 70% 이상이 내장 메모리로 구성되는 메모리 중심 구조로 구현되고 있음을 알 수 있다. 하지만 이런 반도체 기술발전으로 인한 혜택은 이전 세대에서는 고려하지 않아도 되었던 수많은 문제들을 야기하고 있다. 우선 차세대 기술의 초기 수율 자체가 이전 세대의 것에 비해 훨씬 못 미치고 있는 것이 당면한 현실이고, 또한 새로운 메모리 결함 유형들이 등장함에 따라서 관련 테스트 비용이 크게 증가하고 있다.

전통적으로 반도체 내장 메모리의 테스트는 메모리 내장형 자체 테스트(BIST: Built-In Self Test)에 의하여 이루어졌다. 이는 비메모리 로직과 달리 메모리의 경우 기억 소자가 규칙적으로 배열되기 때문에 비교적 간단하게 BIST 로직을 삽입할 수 있었기 때문이다. 그러나 지금까지는 BIST 로직을 활용하여 고장 유무를 판단하고 고장이 검출되면 바로 폐기하는 것이 생산성 측면에서 이득이었으나, 최근 미세공정에 의한 칩 제작 비용이 상승함에 따라 고장이 발생한 경우 이를 수리하여 재활용하는 것이 도리어 경제성 면에서 유리하게 되었다. 이와 같은 현상은 TSV(Through Silicon Via)와 같은 차세대 공정기술이 적용되면 더욱 심화될 것으로 예상되기 때문에 향후에는 보다 적극적인 고장 진단과 이를 활용한 수리기법에 관한 연구가 필연적이다. 그리고 끊임없이 발전하고 변화하는 메모리 제작 기술 또한 고려되어야 한다. 즉 내장용 메모리의 대다수를 차지한던 SRAM, DRAM, Flash 이외에도 MRAM(Magnetoresistive RAM), FeRAM(Ferroelectric RAM) 등의 새로운 메모리가 내장용 메모리로 사용될 것이므로 이로 인한 더욱 복잡한 고장 모델, 테스트 및 수리

기능이 요구될 것이다. 따라서 메모리 테스트 기술은 생산성 극대화와 수율 향상, 그리고 적시 제품 출하를 통한 시장 선점 효과를 뒷받침하는 기반 기술이며, 산업적 파급효과가 가장 크다고 할 수 있다.

본 장에서는 메모리 테스트의 기본 과정과 고장 모델, 그리고 이전의 메모리 BIST부터 최근 주목받고 있는 내장형 여분 분석(BIRA: Built-In Redundancy Analysis)과 내장형 자체 수리(BISR: Built-In Self Repair) 기법까지 관련 기술 동향을 소개하고자 한다.

7.2 메모리 구조

메모리의 종류 및 형태는 매우 다양하다. 저장방식에 따라 구분하면 SRAM, DRAM, Flash, ROM 등으로 분류할 수 있으며, 제어방식이나 구조에 따르면 CAM(Content Addressable Memory), Pseudo-SRAM, 입출력 포트수와 관련 구조를 기준으로 하면 단일 포트(single port) 메모리, 이중 포트(dual port) 메모리, 2-포트 메모리, 기타 폼펙터(form-factor)에 따라 내장(embedded) 메모리, 단품(stand-alone) 메모리 등 카테고리에 따라 무수히 많은 형태로 존재한다. 그러나 메모리는 기본적으로 0과 1의 형태로 정보를 셀 어레이에 저장하고, 해당 정보는 주소를 통하여 바로 접근하여 읽거나 갱신할 수 있는 구조이다. 따라서 단순하게는 그림 7.1과 같이 주소 래치(address latch), 주소 디코더(address decoder), 메모리 셀 어레이(memory cell array), 쓰기 드라이버(write driver), 감도 증폭기(sense amplifier), 그리고 데이터 레지스터(data register) 등으로 표시할 수 있다.

주소 래치는 메모리 셀의 주소를 저장하는 장소이다. 주소 중 상위 비트들은 주소 디코더 중 행 디코더(row decoder)에 입력되며, 나머지는 열 디코더(column decoder)에 입력되어 목표 메모리 셀의 위치를 2차원 좌표 형태로 지정한다. 메모리 입출력 데이터는 양방향 데이터 레지스터를 통하여 데이터 버스에 연결된다. 메모리 읽기 모드에서 읽혀진 메모리 셀 정보는 감도 증폭기를 거쳐 증폭되어 데이터 레지스터에 저장된다. 쓰기 모드에서는 데이터 레지스터 정보가 쓰기 드라이버를 통하여 메모리 셀 어레이에 저장된다. 메모리 종류에 따라 그림 7.1 구조 중 일부가 첨삭되고 관련 제어 로직이 추가된다고 보면 된다. 참고로 그림 7.1은 DRAM 모델로서 내부에 리프레시(refresh) 로직이 포함되어 있다.

메모리를 설명하는 추상화(abstraction) 수준은 결국 고장 모델링과 밀접한 관련이 있다. 메모리는 추상화 수준에 따라 가장 크게는 하드웨어 기술 언어(hardware description language)를 이용한 동작 모델(behavioral model)로부터 그림 7.1과 같은 기능 모델(functional model), 게이트 수준의 논리 모델(logical model), 트랜지스터 수준의 전기적 모델(electrical model), 그리고 레이아웃 수준의 배치 모델(geometrical model)까지 계층적으로 표현할 수 있다. 이러한 추상화 형태에 따라 고장의 발현 형태와 모델링, 그리고 관련 테스트 기법의

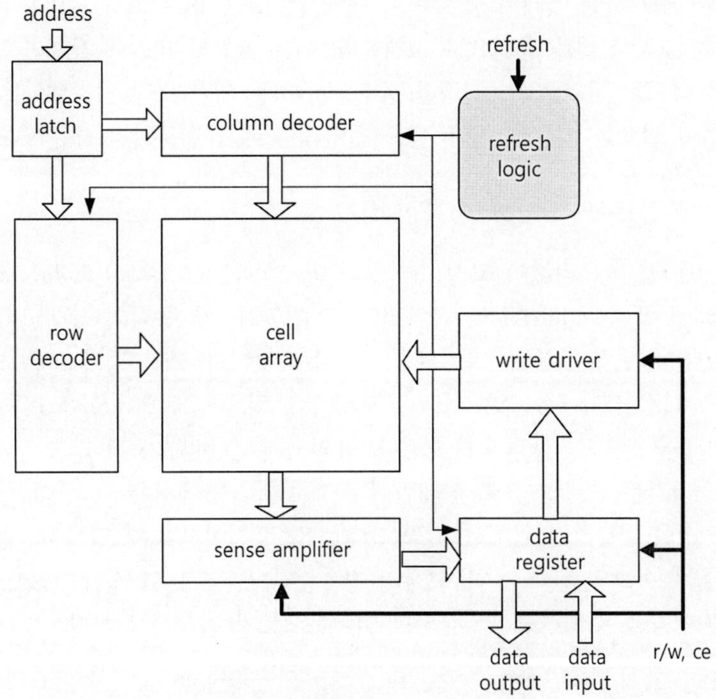

그림 7.1 DRAM 구조(기능 모델)

선택 및 복잡도가 달라진다. 비록 상위 수준에서 고장 모델링이나 테스트 복잡도가 줄어들게 되지만 테스트의 목적은 결국 고장의 효과적인 검출을 위한 것이므로 테스트 대상 메모리의 종류와 목표 고장 형태에 따라 가변적일 수밖에 없다. 예를 들어 고장 진단이 아닌 고장 검출만 하고자 하면 그림 7.1의 기능 모델을 더욱 간략화할 수 있다. 간략화 기능 모델의 경우 보통 어드레스 디코더, 메모리 셀 어레이, 읽기/쓰기 로직부로 나누어진다. 간략화 모델을 사용하면 각 블록에서 발생하는 고장 형태를 모델링할 때 그 수 및 복잡도를 크게 감소시킬 수 있다. 그러나 최근 미세공정이 적용된 고밀도 저전력 메모리의 경우 과거 기능 모델이나 논리 모델 수준의 메모리 모델링으로 표현할 수 없는 새로운 고장들이 발생하기 때문에 그보다 하위 수준의 모델 적용이 필연적이다.

7.3 메모리 고장 모델

메모리에서 발생할 수 있는 고장은 구성요소나 공정 등에 따라 가변적이다. 보편적으로 발생 가능한 메모리 고장영역은 구동 회로(디코더, 리프레시 로직, 데이터 레지스터, 감도 증폭기 등)와 메모리 셀 어레이 등이며 이 책에서는 구동 회로 고장 모델을 제외하고 메모리 셀에 대한 고장 모델을 중심으로 소개한다. 이는 메모리 테스트 알고리즘 대부분이 셀 고장 검출을 목표로 하고, 고착 고장을 중심으로 하는 일반 로직 테스트와는 다른 메모리 테스트 방법이 필요한 이유가 결국 셀 어레이 구조에서 비롯하기 때문이다.

7.3.1 고착 고장(SAF: Stuck-At Fault)

고착 고장은 셀의 논리값이 고정되어 항상 0인 상태, Stuck-at 0 fault(SA0), 또는 항상 1인 상태, Stuck-at 1 fault(SA1)를 나타낸다. 그림 7.2는 셀 동작의 상태도이다. 그림에서 S는 셀의 상태, w는 쓰기 동작, 그리고 숫자는 논리값이다. 예를 들어 S0은 셀에 0이 입력된 상태이며, w1은 셀에 1을 쓰는 동작을 의미한다. 정상 상태에서 S0에 1을 쓰면 S1 상태로 변경되며, 0을 쓰면 현 상태가 유지된다. S1의 경우 그 반대가 된다. 그러나 SA0 상태에서는 쓰기 동작과는 관계없이 S0 상태만이 존재하고, SA1에서는 S1 상태만 발현된다. 따라서 SA0 고장을 검출하기 위해서는 S0 상태를 S1로 천이시킬 수 있는 w1 동작을 수행하고 그 결과를 읽어보면 된다. SA1 고장의 경우는 그 반대로 S1 상태를 S0으로 천이시킬 수 있는 w0 동작을 수행하고 그 결과를 읽어봄으로써 검출 가능하다.

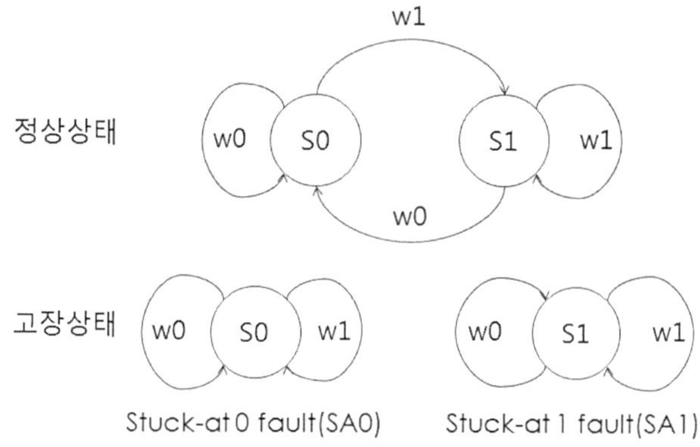

그림 7.2 고착 고장 상태도

7.3.2 천이 고장(TF: Transition Fault)

천이 고장은 셀의 천이가 일어나지 않는 경우로서 천이 종류에 따라 상승 천이 고장(up transition fault)과 하강 천이 고장(down transition fault)로 구분할 수 있다. 그림 7.3에서 천이 고장의 상태도를 나타내었으며 고착 고장의 특수한 예로 볼 수 있다. 상승 천이 고장을 여기시키기 위해서는 S0 상태에서 S1 상태로 천이시키는 w1 동작을 수행하면 되고, 하강 천이 고장은 S1 상태에서 w0 동작을 수행하면 된다.

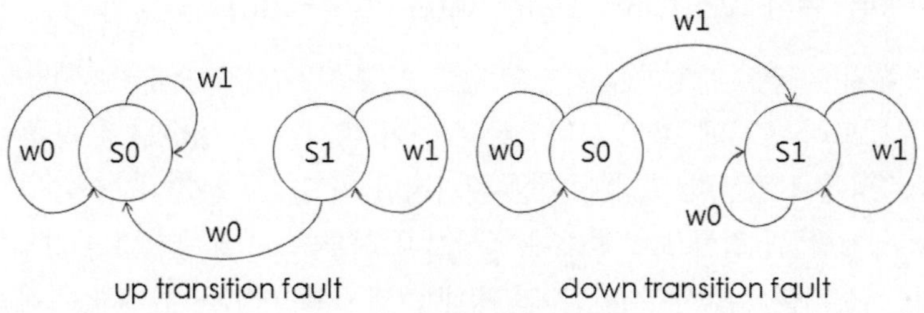

그림 7.3 천이 고장 상태도

7.3.3 개방 고장(SOF: Stuck-Open Fault)

개방 고장은 그림 7.4와 같이 워드 라인이 개방되어 해당 셀에 접근할 수 없는 고장을 가리킨다. 예를 들어 메모리 셀 값을 읽기 위해서는 감도 증폭기를 통하여 해당 셀의 2개 비트 라인(BL, BL')의 전압 차를 인식해야 하지만, 개방 고장이 발생한 셀의 경우 두 비트 라인의 전압값이 동일하기 때문에 감도 증폭기의 구조에 따라 출력값이 결정된다. 먼저 감도 증폭기가 인버터와 같이 단일 입력만을 받는 경우에는 비트 라인의 전압이 일정하기 때문에 출력값은 항상 0 또는 1로 고정되어 마치 고착 고장이 발생한 것처럼 인식된다. 그러나 차동 증폭기 구조로 동작하는 경우에는 이전 출력값이 변하지 않고 그대로 유지되는 형태가 된다. 이는 차동 증폭기 형태의 감도 증폭기는 래치와 같은 구조이기 때문에 개방 고장으로 인한 비트 라인의 아주 낮은 전압 차는 래치의 출력 갱신 이벤트가 발생하지 않는 것과 동일한 효과를 주기 때문이다. 따라서 감도 증폭기의 구조를 고려하여 고착 고장이나 천이 고장과 같은 테스트 패턴을 사용하면 개방 고장을 검출할 수 있다.

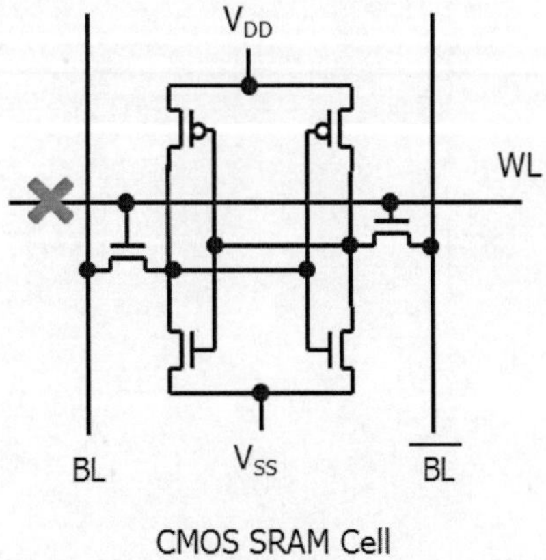

CMOS SRAM Cell

그림 7.4 개방 고장

7.3.4 데이터 유지 고장(DRF: Data Retention Fault)

데이터 유지 고장은 메모리에 저장된 값이 일정 시간 이상 유지되지 않는 고장이다. 상기 고장은 메모리 종류에 따라서 다양한 원인이 존재한다. DRAM의 경우 구동 회로 중 리프레시 로직에서 발생한 고장에 의해 주기적인 리프레시 동작이 이루어지지 않아서 발생할 수도 있지만 셀 결함으로 인하여 정상보다 빠른 속도로 방전되는 경우도 있다. 이러한 고장은 카운터를 이용한 시간 지연 형태로 테스트 패턴을 인가하면 검출할 수 있다. SRAM의 데이터 유지 고장을 유발하는 원인 및 위치는 다양하다. 예를 들어 풀 다운(pull down) 경로에 결함이 발생한 경우 셀 읽기 동작 시 해당 값이 손실될 수 있으며, 풀 업(pull up) 회로에 결함이 생기면 특정 동작 없이도 데이터 손실이 발생한다. 따라서 반복 읽기나 시간 지연 형태의 테스트 방법을 사용하면 관련 고장을 확인할 수 있다.

7.3.5 결합 고장(CF: Coupling Fault)

결합 고장은 복수 개의 셀이 상호 결합되어 발생하는 고장을 총칭하며, 복잡도를 고려하여 보통 2개의 셀이 결합된 고장을 기본 모델로 한다. 2개의 셀(i, j) 조합에 대한 정상 상태도를 그림 7.5에서 나타내었으며 그 중 고장을 유발시키는 셀을 결합원 셀(coupling cell) 또는 공격 셀(aggressor cell)이라고 하며, 결합 셀로 인하여 고장이 발생하는 셀을 피결합 셀(coupled cell) 또는 피해 셀(victim cell)이라고 한다. 결합 고장은 결합의 형태 및 발생하는 고장의 형태에 따라서 상태 결합 고장, 반전 결합 고장, 그리고 동행 결합 고장 등으로 분류할 수 있다.

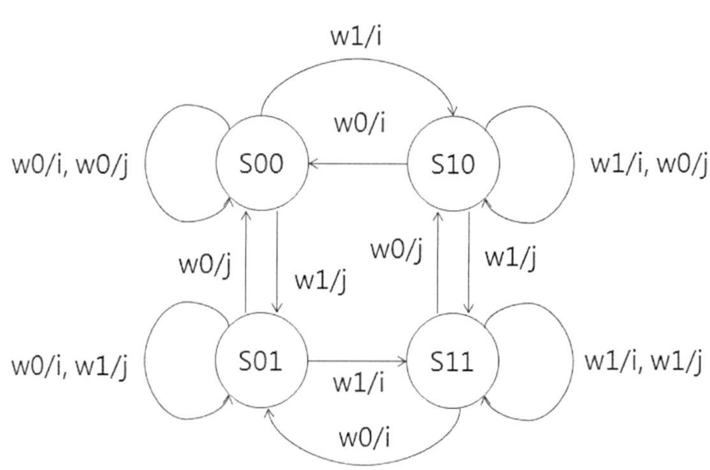

그림 7.5 2-결합 셀(i, j)의 정상 상태도

(1) 상태 결합 고장(CFst: State Coupling Fault)

2개의 메모리 셀 중 결합원 셀이 특정 상태에 있을 때 피결합 셀이 특정 논리값으로 고정되는 고장을 가리킨다. 예를 들어 그림 7.6과 같이 결합원 셀이 0일 경우 피결합 셀 역시 0으로 고정되는 경우이다. 이와 같은 상태 결합 고장은 결합원 셀과 피결합 셀의 논리값에 따라 크게 <0; 0/1> <0; 1/0> <1; 0/1> <1; 1/0>의 4가지 종류로 구분할 수 있다. 여기서 각 숫자의 의미는 <결합원 셀의 논리값; 피결합 셀의 무고장 논리값/고장 논리값>이다. 상태 결합 고장을 검출하기 위해서는 결합원 셀에 0 또는 1을 쓰고 피결합 셀의 값을 읽는 동작을 취하면 된다.

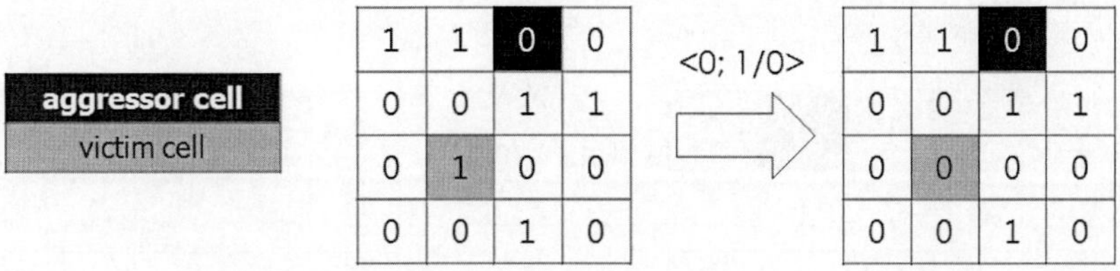

그림 7.6 〈0; 1/0〉 상태 결합 고장

(2) 반전 결합 고장(CFin: Inversion Coupling Fault)

2개의 메모리 셀 중 결합원 셀의 논리값이 변하면 피결합 셀에 저장된 논리값이 반전되는 고장을 가리킨다. 그림 7.7의 예에서는 결합원 셀이 0에서 1로 상승 천이하면 피결합 셀의 값이 1에서 0으로 반전되는 경우이다. 반전 결합 고장은 결합원 셀과 피결합 셀의 논리값 변화에 따라 <↑; ↕> <↓; ↕>의 2가지 종류로 구분할 수 있다. 여기서 각 기호의 의미는 <결합원 셀의 천이 종류; 피결합 셀의 상승 혹은 하강 반전>이다. 반전 결합 고장을 검출하기 위해서는 먼저 피결합 셀에 특정 논리값을 쓰고 결합원 셀에 대하여 상승 천이 혹은 하강 천이 동작을 수행한다. 이후 피결합 셀의 기존 값 유지 여부를 확인하면 된다.

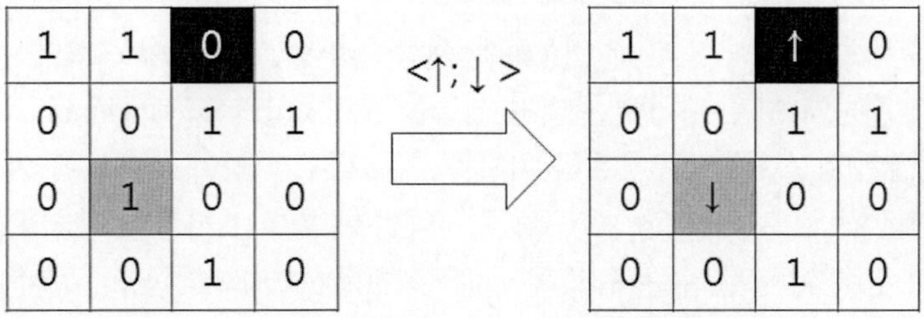

그림 7.7 〈↑; ↕〉 반전 결합 고장

(3) 동행 결합 고장(CFid: Idempotent Coupling Fault)

2개의 메모리 셀 중 결합원 셀의 논리값이 변하면 피결합 셀의 논리값이 의도하지 않은 값으로 변환되는 고장을 가리킨다. 그림 7.8의 예에서는 결합원 셀이 0에서 1로 상승 천이하면 피결합 셀의 값이 0으로 변경되는 경우이다. 상기 결과는 반전 결합 고장과 동일한 것처럼 보이나 반전 결합 고장은 결합원 셀의 변화가 반복되면 피결합 셀의 값이 계속적으로 영향을 받는데 비해, 동행 결합 고장의 경우 일단 발생한 피결합 셀의 고장값은 결합원 셀의 변화 횟수와 무관하게 그 상태가 유지된다. 동행 결합 고장은 결합원 셀과 피결합 셀의 논리값 변화에 따라 <↑; 0/1> <↓; 0/1> <↑; 1/0> <↓; 1/0>의 4가지 종류로 구분할 수 있다. 여기서 각 기호의 의미는 <결합원 셀의 천이 종류; 피결합 셀의 무고장 논리값/고장 논리값>이다.

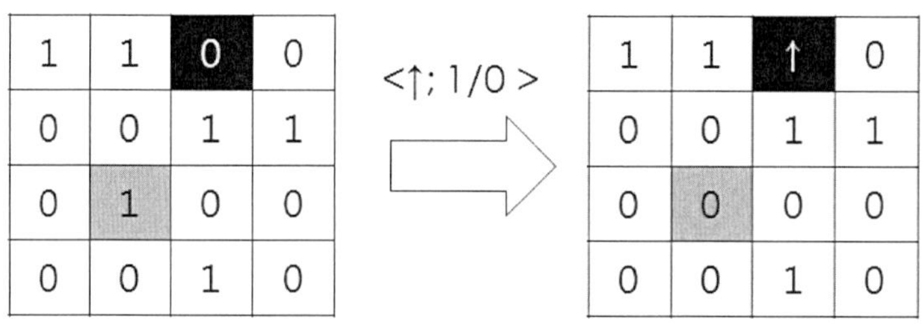

그림 7.8 〈↑; 1/0〉 동행 결합 고장

이외에도 단일 혹은 여러 종류의 결합 고장이 상호 연결되어 있는 연관 결합 고장(linked coupling fault)이 있다. 연관 결합 고장에서는 각 결합 고장들의 결합원 셀이 공유되며 이로 인하여 고장 엄폐(fault masking) 현상이 발생할 수 있다.

7.3.6 이웃패턴 감응 고장(NPSF: Neighborhood Pattern Sensitive Fault)

패턴 감응 고장(pattern sensitive fault)은 주변의 여러 셀로부터 영향을 받아서 특정 셀의 저장값이 변하는 고장으로서 2개 메모리 셀을 기준으로 하는 결합 고장의 일반화된 형태로 간주할 수 있다. 여기서 주변 셀로부터 영향을 받는 셀을 기준 셀(base cell)이라고 하며 기준 셀에 영향을 주는 주변 셀들을 이웃(neighborhood)라고 한다. 이웃 셀에는 기준 셀 자신도 포함되기 때문에 이를 제외한 나머지 셀들을 참이웃(deleted neighborhood)이라 정의한다. 기준 셀에 영향을 주는 주변 셀의 위치와 수는 너무 다양하기 때문에 이를 단순화시킨 것이 이웃패턴 감응 고장으로서 이웃 셀 위치와 수에 따라 1-타입과 2-타입 모델을 사용한다. 1-타입의 경우 이웃 셀 수는 5개, 2-타입은 9개이다(그림 7.9 참조). 참이웃이 기준 셀에 미치는 영향에 따라 이웃패턴 감응 고장은 능동형(active type), 수동형(passive type), 그리고 정적형(static type)으로 세분화할 수 있다.

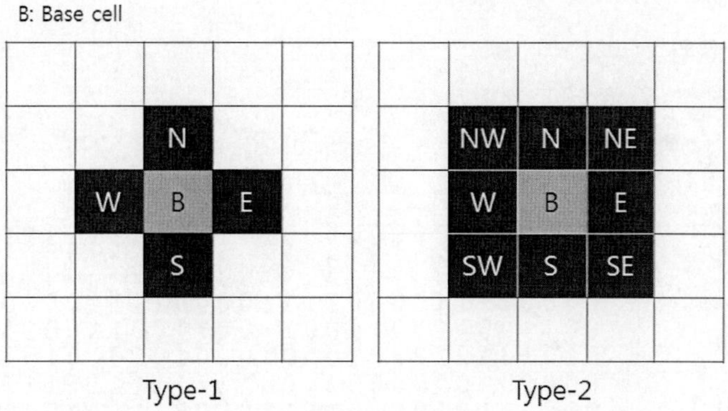

그림 7.9 NPSF 모델

(1) 능동형 이웃패턴 감응 고장(ANPSF: Active NPSF)

능동형 이웃패턴 감응 고장은 참이웃 셀의 논리값 변화로 인하여 기준 셀의 논리값이 변하는 고장을 가리킨다. 즉, 기준 셀이 특정값을 가지고 있고 참이웃 중 한 개 셀의 내용이 바뀔 때 기준 셀의 값이 함께 변하는 현상이다. 1-타입의 경우 $C_{i,j}$<d0, d1, d2, d3 ; b>, 2-타입의 경우 $C_{i,j}$<d0, d1, d2, d3, d4, d5, d6, d7 ; b>로 표시하며 $C_{i,j}$는 기준 셀, d는 참이웃 셀의 논리값, b는 기준 셀의 고장값을 의미한다. 예를 들어 그림 7.10의 경우 4개의 참이웃 셀 중 d0 셀이 0에서 1로 변경되고 나머지 셀들이 각각 0, 1, 1 값을 가지면 기준 셀의 값이 1로 변경되는 예이다.

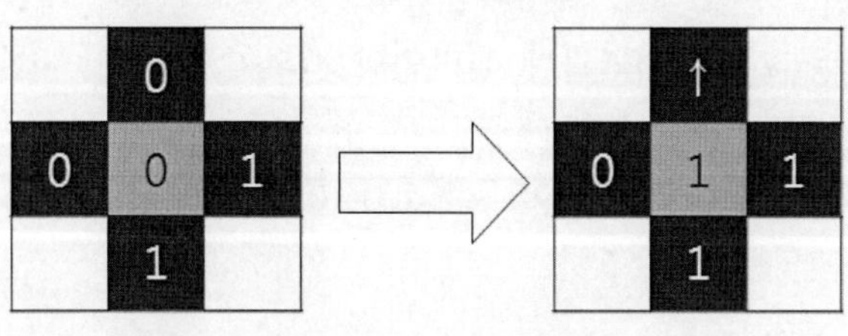

$C_{i,j}$<↑, 0, 1, 1 ; 1>

그림 7.10 능동형 이웃패턴 감응 고장

능동형 이웃패턴 감응 고장을 검출하기 위해서는 이웃 셀의 총 수를 n이라고 할 때 필요한 테스트 패턴 총 수는 다음과 같으며 1-타입(n=5)인 경우 패턴 생성 예를 그림 7.11에서 소개하였다.

- 테스트 패턴 총 수 = $2\times2(n-1)\times2^{(n-2)}$ = $(n-1)\times2^{n}$
  - 기준 셀의 논리값: 0, 1
  - 참이웃 셀 중 하나의 천이값: ↑, ↓
  - 상기 두 셀을 제외한 나머지 셀들의 논리 값 패턴 수: $2^{(n-2)}$

b	0 0 0 0 0 0 0 0 0 0 0 0 0 0 0 0 1 1 1 1 1 1 1 1 1 1 1 1 1 1 1 1
d1	↑ ↑ ↑ ↑ ↑ ↑ ↑ ↑ ↓ ↓ ↓ ↓ ↓ ↓ ↓ ↓ ↑ ↑ ↑ ↑ ↑ ↑ ↑ ↑ ↓ ↓ ↓ ↓ ↓ ↓ ↓ ↓
d2	0 0 0 0 1 1 1 1 0 0 0 0 1 1 1 1 0 0 0 0 1 1 1 1 0 0 0 0 1 1 1 1
d3	0 0 1 1 0 0 1 1 0 0 1 1 0 0 1 1 0 0 1 1 0 0 1 1 0 0 1 1 0 0 1 1
d4	0 1 0 1 0 1 0 1 0 1 0 1 0 1 0 1 0 1 0 1 0 1 0 1 0 1 0 1 0 1 0 1
b	0 0 0 0 0 0 0 0 0 0 0 0 0 0 0 0 1 1 1 1 1 1 1 1 1 1 1 1 1 1 1 1
d1	0 0 0 0 1 1 1 1 0 0 0 0 1 1 1 1 0 0 0 0 1 1 1 1 0 0 0 0 1 1 1 1
d2	↑ ↑ ↑ ↑ ↑ ↑ ↑ ↑ ↓ ↓ ↓ ↓ ↓ ↓ ↓ ↓ ↑ ↑ ↑ ↑ ↑ ↑ ↑ ↑ ↓ ↓ ↓ ↓ ↓ ↓ ↓ ↓
d3	0 0 1 1 0 0 1 1 0 0 1 1 0 0 1 1 0 0 1 1 0 0 1 1 0 0 1 1 0 0 1 1
d4	0 1 0 1 0 1 0 1 0 1 0 1 0 1 0 1 0 1 0 1 0 1 0 1 0 1 0 1 0 1 0 1
b	0 0 0 0 0 0 0 0 0 0 0 0 0 0 0 0 1 1 1 1 1 1 1 1 1 1 1 1 1 1 1 1
d1	0 0 0 0 1 1 1 1 0 0 0 0 1 1 1 1 0 0 0 0 1 1 1 1 0 0 0 0 1 1 1 1
d2	0 0 1 1 0 0 1 1 0 0 1 1 0 0 1 1 0 0 1 1 0 0 1 1 0 0 1 1 0 0 1 1
d3	↑ ↑ ↑ ↑ ↑ ↑ ↑ ↑ ↓ ↓ ↓ ↓ ↓ ↓ ↓ ↓ ↑ ↑ ↑ ↑ ↑ ↑ ↑ ↑ ↓ ↓ ↓ ↓ ↓ ↓ ↓ ↓
d4	0 1 0 1 0 1 0 1 0 1 0 1 0 1 0 1 0 1 0 1 0 1 0 1 0 1 0 1 0 1 0 1
b	0 0 0 0 0 0 0 0 0 0 0 0 0 0 0 0 1 1 1 1 1 1 1 1 1 1 1 1 1 1 1 1
d1	0 0 0 0 1 1 1 1 0 0 0 0 1 1 1 1 0 0 0 0 1 1 1 1 0 0 0 0 1 1 1 1
d2	0 0 1 1 0 0 1 1 0 0 1 1 0 0 1 1 0 0 1 1 0 0 1 1 0 0 1 1 0 0 1 1
d3	0 1 0 1 0 1 0 1 0 1 0 1 0 1 0 1 0 1 0 1 0 1 0 1 0 1 0 1 0 1 0 1
d4	↑ ↑ ↑ ↑ ↑ ↑ ↑ ↑ ↓ ↓ ↓ ↓ ↓ ↓ ↓ ↓ ↑ ↑ ↑ ↑ ↑ ↑ ↑ ↑ ↓ ↓ ↓ ↓ ↓ ↓ ↓ ↓

그림 7.11 능동형 이웃패턴 감응 고장 테스트 패턴(n=5)

(2) 수동형 이웃패턴 감응 고장(PNPSF: Passive NPSF)

수동형 이웃패턴 감응 고장은 참이웃 셀들이 특정 논리값 패턴을 가질 때 기준 셀의 논리값이 변하지 않는 고장을 가리킨다. 1-타입의 경우 $C_{i,j}$<d0, d1, d2, d3 ; ↑/0 or ↓/1>, 2-타입의 경우 $C_{i,j}$<d0, d1, d2, d3, d4, d5, d6, d7 ; ↑/0 or ↓/1>로 표시한다. 예를 들어 그림 7.12는 4개의 참이웃 셀이 (d0, d1, d2, d3)=(0, 0, 1, 1)이면 기준 셀에 1을 써도 현재 값 0이 그대로 유지되는 경우이다.

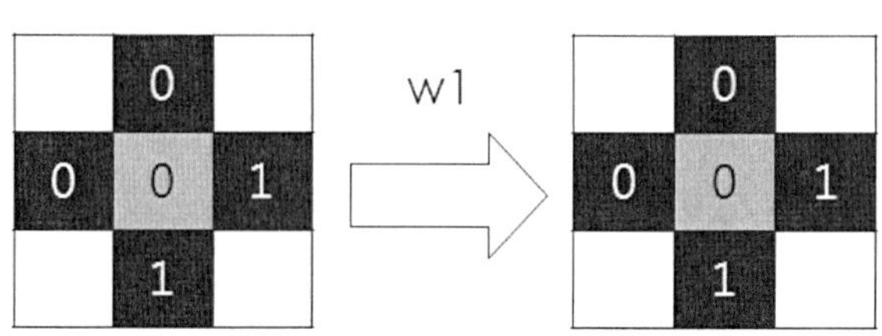

$C_{i,j}$<0, 0, 1, 1 ; ↑ /0>

그림 7.12 수동형 이웃패턴 감응 고장

수동형 이웃패턴 감응 고장을 검출하기 위해서는 이웃 셀의 총 수를 n이라고 할 때 필요한 테스트 패턴 총 수는 다음과 같으며 1-타입(n=5)인 경우의 패턴 생성 예를 그림 7.13에서 소개하였다.

- 테스트 패턴 총 수 = $2 \times 2^{(n-1)} = 2^n$
  - 기준 셀의 천이값 : ↑, ↓
  - 참이웃 셀들의 논리 값 패턴 수: $2^{(n-1)}$

b d1 d2 d3 d4	↑↑↑↑↑↑↑↑↑↑↑↑↑↑↑↑↓↓↓↓↓↓↓↓↓↓↓↓↓↓↓↓ 00000000111111110000000011111111 00001111000011110000111100001111 00110011001100110011001100110011

그림 7.13 수동형 이웃패턴 감응 고장 테스트 패턴(n=5)

(3) **정적형 이웃패턴 감응 고장**(SNPSF: Static NPSF)

정적형 이웃패턴 감응 고장은 참이웃 셀들이 특정 논리값 패턴을 가질 때 기준 셀의 논리값이 특정한 값으로 고정되는 고장을 가리킨다. 1-타입의 경우 $C_{i,j}$<d0, d1, d2, d3 ; ∀/0 or ∀/1>, 2-타입의 경우 $C_{i,j}$<d0, d1, d2, d3, d4, d5, d6, d7 ; ∀/0 or ∀/1>로 표시한다. 예를 들어 그림 7.14는 4개의 참이웃 셀이 (d0, d1, d2, d3)=(0, 0, 1, 1)이면 기준 셀이 기존 값에 상관없이 0으로 고정되는 경우이다.

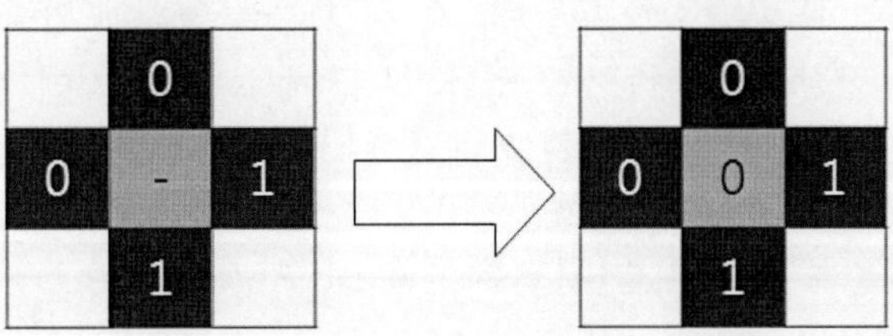

$C_{i,j}$<0, 0, 1, 1 ; -/0>

그림 7.14 정적형 이웃패턴 감응 고장

정적형 이웃패턴 감응 고장을 검출하기 위해서는 이웃 셀의 총 수를 n이라고 할 때 필요한 테스트 패턴 총 수는 다음과 같으며 1-타입(n=5)인 경우의 패턴 생성 예를 그림 7.15에서 소개하였다.

- 테스트 패턴 총 수 = $2 \times 2^{(n-1)} = 2^n$
  - 기준 셀의 논리값: 0, 1
  - 참이웃 셀들의 논리 값 패턴 수: $2^{(n-1)}$

b	0 0 0 0 0 0 0 0 0 0 0 0 0 0 0 0 1 1 1 1 1 1 1 1 1 1 1 1 1 1 1 1
d1	0 0 0 0 0 0 0 0 1 1 1 1 1 1 1 1 0 0 0 0 0 0 0 0 1 1 1 1 1 1 1 1
d2	0 0 0 0 1 1 1 1 0 0 0 0 1 1 1 1 0 0 0 0 1 1 1 1 0 0 0 0 1 1 1 1
d3	0 0 1 1 0 0 1 1 0 0 1 1 0 0 1 1 0 0 1 1 0 0 1 1 0 0 1 1 0 0 1 1
d4	0 1 0 1 0 1 0 1 0 1 0 1 0 1 0 1 0 1 0 1 0 1 0 1 0 1 0 1 0 1 0 1

그림 7.15 정적형 이웃패턴 감응 고장 테스트 패턴(n=5)

패턴 감응 고장의 경우 메모리의 셀이나 이웃 셀 수가 증가할수록 테스트 시간과 복잡도가 큰 폭으로 증가한다. 또한 이웃 셀들의 논리적 주소(logical address)와 물리적 주소(physical address)가 다르기 때문에 실제 테스트 패턴을 인가하는 과정에서 이에 대한 오버헤드가 추가된다.

7.4 메모리 테스트 알고리즘

메모리 입/출력 논리와 주소 디코더에서 발생할 수 있는 대부분의 결함은 셀 어레이에서의 결함으로 표현될 수 있으므로, 메모리 테스트 알고리즘은 메모리 구조 중 주로 불량 셀을 검출하는 용도로 제안되어져 왔으며 동일 고장을 검출하는데 필요한 메모리 워드/비트 접근 횟수를 비교하여 그 효율성을 측정한다. 그러나 메모리 크기가 기하급수적으로 증가하고, 메모리 형태와 구조에 따라 수반되는 수많은 테스트 고려 요소(메모리 타이밍, 동작 전압, 온도 등) 때문에 고장 검출률과 테스트 시간 등을 동시에 만족시킬 수 있는 테스트 방법을 찾는 것이 점점 더 어려워지고 있다. 본 장에서는 대표적인 메모리 테스트 알고리즘인 마치 테스트를 중심으로 기초적인 메모리 테스트 기법들을 소개한다.

7.4.1 클래식 테스트 알고리즘(Classical Test Algorithm)

클래식 테스트 알고리즘은 초창기 메모리 테스트에 사용되던 알고리즘들로서 대부분 특정 고장 모델 없이 적용하며, 일부 알고리즘의 경우에는 매우 긴 테스트 시간이 필요하다. 그러나 최근 플래시 메모리와 같은 신종 메모리 테스트 용도로 변형되어 사용되곤 한다.

(1) Zero-One 알고리즘

스캔 테스트(Scan Test) 혹은 MSCAN이라고도 불리우는 Zero-One 알고리즘은 모든 셀에 1/0을 쓰고 해당 값을 읽어내는 단순한 방식이다. 어드레스 디코더에 고장이 없다면 모든 고착 고장을 검출할 수 있다. 그 외에도 일부 천이 고장이나 결합 고장 역시 검출 가능하다. Zero-One 알고리즘은 그림 7.16과 같이 하나의 셀에 대하여 1을 쓰고 읽는 동작, 0을 쓰고 읽는 동작, 총 4번의 동작이 필요하므로 전체 셀 n을 기준으로 4n의 동작 횟수로 구현된다. 여기서 n은 bit-oriented 메모리에서 비트의 수, N은 word-oriented 메모리에서 워드의 수를 나타내지만 최근 대부분의 메모리가 워드 기반이므로 구분 없이 사용된다.

```
write 0 in all cells;
read all cells;
write 1 in all cells;
read all cells;
```

그림 7.16 Zero-One 의사코드

(2) Checkerboard 알고리즘

Checkerboard 알고리즘은 셀 단위로 0과 1을 교차하면서 쓰고 난 이후에 읽어내는 방식이다(그림 7.17 참조). 어드레스 디코더에 고장이 없다면 모든 고착 고장과 데이터 유지 고장을 검출할 수 있다. 그 외에도 일부 천이 고장이나 결합 고장 역시 검출 가능하다. 4n의 동작으로 구성되므로 O(n)의 복잡도를 가진다.

```
write 1 in all cells-1 and 0 in all cells-2;
read all cells;
write 0 in all cells-1 and 1 in all cells-2;
read all cells;
```

1	2	1	2
2	1	2	1
1	2	1	2
2	1	2	1

그림 7.17 Checkerboard 의사코드

(3) GALPAT 알고리즘

GALPAT(GALlopping PATtern)은 대부분의 고장(고착, 어드레스 디코더, 천이, 결합 등)을 검출하고 위치까지 확인할 수 있는 테스트 알고리즘이다. GALPAT의 동작법은 먼저 모든 셀에 0을 쓰고 기준 셀을 하나 선택하여 이를 1로 변경한다. 그리고 기준 셀을 제외한 나머지 셀을 차례대로 읽으면서 동시에 기준 셀도 읽는다. 마지막에는 기준 셀을 다시 0으로 한다. 상기 동작은 n개의 셀에 0을 쓰는 동작과 기준 셀 n개마다 기준 셀을 제외한 나머지 셀 (n-1)과 기준 셀을 한 번씩 읽는 동작, 그리고 기준 셀을 처음에 1로 하는 동작과 마지막에 0으로 복귀하는 동작까지 총 $n+n(2(n-1)+2)=n+2n^2$만큼 동작한다. 이와 같은 동작을 반대로, 즉 처음에 모든 셀을 1로 하고 기준 셀을 0으로 하여 동작함, 한 번 더 실행하기 때문에 총 $2n+4n^2$의 동작 횟수를 가진다(그림 7.18 참조). 메모리 셀 수 n의 크기를 고려하면 비록 고장 검출 성능은 우수하나 실제 적용은 어려운 방식으로 볼 수 있다.

```
1. Write background 0;
2. For BC = 0 to n-1
     { Complement BC;
       For OC = 0 to n-1(BC excluded) { Read OC;  Read BC; }
       Complement BC; }
3. Write background 1;
4. Repeat Step 2;
```

그림 7.18 GALPAT 의사코드(BC: Base Cell, OC: Other Cells)

(4) Walking 1/0 알고리즘

WALPAT(WALking PATtern)이라고도 불리우는 Walking 1/0 알고리즘은 GALPAT 알고리즘을 일부 변형한 방식이다. 즉 그림 7.19의 의사코드에서 볼 수 있듯이 기준 셀을 제외한 나머지 셀들을 읽을 때마다 함께 기준 셀을 읽는 GALPAT과는 달리 기준 셀은 모든 기타 셀들을 읽고 난 이후에 한 번만 읽는다. 따라서 $2*(n+n*(2+n))=6n+2n^2$만큼 동작한다. 비록 GALPAT에 비하여 동작 횟수가 감소되었지만 여전히 높은 복잡도 $O(n^2)$를 가지고 있다.

```
1. Write background 0;
2. For BC = 0 to n-1
     { Complement BC;
       For OC = 0 to n-1(BC excluded) { Read OC; }
       Read BC;
       Complement BC; }
3. Write background 1;
4. Repeat Step 2;
```

그림 7.19 Walking 1/0 의사코드(BC: Base Cell, OC: Other Cells)

(5) Sliding Diagonal 알고리즘

Sliding Diagonal 알고리즘은 GALPAT의 높은 복잡도를 개선하기 위하여 제안된 방식으로 기준 셀을 대각선 방향으로 여러 개를 설정하고 동시에 이동하는 형태이다. 대각선에 있는 셀들은 서로 다른 행과 열 주소를 갖기 때문에 행과 열 디코더를 동시에 테스트할 수 있으며, 이동할 때마다 모든 셀을 한 번씩 읽는다(그림 7.20 참조). 본 방식은 GATPAT

을 이용하여 검출할 수 있는 일부 결합 고장을 제외한 나머지 고장들을 모두 검출 가능하다. 동작 횟수는 $2*(n+\sqrt{n}(n+2\sqrt{n})=6n+2n\sqrt{n}$ 이며, 여기서 $\sqrt{n}$ 은 대각선 방향으로 설정된 기준 셀의 수를 가리킨다.

```
For d = 0 to 1
  { Write d to all non-diagonal cells;
    Write d' to all diagonal cells;
    For diag = 0 to max_col-1
      { Read all cells;
        For i = 0 to max_row-1
          { A[i, (diag+i) mod max_col]=d;
            A[i, (diag+i+1) mod max_col]=d'; }
      }
  }
```

그림 7.20 Sliding Diagonal 의사코드

7.4.2 마치 테스트 알고리즘(March Test Algorithm)

메모리 테스트 패턴을 일정한 형태로 생성하는 방식은 크게 3가지가 있다. 먼저 워킹(walking) 기반 패턴 생성방식에서는 전체 메모리 영역을 0 또는 1 하나의 데이터로 초기화한다. 이러한 패턴을 백그라운드 패턴 또는 blanket 패턴이라고 한다. 이후 마치 걸음을 걷듯이 하나의 셀 또는 워드를 백그라운드 패턴의 보수 데이터로 갱신하면서 테스트한다. 다음 갤로핑(galloping) 패턴 생성방식에서는 앞 절에서 설명한 바와 같이 테스트 중인 기준 셀과 기타 셀 사이의 핑퐁(ping-pong) 동작이 수반된다. 마지막으로 마치(march) 테스트 방식은 전 메모리 영역을 행진하듯이 주소 순서에 따라 오름차순이나 내림차순으로 차례대로 읽기와 쓰기 테스트하는 것을 의미하며 현재 가장 널리 사용되는 메모리 테스트 알고리즘이다. 마치 테스트는 워킹 방식과 테스트 순서는 유사하나 워킹 방식에서는 테스트가 끝나고 다음 주소로 이동하기 전에 다시 백그라운드 패턴으로 되돌리는 동작이 수반되지만, 마치 테스트에서는 현재 상태를 유지한 상태에서 다음 주소로 이동한다. 따라서 마치 테스트가 진행된 셀과 그렇지 않은 셀의 저장 데이터가 서로 다르다. 각 마치 테스트는 마치 요소(march element, M이라고 표기)들의 조합으로 구성되며 마치 요소는 일련의 주소 순서대로 움직이면서 각 메모리 셀에 읽고 쓰는 동작에 따라 구분된다. 마치 테스트에서 사용되는 기호들의 정의와 각 동작에 대한 세부 설명을 나타내면 다음과 같다.

- ↑: 메모리 주소를 하위에서 상위 방향으로 움직임(오름차순)
- ↓: 메모리 주소를 상위에서 하위 방향으로 움직임(내림차순)
- ↕: 메모리 주소를 오름차순 또는 내림차순으로 움직임
- r : 메모리 읽기 동작
  - r0: 메모리 셀에 저장된 논리값을 0으로 예상하고 읽는 동작
  - r1: 메모리 셀에 저장된 논리값을 1으로 예상하고 읽는 동작
- w: 메모리 쓰기 동작
  - w0: 메모리 셀에 논리값 0을 쓰는 동작
  - w1: 메모리 셀에 논리값 1을 쓰는 동작

각각의 마치 테스트 방식들은 검출 가능한 목표 고장의 종류에 따라 Test-(U 혹은 L) 형태로 성능을 요약할 수 있는데 여기서 U는 비연관 고장(unlinked fault), L은 연관 고장(linked fault)을 나타낸다. 비연관 고장이란 복수의 고장이 상호 영향을 미치지 않는 고장을 가리키며, 연관 고장은 그 반대의 경우이다.

(1) MATS(Modified Algorithmic Test Sequence)

고착 고장을 검출하기 위한 가장 간단한 마치 테스트 방식인 MATS 알고리즘은 주소 디코더에서 오류가 발생하여 복수 개의 셀 값이 읽혀질 때, 결과값이 각 셀값의 AND 형태로 출력되는지 아니면 OR 형태로 출력되는 지에 따라 알고리즘을 구성하는 마치 요소들이 달라진다. MATS 알고리즘은 읽기 2번, 쓰기 2번으로 구성되므로 총 4n의 동작이 소요된다. 특징을 정리하면 다음과 같다.

- MATS 알고리즘
  - OR technology : $\{M_0, M_1, M_2\} = \{\updownarrow(w0); \updownarrow(r0, w1); \updownarrow(r1)\}$
  - AND technology : $\{M_0, M_1, M_2\} = \{\updownarrow(w1); \updownarrow(r1, w0); \updownarrow(r0)\}$
  - 1-고착 고장(SA1)은 마치 요소 M_0와 M_1에 의하여 검출됨
  - 0-고착 고장(SA0)은 마치 요소 M_1와 M_2에 의하여 검출됨
- 검출 가능 고장 : 고착 고장, 어드레스 디코더 고장
- 복잡도 : 4n

(2) MATS+

MATS와 달리 메모리 구현 기술이 알려져 있는 않은 경우라도 어드레스 디코더 고장을 검출할 수 있는 테스트로서 MATS의 M_2에 w0을 추가하였다. 고착 고장 검출은 MATS와 마찬가지로 M_0와 M_1에서 SA1, M_1와 M_2를 통하여 SA0를 발견할 수 있다. 그리고 오름차순으로 읽고 쓰는 M_1 마치 요소는 데이터를 쓰고 있는 현재 셀이 상위 주소에 위치한 다른 셀들에 영향을 주지 않음을 증명할 수 있다. 또한 내림차순으로 읽고 쓰는 M_2 마치 요소는 데이터를 쓰고 있는 현재 셀이 하위 주소에 위치한 다른 셀들에 영향을 주지 않음을 증명

할 수 있다. 이를 통하여 셀들은 정확히 어드레싱되고 있음을 확인할 수 있으므로 어드레스 디코더 고장 검출이 가능하다.

- MATS+ 알고리즘
  - $\{M_0, M_1, M_2\}$ = {↕(w0); ↑(r0, w1); ↓(r1, w0)}
  - 1-고착 고장(SA1)은 마치 요소 M_0와 M_1에 의하여 검출됨
  - 0-고착 고장(SA0)은 마치 요소 M_1와 M_2에 의하여 검출됨
- 검출 가능 고장 : 고착 고장, 어드레스 디코더 고장
- 복잡도 : 5n

(3) Marching 1/0

고착 고장, 천이 고장, 어드레스 디코더 고장 등을 검출할 수 있는 Marching 1/0 알고리즘은 초기화를 위한 마치 요소(M_0), 어드레스 디코더 고장을 검출할 수 있는 마치 요소(M_1, M_2), 그리고 천이 고장을 위한 요소(M_1, M_5와 M_2, M_4) 등으로 구성된다.

- Marching 1/0 알고리즘
  - $\{M_0, M_1, M_2, M_3, M_4, M_5\}$ = {↑(w0); ↑(r0, w1, r1); ↓(r1, w0, r0); ↑(w1); ↑(r1, w0, r0); ↓(r0, w1, r1);}
- 검출 가능 고장 : 고착 고장, 비연관 천이 고장, 일부 어드레스 디코더 및 결합 고장
- 복잡도 : 14n

(4) MATS++

MATS++는 Marching 1/0 알고리즘에 포함된 불필요한 마치 요소를 제거한 최적화 알고리즘이며 MATS+와 유사한 마치 시퀀스로 구성된다. 마지막에 추가된 r0 요소는 천이 고장을 검출할 수 있다.

- MATS++ 알고리즘
  - $\{M_0, M_1, M_2\}$ = {↕(w0); ↑(r0, w1); ↓(r1, w0, r0)}
- 검출 가능 고장 : 고착 고장, 비연관 천이 고장, 일부 어드레스 디코더 및 결합 고장
- 복잡도 : 6n

(5) March X

March X 알고리즘은 관련 업계에서 오랫동안 관행적으로 사용되던 방식이어서 X란 이름이 붙여졌다.

- March X 알고리즘
  - $\{M_0, M_1, M_2, M_3\}$ = {↕(w0); ↑(r0, w1); ↓(r1, w0); ↕(r0)}
- 검출 가능 고장 : 고착 고장, 천이 고장, 어드레스 디코더 고장, 비연관 반전결합 고장
- 복잡도 : 6n

(6) March C-

March C-는 1982년 발표되었던 March C[1] 알고리즘 중 redundant 요소를 제거하여 속도를 개선한 알고리즘이다. 간단하지만 실제 고장 검출 기능이 우수하여 가장 널리 사용되고 있다.

- March C- 알고리즘
  - $\{M_0, M_1, M_2, M_3, M_4, M_5\}$ = {↕(w0); ↑(r0, w1); ↑(r1, w0); ↓(r0, w1); ↓(r1, w0); ↕(r0)}
- 검출 가능 고장 : 고착 고장, 천이 고장, 어드레스 디코더 고장, 비연관 동행결합 고장
- 복잡도 : 10n

(7) Extended March C-

상기 알고리즘은 March C-에 추가적으로 개방 고장(SOF)을 검출할 수 있도록 확장한 알고리즘이다.

- Extended March C- 알고리즘
  - $\{M_0, M_1, M_2, M_3, M_4, M_5\}$ = {↕(w0); ↑(r0, w1, r1); ↑(r1, w0); ↓(r0, w1); ↓(r1, w0); ↕(r0)}
- 검출 가능 고장 : 고착 고장, 천이 고장, 어드레스 디코더 고장, 비연관 동행결합 고장, 개방 고장
- 복잡도 : 11n

(8) March A

- March A 알고리즘
  - $\{M_0, M_1, M_2, M_3, M_4\}$ = {↕(w0); ↑(r0, w1, w0, w1); ↑(r1, w0, w1); ↓(r1, w0, w1, w0); ↓(r0, w1, w0)}
- 검출 가능 고장 : 고착 고장, 천이 고장, 어드레스 디코더 고장, 비연관 반전결합 고장, 연관 동행결합 고장
- 복잡도 : 15n

(9) March Y

March X와 마찬가지로 publish된 것이 아니어서 March Y로 불리우며 March X 알고리즘을 확장한 것이다.

- March Y 알고리즘
  - $\{M_0, M_1, M_2, M_3\}$ = {↕(w0); ↑(r0, w1, r1); ↑(r1, w0, r0); ↕(r0)}

---

1) March C 알고리즘 : $\{M_0, M_1, M_2, M_3, M_4, M_5, M_6\}$ = {↕(w0); ↑(r0, w1); ↑(r1, w0); ↕(r0); ↓(r0, w1); ↓(r1, w0); ↕(r0)}

- 검출 가능 고장 : 고착 고장, 천이 고장, 어드레스 디코더 고장, 비연관 반전결합 고장, 동행결합 고장과 연관된 천이 고장
- 복잡도 : 8n

(10) March B

March A 알고리즘을 확장한 버전으로 반전 또는 동행 결합 고장과 결합된 천이 고장을 추가적으로 검출할 수 있다.

- March B 알고리즘
  - $\{M_0, M_1, M_2, M_3, M_4\} = \{\updownarrow(w0);\ \uparrow(r0, w1, r1, w0, r0, w1);\ \uparrow(r1, w0, w1);\ \downarrow(r1, w0, w1, w0);\ \downarrow(r0, w1, w0)\}$
- 검출 가능 고장 : 고착 고장, 천이 고장, 어드레스 디코더 고장, 비연관 반전결합 고장, 연관 동행결합 고장, 결합 고장 연관 천이 고장
- 복잡도 : 17n

지금까지 소개한 마치 테스트 알고리즘에 대하여 검출 가능한 고장 모델과 복잡도 등을 정리하여 표 7.1에서 나타내었다[2)].

표 7.1 마치 테스트 알고리즘 요약표

종류	알고리즘명	동작횟수	검출가능 고장
Test-US	MATS MATS+	4n 5n	Some AF, SAF AF, SAF
Test-UT	Marching 1/0 MATS++	14n 6n	AF, SAF, TF AF, SAF, TF
Test-UCin	March X	6n	AF, SAF, TF, CFin
Test-UCid	March C-	10n	AF, SAF, TF, CFin, CFid
Test-LCid	March A	15n	AF, SAF, TF, CFin, linked CFid
Test-LTCin	March Y	8n	AF, SAF, CFin, TF linked with CFin
Test-LTCid	March B	17n	AF, SAF, CFin, linked CFid, TF linked with CFid

2) 마치 테스트 알고리즘의 성능별 분류
* Test-US : SAF and AF
* Test-UT : AF, SAF, and Unlinked TF
* Test-UCin : Unlinked CFin
* Test-UCid : Unlinked CFid
* Test-LCid : Linked CFid
* Test-LTCin : TF and Linked CFin
* Test-LTCid : Linked CFid

7.5 메모리 BIST

7.5.1 메모리 BIST 개요

(1) 메모리 BIST의 필요성

시스템 반도체에는 SRAM, DRAM, ROM, Flash 등 다양한 종류의 메모리가 내장되어 있으며 여기서 발생할 수 있는 여러 종류의 오동작을 빠른 시간 내에 점검하는 일은 전체 칩의 신뢰성 확보를 위해 필수적이다. 메모리 테스트는 고착, 결합, 천이, 패턴 감응, 주소 디코더, 데이터 보유 등의 고장을 'n'개의 메모리 셀에 대하여 다양한 테스트 속도로 점검 및 진단을 한다. 그림 7.21의 반도체산업협회(Semiconductor Industry Association: SIA) 자료에 의하면 반도체에 내장되는 메모리 로직의 비율이 향후 전체 면적의 90% 이상이 될 것으로 예상하고 있기 때문에 내장 메모리에 대한 테스트는 전체 칩의 수율을 결정하는 가장 중요한 부분이라고 할 수 있다.

다양한 메모리 테스트 알고리즘을 이용하여 생성된 테스트 패턴을 실제 메모리에 적용하는 방법은 외부 테스터에서 사전에 계산된 테스트 패턴 데이터를 차례로 주입하고 그 결과를 정상적인 결과와 비교하는 방법과 BIST에 의하여 자동적으로 생성한 테스트 패턴을 이용하여 그 출력 결과를 비교하는 방법이 있다. 그림 7.22는 일반적인 메모리 테스트 과정에서 외부 테스터만을 이용한 경우와 BIST를 혼용하는 경우를 비교한 것이다. 외부 테스터를 이용하는 방식은 일반적으로 최소한의 패턴으로 목적하는 메모리 고장을 진단 및 점검할 수 있지만 테스트 속도가 느리고 실속도 테스트(at-speed test)에 문제가 있다. 또한 반도체 패키징이나 제작방법이 발전함에 따라 내장 메모리에 대한 테스트 접근성(test accessibility)이 크게 악화되고 있기 때문에 이를 해결하기 위해서는 테스터 자체의 상당한 기술 혁신과 변화가 요구된다. 반면 BIST는 칩 내부의 별도 테스트 로직을 이용하여 메모

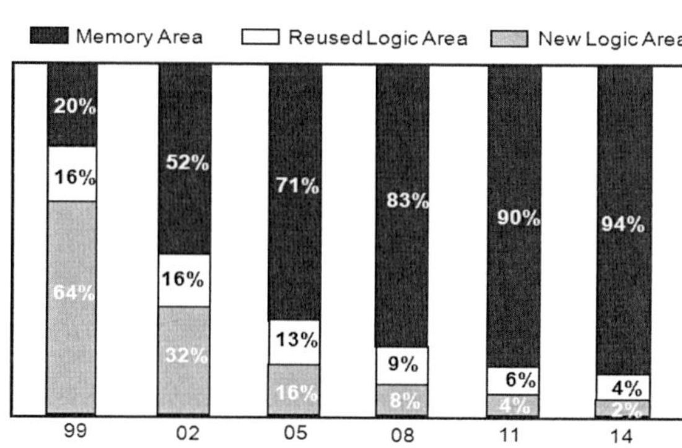

그림 7.21 SOC의 로직 특성별 비율

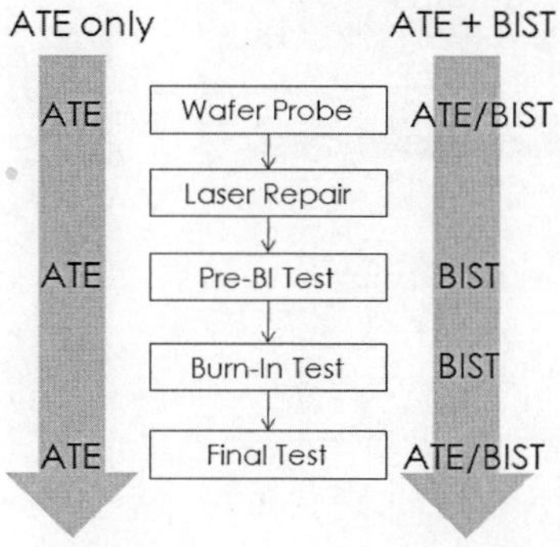

그림 7.22 ATE vs. ATE+BIST

리 테스트를 하므로 테스트 시간을 줄일 수 있으며 실제 시스템의 동작 속도로 메모리 고장을 점검할 수 있다는 장점이 있지만 추가 하드웨어 영역을 필요로 한다. 따라서 일정 수준 이상의 고장 검출률을 얻을 수 있는 테스트 패턴 생성방법이 알려져 있고 간단한 하드웨어 수준에서 구현 가능하다면 매우 효율적인 테스트 수단이 될 수 있으며 이미 내장 메모리 테스트 용도로 광범위하게 사용되고 있다. 이외에도 외부 테스터와 BIST의 중간 형태로 테스트 전용 칩을 내장한 보드를 사용하는 방식이 있으며 이를 외장형 자체 테스트(BOST: Built-Off or Out Self Test)라고 한다. BOST용 칩으로는 programmability를 위하여 FPGA가 주로 사용되며 ATE보다 저렴한 비용으로 고속 병렬 테스트가 가능하고, BIST로 인한 하드웨어 부담이 없다. 다만 테스트 대상 칩과의 I/O 버스 크기가 제한적이므로 고속 인터페이스를 위한 별도의 로직이 필요할 수 있으며, BIST와는 달리 실제 필드 테스트가 불가능한 문제가 있다.

(2) 메모리 BIST의 구조

현재 대부분의 메모리 고장은 마치 테스트 응용 패턴을 인가하여 검출하고 있으며 패턴 감응 고장은 별도의 번지 생성방식을 이용하여 점검하고 있다. 그림 7.23(a)에 내장 메모리 테스트를 위한 메모리 BIST의 구조를 나타내었다. 메모리 BIST는 크게 finite state machine으로 구현되는 제어 회로부(test control block), 주소 생성 회로부(address generation), 테스트 데이터 생성 회로부(test data generation), 데이터 비교 회로부(comparator)로 구성된다. BIST의 제어부는 메모리 BIST IP 전체를 제어하는 역할을 수행하며 BIST의 유연성을 결정하는 핵심 요소이다. 보통 전용 하드웨어로 구성하나 명령어 혹은 micorcode 타입, IEEE 1149.1 TAP 제어기 형태 혹은 SOC 내장 프로세서를 사용하기도 한다. 주소 생성 회로와 데이터 생성 회로는 메모리 테스트 시에 필요한 메모리 주소와 데이터를 생성하며 주로 카운터, LFSR, LUT 등으로 구성한다. 데이터 비교 회로는 테스트 결과를 비교하여 메모리 고장 유무를 판단하는 역할을 한다. 이외에도 데이터 유지 고장과 같은 시간 관련 고장(time-dependent fault)을 검출하는데 필요한 wait 생성기 등을 추가적으로 포함하고 있다.

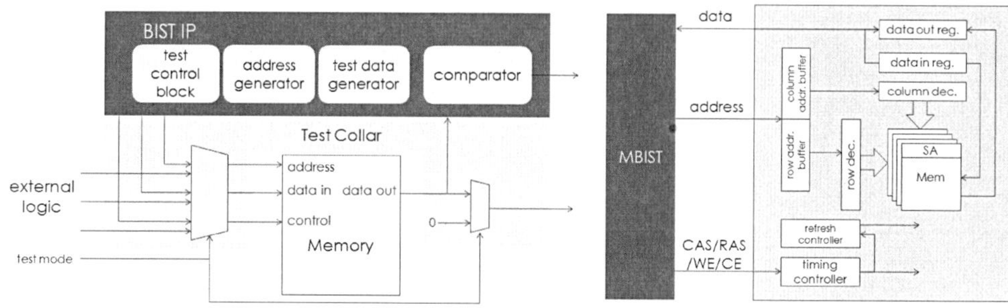

(a) 메모리 BIST의 구조 (b) 메모리 BIST 적용 예

그림 7.23 메모리 BIST의 구조

그림 7.23(b)는 BIST를 내장 DRAM에 적용한 예이다.

메모리 BIST 구조는 제어 용이성(controllability), 관측 용이성(observability), 예측 용이성(predictability), 그리고 진단 용이성(diagnosibility) 등으로 그 우수성을 판단할 수 있다. 제어 용이성은 실시간 이상의 속도로 메모리 읽고 쓰기를 제어할 수 있는지를 가리키며, 관측 용이성은 메모리 출력 데이터를 실시간으로 캡처하여 고장 유무를 판별할 수 있는지를 나타낸다. 그리고 예측 용이성은 타이밍 클로저(timing closure)가 용이한지를, 진단 용이성은 오류 데이터 로깅과 분석, 그리고 디버깅이 수월한지를 의미한다.

(3) 메모리 BIST의 제어방법

대부분의 칩 테스트 방식과 같이 메모리 BIST도 비동시(non-concurrent) 테스트를 목적으로 한다. 비동시 테스트 방식이란 테스트 모드와 정상 모드(혹은 기능 모드)를 분리하는 것이며, 동시 테스트 방식에 비해 칩 내부에 테스트 패턴을 보유할 필요가 없으므로 하드웨어 측면에서 비용이 저렴하고 테스트 동작에 대한 제약이 적다. 다만 모델링되지 않은 고장과 동작 중 발생하는 간헐적인 고장은 검출할 수 없는 문제가 있다. 메모리 BIST 개발이 어려운 이유는 다양한 내장 메모리 구조와 그에 따른 다양한 메모리 테스트 알고리즘이 존재하기 때문이다. 즉 하나의 반도체에 포함되는 내장 메모리의 종류, 크기 및 수는 적용 시스템에 따라 가변적이므로 이러한 특성을 고려하여 최소의 비용으로 테스트할 수 있는 BIST 구조를 결정해야 하며 이는 전체 테스트 방법론 측면에서 매우 중요하다. 일반적으로 복수 개의 메모리를 테스트하기 위한 제어방법은 독립적인 BIST(dedicated BIST)와 공용 BIST(shared BIST) 구조로 분류할 수 있다. 독립방식은 각각의 메모리마다 별도의 BIST 로직을 구성하는 방식이며, 공용방식은 여러 개의 메모리가 BIST 회로를 공유하는 형태로서 그림 7.24에 각각의 예를 나타내었다. 독립방식의 경우 각 메모리를 동시에 테스트할 수 있으므로 테스트 시간을 줄일 수 있으며, 칩의 전체 구조와 관계없이 BIST를 IP화하여 사용할 수 있으므로 설계와 검증 시간이 단축된다. 그러나 메모리별로 BIST가 삽입되므로 하드웨어 비용이 크게 늘어나는 문제가 있다. 공용방식은 독립방식과 반대로 하드웨어 비

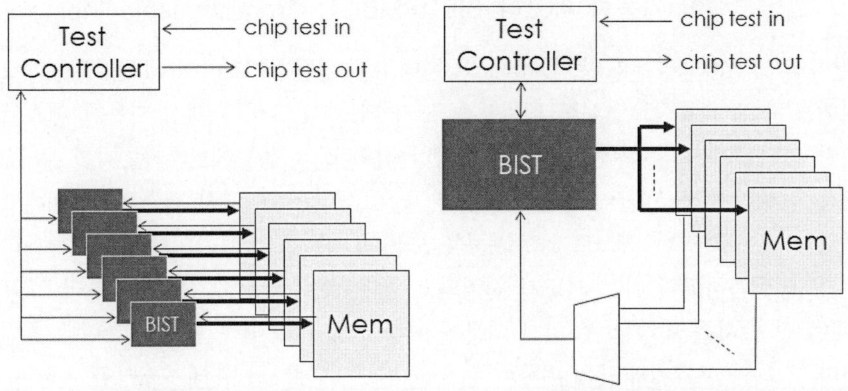

(a) 독립 BIST 제어 구조　　　　(b) 공용 BIST 제어 구조

그림 7.24 메모리 BIST의 제어방법

용은 줄어들지만 순차적인 테스트 구조로 인하여 테스트 시간은 늘어나게 된다. 또한 다양한 종류와 구조를 갖는 메모리를 동시에 제어하기 위한 설계나 검증 비용 역시 증가한다. 보통의 SOC에서는 메모리의 종류나 수, 그리고 기능 단위로 독립방식과 공용방식을 혼합하여 사용하고 있으며, 테스트 제어의 효율성을 위해 계층적인 형태로 구성하고 있다.

(4) 메모리 BIST의 생성

메모리 BIST는 일반 로직과는 달리 메모리의 기본 구조가 유사하기 때문에 대부분 자동화 프로그램을 사용하여 해당 BIST 로직을 생성하며 이러한 프로그램을 메모리 BIST 컴파일러라고 한다. 메모리 BIST 컴파일러의 동작 과정은 그림 7.25와 같다. 입력 파일로는 메모리별로 정의된 메모리 모델, BIST 로직 생성에 필요한 라이브러리, 그리고 소스 코드 등이 필요하며, 출력 파일로는 BIST 하드웨어 모듈들이 합성 가능한 RTL 코드 혹은 네트리스트로 생성되며 검증을 위한 테스트벤치 파일 또한 출력된다.

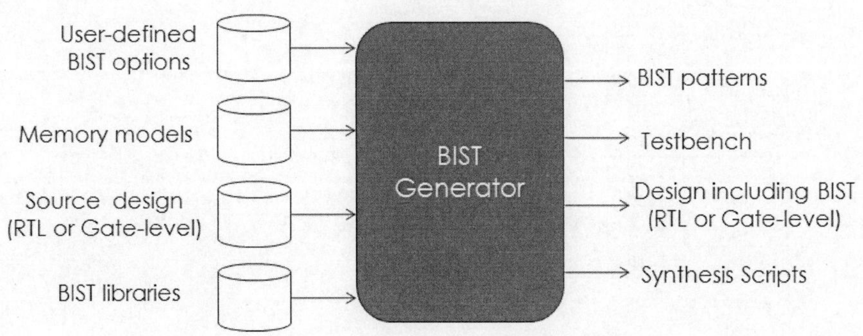

그림 7.25 메모리 BIST 컴파일러의 동작 과정

7.5.2 프로그램이 가능한 메모리 BIST(PMBIST: Programmable Memory BIST)

일반적으로 메모리 BIST는 hardwired 형태로 구성한다. Hardwired BIST는 테스트 전용 로직이므로 크기가 작으면서도 테스트 속도가 빠르다. 그러나 생성 가능한 테스트 패턴과 순서가 제한적이며 동작 속도가 높고 복잡한 칩의 경우 성능에 영향을 미칠 수 있다. 최근 플랫폼 형태의 SOC 개발이 일반화됨에 따라 메모리 BIST 역시 테스트 대상 메모리의 특징을 참조하여 다양한 테스트 알고리즘을 사용한 패턴을 생성할 수 있도록 설계하여 테스트 비용을 단축하고자 하는 시도가 진행되고 있다. 프로그램이 가능한 메모리 BIST는 테스트 패턴 및 순서를 변경할 수 있기 때문에 고장 검출 성능이나 재사용 측면에서 매우 효율적이다. 그러나 프로그래밍을 위하여 필요한 별도의 메모리나 레지스터로 인한 높은 하드웨어 비용, 그리고 복잡한 제어 과정으로 인한 테스트 속도 저하 등 앞으로 해결해야 할 현안들이 많이 남아 있다. 지금까지 알려진 PMBIST는 크게 세 가지 구조로 분류할 수 있으며 각각의 특징을 요약하면 다음과 같다.

(1) FSM 기반 PMBIST

Finite State Machine(FSM)은 hardwired BIST나 TAP 제어기에서 사용되는 하드웨어 구성 형태이다. 4장의 여러 마치 테스트 알고리즘에서 볼 수 있듯이 알고리즘을 구성하는 마치 요소들은 알고리즘 간 중복 요소들이 많이 존재한다. 마치 요소 각각을 하나의 상태로 규정한다면 마치 알고리즘들은 이러한 상태들의 천이 조건을 정의하는 것으로 구현될 수 있다.

예를 들어 그림 7.26의 표는 마치 요소들 중 일부를 차례대로 나열하고 각 요소들을 제어용 코드 테이블로 나타낸 것이다. 상기 표를 이용하여 마치 요소(M_0, M_1, M_3)로 구성된 MATS+와 (M_0, M_1, M_3, M_5)인 March X에 대한 FSM 동작 과정을 나타내면 다음과 같다.

March element	Code	Operation
M_0	0000	w0
M_1	0001	r0, w1
M_2	0010	r1
M_3	0011	r1, w0
M_4	0100	w1
M_5	0101	r0
M_6	0110	r0, w1, w0, w1
M_7	0111	r1, w0, w1
M_8	1000	r1, w0, w1, w0
M_9	1001	r0, w1, w0
M_{10}	1010	r0, w1, r1, w0, r0, w1

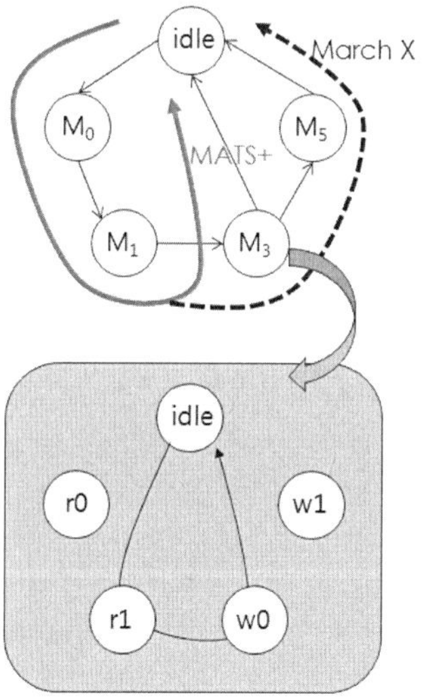

그림 7.26 FSM 기반 PMBIST[13]

먼저 초기 상태를 유휴 상태(idle)로 가정하면 두 알고리즘은 idle → M_0 → M_1 → M_3 상태가 순차적으로 진행된 이후 MATS+의 경우 다시 유휴 상태가 된다. 그러나 March X의 경우 M_5 상태를 거친 이후에 유휴 상태로 회귀한다. 이와 같이 상태 천이 조건은 동작하는 테스트 알고리즘의 종류와 각 상태의 시작과 끝을 알리는 신호, 그리고 기타 천이 활성화 조건 등으로 구성된다. 각 마치 요소 상태에서는 메모리 읽기와 쓰기 동작 역시 FSM 형태로 발생하며 총 5개의 상태(idle, w0, w1, r0, r1)가 마치 요소별로 시퀀스 카운터를 기준으로 동작한다(그림 7.26 M_3 동작 예 참조). 본 방식은 일종의 hardwired BIST로 간주할 수 있으며 하드웨어 오버헤드는 작지만 유연성은 떨어진다. 또한 복잡한 테스트 알고리즘의 경우 상태 합병이 제한적이므로 적합하지 않다.

(2) 프로세서 기반 PMBIST

프로세서를 이용한 테스트는 프로세서의 역할 및 테스트 방법에 따라서 여러 형태가 존재한다. 예를 들어 메모리 BIST의 주요 기능인 주소 및 데이터 생성, 테스트 제어, 그리고 데이터 비교 등을 프로세서가 전부 수행할 경우 별도의 하드웨어 비용이나 수행 가능한 테스트 알고리즘의 제한이 없지만 높은 프로세서 성능이 요구된다. 이에 반하여 그림 7.27과 같이 테스트 패턴이나 시그너처(signature) 등을 외부 테스터나 내장 ROM, 플래시 메모리 등에 저장하고, 프로세서는 테스트 프로그램에 따라 TAM을 통해 패턴을 인가하고 그 결과를 저장하는 기능만을 수행할 때는 비교적 중저급 프로세서와 약간의 하드웨어 오버헤드만으로 높은 고장 검출률을 얻을 수 있다. 그러나 외부 테스터 방식은 필드 테스트가 불가능하고 데이터 업로드나 다운로드 시간이 오래 걸리며, 패턴/시그너처 내장방식은 저장공간의 제약으로 복잡한 테스트가 불가능한 문제가 있다.

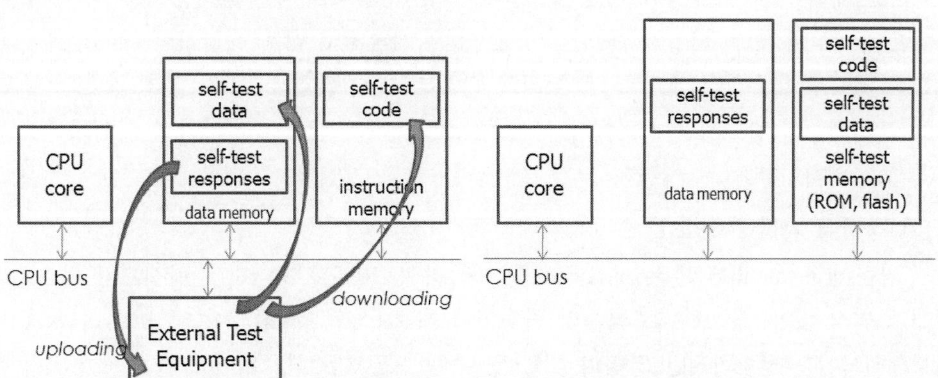

(a) 외부 테스터를 이용한 테스트　　　(b) 테스트 패턴/시그너처 내장형 테스트

그림 7.27 프로세서 기반 PMBIST[8]

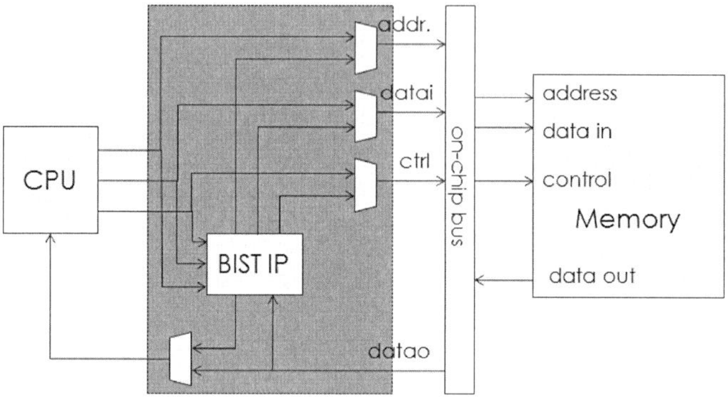

그림 7.28 프로세서 기반 PMBIST[14]

그림 7.28은 별도의 패턴 저장이나 외부 테스터를 사용하지 않는 프로세서 기반 테스트 구조이다. 본 방식은 내장 프로세서와 온칩버스 사이에 BIST 코어를 삽입하고, 정상 모드에서 BIST는 transparent 모드로 동작하기 때문에 프로세서는 MUX로 인한 약간의 시간 지연을 제외하고는 기능상 제약없이 동작할 수 있다. 테스트 모드에서 프로세서는 명령어 메모리에 저장된 테스트 프로그램에 따라 순차적으로 테스트 패턴과 주소를 생성하는데, 마치 테스트의 경우 백그라운드 테스트 패턴 값, 주소의 시작과 끝 정보 정도만을 BIST에 인가하면 반복적인 테스트 동작은 BIST가 수행하게 된다. 이때 프로세서는 BIST 내부의 상태 레지스터를 모니터링하면서 고장 여부를 확인하게 되고, 발생 시 고장 처리 루틴을 수행하면서 해당 정보를 저장, 혹은 외부로 출력하게 된다. 상기 구조에서 사용되는 BIST는 프로세서가 보내주는 정보를 저장하기 위한 약간의 레지스터들과 주소 카운터, 결과 분석기, BIST 제어기, 그리고 온칩버스 연결부로 구성된다.

프로세서 기반 BIST는 내장 프로세서와 온칩버스를 테스트 용도로 재활용하기 때문에 하드웨어 비용 없이 다양한 테스트 알고리즘을 사용하여 언제 어디서나 테스트가 가능하므로 테스트 효율성이 매우 높다. 그러나 테스트 리소스(프로세서와 BIST, 온칩버스 등)의 무고장 검증이 반드시 선행되어야 하며 테스트 대상과 테스트 로직간의 인터페이스 동작 등으로 인하여 테스트 시간이 크게 늘어나는 단점이 있다.

(3) 명령어 기반 PMBIST

명령어(instruction) 혹은 microcode를 이용하여 BIST를 제어하는 방식으로 하드웨어의 구조 변경 없이 테스트 알고리즘의 변경이나 개선이 가능한 장점이 있다. 그러나 범용 프로세서보다는 단순하지만 명령어 해석 및 수행에 필요한 하드웨어 모듈로 구성되기 때문에 다른 BIST 로직에 비하여 크기나 설계 비용이 크게 늘어나게 된다.

그림 7.29(a)는 명령어 기반 PMBIST 구조 예로서 명령어 저장소(instruction memory), 명령어 선택기(counter, mux), 명령어 해석기(decoder), 그리고 BIST 로직(제어기, 주소/데이터 생성부, 결과 분석부)으로 구성된다. 상기 구조를 바탕으로 명령어 집합(instruction

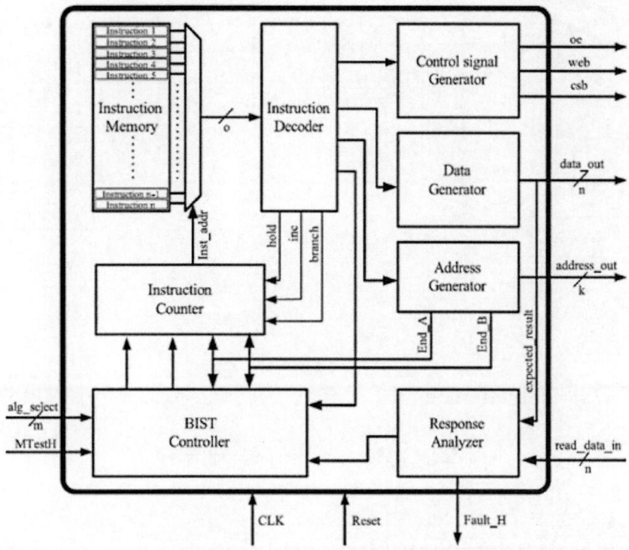

(a) 명령어 기반 PMBIST 구조

Instruction set	Inst[8:7]		Inst[6]		Inst[5]		Inst[4]		Inst[3]		Inst[2]		Inst[1:0]	
Function	Hold/ Increment		Address up/down		Background true/inv.		Memory operation		Counter operation		Counter output		Control	
Opcode	00	hold	0	up	0	true	0	read	0	A	0	A	00	NOP
	01	inc.	1	down	1	inv.	1	write	1	B	1	B	01	B←A+1
	10	branch											10	A←B+1
													11	terminate

(b) 명령어 집합 구성

그림 7.29 명령어 기반 PMBIST[15]

set) 구성 형태가 결정되며, 보통 명령어 하나는 테스트 알고리즘의 단위 동작, 즉 메모리 셀에 데이터를 읽고 쓰는 것을 가리킨다. 그림 7.29(b)에서 명령어의 구성 형태를 나타내었다. 명령어는 주소 생성(Inst[6], Inst[3:2]), 데이터 생성(Inst[5]), 메모리 읽기/쓰기(Inst[4]), 그리고 명령어 제어(Inst[8:7], Inst[1:0])로 세분할 수 있으며 구현하고자 하는 테스트 알고리즘에 따라 변경 가능하다. 만약 명령어 값이 (000010000)=(hold, addr. up, data true, mem. write, cnt. A, cnt. A out, NOP)이면 모든 메모리 셀에 0을 쓰는 동작(w0)을 나타낸다. 그리고 (100100000)=(inc., addr. up, data inv., mem. read, cnt. A, cnt. A out, NOP)는 주소를 증가시키면서 메모리 셀을 읽는 동작(r1)을 가리킨다.

이와 같이 PMBIST의 구조와 동작이 다양함에 따라 효율적인 테스트를 위하여 PMBIST의 전체 제어 구조를 목표 비용에 따라 결정할 필요가 있다. PMBIST는 일반 BIST와 같이 공용 또는 독립 형태로 사용 가능하며 각각의 예를 그림 7.30에 나타내었다. 독립 PMBIST 구조는 메모리 동시 테스트가 가능하므로 테스트 시간을 줄일 수 있다. 다만 높은 하드웨

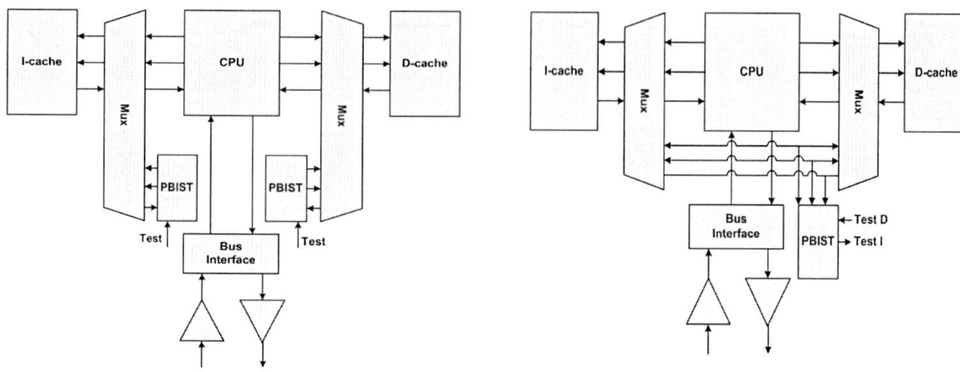

(a) 독립 PMBIST 제어　　　(b) 공용 PMBIST 제어

그림 7.30 PMBIST의 제어 구조

어 오버헤드 문제를 해결하기 위하여 작은 크기의 PMBIST 로직을 적용해야 하기 때문에 테스트 대상 메모리 수가 많지 않아야 한다. 이에 반하여 공용 PMBIST는 크기나 종류가 다양한 메모리를 순차적으로 테스트할 수 있으며 프로세서나 명령어 방식의 PMBIST에 보다 적합한 구조이다.

지금까지 설명한 PMBIST 방식의 특징을 정리하면 다음 표와 같다. 항목 중 설계비용은 time to market을 고려한 설계 시간과 재사용 가능성을 모두 반영한 것이다. 표에서 프로세서 방식이 테스트 시간을 제외하고는 모든 내용에서 우수함을 확인할 수 있으며 향후 PMBIST 기술의 궁극적인 진화 방향이 될 것으로 예상된다.

PMBIST 구조	테스트 시간	하드웨어 크기	설계 비용	유연성
FSM	short	low	high	very low
프로세서	long	very low	zero	high
명령어	average	high	low	low

7.6 메모리 BISR/BIRA

7.6.1 메모리 BISR의 구조

반도체 공정의 미세화로 셀의 크기는 계속해서 줄어들고 전체 밀도와 커패시티는 지속적으로 증가하고 있다. 이러한 상황에서 만족할만한 수율을 확보하기 위해서는 공정 자체의 개선과 더불어 설계 기술, 그리고 불량 제품에 대한 수리 기술 개발이 필연적이다. 과거

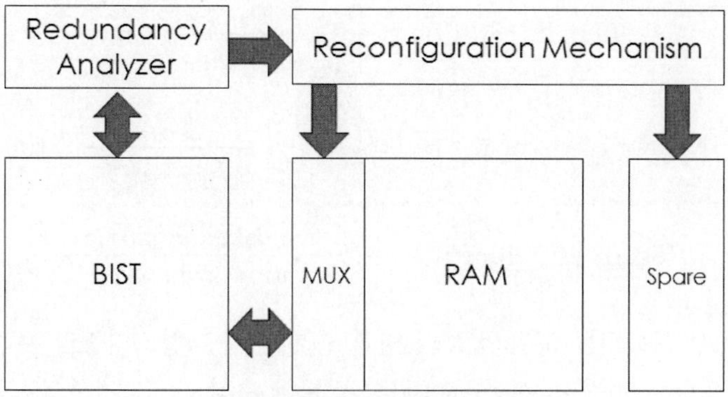

그림 7.31 메모리 BISR 구조

고장 유무 확인에 주력하던 BIST 기술은 이제 고장 진단 및 수리까지 온칩 수준에서 수행하기 위한 노력을 하고 있다. 이에 BIST로 통칭되던 온칩 테스트 기술들은 BISD(Built-In Self Diagnosis), BIRA(Built-In Redundancy Analysis), 그리고 BISR(Built-In Self Repair) 등으로 세분화되고 있다.

그림 7.31에서 BISR 기술을 적용한 메모리 구조 예를 나타내었다. 그림 중 RA(Redundancy Analyzer) 블록은 ATE나 BIST에서 수집된 메모리 고장 정보와 미리 확보하고 있는 메모리의 구조 정보를 통해 고장 셀을 여분 셀 블록(spare elements)으로 대체 가능한지 분석하는 역할을 수행한다. 여분 셀 블록의 구조와 수량은 일반적으로 대상 메모리의 구조, 크기 및 고장 정보에 대한 데이터를 사전 분석하여 결정한다. 만약 여분 셀 블록을 이용하여 대체 가능하다면 퓨즈 기반 방식이나 먹스(MUX)를 이용한 셀 재구성 기법(reconfiguration mechanism)을 사용하여 불량 셀을 수리하게 된다. 이렇게 수리가 완료된 메모리는 대체되는 시간으로 인한 타이밍 문제를 야기할 수 있지만 양품으로 분류 가능하다.

7.6.2 RA 알고리즘의 성능과 형태

일반적으로 RA 알고리즘은 여분 메모리의 기본 구조인 2차원 형태의 여분 셀을 이용하여 고장 셀을 수리하게 되는데, 이때 소요되는 수행시간, 수리 효율, 하드웨어 크기를 기준으로 해당 알고리즘의 성능을 판단한다. ATE와 같은 외부 장비를 사용하는 경우 하드웨어의 크기는 크게 고려할 대상이 아니므로 수행시간과 수리 효율에 중점을 두어 RA 알고리즘을 판단한다. 그러나 칩 내장형 RA 알고리즘의 경우 하드웨어 크기는 중요한 판단 기준이 된다. RA 알고리즘의 수리 효율은 식 (1)과 같이 표현할 수 있다. 이중 수리 가능한 메모리 중에서 수리가 되는 메모리의 비율을 나타내는 식 (2)의 정규화 수리율이 실제 RA 알고리즘의 성능을 나타낸다. 그러나 온칩 RA 알고리즘의 경우 하드웨어 크기가 반영되어야 하기 때문에 식 (3)과 같은 방식으로 수리 효율을 표현한다.

$$\text{Repair rate}(\%) = \frac{N_{repaired\ memory}}{N_{tested\ memory}} \times 100 \tag{1}$$

$$\text{Normalized repair rate}(\%) = \frac{N_{repaired\ memory}}{N_{repairable\ memory}} \times 100 \tag{2}$$

$$\text{Repair efficiency}(\%) = \frac{\text{normalized repair rate}}{\text{unit area size}} \tag{3}$$

RA 과정에서 사용되는 고장 정보의 양과 종류는 해당 알고리즘의 수리 성능이나 수행시간에 크게 영향을 미친다. 사용하는 고장 정보와 수리시간을 기준으로 분류한 RA 알고리즘 적용 형태는 크게 정적(static)방식, 동적(dynamic)방식, 그리고 복합(hybrid)방식이 있으며 그림 7.32에서 비교, 표시하였다. 먼저 정적방식은 ATE나 BIST에 의하여 검출된 고장 정보 전체를 내부 메모리에 저장하고, 해당 정보를 바탕으로 소프트웨어 형태의 RA 알고리즘을 수행한다. 고장 정보를 모두 알고 이용하기 때문에 비록 하드웨어 오버헤드가 크고 수리시간이 길지만 높은 수리 효율을 제공할 수 있으며, 어떠한 종류의 RA 알고리즘도 사용할 수 있다. 본 방식은 수리 효율을 중요시하는 ATE 내장형 RA 방식으로 사용된다. 다음 동적방식은 수리시간을 최소화하기 위해 메모리 테스트와 RA를 동시에 수행하는 형태이다. 이러한 방식은 사용하는 고장 정보의 양이 제한적이고 검출 순서에 영향을 받을 수 있기 때문에 수리 성능이 떨어지며, 가장 높은 수준의 하드웨어 오버헤드가 수반된다. 마지막으로 복합방식은 동적방식 대비 수리 효율은 높이고, 정적방식 대비 수리시간을 단축시키는 일종의 절충안이다.

RA 알고리즘은 NP 수준의 복잡도를 가지고 있기 때문에 합리적인 고장 수리방법을 찾기 위해서는 RA 분석시간의 제한이 필연적이다. 복합방식에서는 Must-Repair 법칙을 사용하여 RA 알고리즘의 복잡성과 수행시간을 동시에 개선하고 있으며, 이러한 방법은 대부분의 BIRA 알고리즘에서 채택하고 있다. Must-Repair 법칙이란 고장이 발생한 라인 중 고장

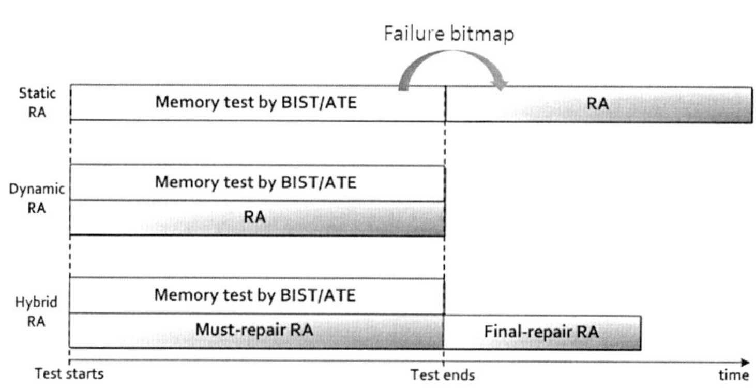

그림 7.32 RA 알고리즘의 적용 형태

셀의 수와 여분 메모리의 크기를 고려하여 우선적으로 여분 메모리에 할당하는 고장 라인을 설정하여 RA 분석시간을 단축시키는 방식을 말하며, 상기 고장 라인을 Must-Repair 라인이라고 한다. Must-Repair 라인에 대한 세부 정의는 다음과 같다.

- 고장 라인(faulty line) : 적어도 하나 이상의 고장 셀이 포함된 행 또는 열
  - 고장 라인 l을 수리하기 위해서는 고장 라인 l과 동일한 방향의 여분 메모리 라인 1개 혹은 직각 방향 여분 메모리 F_l개가 필요함
  - F_l : 고장 라인 l에 포함된 고장 셀 수
- 고장 행 라인 l의 F_l이 N_c보다 크거나 고장 열 라인 l의 F_l이 N_r보다 크면 고장 라인 l을 Must-Repair 고장 라인이라고 한다
  - N_r : 사용 가능한 여분 메모리 행의 수
  - N_c : 사용 가능한 여분 메모리 열의 수

그림 7.33은 Must-Repair 알고리즘을 적용한 예이다. 그림 7.33의 왼쪽 그림을 보면 행과 열의 여분의 셀은 각 2개씩인데 열 주소 2에는 총 3개의 고장이 있다. 이것은 행에 준비된 2개의 여분 셀로는 절대 수리할 수 없으므로 하나의 열을 이용하여 수리해야 한다. 그림 7.33 오른쪽 그림은 여분의 열 하나를 이용하여 수리한 이후의 메모리 모습이다. 같은 방식으로 행 주소 2에서 발생한 2개의 고장은 남아있는 여분 열 1개로는 수리할 수 없으므로 하나의 여분 행을 이용하여 수리해야 한다. 더 이상 Must-Repair 법칙을 적용할 수 없을 때까지 상기 과정은 반복되며 이후 나머지 고장 셀에 대한 최종 수리(final repair)과정이 시작된다. Must-Repair 법칙이 적용된 RA 알고리즘은 메모리가 테스트되는 과정에서 고장 셀이 새로 발견될 때마다 각각의 카운터에 저장된 고장 셀수 값과 아직 사용하지 않은 여분 행 또는 여분 열의 개수를 비교하여 판단하게 된다. 만약 하나의 행 또는 열 카운터에 저장된 고장 셀의 개수가 더 많으면 Must-Repair 라인이 되고, 그 라인에 여분 행 또는 여

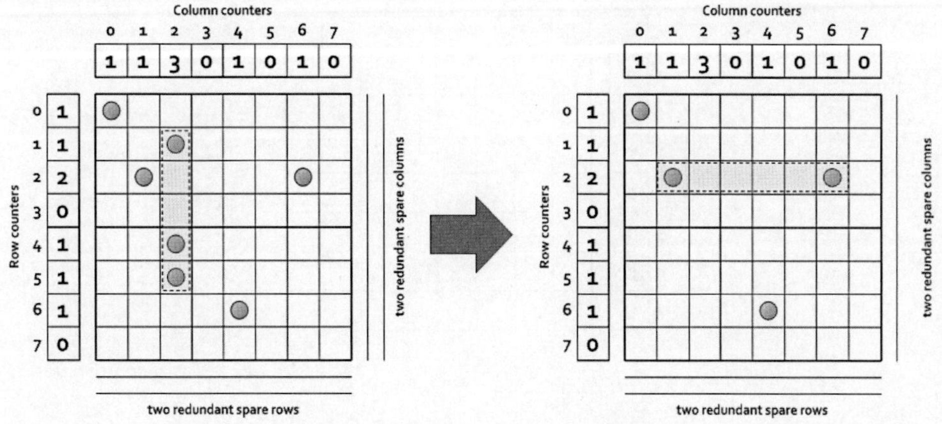

그림 7.33 Must-Repair 법칙 적용 예

분 열이 할당된다. 메모리 테스트 및 수리에 필요한 시간을 단축하기 위하여 RA 시간을 어떻게 줄일 것인가에 대한 연구는 현재 진행형이며 다음 장에서는 널리 알려진 대표적인 RA 알고리즘들을 소개한다.

7.6.3 대표적인 RA 알고리즘

(1) RM(Repair-Most) 알고리즘

RM 알고리즘은 단순히 고장 셀의 개수로만 솔루션을 판단하는 알고리즘으로서 먼저 BIST와 같은 메모리 테스트 과정을 거쳐서 고장 비트맵을 작성하고, 각 행과 열의 카운터는 그 행과 열의 고장 셀의 개수를 저장한다. 이후 각 카운터 값을 비교하여 가장 큰 값을 가진 카운터의 행 또는 열에 여분의 행 또는 여분의 열을 할당하게 된다. 상기 알고리즘은 매우 간단하게 구현할 수 있어서 RA 알고리즘으로 많이 선택되어 사용된다. 그림 7.34는 RM 알고리즘을 적용한 예를 보여주는 그림이다. 여분 셀의 수가 적으면 Must-Repair 규칙에 의해 수리가 되기 때문에 RM 알고리즘의 이해를 돕기 위해 여분 셀 수는 충분하다고 가정한다. 먼저 메모리에서 발생한 고장을 주소마다 세어서 각 행과 열 카운터에 저장한다. 저장작업을 완료하고 나면 열 주소 2에 고장이 3개로 가장 많은 것을 알 수 있다. 따라서 RM 알고리즘을 적용하면 열 주소 2부터 수리가 된다. RM 알고리즘은 높은 수리 성능을 제공하면서도 직관적이고 단순하여 구현하기 쉬운 알고리즘이다. 그러나 단순히 고장이 많은 셀을 먼저 수리하는 알고리즘이기 때문에 항상 정확한 솔루션을 찾을 수 있는 방식은 아니며 행/열 고장 카운터로 인한 높은 하드웨어 오버헤드 때문에 BIRA 알고리즘으로는 적당하지 않다.

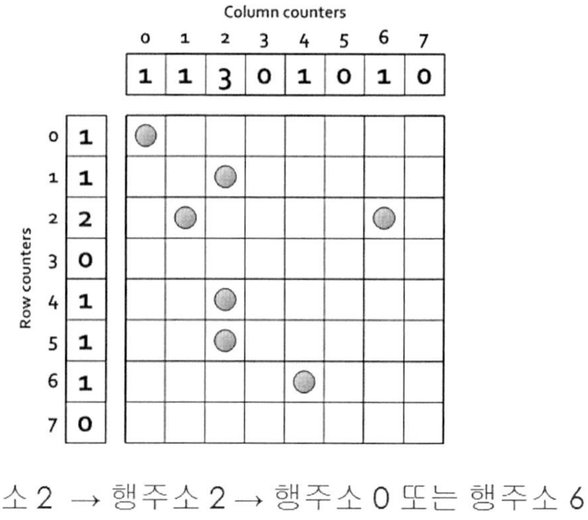

그림 7.34 RM 알고리즘

(2) Fault-driven 알고리즘

Fault-driven 알고리즘은 고장 주소의 정보를 미리 알고 있는 상태에서 branch and bound 휴리스틱(heuristic)을 이용한 트리 구조를 사용하여 모든 고장 셀에 여분 행과 열 조합을 순서대로 적용, 수리 가능한 방법을 찾아내는 전수조사 방식이다. 상기 알고리즘은 Must-Repair 규칙에 의하여 여분 메모리를 배정하는 forced-repair 단계와 남은 고장 셀에 대하여 트리 기반 분석을 진행하는 sparse-repair 단계로 구성된다.

그림 7.35는 sparse-repair 단계에 대한 fault-driven 알고리즘 동작 예를 보여주고 있으며 그림의 왼쪽은 forced-repair를 마친 이후의 메모리 고장 정보이다. 트리의 각 노드에서는 여분 행의 수(Rs)와 여분 열의 수(Cs) 길이만큼 고장 라인을 배치할 수 있으므로 2×2의 구조를 갖는다. 먼저 고장 셀 (1, 0)에 대하여 여분 행 1개 혹은 여분 열 1개를 선택할 수 있으므로 첫 번째 트리 노드에서는 2개의 경우의 수가 발생한다. 다음 고장 셀 (1, 5)을 그림의 왼쪽 노드에 배치할 경우 기존 고장 셀과 주소가 동일하므로 추가적인 여분 메모리 할당이 필요없다. 그러나 오른쪽 노드의 경우 여분 행과 열을 사용하는 경우가 다르므로 다시 2개의 경우가 발생한다. 이때 여분 행을 사용한다고 가정하면 왼쪽 노드와 비교할 때 여분 열 1개를 추가적으로 사용하기 때문에 최적화 과정을 통하여 솔루션에서 제외된다. 만약 트리 노드의 저장 공간이 없는 경우 해당 메모리는 수리가 불가능하기 때문에 마찬가지로 제외된다. 이와 같은 방식으로 고장 셀 (5, 2)와 (5, 5)를 차례대로 트리 노드에 삽입하고 최적화 과정을 거치면 최종적으로 3개의 솔루션이 생성된다.

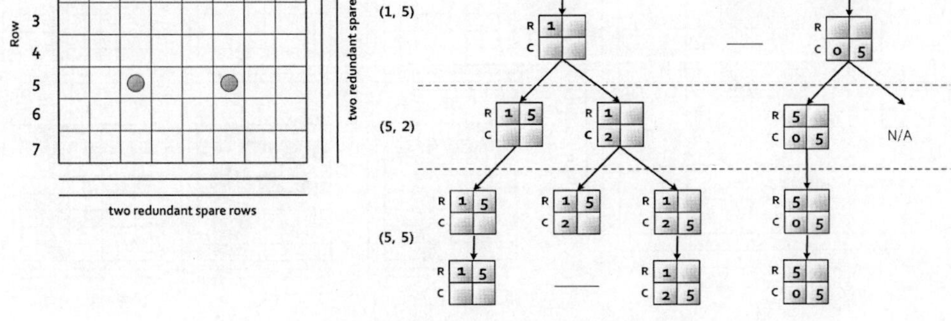

그림 7.35 Fault-driven 알고리즘[16]

Fault-driven 방식은 전수조사를 하기 때문에 100% 수리 성능을 가질 수 있지만, 시간이 너무 오래 걸린다는 단점이 있다. 즉 트리 내 노드의 수는 여분 메모리 수에 비례하여 기하급수적으로 증가하며, 또한 고장의 수가 증가하면 증가할수록 이전 노드에 저장된 정보와 새롭게 입력되는 고장의 정보를 비교하는 작업이 증가하여 RA 시간이 크게 늘어나게 된다. 따라서 트리 탐색 공간을 최대한 줄여 RA 시간을 최소화하는 것이 중요하다.

(3) CRESTA(Comprehensive Real Time Exhaustive Search Test and Analysis)

CRESTA 알고리즘은 병렬로 동시에 동작하는 여러 개의 sub-analyzer를 이용하여 가능한 모든 수리방법을 분석하는 방식으로 100%의 수리 효율을 제공한다. 전체 sub-analyzer의 수는 여분 행/열 메모리를 할당하는 방법의 수와 같으며, 각 sub-analyzer는 메모리 테스트가 진행되는 동안 사전에 결정된 여분 메모리 할당 순서에 따라 수리방법을 찾게 된다. 그림 7.36에 CRESTA RA 과정의 예를 나타내었다. 그림에서 메모리는 각각 2개의 여분 행과 열 메모리를 가지고 있으며, 메모리 테스트 과정에서 1번부터 8번까지 고장 셀이 차례대로 발생하고 있다고 가정한다. 여분 메모리를 할당하는 방법은 총 ${}_4C_2$=6가지 경우의 수(R-R-C-C, R-C-R-C, R-C-C-R, C-R-R-C, C-R-C-R, C-C-R-R)가 있으므로 6개의 sub-analyzer가 동시에 솔루션을 찾게 된다. 여기서 R-R-C-C는 여분 행->행->열->열 순서로 발생한 고장 셀을 배치하는 것을 의미한다. 그림에서는 그 중 R-R-C-C 순서로 동작하는 sub-analyzer의 RA 과정을 나타내며 성공적으로 수리가 가능함을 알 수 있다.

CRESTA 알고리즘은 수리 가능한 메모리를 100% 고칠 수 있고 메모리 테스트와 동시에 RA를 하는 장점이 있는 반면에, 여분 셀의 수가 많아지면 하드웨어 오버헤드가 급격하게 증가하는 단점이 있다. 또한 sub-analyzer의 수가 많아지면 회로의 복잡도가 크게 증가하므로 BIRA용 알고리즘으로는 많은 한계점을 가지고 있다.

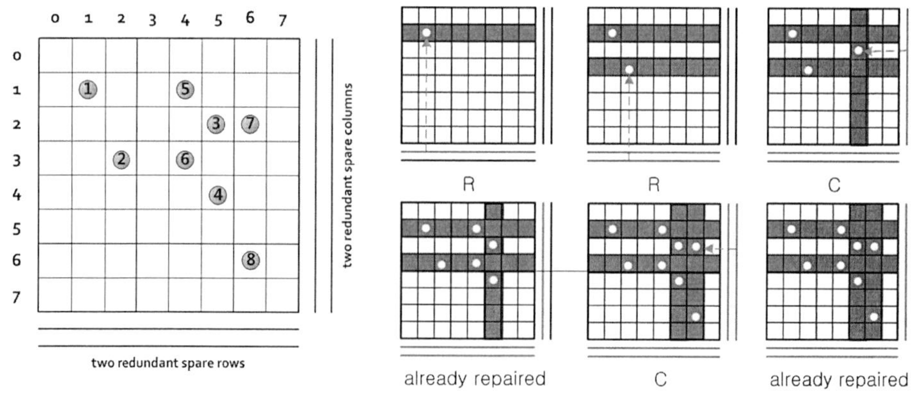

그림 7.36 CRESTA[17]

(4) LRM(Local Repair-Most)

온칩 형태를 목적으로 하는 RA 알고리즘에서는 메모리 전체 고장 비트맵을 저장하는 방식은 실제 적용이 어렵다. LRM은 작은 크기의 고장 정보(local bitmap)와 행/열 카운터만을 사용하는 RA 방식으로 하드웨어 크기나 속도 측면에서 RM 대비 크게 개선되었다. 상기 알고리즘은 fault collection(FC)과 spare allocation(SA) 두 부분으로 구성되어 있으며 BIST에 의한 고장 검출과 동시에 RA가 시작된다.

알고리즘 동작 과정을 그림 7.37의 예를 통하여 설명한다. 그림 7.37의 상단은 메모리 테스트 과정을 거쳐 검출되는 고장 셀의 위치와 순서이다. 검출된 고장 셀 (1, 0), (1, 6), (2, 4), (3, 4), (5, 1)까지 5개의 정보는 FC 과정에서 그림 왼쪽 하단과 같이 4×4 크기의 비트맵에 차례대로 저장된다. 이후 검출된 고장 셀 (5, 2)은 비트맵에 저장공간이 없으므로 기존 검출된 셀들은 SA 과정을 거쳐 여분 메모리에 할당하고 해당 비트맵 정보를 삭제한다. 이때 고장 셀수가 가장 많은 라인을 여분 메모리에 할당하는데 그림에서는 비트맵 중 1행의 고장 셀수가 2이므로 여분 행 메모리로 수리하고 다시 FC 과정을 진행한다. 다음 고장 셀 (5, 2), (5, 4), (5, 6)을 저장하면 비트맵의 공간이 가득차서 (5, 7) 셀 정보를 저장하지 못하므로 다시 SA를 하는데, 이때는 마지막 행의 카운터가 5(새로 입력될 값 포함)이므로 해당 행을 수리한다. 테스트 과정이 끝나면 나머지 비트맵 셀들은 잔여 여분 메모리를 활용하여 수리하면 된다.

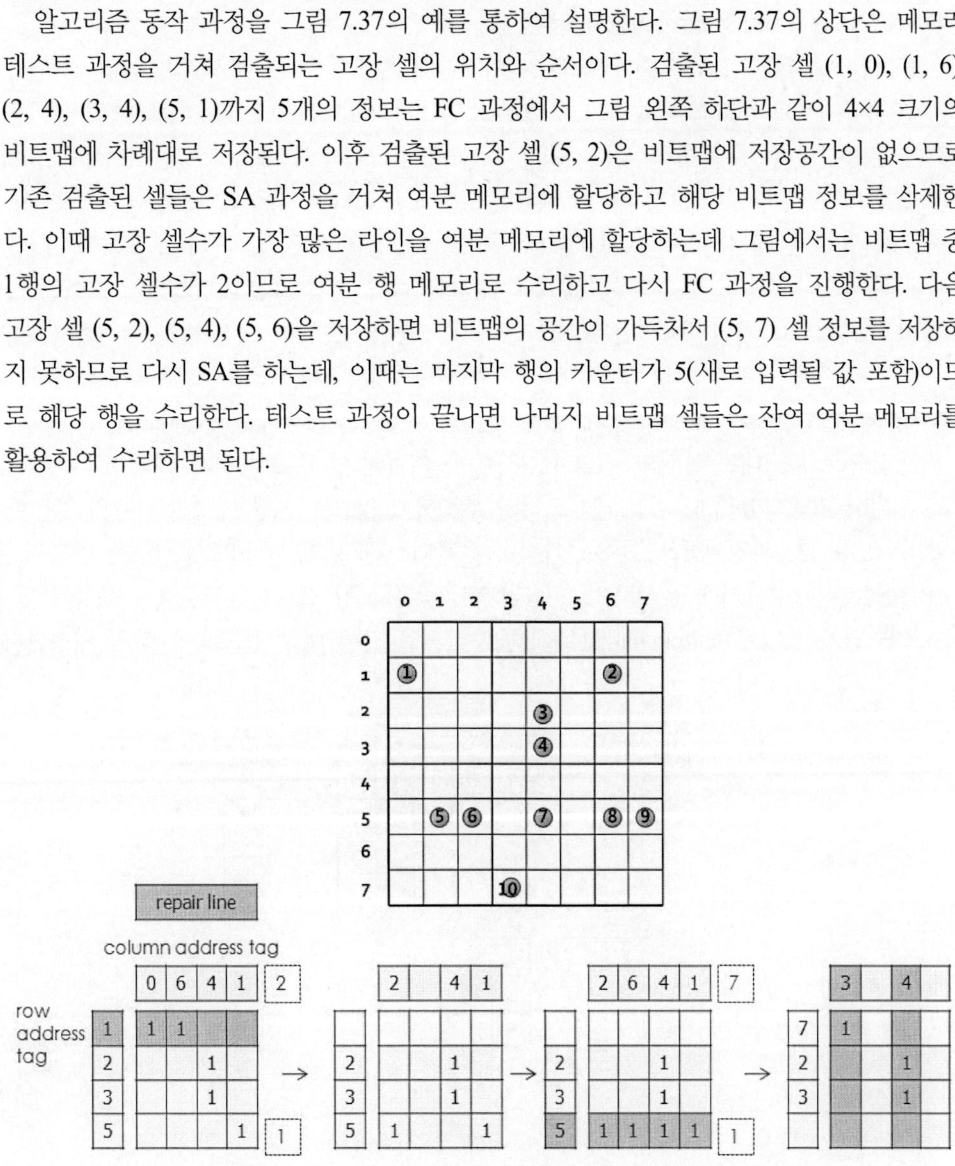

그림 7.37 LRM 알고리즘[18]

그러나, LRM은 카운터에 의하여 고장 라인을 선정하는 시간이 길고 로컬 비트맵의 크기에 따라 수리 성능이 좌우되는 문제가 있다. 이러한 문제를 개선하기 위하여 Local Optimization(LO) 기법이 함께 제안되었으며, LO에서는 로컬 비트맵이 고장 셀 정보로 가득차면 모든 경우의 수를 조사하는 SA 과정을 진행하여 비트맵을 초기화시키는 과정을 반복한다. 따라서 RA 시간이 다소 증가할 수 있지만 수리 효율이 개선되고, 카운터를 사용하지 않기 때문에 하드웨어 비용 또한 감소시킬 수 있다.

(5) ESP(Essential Spare Pivoting)

ESP는 LRM이나 LO와 같이 FC와 SA의 2단계 RA 과정으로 구성되며, 높은 수리 효율을 유지하면서도 비교적 단순하고 로컬 비트맵을 사용하지 않기 때문에 하드웨어 비용을 크게 감소시킬 수 있는 방식이다. 간단한 예를 들어 그림 7.37 예와 동일한 고장 셀 정보가 차례대로 입력된다고 가정할 때, 입력된 정보는 그림 7.38과 같은 레지스터에 저장된다. 그림 7.38과 같은 레지스터를 피봇 레지스터라고 하며, 왼쪽 열을 행 피봇, 오른쪽 열은 열 피봇 레지스터로서 고장 셀의 행/열 주소 정보를 각각 저장한다. 레지스터의 크기는 여분 행/열 메모리의 크기와 같다. 먼저 최초 발견된 고장 셀 주소 (1, 0)은 피봇 레지스터 1행에 저장된다. 다음 새로운 고장 셀 (1, 6)의 경우 피봇 레지스터 1행의 행 주소와 동일하므로 레지스터에 추가되지 않으며, 이때 중복되는 행 주소 1을 Essential Pivot(EP)라고 한다. 같은 방식으로 차례대로 입력되는 (2, 4), (3, 4)에 의하여 열 주소 4 역시 EP가 된다. 마지막 고장 셀이 입력되었을 때 피봇 레지스터가 부족하지 않으면 해당 메모리는 수리 가능함을 알 수 있다. FC 과정이 끝나면 SA 과정이 시작되는데, 이때 행 EP를 여분 행 메모리, 열 EP는 여분 열 메모리에 우선적으로 할당한다. 남은 고장 셀들은 다른 고장 셀들과 행/열 주소가 겹치지 않는 orthogonal fault에 해당하므로 잔여 여분 메모리에 임의 배정한다.

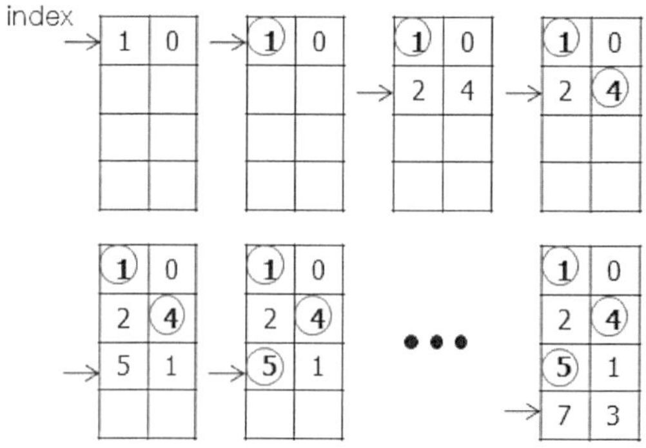

그림 7.38 ESP 알고리즘[18]

(6) IntelligentSolve 알고리즘

IntelligentSolve는 트리 구조를 사용한 RA 알고리즘으로서 고장 셀의 주소를 트리로 만들어 여분의 행 또는 열을 지정하고, 만약 잘못된 할당이 있다면 backtracking하여 다시 트리를 만드는 방법(basicSolve)을 기반으로 솔루션을 찾는다. 그림 7.39는 메모리 고장 셀의 위치 및 검출 순서 예와 해당 고장 셀을 각 2개씩의 여분 행/열에 배치하기 위한 트리 구조이다. 트리 내 노드 번호는 행 우선 탐색방법을 적용한 경우 탐색순서를 가리킨다. 따라서 입력 고장 셀 정보 (1, 2), (3, 4), (4, 4), (5, 1), (5, 6), (6, 0), 그리고 (7, 0)가 들어올 때 1번 노드부터 차례대로 해당 셀을 배치하고 수리 가능 여부를 확인하게 된다. 그림 7.40에서 상기 예에 대한 basicSolve 알고리즘 적용 결과를 나타내었다. 그림에서 5번 노드에 도착하면 더 이상의 여분 메모리 자원이 없는 상태에서도 잔여 고장 셀이 남아있기 때문에 해당 경로에서는 수리가 불가능함을 알 수 있다. 따라서 다시 2번 노드까지 backtracking하여 6, 7, 8번 노드 순서로 재탐색하게 된다. 이때 여분 행과 열은 트리 탐색 공간에서 고정된 순서로 배치되기 때문에 backtracking은 단순히 해당 카운터를 감소시키면 된다. 8번 노드에 도착하면 첫 번째 솔루션이 만들어짐을 알 수 있다. 이후 같은 방식으로 모든 경우의 수를 다 검색하고 최적의 솔루션을 찾게 된다. 그러나 backtracking은 테스트의 재시작을 의미하며 이로 인한 테스트 및 수리시간이 크게 증가할 수 있다.

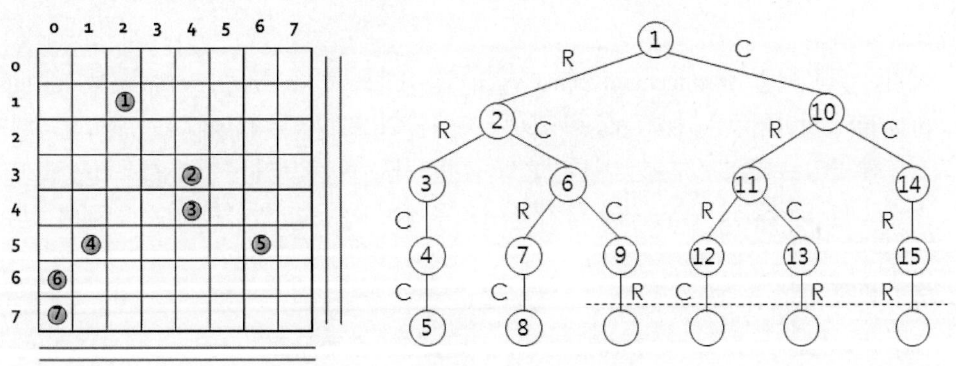

그림 7.39 고장 비트맵과 트리 구조[19]

상기 문제를 해결하기 위하여 동적 Must-Repair 분석을 통한 트리 탐색 공간 축소기법을 적용한 것이 IntelligentSolve 알고리즘이다. 동적 Must-Repair 분석이란 기존과 같이 Must-Repair 기법을 최종 수리 이전 단계에서만 사용하는 것이 아니라 여분 메모리의 수가 변경될 때마다 다시 적용하는 방식이며, 여분 행/열 메모리 수의 2배 수준(2*Rs*Cs)의 CAM을 이용하여 구현한다. 결과적으로 동적 Must-Repair 분석을 통하여 트리 노드 수가 추가적으로 감소하므로 수리시간이 줄어들게 된다. 그리고 backtracking 횟수를 줄이기 위하여 IntelligentSolve 알고리즘을 진행하면서 첫 번째로 도출된 솔루션을 최종 해결책으로

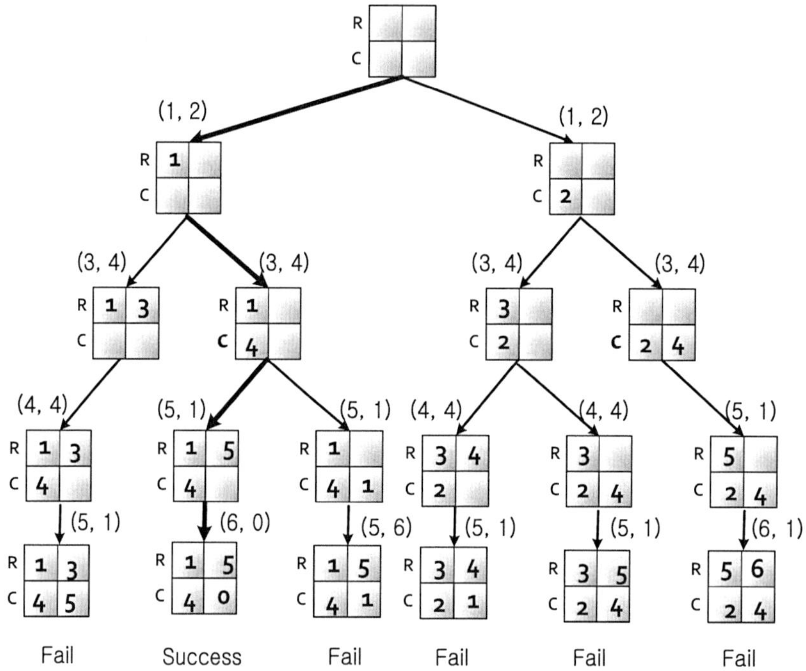

그림 7.40 basicSolve 알고리즘 적용 결과

제시하는 방법을 IntelligentSolveFirst 알고리즘이라고 한다. IntelligentSolve와 Intelligent-SolveFirst 알고리즘은 수리 효율이 100%이면서, CRESTA에 비하여 하드웨어 오버헤드를 상당히 줄일 수 있다. 하지만 기본적으로 전수조사를 하는 트리 구조를 사용하는 알고리즘이므로 backtracking 빈도 수가 증가하는 경우에는 RA 속도가 느려지는 단점이 있다.

참고문헌

[1] M. Abramovici, M. A. Breuer, and A. D. Friedman, Digital Systems Testing and Testable Design, Computer Science Press, 1990
[2] A. J. Van de Goor, Testing Semiconductor Memories, John Wiley & Sons, 1991
[3] L.-T. Wang, C.-W. Wu, and X. Wen, VLSI Test Principles and Architectures, Morgan Kaufmann Publishers, 2006
[4] P. H. Bardell et al., Built-In Test for VLSI: Pseudorandom Techniques, John Wiley & Sons, 1987
[5] M. Bushnell and V. Agrawal, Essentials of Electronic Testing for Digital, Memory, and Mixed-Signal VLSI Circuits, Kluwer Academic Publishers, 2000
[6] N. Jha and S. Gupta, Testing of Digital Systems, Cambridge University Press, 2003
[7] P. K. Lala, Digital Circuit Testing and Testability, Academic Press, 1997
[8] D. Gizopoulos, A. Paschalis, and Y. Zorian, Embedded Processor-Based Self-Test, Kluwer Academic Publishers, 2004

[9] 강성호, 김규철, 소병세, 홍성철, 메모리 테스트, 대영사, 2001
[10] R. D. Adams, High Performance Memory Testing, Kluwer Academic Publishers, 2003
[11] S. Hamdioui, Testing Static Random Access Memories, Kluwer Academic Publishers, 2004
[12] Tessent Memory Test Solutions, http://www.mento.com
[13] P.-C. Tsai, S.-J. Wang, and F.-M. Chang, "FSM-Based Programmable Memory BIST with Macro Command," IEEE International Workshop on Memory Technology, Design, and Testing (MTDT'05), 2005
[14] C.-H. Tsai and C.-W. Wu, "Processor-Programmable Memory BIST for Bus-Connected Embedded Memories," Proc. of ASP-DAC, 2001
[15] Y. Park, J. Park, T. Han, and S. Kang, "An Effective Programmable Memory BIST for Embedded Memory," IEICE Trans. Inf. & Syst., 2009
[16] J. R. Day, "A Fault-Driven Comprehensive Redundancy Algorithm," Proc. of ITC, 1984
[17] T. Kawagoe, J. Ohtani, M. Niiro, T. Ooishi, M. Hamada, and H. Hidaka, "A Built-in Self-Repair Analyzer (CRESTA) for Embedded DRAMs," Proc. of ITC, 2000
[18] C.-T. Huang, C.-F. Wu, J.-F. Li, and C.-W. Wu, "Built-In Redundancy Analysis for Memory Yield Improvement", IEEE Trans. on Reliability, 2003
[19] P. Ohler, S. Hellebrand, and H.-J. Wunderlich, "An Integrated Built-in Test and Repair Approach for Memories with 2D Redundancy," Proc. of ETS, 2007
[20] S. Hamdioui, G. Gaydadjiev, and A. J. Van de Goor, "The State-of-art and Future Trends in Testing Embedded Memories", Proc. of MTDT, 2004

08

노화 모니터링 및 소프트 에러 복구기술

이 장에서는 칩의 노화 고장으로 인한 사고를 예방하기 위한 노화 모니터링 기술과 칩의 로직에서 발생하는 소프트 에러의 복구가 가능한 회로 설계기술을 살펴본다. 노화 모니터링 기술과 소프트 에러 복구기술을 살펴보기에 앞서, 신뢰성 있는 시스템을 구현하기 위해 필요한 배경지식으로써 시스템 신뢰성의 정의, 신뢰성을 저해하는 오류의 종류 및 원인, 고장 허용(fault tolerant) 시스템 설계를 위한 전통적인 방식을 간략히 알아본다.

8.1 시스템 신뢰성

8.1.1 시스템 신뢰성이란?

어떤 시스템이 주어진 동작 조건에서 특정기간 동안 문제없이 동작할 때 우리는 그 시스템은 신뢰성이 있다고 한다. 시스템의 용도, 가격, 접근성, 동작환경 등에 따라서 기대되는 신뢰도 정도에 차이가 있을 수 있다. 특히, 오류 발생시 큰 경제적 손실이나 인명 손실의 위험이 있는 시스템은 신뢰도가 그 시스템 구현의 가장 중요한 요소가 될 것이다. 예를 들어, 인공위성, 데이터 서버, 전력 발전소의 장비, 비행기, 자동차, 의료 시스템 등은 신뢰도가 매우 높아야 한다.

8.1.2 시스템 오류 및 원인

신뢰성 있는 시스템을 구현하기 위해서는 신뢰성을 저해하는 시스템의 오류에는 어떠한 것들이 있는지 알아볼 필요가 있다. 시스템이 오류를 발생시키는 원인은 크게 세 가지로 구분된다. 첫 번째는 가장 빈번한 오류를 발생시키는 원인인 인간의 오동작이다. 시스템의 매뉴얼을 상세히 숙지하지 않았다거나 단순한 동작 실수 등이 이에 해당된다. 두 번째는 소프트웨어 에러이다. 프로그램 코드가 그 시스템에 최적화 되어 있지 않다거나 큰 규모의 프로그램에서 다른 여러 프로그램의 관계가 완벽히 고려되지 않은 경우에 오류를 발생시킬 수 있다. 세 번째는 하드웨어에서 발생하는 오류이다. 하드웨어 오류는 다음과 같이 세 가지로 구분될 수 있다.

① 미세하고 복잡한 칩 공정의 불안정적인 요소로 인해 특정 부분에 반복적으로 나타나는 간헐적 오류(intermittent error)
② 동작 환경 조건으로 인해 여러 부분에 걸쳐 일시적으로 발생하는 일시적 오류(transient error)
③ 오랜 시간 동작하거나 강한 스트레스로 인해 물리적인 손상이 생겨서 발생하는 영속 오류(permanent error)

이 장에서 다룰 노화와 소프트 에러는 각각 하드웨어의 영속 오류와 일시적 오류에 포함되며, 칩의 공정기술이 미세해짐에 따라서 더욱 중요한 문제로 부각되었다.

8.1.3 고장 허용(fault-tolerant) 시스템 설계

고장 허용(고장 감내) 시스템이란, 오류가 있는 상태에서도 계속해서 정상 기능을 수행할 수 있도록 설계된 시스템을 말한다. 시스템의 특성과 위에서 소개한 각 오류의 종류에 따라서 매우 다양한 고장 허용 시스템 구현기술이 존재할 것이다. 이 장에서는 고장 허용 시스템 설계에 가장 기본이 되는 TMR(triple modular redundancy) 기법을 소개하고자 한다.

TMR을 설명하기에 앞서 고장 허용 시스템 설계를 위해 두 개의 모듈을 사용하는 재구성 가능 구조(reconfigurable architecture)의 개념을 살펴보자. 그림 8.1(a)와 같이 고장에 대비하여 여분의 모듈을 두고, 사용 중인 모듈에 고장이 발생하면, 그림 8.1(b)와 같이 여분의

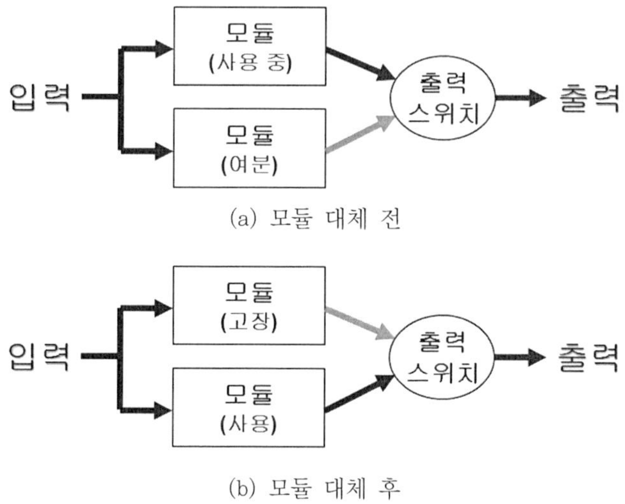

그림 8.1 두 개의 모듈을 사용하는 재구성 가능 구조

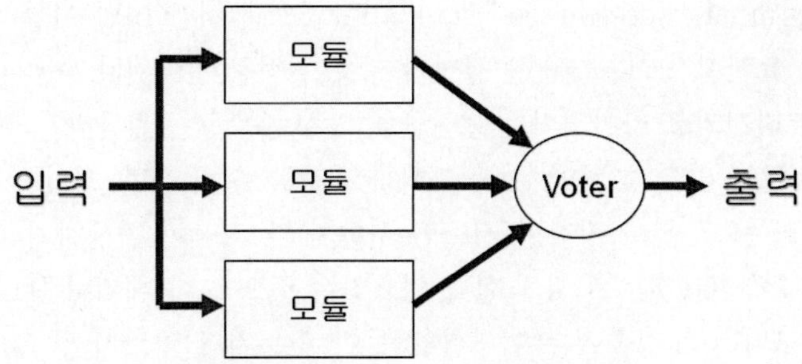

그림 8.2 단일 보우터 TMR

모듈로 기능을 대체하는 것이 재구성 가능 구조의 기본 아이디어이다. 하지만, 이 구조에서 사용 중인 모듈이 고장이 발견된 후에 여분의 모듈로 교체하는 과정을 거친다. 그러므로 고장을 예측하여 미리 대체시키지 않는 한 시스템은 한 순간 오동작을 하게 될 가능성이 있다.

두 개의 모듈을 사용하는 재구성 가능 구조의 단점을 보완하기 위한 방법이 TMR이다. 그림 8.2는 TMR 구성 중 가장 기본이 되는 단일 Voter TMR을 나타내고 있다. 말 그대로 세 개의 모듈을 사용하며, Voter는 세 개의 모듈 출력 중 다수결로 최종 출력을 결정한다. 즉, 두 개 이상의 같은 모듈 출력이 Voter의 최종 출력이 된다. 만일 세 모듈 중 하나의 모듈에 오류가 발생하여 다른 두 모듈과 다른 결과를 출력하면, Voter는 정상 동작한 두 모듈의 결과를 최종 출력으로 결정한다. 물론, 우연히 두 모듈에서 오류가 발생하고 그 두 모듈이 같은 결과를 내보낸다면, 나머지 한 모듈이 정상 결과를 내보내더라도 Voter의 최종 출력은 오류를 품은 결과가 된다. 하지만, 하나의 모듈에서 오류가 발생할 확률에 비해 두 개 이상의 모듈이 동시에 오류를 가질 확률이 매우 낮기 때문에 위에서 언급한 후자의 경우가 발생할 가능성이 낮으므로 그만큼 신뢰성을 향상 시킬 수 있다.

지금까지 신뢰성 향상을 위한 기본적인 접근방식에 대해서 살펴보았다. 신뢰성을 향상 시키기 위해서 여분의 모듈을 둔다는 것은 구조적으로 그리 어려운 일은 아니다. 하지만, 보시다시피 큰 비용이 들기 때문에 모듈의 규모와 요구되는 신뢰도에 따라서 신중히 선택해야 할 것이다. 다음부터 소개할 기술들은 여분의 모듈을 사용하지 않고 비용을 줄이거나 여분의 모듈을 사용하는 경우에도 신뢰성을 더욱 높이는데 기여할 수 있다.

8.2 노화 모니터링

일반적으로, 인체의 노화는 시간이 흐름에 따라 생체구조와 기능이 쇠퇴하는 현상을 의미한다. 이러한 노화 현상은 우리 인체에서 뿐 아니라 칩 내부에서도 발생한다. CMOS (complimentary metal-oxide-semiconductor) 회로가 오랜 시간(10년 이상) 동작하면, 회로를 구성하고 있는 트랜지스터나 금속 연결선의 기능이 점점 둔화된다. 이러한 현상은 회로 전체의 성능을 저하시키고 나아가서는 고장을 일으킬 수 있다. 지금까지의 기술로는 회로의 노화를 방지할 수는 없다. 하지만, 성능 저하를 관측할 수 있다면, 칩의 고장을 미리 예측하여 칩 사용자(또는 그 칩이 장착된 시스템 사용자)가 고장이 발생하기 전에 조치를 취할 수 있을 것이다. CMOS 회로에서 노화를 일으키는 주요 노화 메커니즘[1,2]들을 간략히 살펴보고, 노화 모니터링 기술에는 어떠한 것들이 있는지 알아보자.

8.2.1 노화 메커니즘

8.2.1.1 HCI(hot carrier injection)와 NBTI(negative bias temperature instability)

HCI와 NBTI는 각각 NMOS(n-channel MOS) 트랜지스터와 PMOS(p-channel MOS) 트랜지스터에서 발생한다. 그림 8.3은 HCI의 한 예를 보여준다. NMOS 동작시 큰 드레인 전압이 인가되었을 때(Vd > 0), 캐리어들(Carrier : 전류를 운반하는 역할을 하는 전하 입자(전자 또는 정공)) 중 일부가 전기장에 의해 강한 에너지를 얻게 된다. 이때 강한 에너지를 가지는 캐리어를 핫 캐리어(hot carrier)라고 하는데, 핫 캐리어들에 의해 드레인 주변의 서브스트레이트(substrate)와 게이트 산화막(gate oxide film)이 손상되고, 핫 캐리어 중 일부가 게이트 산화막으로 주입된다. 이러한 메커니즘을 HCI라고 한다. 결과적으로, 문턱 전압(threshold voltage)이 증가하고 상호 컨덕턴스(transconductance)가 감소하여 성능 저하가 발생한다.

앞에서 이야기한 바와 같이 NBTI는 PMOS 트랜지스터에서 발생한다. PMOS 트랜지스터가 고온 환경에서 장시간 동작하면 서브스트레이트를 구성하고 있는 물질의 화학결합이 약해진다. 그림 8.4는 Si-H 결합이 깨져 H 원자가 게이트 산화막으로 주입되는 예를 보여주고 있다. 이러한 NBTI는 CMOS 회로에서 가장 흔히 발생되는 노화 메커니즘이며, HCI와 같이 문턱 전압을 높이며 서서히 성능을 저하시키다가 오류를 일으킬 수 있다.

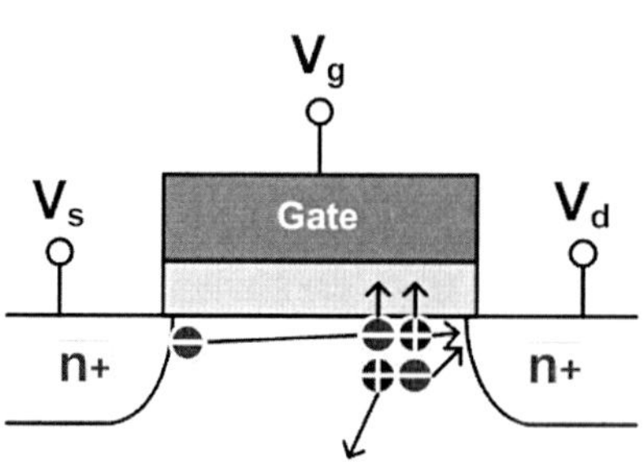

그림 8.3 HCI

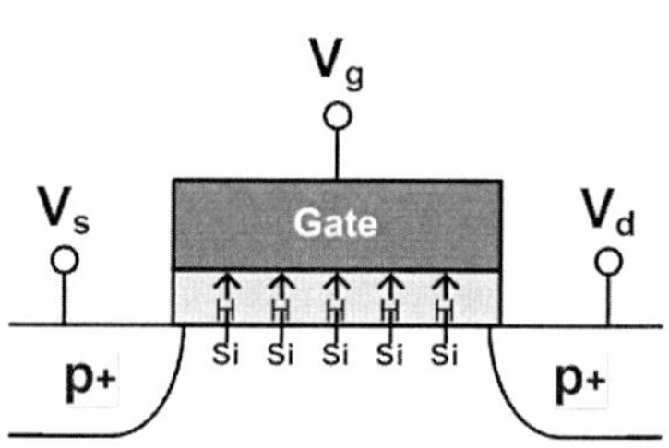

그림 8.4 NBTI

8.2.1.2 TDDB(time dependent dielectric breakdown)

TDDB도 오류를 발생시키는 주요 원인 중 하나로써, 게이트 산화막에 주입된 전하에 의해 산화막이 파괴되는 메커니즘이다. 그림 8.5는 TDDB의 한 예를 보여주고 있다. 게이트 산화막에 주입된 정공이 게이트와 실리콘 서브스트레이트(Si) 간에 터널을 형성하고 있다. 이 터널을 통해 누설 전류(leakage current)가 증가하고 게이트 산화막이 깨지게 된다. TDDB는 낮은 전계에서도 오랜 시간 동작할 경우에 발생할 수 있다.

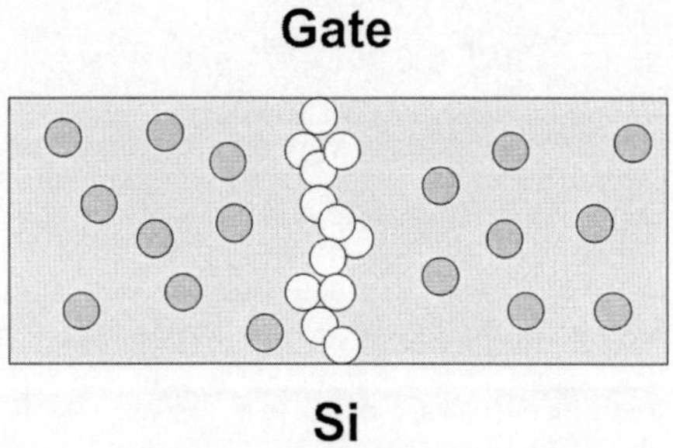

그림 8.5 TDDB에 의한 터널링

8.2.1.3 EM(electro-migration)과 SM(stress-migration)

마지막으로, 앞에서 소개한 노화 메커니즘들에 비해 드물게 나타나지만 금속 연결선에서 갑작스럽게 치명적인 오류를 발생시키는 메커니즘인 EM(전자이동) SM(응력이동)을 소개한다. 이 두 메커니즘을 이해하기 위해서는 금속 연결선의 구조를 이해할 필요가 있다. 현재 공정에서 연결선으로써 알루미늄이 가장 많이 사용되며, 알루미늄은 다결정질(polycrystalline) 구조로 이루어져 있다. 즉, 결정입자(crystal grain)가 모여 하나의 단일 개체(알루미늄 연결선)를 이루고 있다. 그림 8.6과 같이 하나의 결정입자에는 금속 원자들과 결함이 존재하는데, 이들이 정상 동작시 또는 스트레스가 강한 환경에서 결정입자 내에서 이동을 한다. 이때, 이웃한 결정입자의 경계에서 결함들이 만나면, 그림 8.6의 오른쪽 그림과 같이 경계에 빈 공간(void)이 형성된다. 이러한 빈 공간이 여러 연결된 경계를 따라서 형성되면 금속 연결선이 끊어지는 결과는 초래한다. 이러한 원자의 이동은 주로 전류와 온도에 의해서 발생한다. 전류에 의해서 이동이 발생한 경우 EM(electo-migration)이라 하고, 온도에 의한 경우 SM(stress-migration)이라고 한다. 이 메커니즘들에 의해 저항이 증가하며 연결선이 뒤틀리거나 끊기게 된다.

지금까지, 다섯 가지 노화와 관련된 주요 오류 메커니즘을 살펴보았다. 모두 물리적인 손상이 발생되기 때문에 칩이 계속 동작하는 한, 노화의 진행을 막거나 복구할 수 없다. 하지만, 긴 기간에 걸쳐 서서히 성능이 감소되다가 오류가 발생되기 때문에 성능 감소를 모니터링하여 오류 발생 가능성을 예측하는 것이 가능하다.

● : 금속 원자(metal atom)
○ : 결함(defect)

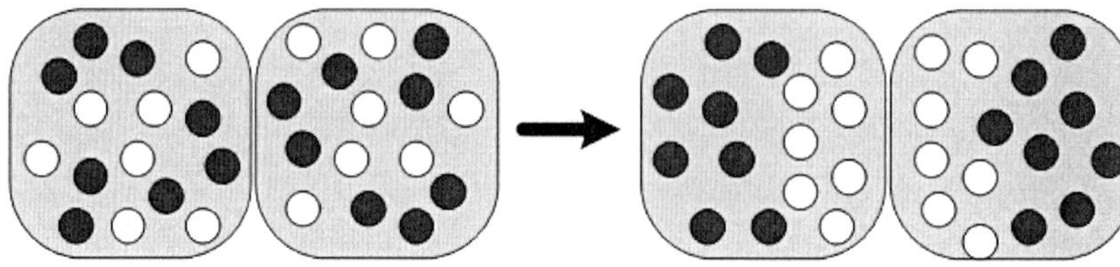

그림 8.6 이동 전과 이동 후

8.2.2 노화 모니터링 기술

노화 모니터링의 목표는 노화 진행상태를 분석하여 칩의 기능 저하를 방지하기 위함이 아니라 노화로 인한 오류를 예측하여 사용자에게 알려 오류가 발생하기 전에 조치를 취할 수 있도록 하기 위함이다. 하나의 칩을 구성하고 있는 트랜지스터와 연결선의 수는 수 천만에 달한다. 모든 트랜지스터와 연결선 각각의 노화를 모니터링하는 것은 거의 불가능한 일이다. 따라서, 트랜지스터와 연결선의 기능 저하는 그 트랜지스터나 연결선을 포함하고 있는 경로의 지연시간 증가로 나타나므로, 노화 모니터링 기술들은 경로 지연고장 테스트 기술을 칩 내부에서 제어할 수 있도록 구현한다. 전통적인 스캔 기반의 지연고장 테스트에 대해서 간략히 설명하면 다음과 같다. 그림 8.7과 같이 launch-off-shift 방식[3]과 broad-side[4] 방식을 기반으로 한다. 두 방식 모두 two-패턴 테스트 방식으로써, 첫 번째 패턴 인가방식과 스캔 인에이블 신호 제어 타이밍에 차이가 있다. 한 쌍의 테스트 벡터를 각각 V1(첫 번째 벡터)과 V2(두 번째 벡터)라고 할 때 이 두 방식에서 각각 다음과 같은 단계로 테스트가 수행된다.

(1) launch-off-shift 방식

- Step1 : V1을 인가한다.
- Step2 : 마지막 시프트를 함으로써 V2를 론치(launch)시키고, Scan Enable 신호를 '0'으로 떨어뜨린다.
- Step3 : 다음 클럭에 V2의 응답이 캡처(capture) 된다.

(2) broad-side 방식

- Step1 : V1을 인가하고, Scan Enable 신호를 '0'으로 떨어뜨린다.
- Step2 : ScanEnable이 '0'으로 떨어진 후 첫 번째 클럭에 V1의 응답이 캡처된다. 이때 캡처된 값이 V2가 된다.
- Step3 : 다음 클럭에 V2의 응답이 캡처된다.

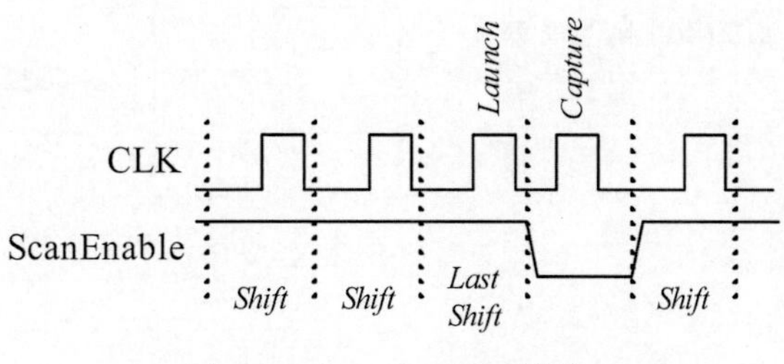

(a) launch-off-shift 방식

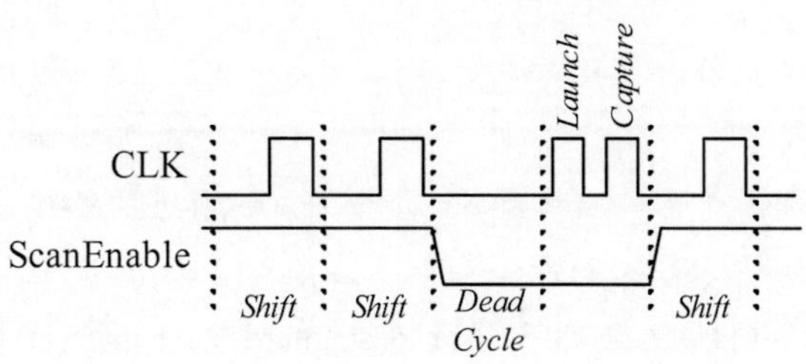

(b) broad-side 방식

그림 8.7 스캔 기반 지연고장 테스트

launch-off-shift 방식을 사용함으로써 broad-side 방식을 사용할 때에 비해 적은 수의 테스트 패턴으로 높은 고장 점검률을 얻을 수 있지만 구현상의 문제(스캔 인에이블 신호의 느린 하강과 신호 skew) 때문에 broad-side 방식을 많이 이용하고 있다.

노화 모니터링을 위한 지연고장 테스트는 오류가 발생하기 전에 사용자에게 위험을 알릴 수 있어야 하므로, 동작 클럭 속도로 테스트하는 at-speed 테스트로는 오류를 예측할 수 없다. 따라서, 동작 클럭 속도보다 빠른 클럭을 이용하여 faster-than-at-speed 테스트를 수행해야 하고, 위험을 알릴 적절한 시점도 결정해야 한다. 우선, 대부분의 노화 오류 예측 기술에서 위험 구간으로써 참조하는 회로의 보호 대역을 정의하고 노화 모니터링 기술들을 살펴보자.

8.2.2.1 보호 대역(guard-band interval)

일반적으로 칩 메이커들은 칩을 양산하고 검증 후 시장에 내놓을 때 사용 중 발생할 성능 저하를 고려하여 동작 가능한 가장 빠른 클럭 속도(최대 주파수 동작 클럭)보다 낮은 속도의 클럭(실제 동작 클럭)으로 동작 속도를 명시화한다. 이때 그림 8.8과 같이 최대 주파수 클럭의 주기와 실제 동작 클럭 주기의 간격을 보호 대역이라고 한다. 전통적으로 10~20%의 보호대가 사용된다. 예를 들어, 10%의 보호대를 사용한다면, 양산 테스트 결과 최대 3GHz 클럭으로 동작 가능한 칩이 칩의 사양서에는 2.7GHz 클럭으로 동작시키도록 명시된다[5].

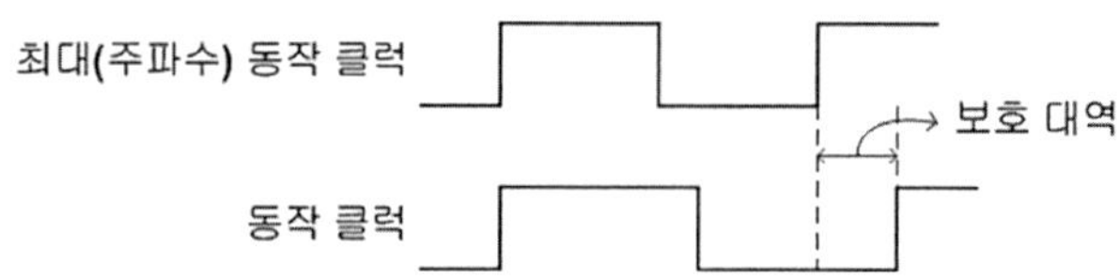

그림 8.8 보호 대역

8.2.2.2 노화 센서 회로

노화 센서 회로[6]는 조합 회로의 출력쪽에서 데이터 천이가 보호 대역 구간에 발생하는지 여부를 검사함으로써 노화를 판단한다. 여기서는 두 가지 형태의 노화 센서 회로를 소개한다.

첫 번째 노화 센서 회로는 그림 8.9와 같이 지연소자(그림 8.10), 안정성 검사 회로(그림 8.11), 출력 래치로 구성된다. 지연 소자에서 그림 8.12와 같이 클럭을 지연시켜 보호 대역 구간동안 '1'을 유지하는 보호 대역 구간 신호(guard-band interval)를 생성한다. 안정성 검사 회로에서는 출력 플립플롭의 입력 데이터(=논리조합 회로의 출력(D))가 보호 대역 구간 신호가 '1'일 때 천이가 발생하는지 검사한다. 노화가 진행되지 않았다면 출력단에서의 데

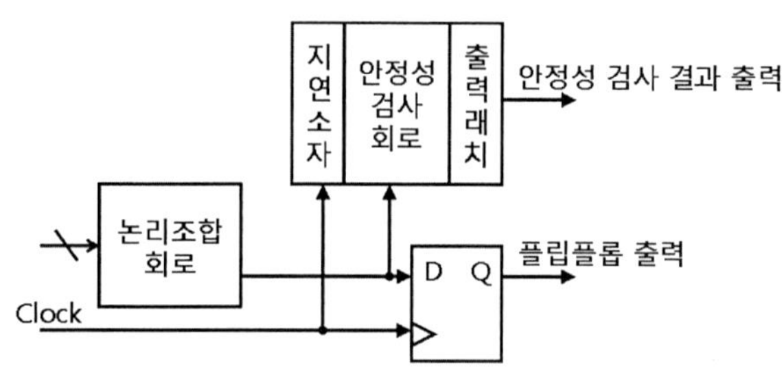

그림 8.9 노화 센서 1

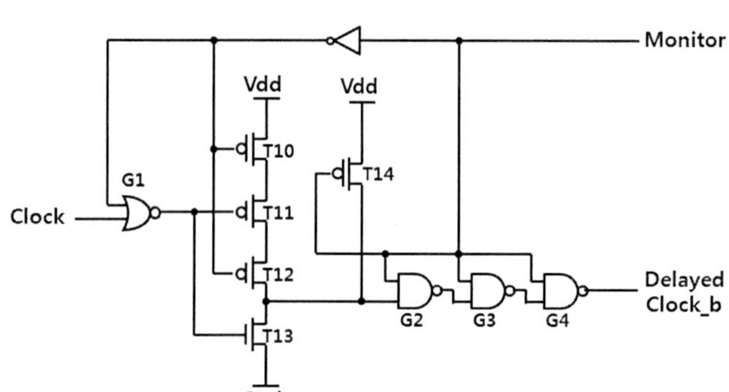

그림 8.10 지연 소자

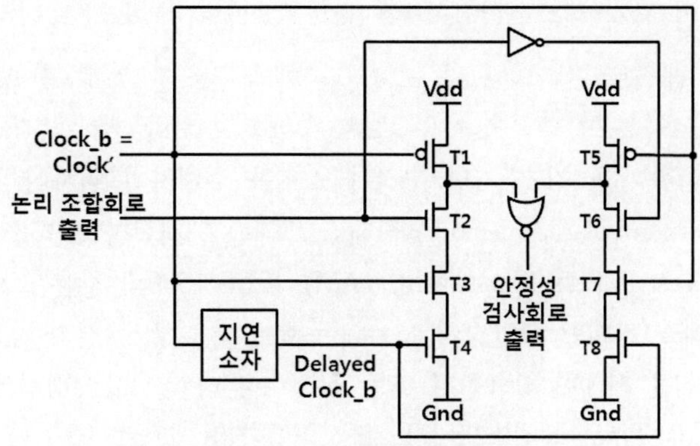

그림 8.11 안정성 검사 회로

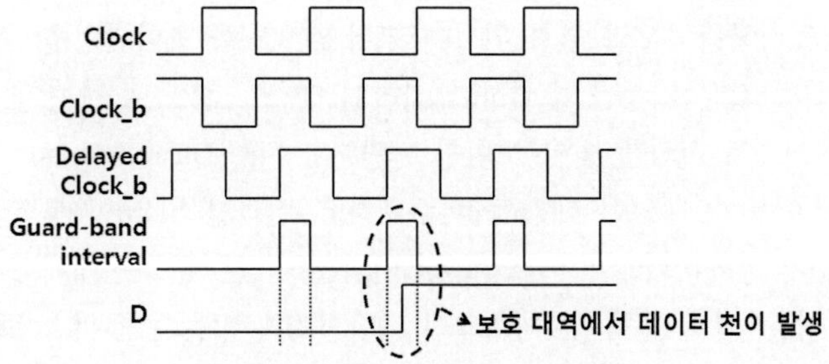

그림 8.12 노화 센서 회로 파형

이터 천이는 보호 대역 구간 전에 발생해야 한다. 따라서 데이터(D)의 천이가 보호 대역 구간에 발생했으므로 노화가 발생했다고 판단할 수 있다.

두 번째 노화 센서 회로는 그림 8.13에 나타나 있다. 위에서 소개한 노화 센서 회로와는 달리 데이터 Pre-sampler, 플립플롭, XOR 게이트를 사용한다. 논리조합 회로의 출력 데이터를 보호 대역 구간 Pre-sampler에 미리 저장하고, 그 값을 정상 동작 클럭에 의해 샘플된 값과 비교함으로써 노화 여부를 판단한다. XOR 게이트가 샘플된 두 데이터 값의 비교를 위해 사용된다. 만일, Pre-sampler의 값과 정상 동작값이 다르면 노화센서 출력은 '1'이 된다.

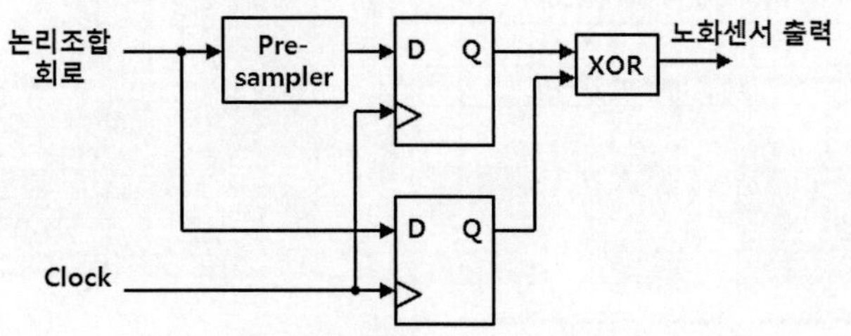

그림 8.13 노화 센서 회로 2

8.2.2.3 온라인 자가 테스트(on-line self test) 기반 노화 모니터링 기술

온라인 자가 테스트 기반의 노화 모니터링 기본 구조는 그림 8.14와 같다. 칩 내부에서 지연 고장 테스트와 노화 분석이 자동적으로 수행되고 노화 분석의 결과를 칩 외부에 알리는 것이 기본 기능이다. 자가 지연 고장 테스트를 수행하기 위하여 칩 내부나 시스템의 ROM이나 NVM(non-volatile memory)에 테스트 패턴을 저장하고, 테스트 모드시에 테스트 접근 메커니즘(Test Access Mechanism, TAM), IEEE 1500과 같은 코어 테스트 래퍼(core test wrapper), 테스트 패턴 감압장치(decompressor) 및 테스트 결과 압축기(compressor) 등 테스트 기반 조직을 최대한 활용한다. 모든 동작이 온라인으로 수행되어야 하므로, 칩 또는 코어의 휴지기(idle time)에 테스트 모드로 전환했다가 테스트 후에 다시 원상태로 복구시키는 기술도 필요하다.

그림 8.14와 같이 다중 코어 시스템-온-칩(System-on-Chip, SoC)일 때 테스트로 인한 SoC 전체의 성능저하를 최소화하기 위하여 코어별로 노화 모니터링을 수행하는 것이 바람직할 것이다. 위와 같은 기능을 수행하기 위하여 테스트 모드로 전환된 코어에 테스트 패턴을 전달하고 테스트 결과를 받아 노화를 판단하는 SoC Delay Monitor(SDM)와 전달받은 테스트 패턴을 이용하여 코어 테스트를 수행하고 결과를 SDM에게 전달하는 Core Test Controller(CTC)가 필요하다. 일반적으로, SDM과 코어 간 테스트 데이터 송수신은 TAM을 통해서 수행되지만, 칩의 전체 성능을 크게 저하시키지 않는다면 버스 또는 NoC(Network-on-Chip)과 같은 기능 연결구조를 활용할 수도 있다. 다중 코어 SoC에서 각 코어는 서로

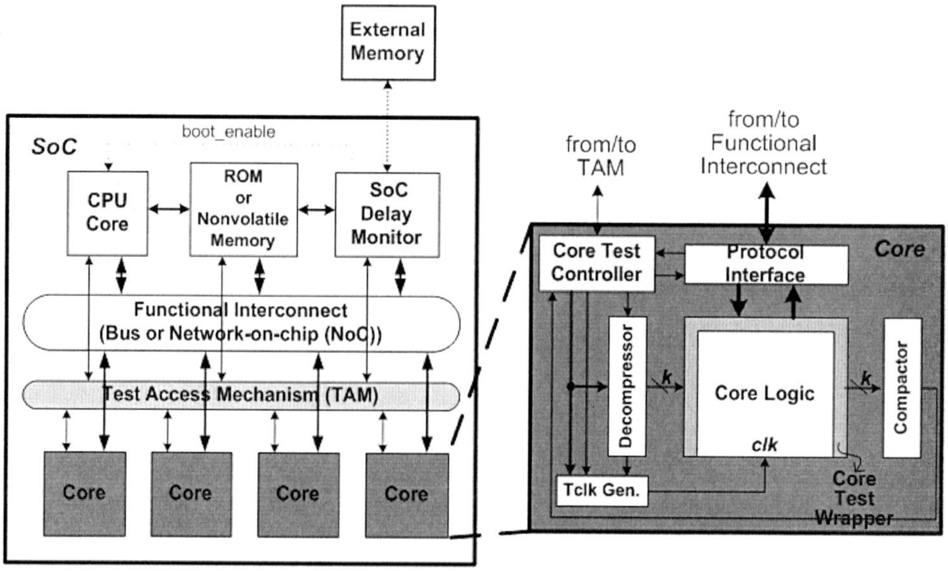

그림 8.14 SoC 노화 모니터링 구조

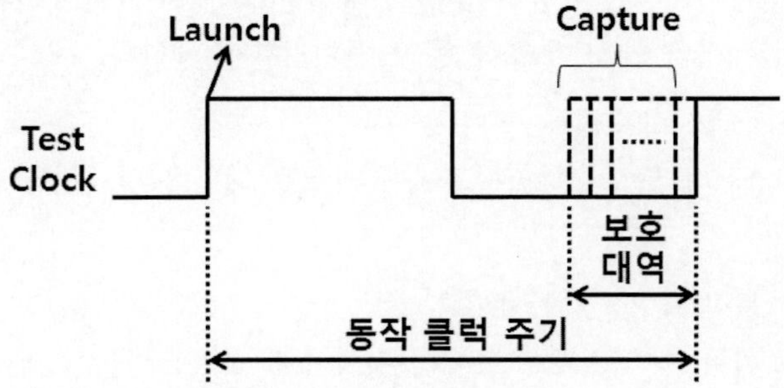

그림 8.15 Capture 타이밍 조절에 의한 faster-than-at-speed 클럭 생성 예

다른 클럭 주파수로 동작할 수 있다. 따라서 각 코어마다 별도의 테스트 클럭 생성기(Test Clock Generator(Tclk Gen.))를 가지고 있으며, 이 클럭 생성기를 이용하여 faster-than-at-speed 테스트를 수행한다. faster-than-at-speed 테스트를 수행하기 위해서는 Launch와 Capture간의 간격이 동작 클럭 주기보다 작도록 테스트 클럭이 생성되어야 한다. 그림 8.15는 faster-than-at-speed 테스트를 위한 테스트 클럭 생성의 한 예를 보여준다. Capture 동작이 보호 대역 내에서 수행될 수 있도록 테스트 클럭을 생성한다.

여기에서 제시한 블록의 구분은 기능에 따른 논리적인 분리이므로, 칩 내부의 구조 및 성능에 따라서 다양한 형태로 구현될 수 있을 것이다. 다음 소장에서, SoC 노화 모니터링을 위해 적용 가능한 오류 예측 메커니즘의 두 가지 예를 소개한다.

(1) CASP(Concurrent Autonomous chip Self-test using Stored test patterns)

CASP[7]은 미국 스탠포드 컴퓨터 시스템 연구소의 Robust Systems 그룹에서 개발한 칩 자가 진단 구조이다. 그림 8.16과 같이 OpenSPARC T1 SoC에 테스트 패턴 저장을 위한 외부 메모리와 테스트 모드 제어, 상태 전환 및 복구 제어, 코어간 데이터 송수신 인에이블(enable)/디스에이블(disable) 제어 등을 위한 CASP 테스트 제어기를 추가하였다. OpenSPARC T1 SoC는 여덟 개의 SPARC 프로세서 코어, 네 개의 L2 캐시, 네 개의 DRAM Control 채널과 그 밖에 I/O 인터페이스 코어와 부동 소수점 유닛(FPU, Floating Point Unit)으로 이루어져 있다. CASP 테스트 제어기는 모든 SPARC 프로세서 코어를 제어 및 상태를 체크하면서 그림 8.17과 같이 4단계의 동작을 반복한다.

• 1단계-테스트 스케쥴링
  시스템 동작 중 하나 이상의 코어가 CASP 테스트 수행을 위해서 선택된다. 단순히 라운드-로빈 방식으로 한 번에 하나씩 돌아가며 선택하도록 구현할 수도 있고, 전력이나 성능의 최적화를 위해 시스템 레벨에서 다양한 테스트 스케쥴링 알고리즘을 적용할 수 있다.
• 2단계-테스트 전처리
  선택된 코어의 동작이 중지되고, 그 코어와 연결된 다른 회로로부터 일시적으로 고립된다. 이를 위해 파이프라이닝 중지 및 마무리, 데이터 송수신 경로 차단, 상태 저장, 프로세서 코어 내 데이터 캐시 무효화 등의 전처리를 수행한다.

- 3단계 – CASP 테스트 수행
  2단계에서 테스트 모드로 전환된 코어에 테스트 패턴을 인가하고 테스트 응답을 분석한다.
- 4단계 – 정상 동작 복구
  CASP 테스트 완료 후 테스트 모드에서 정상 동작 모드로 복구하기 위한 동작을 수행한다. 상태값을 복구하고, 데이터 송수신 경로를 활성화시키고, 파이프라인을 재시작한다.

CASP 테스트 수행시, faster-than-at-speed를 수행하여 노화 진행 여부를 판단함으로써 노화 모니터링을 수행할 수 있다. 테스트 스케쥴링에 의해 선택된 코어만 일시적으로 테스트 모드로 전환되고 다른 코어들은 모두 정상 동작을 수행하고, 테스트 모드로 전환하거나 정상 동작으로 복구하기 위해 예비 플립플롭(shadowed flip-flops)을 사용함으로써 CASP 테스트 동작 수행시간을 줄여 CASP 테스트에 의한 시스템 성능 저하를 최소화 한다.

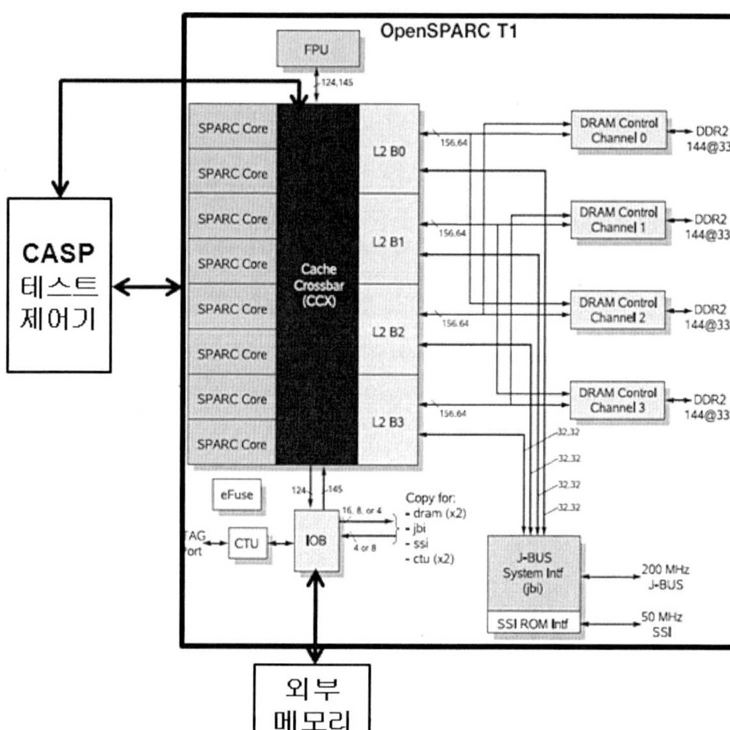

그림 8.16 OpenSPARC T1에 적용한 CASP 구조

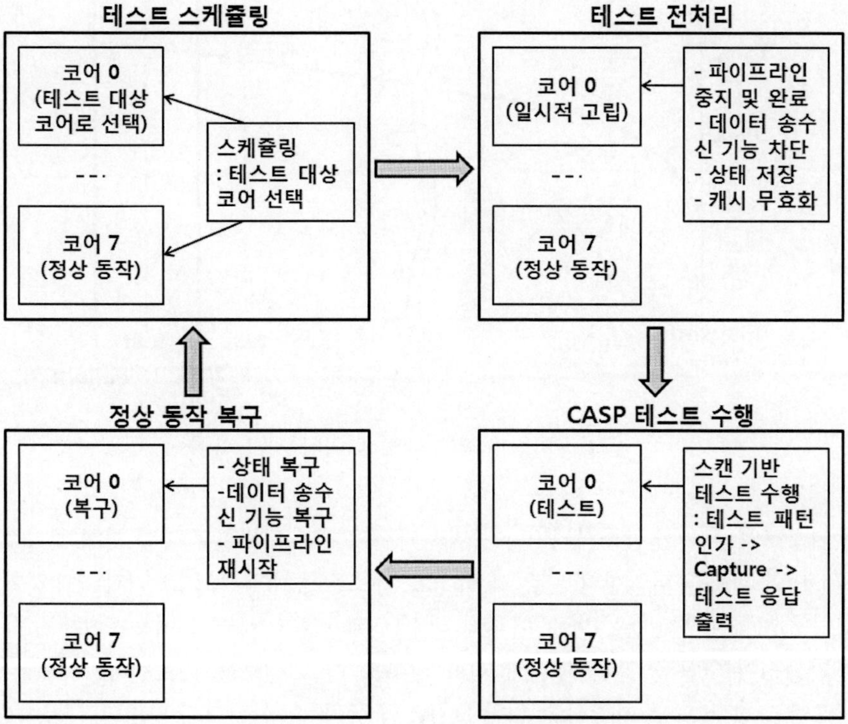

그림 8.17 CASP 기능 및 동작 단계

(2) DART(Degrade factor, Accuracy, Report, and Test coverage)

DART[8]는 일본 NAIST(NAra Institute of Science and Technology: 나라 첨단과학기술대학원대학), KIT(Kyushu Institute of Technology: 규슈공업대학), 도쿄 메트로폴리탄 대학교가 공동으로 개발한 오류 예측 메커니즘이다. DART에서는 더욱 정확한 노화 정도를 측정하기 위해 전압과 온도를 고려한다. 노화 메커니즘에 의해 성능 저하가 발생하는 것은 확실하지만, 일시적인 성능 저하는 노화 메커니즘뿐만 아니라 전압과 온도에 의해서도 발생할 수 있다. 그러므로 어떤 회로 또는 코어에 대해 faster-than-at-speed 테스트 수행 결과 오류가 검출되었다고 해서 그 원인을 노화로 단정 지을 수 없다. 따라서 DART에서는 전압 및 온도센서를 회로에 배치하여 테스트 수행시 전압값과 온도값을 함께 측정하여 좀 더 정확한 노화 분석 및 오류 예측을 할 수 있는 전략을 제시하였다. 뿐만 아니라 단순히 보호 대역 내 데이터 천이를 검출하는 것이 아니라 Launch 또는 Capture 클럭 시프트 기술을 사용하여 노화의 정도를 파악한다. 어떤 회로는 노화에 의해서 그림 8.18과 같이 동작 시간(elapsed time)에 따라서 서서히 성능이 저하(데이터 지연(path delay) 시간이 증가)하다가 어느 시점에 다다르면 오류가 발생할 것이다. 이러한 노화 과정을 정확히 측정 및 예측하기 위해서 테스트 클럭의 최대 주파수(fmax)와 최소 주파수(fmin)를 결정하고, 그 범위 내

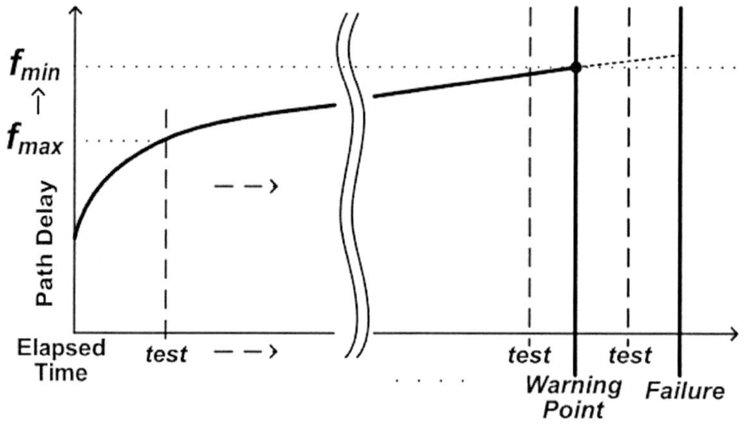

그림 8.18 노화에 의한 데이터 지연 측정

에서 테스트 주파수를 감소시키거나 증가시키면서 테스트가 통과하는 최대 주파수를 찾음으로써 노화 정도를 파악한다. 만일, fmin으로 테스트를 수행하고 그 결과 통과하지 못했다면(그림 8.18에서 Warning Point 이후에 테스트 된 경우), 시스템 이용자에게 노화로 인한 오류 가능성이 있음을 알리기 위해 회로 외부로 경고 신호를 내보낸다.

회로의 노화 정도를 파악하기 위한 DART의 동작 순서는 그림 8.19와 같다. 테스트 대상 코어 또는 회로가 선택되면, fmin으로 테스트를 수행함과 동시에 전압과 온도를 측정한다(프로세스 1). 테스트 결과가 Fail이면 노화 분석 과정이 필요 없이 바로 경고 신호를 발생시킨다(프로세스 8). 테스트 결과가 Pass가 되면 프로세스 2에서부터 현재 상태에서 최적의 테스트 클럭 주파수를 찾는 과정이 시작된다. 프로세스 2에서의 ftmp는 프로세스 1에서 측정한 V/T의 값에 따른 테스트 대상 회로의 지연 특성을 바탕으로 계산된 초기 테스트 클럭 주파수를 의미한다. 이 ftmp로 수행한 테스트 결과에 따라서 주파수를 늘리거나 감소시키면서 현재 상태에서 최적의 주파수를 찾아내어 로그 및 노화 분석을 한다. 프로세스 2의 결과가 Pass가 되면, 프로세스 3에서 테스트 클럭 주파수를 증가시켜(ftmp+Δf) 더 빠른 클럭으로 테스트를 수행한다. Fail이 될 때까지 계속 단계적으로 증가시킴으로써 최적의 테스트 클럭 주파수(프로세스 4의 fopt)를 찾아 낼 수 있다. 반대로, 프로세스 2에서의 결과가 Fail이 되면 테스트 클럭 주파수를 감소시켜(ftmp-Δf) 더 느린 클럭으로 테스트를 수행한다. 이 경우에는 Pass할 때까지 계속 단계적으로 감소시킴으로써 최적의 테스트 클럭 주파수를 얻어낸다. 어떤 프로세스에서든 테스트 수행시 V/T 측정을 동시에 수행하고, fopt와 함께 노화 분석에 이용된다. 노화 분석 결과 오류에 가까워진 것으로 판단되면 경고 신호를 발생시켜 시스템 사용자가 조치를 취할 수 있도록 한다.

전압과 온도를 측정하기 위해서는 센서 회로가 필요한데, 일반적으로 아날로그 센서는 정확도가 높지만 회로의 크기가 크기 때문에 DART에서는 비교적 적은 면적을 차지하는

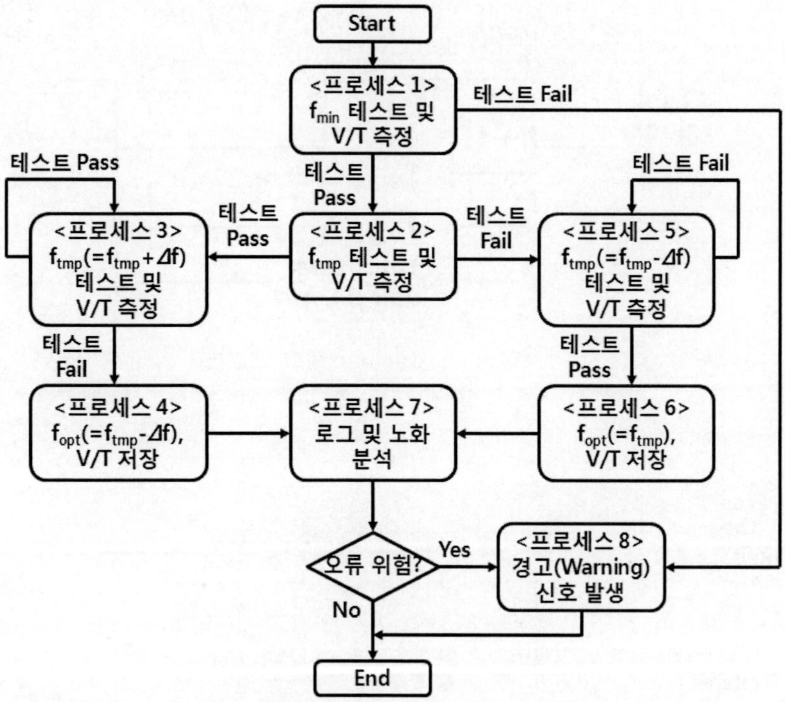

그림 8.19 DART 동작 플로우

링 오실레이터(ring oscillator)를 사용한다. 하지만, 아날로그 센서에 비해서 링 오실레이터 자체의 오차가 비교적 크고, 센서의 위치와 개수에 따라서도 결과가 달라질 수 있다. 따라서 한 번의 테스트 및 측정 결과로 정확한 노화 판단이 어려우므로 로그를 할 필요가 있다.

위에서도 언급한 바와 같이 DART 구현을 위해 필요한 주요 기술 중 하나가 테스트 클럭 생성이다. Launch와 Capture의 간격을 단계적으로 증감시킬 수 있는 클럭 생성기가 필요하다. 예를 들면, 그림 8.20과 같이 Capture 펄스의 에지를 fmax와 fmin 사이에서 좌우로 이동시킬 수 있는 클럭 생성기가 필요한데 이를 구현하기 위해서 DART는 On-Die Clock Shrink(ODCS) 회로를 사용한다. ODCS 회로는 IA-32 마이크로프로세서의 타이밍 디버그와 인텔 Itanium® 2 프로세서의 코어 테스트 클럭 생성을 위해 이용되었다[9, 10]. ODCS 회로의 블록도와 기능 파형은 그림 8.21과 같다. ODCS 기능이 활성화 되지 않으면 PLL과 Divide-by-2 로직에 의해 duty 사이클이 50%인 코어 클럭이 생성된다. ODCS 기능이 필요할 때 TAP을 통해서 ODCS 제어 신호 및 타이밍 정보 데이터를 ODCS Control 블록에 입력한다. 그 값에 의해 ODCS Buffer가 클럭 페이즈(High phase, Low phase)를 늘리거나 줄여, 클럭의 주기와 듀티 사이클이 조절된다. 테스트 클럭 생성기의 성능에 따라서 △f의 크기가 달라질 것이며, △f의 크기가 작을수록 좀 더 정확하고 세밀한 분석 및 예측이 가능할 것이다.

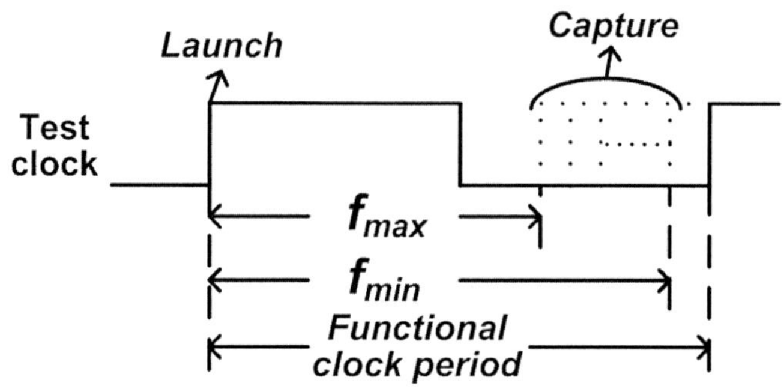

그림 8.20 Capture 클럭 시프트

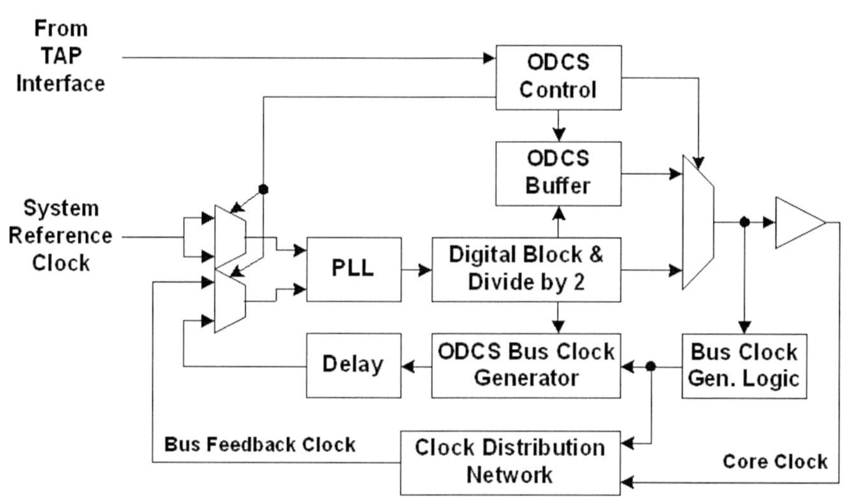

(a) ODCS 블록도

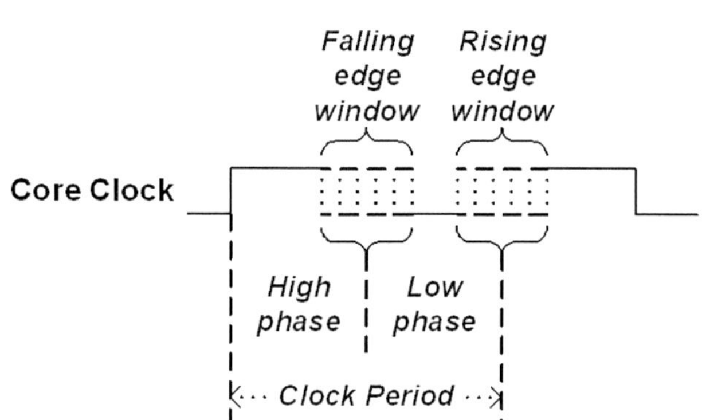

(b) ODCS 기능 파형

그림 8.21 ODCS

CASP에서는 다음 테스트할 코어를 선택하는 테스트 코어 스케줄링을 시스템에서 특별한 방법을 전개하지 않는 한 단순히 라운드로빈 방식을 사용한다. DART에서는 위에서 제시한 노화 정도 측정 기술을 최대한 활용하여 상대적으로 노화가 많이 진행된 것으로 판단되는 코어들을 더 자주 테스트 해주는 동적 테스트 코어 스케줄링 방식을 사용한다. 테스트 모드 전환 시점으로 동작 중 코어 아이들(idle) 시간뿐만 아니라 시스템의 전원 on/off 시간(자동차와 같이 켰다 껐다를 자주 반복하는 시스템의 경우에 적용)을 사용함으로써 시스템 정상 동작의 성능 저하에 미치는 영향을 줄인다.

지금까지 노화 모니터링을 위해 적용 가능한 회로 오류 예측구조 및 요소기술을 살펴보았다. 전체 구조 및 기능은 위에서 소개한 범위에서 크게 벗어나지 않을 것이다. 하지만, 좀 더 신뢰성 있는 노화 측정 및 오류 예측을 위해서는 메모리 용량을 줄이기 위한 테스트 패턴 압축기술, 측정 정확도를 높이기 위한 전압/온도 센서 회로 설계기술, 시스템의 특성에 따른 테스트 스케줄링 알고리즘, 자가진단 및 치료기술, 효율적인 로그 저장 및 분석 방법 등 여러 가지 문제들에 대한 연구가 필요하다[11].

8.3 소프트 에러 복구기술

소프트 에러는 동작 환경에 의해 일시적으로 발생하는 오류이다. 우주에 존재하는 방사능이나 칩을 구성하는 재료(회로 및 패키지 재료)에 포함되는 미량의 방사성동위원소에서 방출되는 알파(α) 입자에 의해 메모리나 논리 회로의 상태가 반전되어 시스템이 오동작하는 일이 발생할 수 있다. 이러한 오류는 물리적인 오류를 발생시키는 것이 아니라 원래 상태로 복귀가 가능하기 때문에 소프트 에러라고 한다. 재료 측면에서 방사성동위원소의 함량이 적은 고순도 재료를 개발 및 사용함으로써 소프트 에러가 발생할 확률을 줄일 수 있으며, 메모리 및 논리회로 설계 측면에서는 에러 복구가 가능하도록 하는 회로를 추가함으로써 소프트 에러로 인한 시스템 오동작을 방지할 수 있다. 메모리의 소프트 에러 복구를 위해서는, 메모리의 크기와 타입 등에 따라 다양한 에러 정정 코드(error-correction code, ECC) 알고리즘이 개발 및 구현되고 있다. 이 장에서는 SRAM이나 논리회로의 기억소자(래치, 플립플롭)에서 소프트 에러가 발생하는 상황을 구체적으로 분석하고, 이러한 문제를 보완하기 위하여 인텔 마이크로프로세서에 적용된 두 가지 스캔 셀(scan cell) 구조[12]를 소개한다.

8.3.1 소프트 에러 발생 상황

그림 8.22는 마이크로프로세서에서 사용하는 스캔 셀 중 하나이다. 크게 시스템 플립플롭과 스캔 부분으로 구성된다. 시스템 플립플롭과 스캔 부분 간에 데이터 경로가 있으며

일반적인 스캔 셀과 같이 정상 동작 모드와 테스트 모드로 동작한다. 정상 동작 모드 시 스캔 제어 신호인 SCA, SCB, UPDATE, CATURE 모두 0으로 인가함으로써 스캔 부분의 기능을 마비시키고, 테스트 모드 시 스캔 테스트를 수행하기 위하여 다음과 같은 동작을 반복한다.

① 입력 테스트 패턴을 시프트
SCA 클럭과 SCB 클럭신호를 LA 래치와 LB 래치에 교대로 인가하여 테스트 패턴을 시프트시킨다.

② Launch(테스트 패턴 인가)
UPDATE 클럭에 의해 LB 래치의 값이 PH1 래치로 옮겨짐으로써 테스트 패턴이 시스템 플립플롭을 통하여 조합 회로에 인가(Launch)된다.

③ Capture(테스트 응답 캡처)
동작 클럭인 CLK 신호를 인가하여 입력 테스트 패턴에 의한 조합 회로의 응답이 시스템 플립플롭에 캡처된다.

④ 테스트 응답 이동
CAPTURE 신호를 인가하여 시스템 플립플롭에 있던 응답 값을 스캔 부분의 LA 래치로 이동시킨다.

⑤ 테스트 응답 시프트
SCA 클럭과 SCB 클럭신호를 LA 래치와 LB 래치에 교대로 인가하여 테스트 응답을 시프트시킨다.

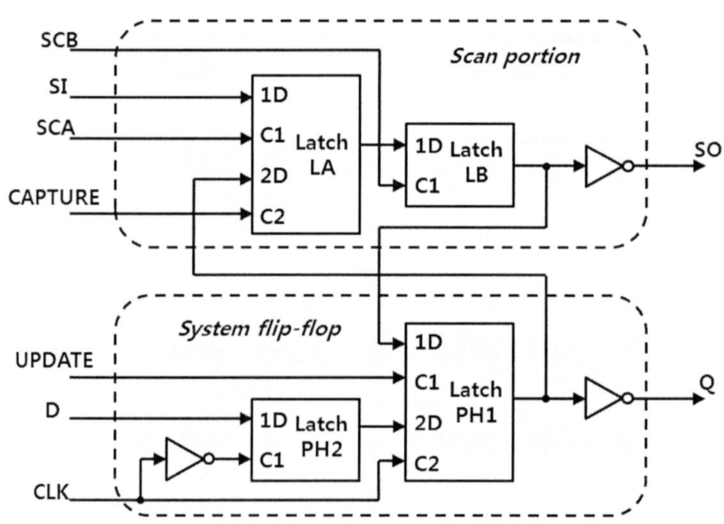

그림 8.22 마이크로프로세서 기본 스캔 셀

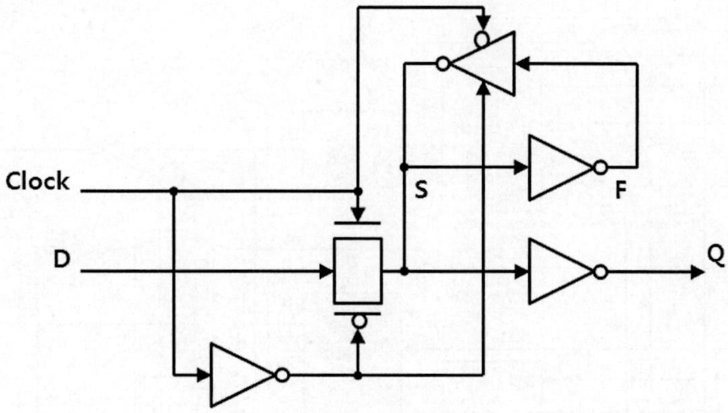

그림 8.23 D-래치

이와 같은 셀을 사용함으로써 ATPG(Automated Test Pattern Generation) 툴을 이용한 구조적 테스트, 회로 내부 값 분석을 통한 기능 테스트, 효율적인 디버그가 가능하다. 하지만, D-래치가 소프트 에러에 취약할 수밖에 없는 구조적인 문제가 있다. 그림 8.23은 간단한 D-래치의 구조를 보여주고 있다. 이 D-래치의 구체적인 동작은 다음과 같다. 클럭이 1일 때 입력 데이터 D가 패스 트랜지스터를 통과하고, 클럭이 0일 때 그 값이 두 인버터로 구성된 루프에 의해 래치 내부에 유지된다. 이와 같이 동작할 때 클럭이 1일 때는 데이터 D가 조합 회로의 로직에 의해 구동되고 있기 때문에 외부 환경에 덜 영향을 받는다. 하지만, 클럭이 0일 때에는 외부의 영향에 의해 트랜지스터의 상태가 바뀔 수가 있다. 즉, 소프트 에러에 취약해진다. 예를 들어, 그림 8.23의 시스템 플립플롭에서 CLK가 0일 때 입력 데이터 D는 PH2에 전달되고, PH1에 저장되었던 이전 값은 소프트 에러로 인해 바뀔 가능성이 있다.

정상 동작 시에는 시스템 플립플롭만 동작하고 스캔 부분은 동작하지 않는다. 이어서 소개될 소프트 에러 보호 셀은 D-래치의 소프트 에러에 취약한 문제를 보완하기 위하여 정상 동작 시 스캔 셀을 재사용한다.

8.3.2 소프트 에러 블록킹(blocking) 스캔 셀

그림 8.24는 스캔 셀을 이용한 소프트 에러 블록킹 셀을 보여준다. 테스트 모드 시 동작은 그림 8.22의 기본 스캔 셀과 동일하다. 정상 동작 시 SCA, SCB, UPDATE, TEST 신호는 모두 0으로 셋팅하고 CAPTURE 신호는 1로 유지시킴으로써 스캔 부분이 시스템 플립플롭과 같은 동작을 하도록 한다. 이 경우에도 마찬가지로 CLK가 0일 때 PH1과 LB는 소프트 에러에 취약한 상태가 된다. 만일, 둘 중 하나의 래치에서 소프트 에러가 발생하면 O1와 O2는 서로 다른 값을 갖게 될 것이다. 이와 같은 소프트 에러가 발생한 경우에 시스템 플립플롭이 이전 값을 유지하도록 하기 위하여 C-element와 Keeper를 둔다. 물론, CLK가

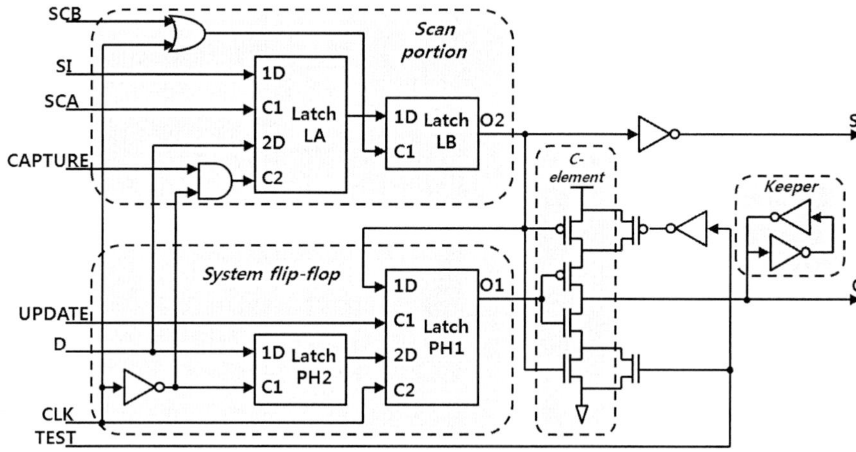

그림 8.24 소프트 에러 블록킹 스캔 셀

표 8.1 C-Element 진리표

O1	O2	Q
0	0	1
1	1	0
0	1	이전 값 유지
1	0	이전 값 유지

1일 때도 PH2와 LA에서 소프트 에러가 발생할 가능성이 있으며, 이 경우에도 C-element와 Keeper에 의해 에러 데이터가 Q로 전송되는 것을 방지한다. 이렇게 함으로써 소프트 에러 발생 가능성을 20배 이상 줄일 수 있을 것으로 분석되었다.

8.3.3 소프트 에러 트랩핑(trapping) 스캔 셀

위와 같은 소프트 에러 블록킹 스캔 셀을 사용하면 에러를 찾아낼 수는 있지만 각 플립플롭에 비교 회로 및 임시 기억소자를 구현해야 하기 때문에 칩 전체의 크기가 커진다는 단점이 있다. 이러한 문제를 보완하기 위해서 그림 8.25와 같은 소프트 에러 트랩핑 스캔 셀이 이용된다. 만일, 네 개의 래치 중 어느 한 래치에서 소프트 에러가 발생하면 E 신호(X1의 출력)가 1이 될 것이다. 이 값이 X2로 피드백되고 D1이 입력 데이터 D의 보수가 된다. 일단 에러가 발생해서 E가 1이 되면, D1이 LA와 LB에 저장되고 그 값은 각각 PH2와 PH1의 보수가 되어 E의 값은 계속 1이 된다. 결과적으로, 한 번 에러가 발생한 후에는 또 다른 에러가 발생하기 전까지 에러가 갇히(trapped)는 것과 같은 효과를 얻을 수 있다. 이와 같이 갇힌 에러는 스캔 시프트를 통해 검출이 가능하다.

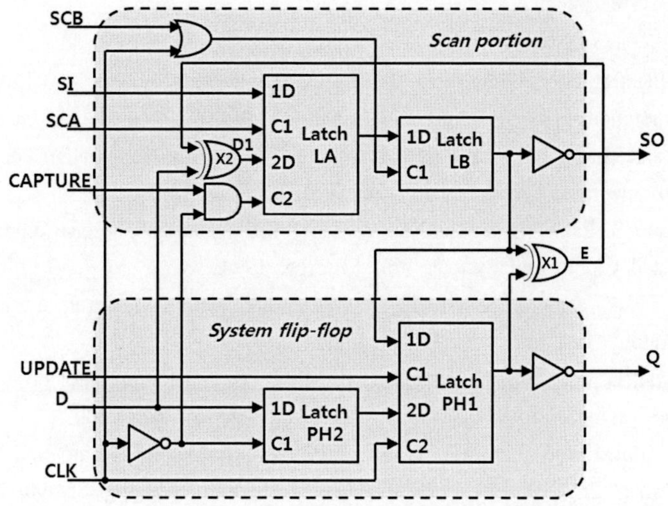

그림 8.25 소프트 에러 트래핑 스캔 셀

지금까지 소프트 에러로부터 보호하기 위한 스캔 셀 구조를 살펴보았다. 서버 및 스토리지 등 네트워크 시스템의 신뢰도에 대한 요구는 점점 더 높아지는 반면, 칩 공정기술의 발달로 트랜지스터 간 간격이 더욱 좁아지면서 메모리뿐만 아니라 순차 및 조합회로도 소프트 에러에 더욱 취약해지고 있다. 따라서 시스템 전체의 신뢰성을 높이기 위해서는 SoC 노화 모니터링 메커니즘과 같은 구조적인 측면에서 뿐만 아니라 작은 회로소자 측면까지 여러 가지 기술이 필요하다. 이 장에서 소개한 기술들은 몇 가지 예 일뿐이며 완벽한 해결책을 제시하고 있는 것은 아니다. 시스템의 종류, 동작 환경, 목적 등에 따라서 적절한 기술이 개발되어야 한다.

참고문헌

[1] Renesas Electronics, Semiconductor Reliability Handbook, Rev.1.01, Nov. 2008.

[2] Sony Corporation, Sony Semiconductor Quality and Reliability Handbook, 1st edition, Oct. 2000.

[3] J. Savir and S. Patil, "Scan-Based Transition Test," IEEE Transactions on Computer-Aided Design of Integrated Circuit and System, Vol. 12, Aug. 1993.

[4] J. Savir and S. Patil, "Broad-Side Delay Test," IEEE Transactions on Computer-Aided Design of Integrated Circuit and System, Vol. 13, Aug. 1994.

[5] O. Khan and S. Kundu, "A self-adaptive system architecture to address transistor aging," Proc. Design Autom. Test Euro., pp. 81-86, 2009.

[6] M. Agarwal, B. C. Paul, M. Zhang, and S. Mitra, "Circuit failure prediction and its application to transistor aging," Proc. IEEE VLSI Test Symp., pp. 277-284, 2007.

[7] Y. Li, S. Makar, and S. Mitra, "CASP: Concurrent Autonomous Chip Self-Test Using Stored Test Patterns," Proc. Design Automation and Test in Europe, pp. 885-890, 2008.

[8] Y. Sato, S. Kajihara, Y. Miura, T. Yoneda, S. Ohtake, M. Inoue, and H. Fujiwara, "A Circuit Failure Prediction Mechanism (DART) for High Field Reliability," Proc. Int'l Conf. on ASIC, pp. 581-584, Oct. 2009.

[9] S. Tam, S. Rusu, U. Desai, R. Kim, J. Zhang, and I. Young, "Clock generation and disribution for the first IA-64 microprocessor," IEEE J. Solid State Circuits, vol. 35, pp. 1545-1552, Nov. 2000.

[10] S. Tam, R. D. Limaye, and U. N. Desai, "Clock Generation and Distribution for the 130-nm Itanium® 2 Processor With 6-MB O-Die L3 Cache," IEEE Journal of Solid-State Circuits, Vol. 39, No. 4, pp. 636-642, April 2004.

[11] H. Yi, T. Yoneda, M. Inoue, Y. Sato, S. Kajihara, and H. Fujiwara, "A Failure Prediction Strategy for Transistor Aging," IEEE Trans. on Very Large Scale Integration (VLSI) Systems, pp. 1-9, Oct. 2011.

[12] S. Mitra, N. Seifert, M. Zhang, Q. Shi, K. Kim. "Robust System Design with Built-In Soft-Error Resilience," IEEE Trans. on Computer, vol. 38, No. 2, Feb. 2005, pp. 43-52.

09 고신뢰 PCB 설계 및 실습

1) 고속(High Speed) PCB 설계의 개요

현시대에 요구되어지는 전자제품들은 점점 고속화되고, 소형화 되어져 집적화가 되어가고 있으며, 복잡하고 높은 수준의 기능을 수행하는 ASIC과 기타 규격 IC의 발전은 보드 레벨 디자인의 크기를 점점 더 소형화 현상으로 이끌고 있다.

메모리 모듈, 컴퓨터 디자인으로부터 시작된 고속 설계가 이제는 모든 전자산업 전반에 걸쳐 해결해야 할 시급한 과제이고 "타임 투 마켓(Time to Market)"의 결정적인 요인이 되고 있으며, MCM(Multi Chip Module), SCM(Single), FCM(Few), BGA(Ball Grid Array) 보다 진보된 패키징 기술을 응용한 설계가 요구되어지고, 고성능 시스템 디자인에 있어 논리적인 회로 설계를 개발하는 것은 물리적 특성에 대한 지식들을 더불어 요구되어 지면서 전문적인 고속 회로 설계 엔지니어의 절대적인 필요성이 대두되고 있다.

전자제품들의 사용 주파수 대역이 점점 올라가면서 소형화되고 집적화되고 있는 제품들이 선로 간 간섭이나 소자간의 임피던스 정합(impedance matching), 전자파 간섭(EMI : Electromagnetic Interference) 등의 영향이 전체 시스템의 성능에 크게 영향을 미치기 때문에 고속 PCB를 설계하는데 여러 가지 고려해야 할 사항이 발생한다.

2) 고신뢰성 PCB 설계의 필요성

전자시스템의 고속화로 인하여 PCB 설계를 더 이상 경험적인 것으로는 설계상의 오류를 줄일 수 없다. 복잡하고 높은 수준의 기능을 수행하는 ASIC과 기타 규격 IC의 발전은 보드 레벨 디자인의 크기를 점점 더 소형화하였으며, MCM, SCM, FCM, BGA보다 진보된 패키징 기술을 응용한 설계가 요구된다.

고속 회로의 설계화가 되는 현시대에 있어서 고성능 시스템 디자인의 논리적 회로 설계를 개발하는 것은 물리적 특성에 대한 지식들을 요구하고 있다. 또한 신호의 고속화 및 회로의 고밀집화 등에 의해 야기되는 문제점이 중점적으로 대두되고 있으며, 이러한 문제점을 해결하기 위해 고속 회로 시스템 설계에는 제대로 된 Design Guide의 설정이나 시뮬레이션 등을 수행하지 않으면 정확한 개발기간을 예측할 수 없고, EMI/EMC에 대한 영향을 줄일 수가 없다. 이에 고속 회로 설계의 요소는 Constraint(제약 조건의 설정)와 Simulation Analysis 등의 요소들을 고려해야만 완벽한 설계가 가능하며, 이러한 요소 설계에 대한 전문적인 접근의 필요성이 대두되고 있다.

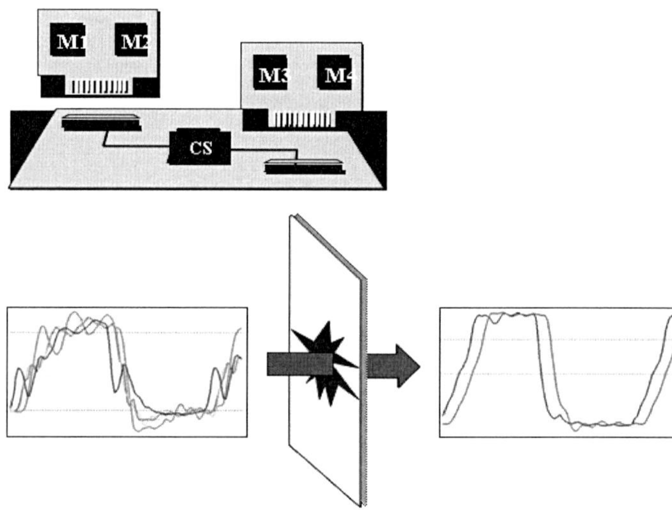

그림 9.1 Constraints 및 Simulation의 수행

3) 고속(High Speed) PCB 설계의 고려 요소

고속 회로 설계에 있어서 회로의 안전성 및 신뢰성을 위해 고려해야 할 다양한 요소들이 존재한다. 그 중에서 회로의 안정성 및 신뢰성에 지대한 영향을 미치는 주요한 요소로는 다음과 같은 사항을 들 수 있다.

- 시스템 타이밍(system timing)
  신뢰할 수 있는 데이터 전송을 위한 신호들의 최대 데이터율은 얼마인가?
- 신호 무결성(signal integrity)
  신호선들이 적용해야 할 전기적 요구사항을 충족시키는가?
- 누화(crosstalk)
  신호선들이 상호간에 간섭을 미치고 있는가?
- 전원층 안정성(power/ground plane stability)
  IC에 인가되는 전원이 적절하게 제어가 되는가?
- EMI 관련 Noise - differential and common mode
  중요(critical)한 신호 선에 너무 많은 에너지가 방사되지 않는가?
  전원층이 공통 모드 방사를 생성하지 않는가?

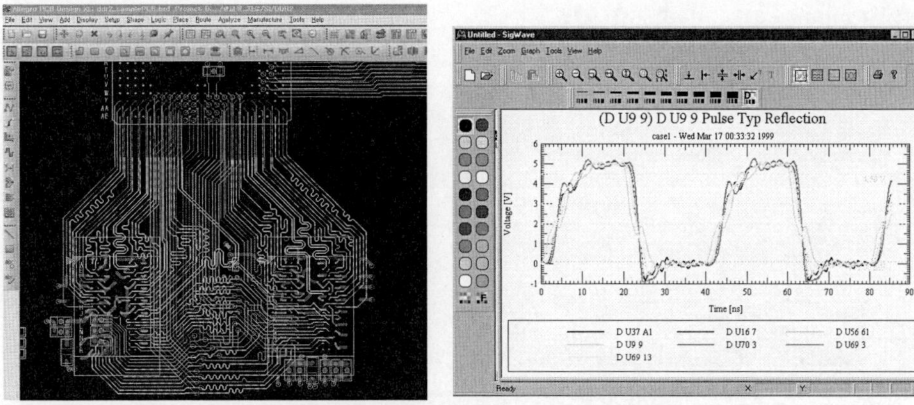

그림 9.2 타이밍 등을 고려한 PCB 배선

위와 같은 요소들을 고려한 설계가 필수적이며, 전 설계단에서 EDA 프로그램을 활용하게 되는데 그 중에서도 효율적인 Rule의 적용과 편리한 부품 배치·배선 등이 강점인 Cadence사의 PCB Design 프로그램의 활용방법을 소개해 본다.

9.1 Cadence PCB Design Overview

(1) Cadence Design Systems, Inc.

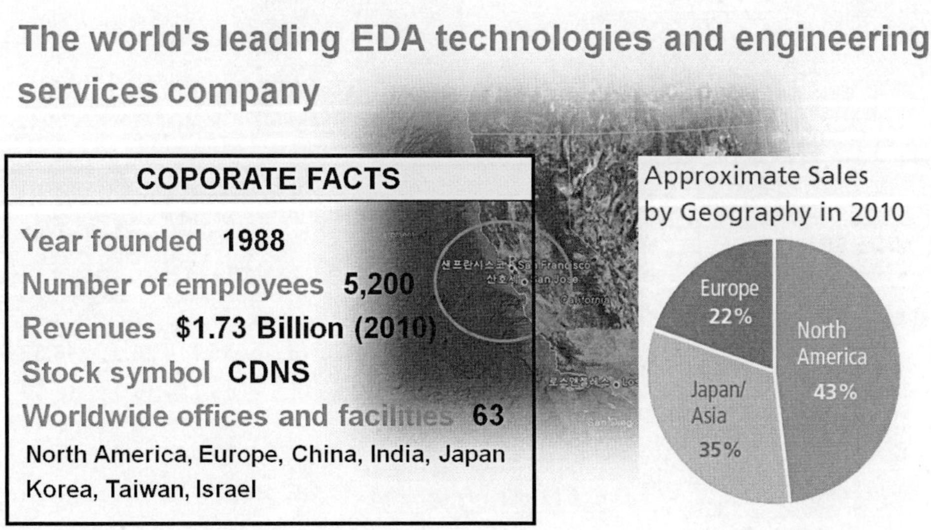

(2) Cadence Design Solutions

(3) Cadence Allegro® / OrCAD® Products History

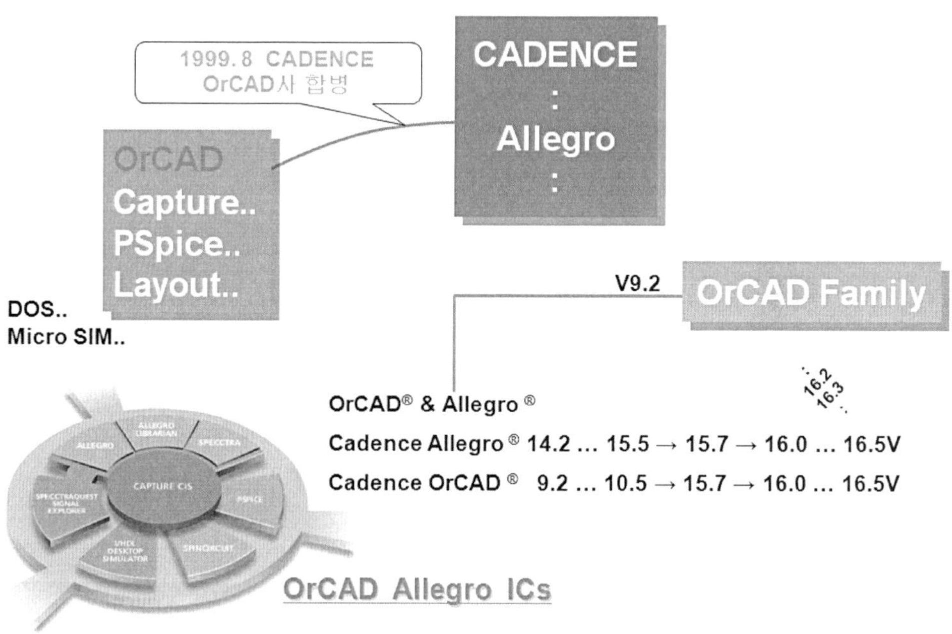

(4) Cadence Allegro® / OrCAD® Products

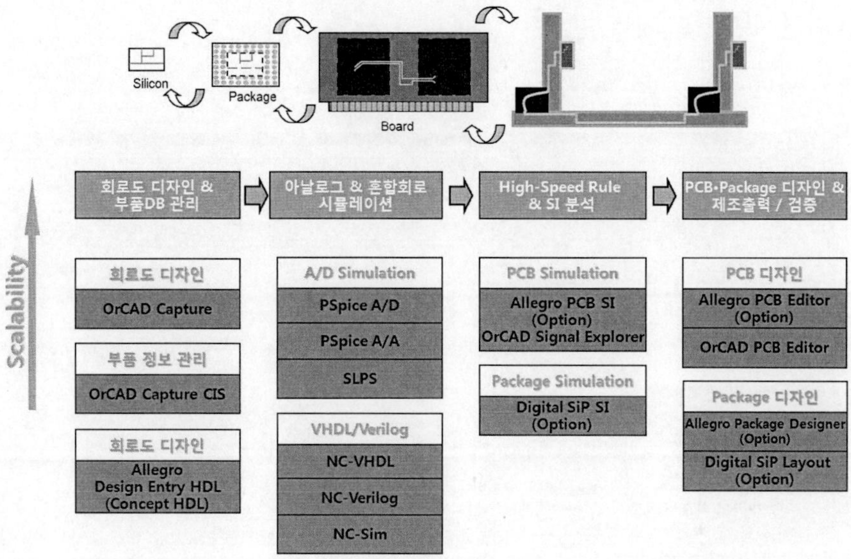

(5) Tools Overview

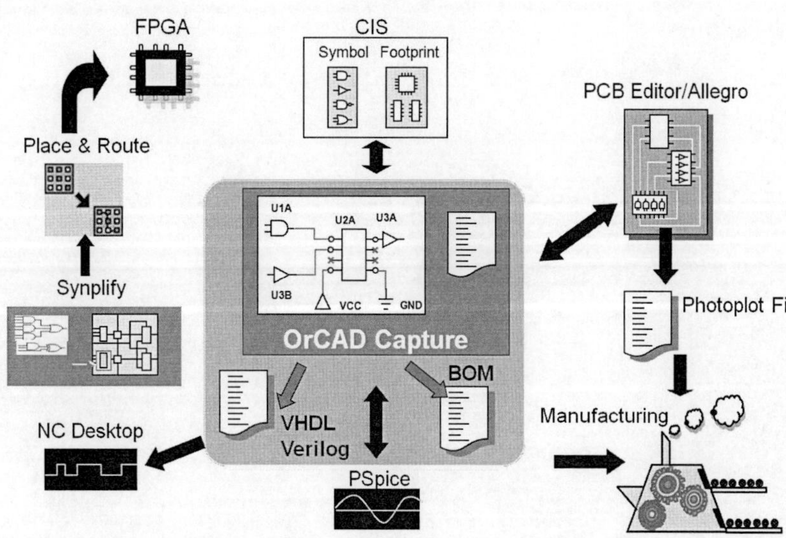

9.2 OrCAD를 활용한 Schematic 설계법

9.2.1 화면 구성 및 메뉴

(1) 기본 화면

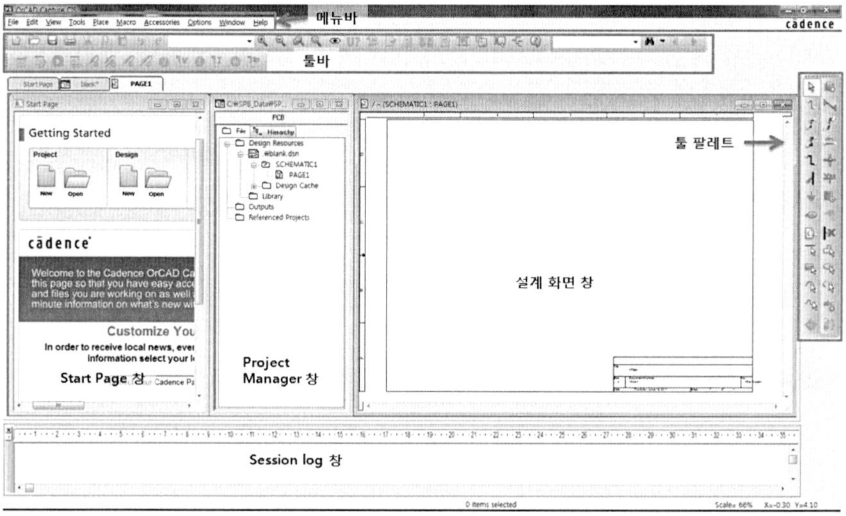

(2) Start Capture

① 프로그램 시작하는 방법 : 시작 > 모든 프로그램 > Cadence > Release 16.5 > OrCAD 캡처를 클릭한다.

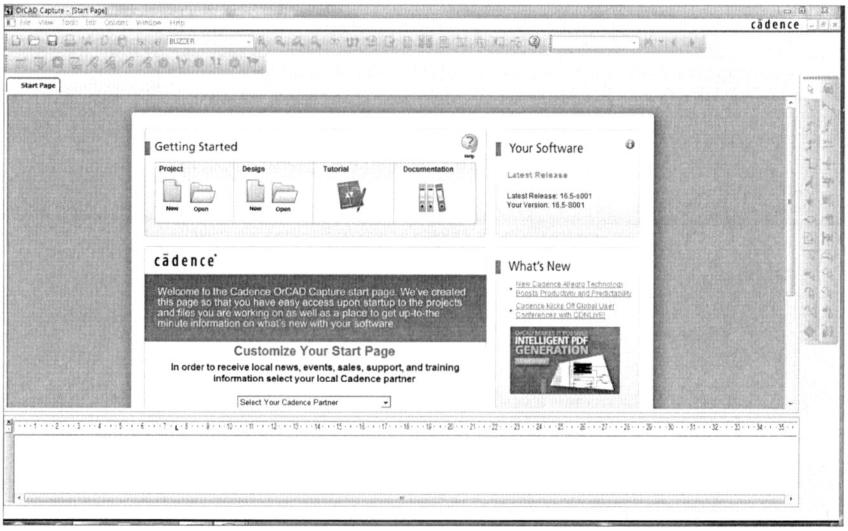

② 캡처 환경설정 : Preference, Design Template, Autobackup 등

③ 새 프로젝트 시작 : 메뉴 File - New - Project를 선택한다.

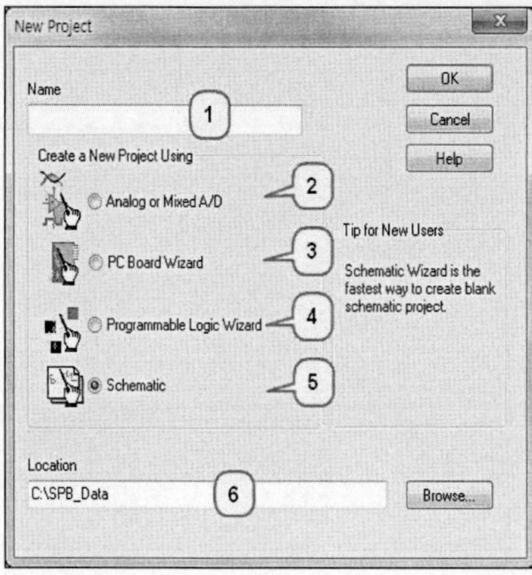

1	작업 프로젝트 이름 - (영문, 숫자로 작성) 예: EXAM
2	PSpice A/D 해석
3	PCB 작업까지 진행과정을 미리 결정 후 진행
4	CPLD, FPGA 등을 설계
5	범용 회로도 작성
6	저장 위치 - (영문, 숫자로 작성) 예: C:\SPB_Data\Exam

9.2.2 도면 작성

(1) Part / Symbol 배치

① 메뉴 Place - Part를 클릭한다(툴 팔레트의 아이콘을 클릭)

② 라이브러리 추가(Libraries 항목의 Add library 버튼을 클릭)

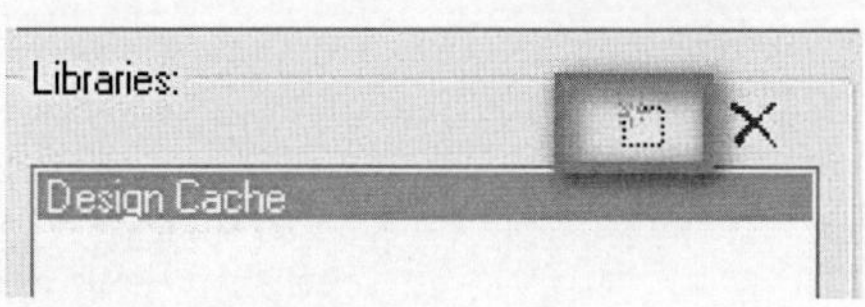

※ 모든 라이브러리(Amplifier.olb~Transistor.olb)를 선택 후 추가한다.

③ Part를 불러와서 배치한다(Part 검색창에 Part명을 기입 후 을 선택).

④ 메뉴 Place - Power 또는 Symbol을 클릭한다(툴 팔레트에서 또는 를 선택).

⑤ GND와 VCC를 찾아 배치한다.

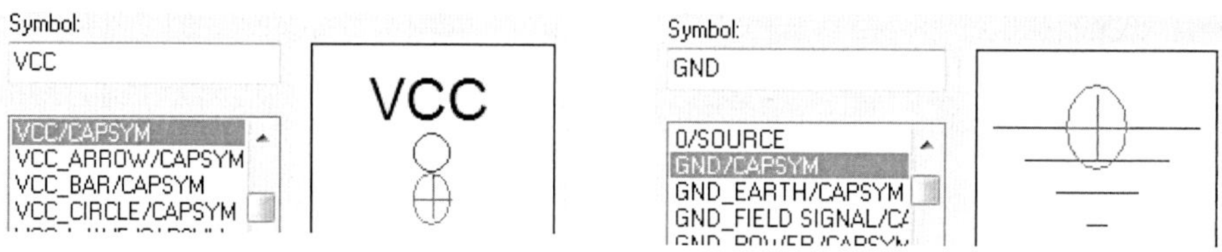

⑥ Main 도면

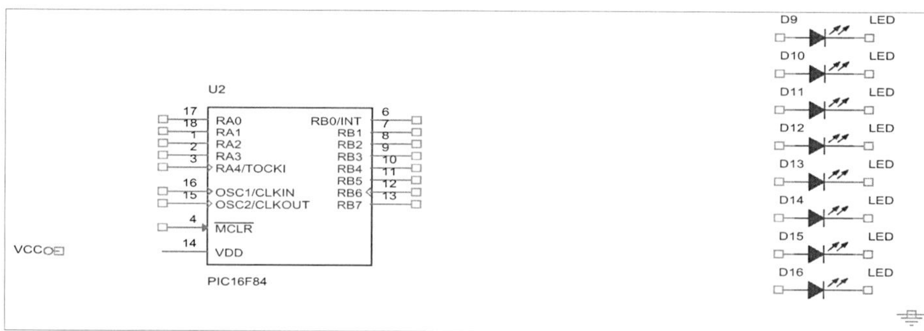

⑦ Switch 도면

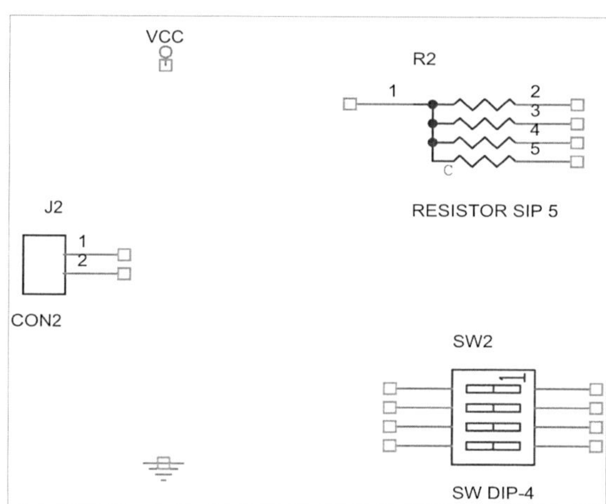

9.2.3 Wire / Bus / Auto 배선

(1) Wire(배선 : 전기적 연결)

① 메뉴 Place - Wire를 클릭한다(툴 팔레트에서 아이콘 선택).

② 핀의 끝과 끝을 연결하는 방법으로 배선한다. F4키를 누르면 Wire가 복사된다.

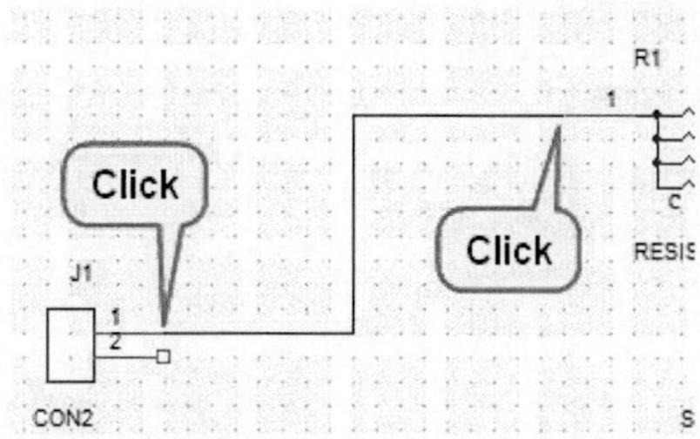

(2) BUS(버스 배선)

① 버스에 연결될 Wire를 작성한다.

② 메뉴 Place - Net Alias를 클릭한다(단축키 n).

③ DATA0를 입력한 후 첫 번째 Wire 위에 배치한다.

④ 두 번째부터는 차례대로 Wire에 클릭하면 Net alias 번호가 증가한다.

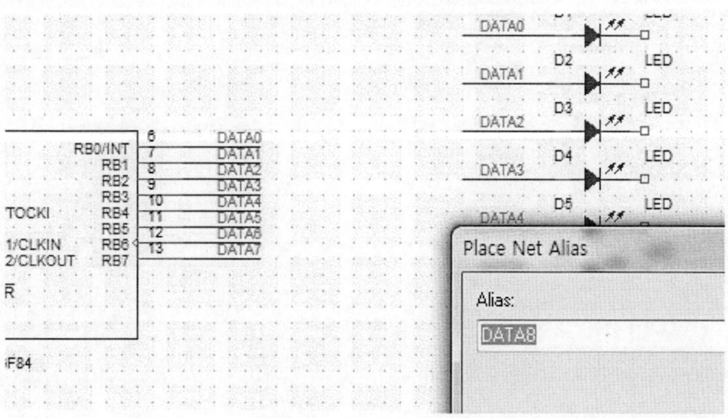

⑤ 메뉴 Place - Bus Entry(툴 팔레트 아이콘 선택)를 클릭하여 Wire의 끝에 Bus Entry를 배치한다.

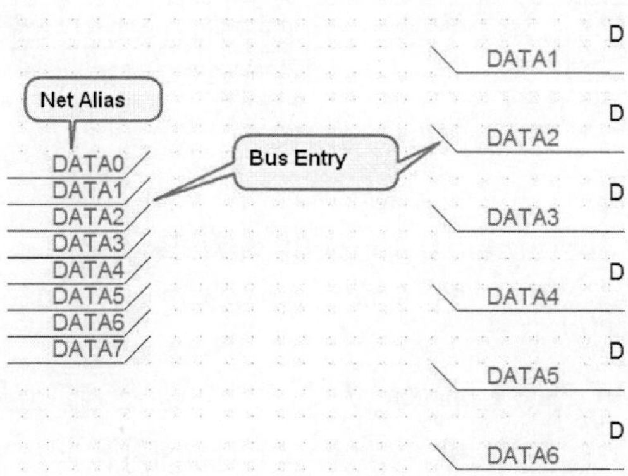

⑥ 메뉴 Place - Bus 클릭하여 버스 엔트리의 끝부분에 닿게끔 배선한다(Shift 키를 누른 상태에서 배선시 사선배선).

⑦ 메뉴 Place - Net Alias 클릭하여 버스네임 DATA[0:7]을 버스상단에 배치한다.

⑧ Main Sheet

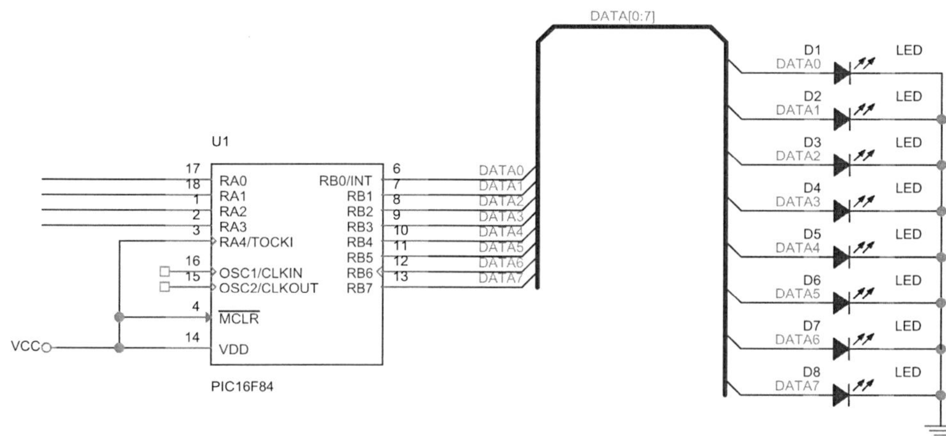

⑨ Switch Sheet

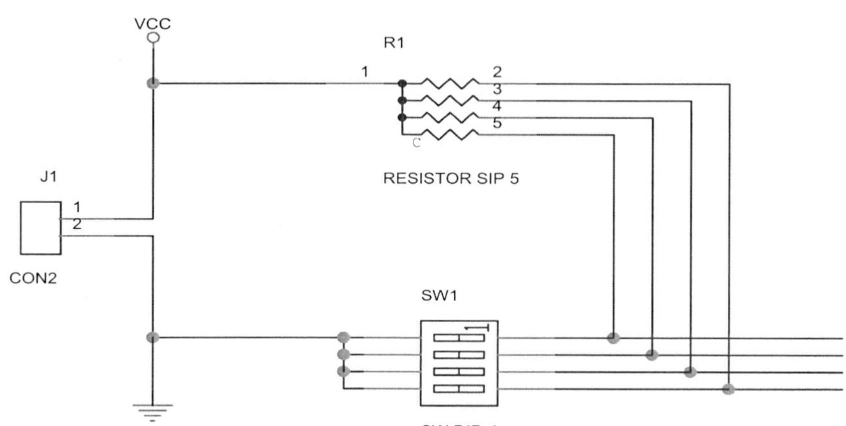

9.2.4 Connector, Hierarchical Block의 배치 및 연결

(1) Off-Page Connector

① 메뉴 Place - Off Page Connector를 클릭한다(툴 팔레트 아이콘을 선택한다).

② OFFPAGELEFT-R을 선택한 후 Main 도면에 배치한다.

③ 배치된 OFFPAGELEFT-R 문자를 더블클릭하여 이름을 변경한다.

④ OFFPAGELEFT-L을 선택한 후 Switch 도면에 배치한다.

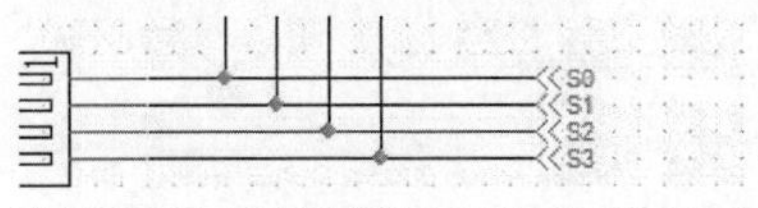

(2) Hierarchical Block

① 메뉴 Place - Hierarchical Block을 선택한다(툴 팔레트 아이콘을 선택한다).

② Place Hierarchical Block에서 블록의 Reference 및 Implementation 설정을 한다.

- Reference : Y
- Implementation Type : Schematic View
- Implementation Name : OSC

③ OK를 선택한다.

④ 화면에 적당한 크기의 사각형을 그린다.

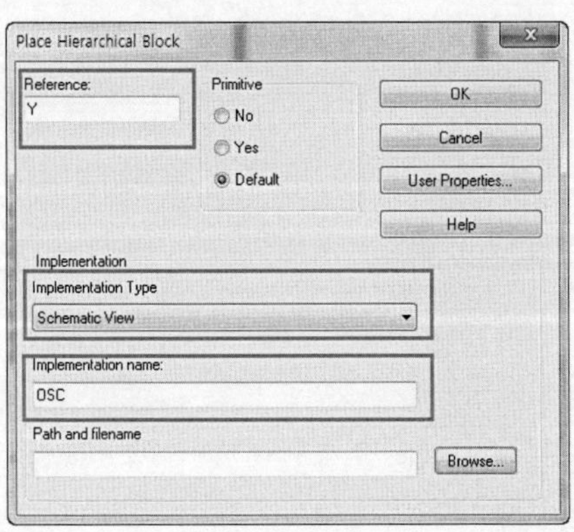

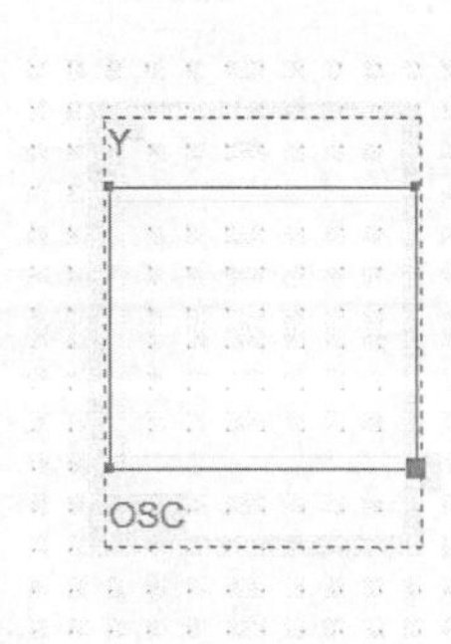

⑤ 사각형이 선택된 상태에서 메뉴 - Place - Hierarchical Pin을 클릭한다(툴 팔레트에서 아이콘을 선택한다).

⑥ Name란에 C1을 입력한다. Type은 Passive로 설정한다. OK를 선택하여 Block에 배치한다. 두 번째 핀은 C2로 입력한다.

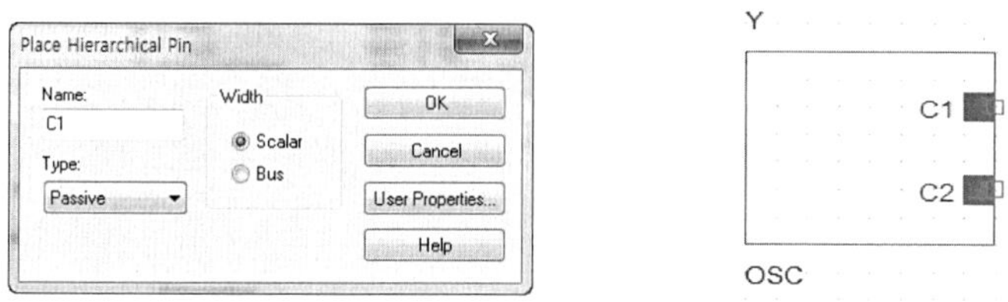

⑦ 배선을 추가한다.

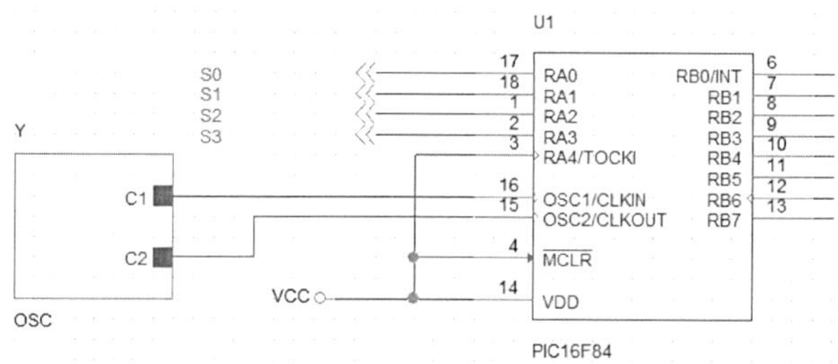

⑧ Net Alias로 C1과 C2를 추가한다.

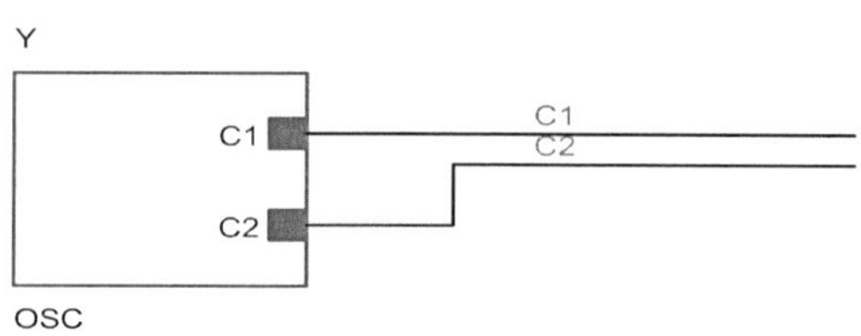

⑨ Reference Y의 Hierarchical Block을 선택한 후 RMB의 Descend Hierarchy를 선택한다.

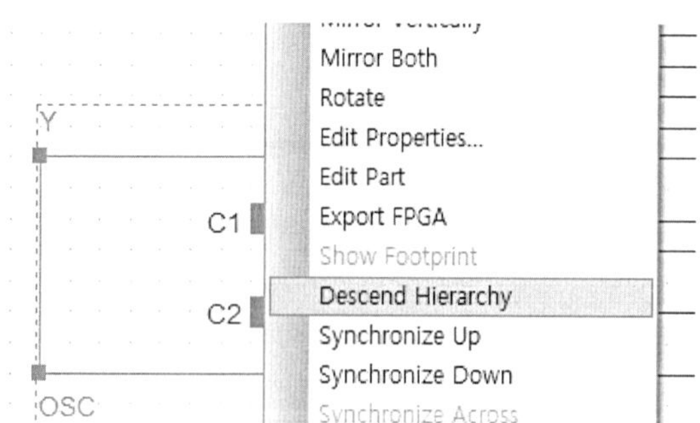

⑩ New Page 창이 뜨면 이름을 “CRYSTAL”을 기재 후 OK를 선택한다.

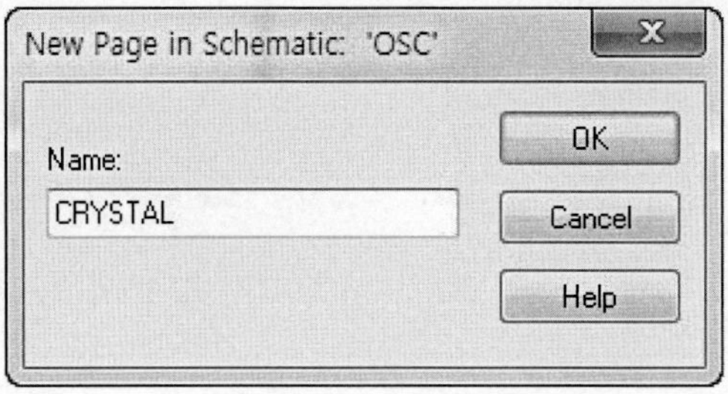

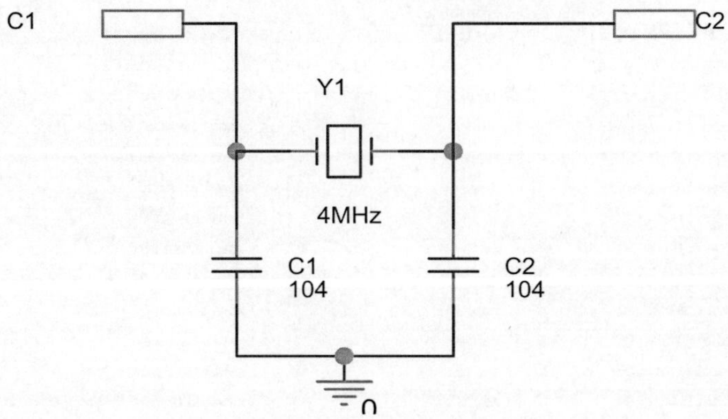

⑪ 회로도를 작성하고, RMB 메뉴의 Ascend Hierarchy를 선택하면 상위 도면으로 이동한다.

⑫ Project Manager 창에서 계층구조 도면을 확인한다.

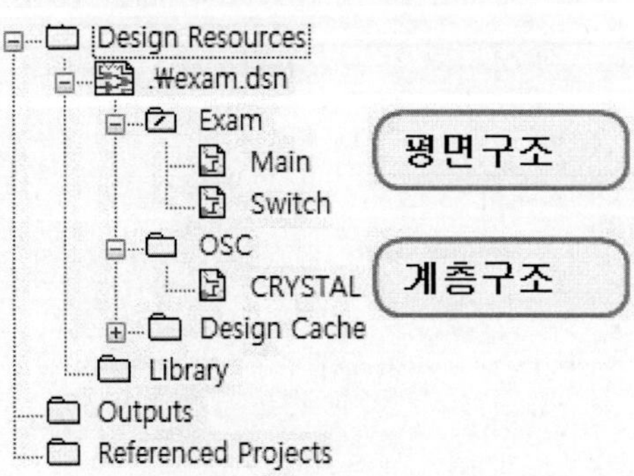

9.2.5 PCB Footprint 등의 속성 지정

(1) PCB Footprint / Alt Symbols 설정

PCB Footprint 항목의 값이 기본으로 지정되어 있으며, ALT_SYMBOLS은 소자의 또 다른 Footprint 타입이다.

(2) 입력방법 1 ; 직접 입력

① Project Manager 창에서 exam.dsn을 선택한 후 RMB의 Edit Object Properties를 선택한다.

② 속성 창이 열리면 항목 중 PCB Footprint와 ALT_SYMBOLS의 값을 입력한다.

		PCB Footprint
1	⊞ OSC : CRYSTAL : Y1	cry11mhz
2	⊞ OSC : CRYSTAL : C2	capck05
3	⊞ OSC : CRYSTAL : C1	capck05
4	⊞ Exam : Switch : SW1	dip8_3
5	⊞ Exam : Switch : R1	jumper5
6	⊞ Exam : Switch : J1	jumper2
7	⊞ Exam : Main : Y	
8	⊞ Exam : Main : U1	dip18_3
9	⊞ Exam : Main : D8	cap196
10	⊞ Exam : Main : D7	cap196
11	⊞ Exam : Main : D6	cap196
12	⊞ Exam : Main : D5	cap196
13	⊞ Exam : Main : D4	cap196
14	⊞ Exam : Main : D3	cap196
15	⊞ Exam : Main : D2	cap196
16	⊞ Exam : Main : D1	cap196

		ALT_SYMBOLS
1	⊞ OSC : CRYSTAL : Y1	
2	⊞ OSC : CRYSTAL : C2	
3	⊞ OSC : CRYSTAL : C1	
4	⊞ Exam : Switch : SW1	SOIC8
5	⊞ Exam : Switch : R1	
6	⊞ Exam : Switch : J1	
7	⊞ Exam : Main : Y	
8	⊞ Exam : Main : U1	
9	⊞ Exam : Main : D8	
10	⊞ Exam : Main : D7	
11	⊞ Exam : Main : D6	
12	⊞ Exam : Main : D5	
13	⊞ Exam : Main : D4	
14	⊞ Exam : Main : D3	
15	⊞ Exam : Main : D2	
16	⊞ Exam : Main : D1	

(3) 입력방법 2 ; UPD(Update) 파일을 이용

① Project Manager 창에서 exam.dsn을 선택한 후 메뉴 Tools - Bill of Materials를 선택한다. 또는 툴바의 아이콘을 선택한다.

② Bill of Materials 창이 뜨면 하단의 Report 부분에서 View Output 항목에 체크한다.

③ 확장자 BOM을 UPD로 수정한 후 OK를 선택한다.

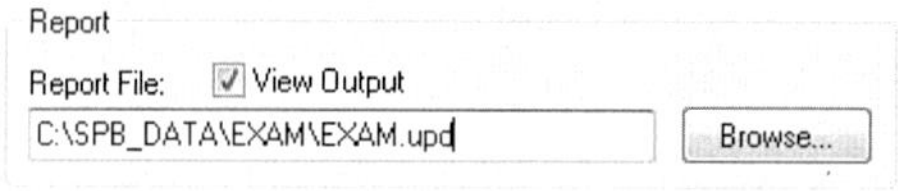

④ Report 창이 뜨면 아래와 같이 수정한다.

"{value}"　　"PCB Footprint"　　"ALT_SYMBOLS"

"SW DIP-4"　　"DIP8_3"　　"SOIC8"

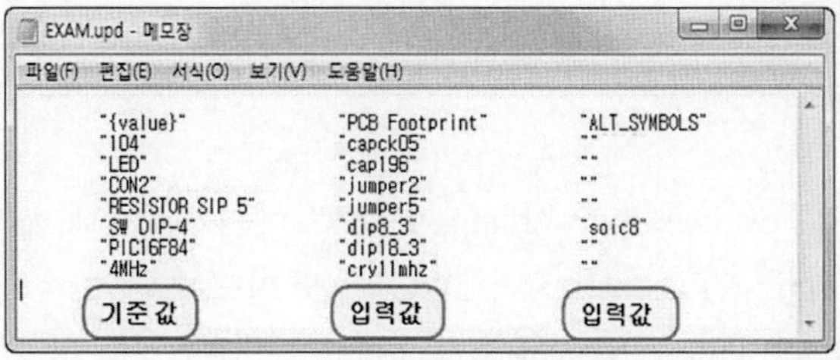

⑤ exam.dsn을 선택한 후 메뉴 Tools - Update Properties를 선택한다.

⑥ 하단의 Update File에 작성한 UPD 파일을 입력 또는 지정한다.

⑦ OK를 선택하면 정의된 Value 값을 기준으로 Footprint 속성이 입력된다.

9.2.6 후처리

프로젝트 매니저 창의 *.DSN 파일 선택 시 활성화 되어지는 아이콘을 이용하여 진행할 수 있다.

(1) 부품번호 자동정렬

① 메뉴 Tools - Annotate를 클릭한다.

② Unconditional reference update를 선택한 후 확인을 클릭한다.

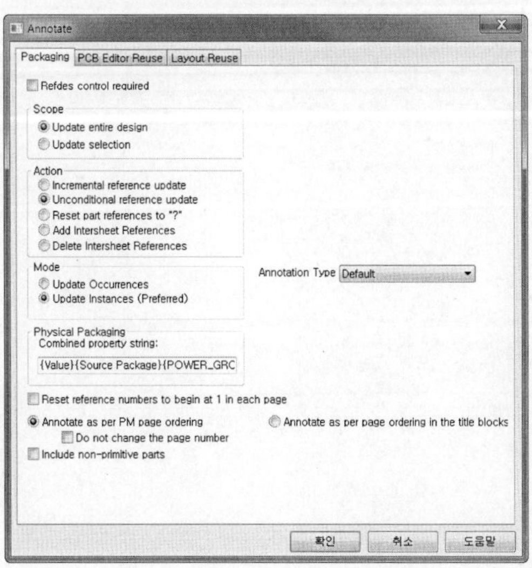

(2) DRC(Design Rule Check) : 메뉴 Tools - Design Rule Check를 클릭한다.

① Design Rules Options 탭 - Auction

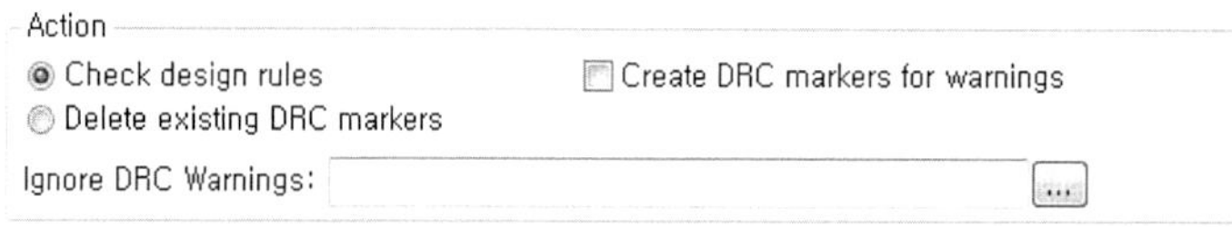

- Create DRC markers for warnings : DRC 에러 발생 시 에러 부위에 마크 표시
- Delete existing DRC markers : DRC 에러 마크를 제거

② Electrical Rules 탭 - Electrical Rules

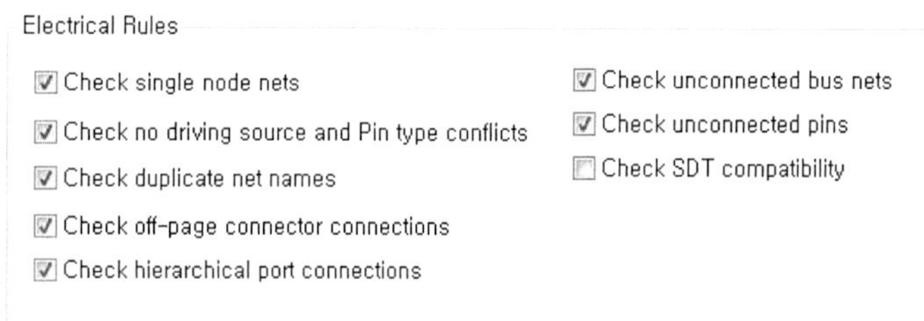

(3) BOM(Bill of Materials) : 메뉴 Tools - Bill of Material을 클릭한다.

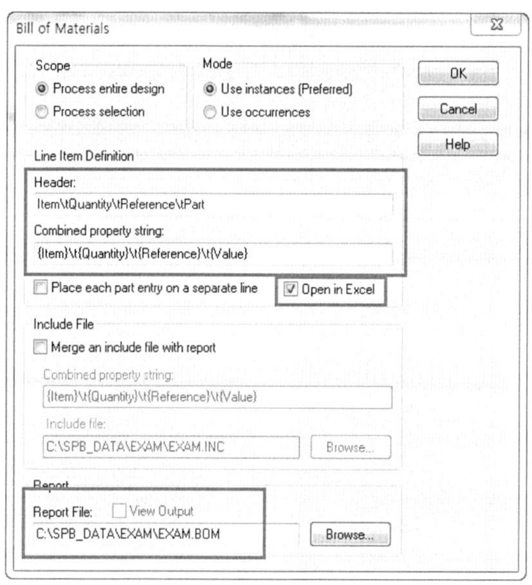

(4) Create Netlist

① Exam.dsn을 선택한다.

② 메뉴 Tools - Create Netlist를 클릭한다.

③ Option 항목에서 Netlist의 저장 폴더를 선택할 수 있다.

④ 기본적으로 작업폴더 내에 allegro 폴더를 생성하여 저장한다.

⑤ Create or Update PCB Editor Board(Netrev) : PCB를 신규 생성하거나 업데이트할 수 있는 옵션이다.

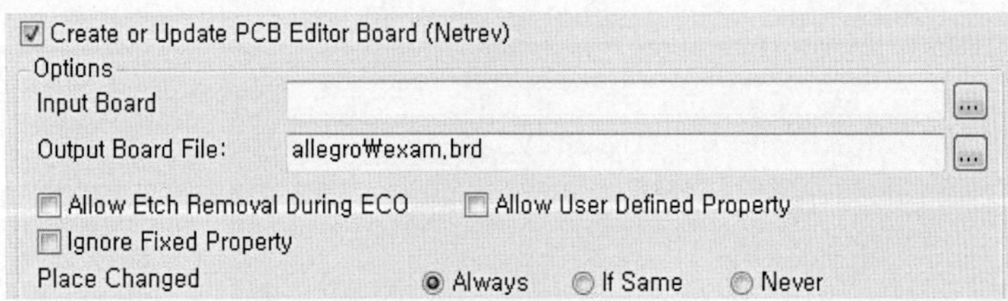

⑥ Board Launching Option : SPB의 Product 중 해당되는 제품군을 선택한다.

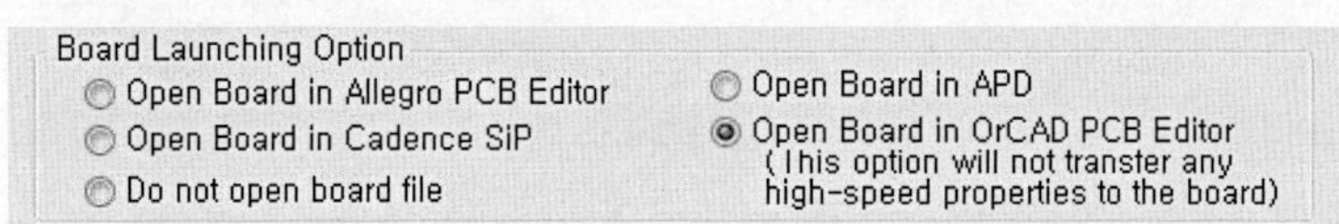

※ 하단의 확인을 선택하면 Netlist가 생성되고, PCB Editor가 열리며 Netlist가 전송된다.

※ Netlist 생성 시 에러 등으로 생성되지 않으면, Capture의 Session Log를 확인하여 수정/보완해서 다시 실행해야 된다.

※ Netlist 생성시 발생되는 주된 에러는 Capture Part와 PCB Footprint의 missmatch에 관련된 에러이다.

9.3 Allegro(OrCAD)의 High-speed PCB 설계법

9.3.1 화면 구성 및 메뉴

(1) PCB Editor 기본 화면

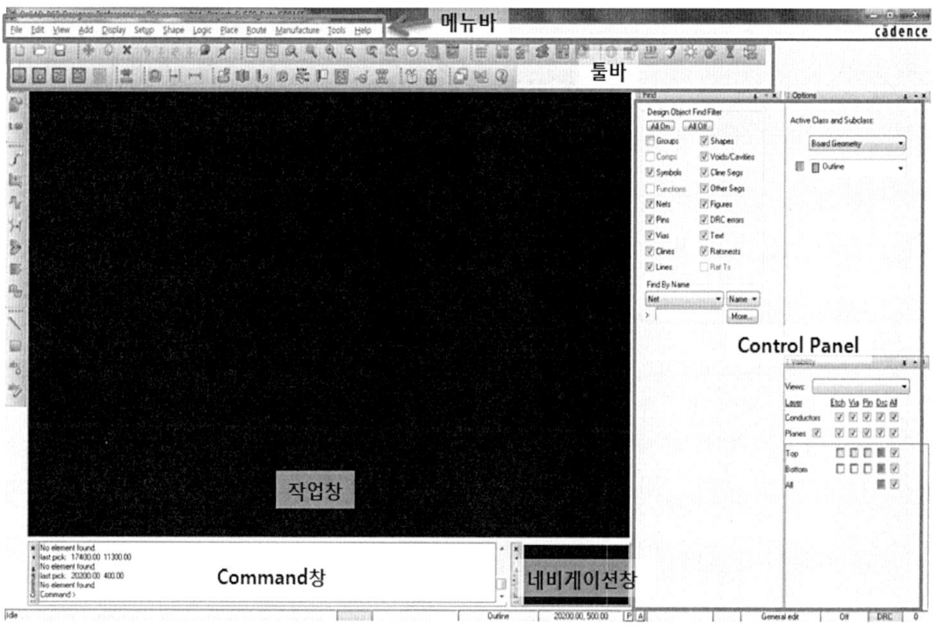

• Command 창 - 명령어의 실행과 상태를 표시하며 직접 명령어를 작성할 수 있다.
• Control Panel - Visibility : 현재 작업화면의 컬러 설정
- Find : 선택 시 대상물 선정
- Options : 명령에 대한 속성을 지정

(2) Script 사용법 및 Color의 설정

① 메뉴 File - Script를 클릭한다.

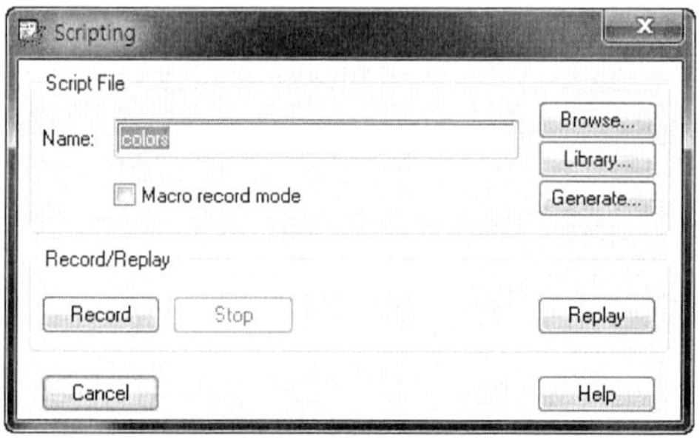

② Name에 저장할 이름을 작성한다.

③ Record 버튼을 선택한 후 컬러 설정을 시작한다.

④ 메뉴 Display - Color/visibility 또는 아이콘을 선택한다.

⑤ 상단의 Global Visibility Off Global Visibility: On Off 버튼을 선택한다.

⑥ Class - Stack-Up을 선택한 후 Conductor 폴더를 선택한다. Subclass 항목 중 Top과 Bottom의 All을 선택한다.

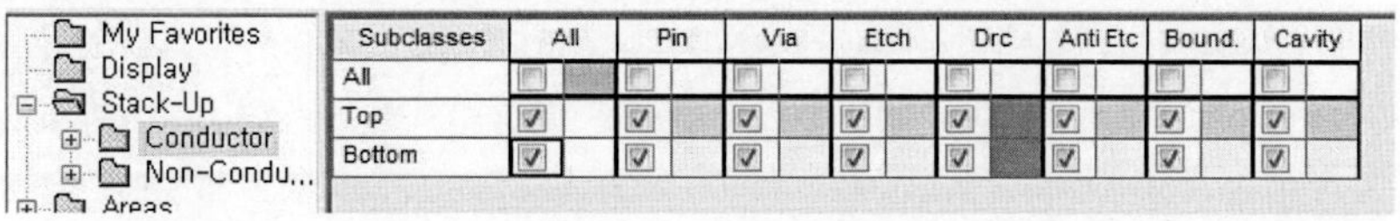

⑦ Class - Board Geometry를 선택한 후 Subclass 항목 중 Outline을 선택한다.

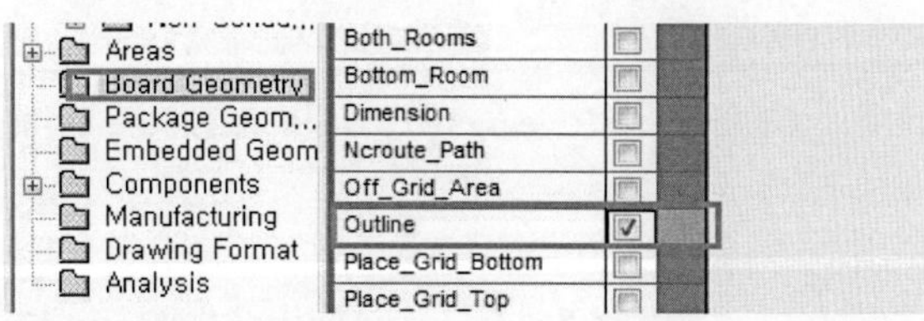

⑧ Class - Package Geometry를 선택한 후 Subclass - Silkscreen_Top을 선택한다.

⑨ 하단의 Color 팔레트에서 색상을 선택한 후 Silkscreen_Top의 우측 컬러 창을 선택하여 색상을 변경한다.

⑩ Class - Components를 선택한 후 Subclass - RefDes의 Silkscreen_Top을 선택한다.

⑪ OK를 선택하여 컬러 설정을 종료한다.
⑫ 메뉴 File - Script를 선택한다.
⑬ Stop을 선택한다.
⑭ Working Directory에 Colors.scr 파일이 생성되어 있다.
⑮ Color 설정 창을 열어 모든 Global Visibility Off를 선택한다.
⑯ 메뉴 File - Script를 선택한다.
⑰ Browse 버튼을 클릭하여 colors.scr 파일을 선택한다.
⑱ 하단의 Replay를 선택한다(또는 Command 창에 replay colors를 입력한다). - Color의 설정이 colors.scr 파일에 저장된 설정대로 변경됨.

9.3.2 Padstack 생성-Through-Hole Pin Device

(1) Padstack Editor-pin, Via의 생성

① Pad Designer를 실행한다.
② 시작 > 프로그램 > Cadence > Release 16.5 > PCB Editor Utilities > Pad Designer를 클릭한다.
③ 메뉴 File - New를 선택한다.
④ Browse를 클릭하여 저장 경로를 설정한다.
⑤ Padstack Name에 60c38d.pad로 작성한다.

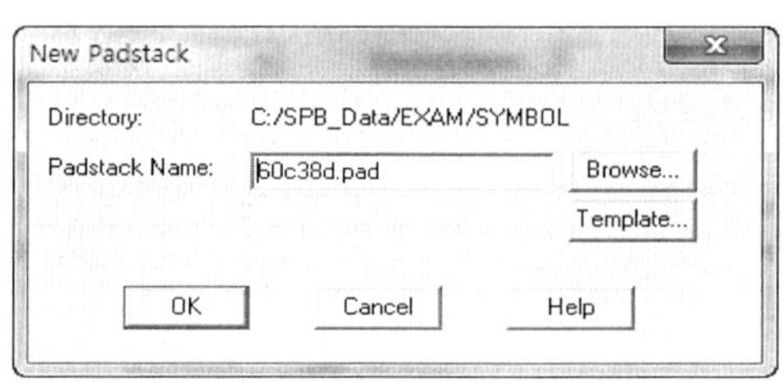

⑥ OK를 선택한다.
⑦ Pad Designer 창의 Parameters Tab에서 다음과 같이 설정한다.
- Units : "Mils" , "0" (Decimal places)
- Drill/Slot hole : » Hole type : Circle Drill
  » Plating : Plated
  » Drill diameter : 38
- Drill/Slot symbol : » Figure : Circle
  » Character : A
  » Width : 60
  » Height : 60

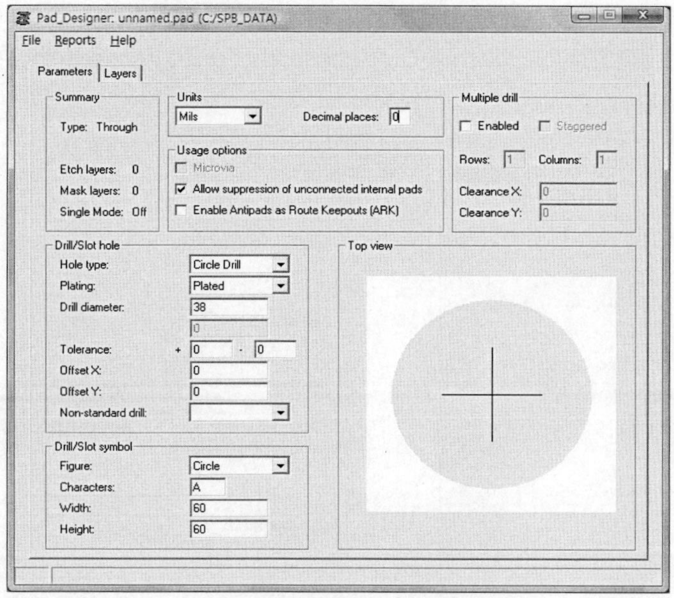

⑧ Layers Tab에서 BEGIN LAYER(Bgn)를 클릭한 다음과 같이 설정한다.

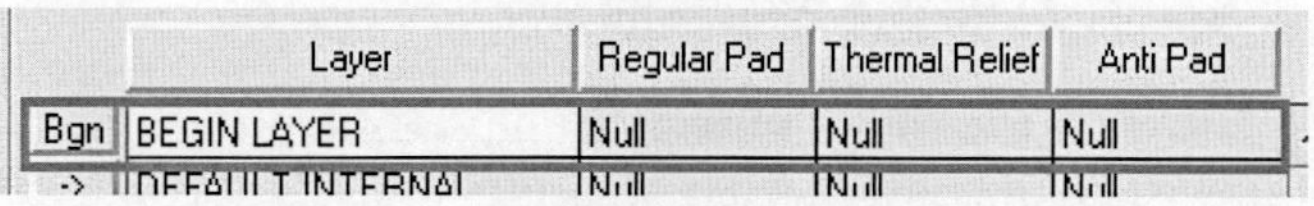

- Regular Pad : » Geometry : Circle
  » Width : 60
  » Height : 60
- Thermal Relief : » Geometry : Circle
  » Width : 80
  » Height : 80
- Anti Pad : » Geometry : Circle
  » Width : 80
  » Height : 80

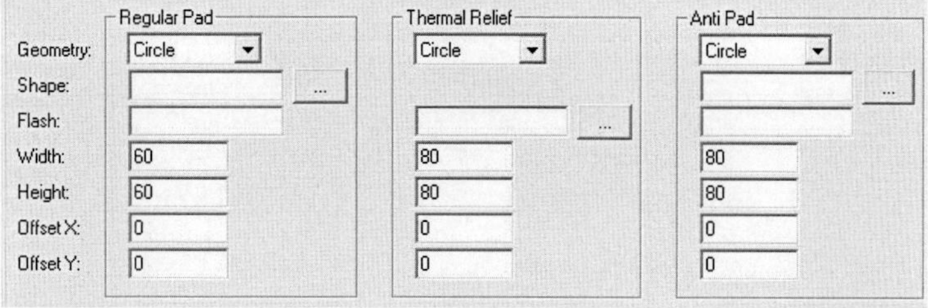

⑨ Bgn에서 마우스 오른쪽 버튼 클릭 후 팝업 메뉴에서 Copy to all 메뉴를 클릭한다.
⑩ Copy 속성에서 “Regular pad”, “Thermal relief pad”, “Antipad”를 선택하고 OK를 누르면 Bgn에 설정된 값이 복사된다.

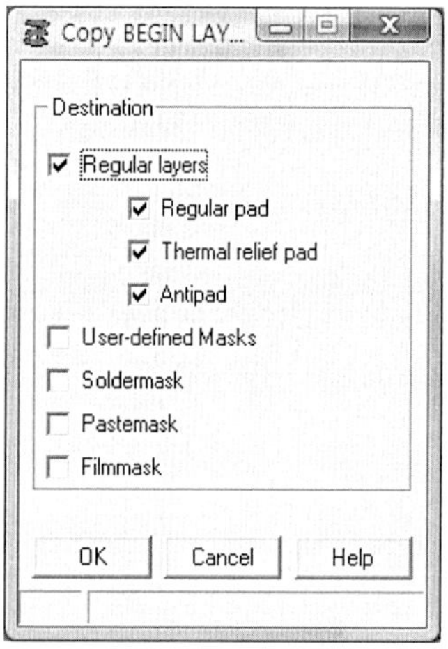

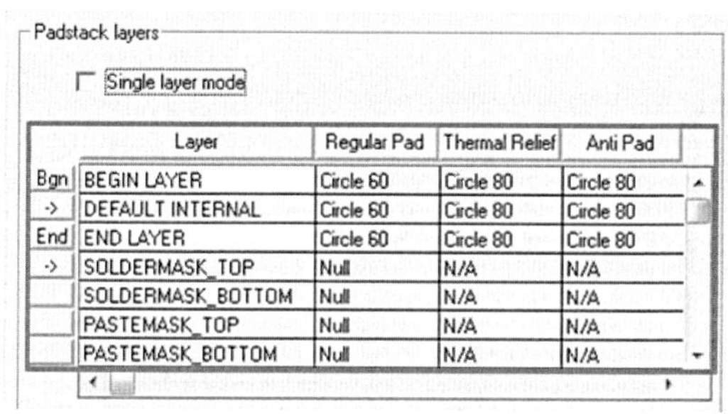

⑪ SOLDERMASK_TOP과 SOLDERMASK_BOTTOM의 Regular Pad를 Circle 모양으로 Width, Height 각 항목에 70을 입력한다.
⑫ DEFAULT INTERNAL의 Thermal Relief 항목을 클릭한다.
- Geometry : Flash(Flash symbol은 Negative Plane 사용시만 설정)
- Flash : TH_80_60

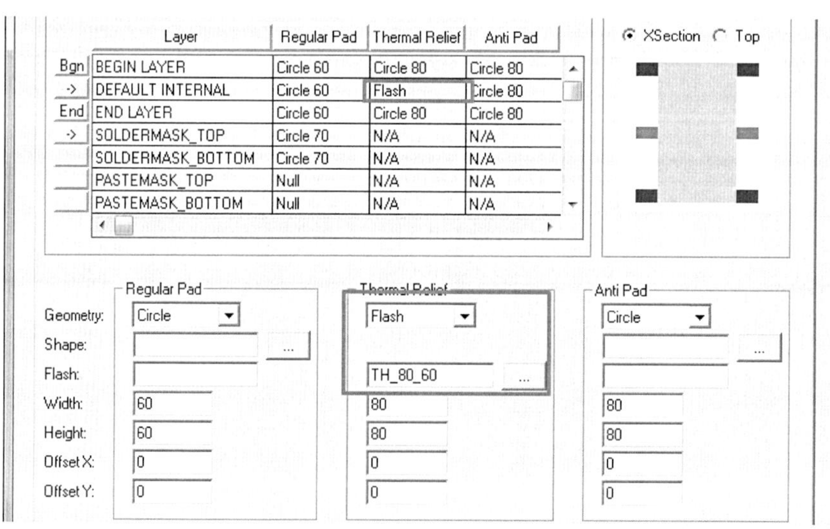

⑬ 메뉴 File - Save를 선택하여 저장한다.

⑭ 저장한 다음 Layer Tab에서 padstack layers의 각 항목에 "Circle"로 설정된 Geometry를 "Square"로 변경한다.

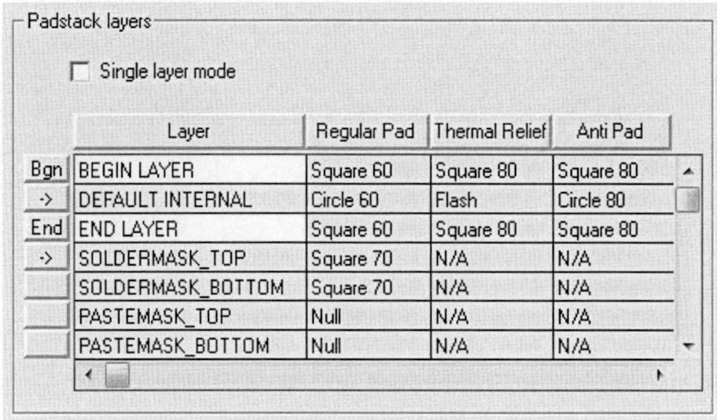

⑮ 메뉴 File > Save As... 메뉴를 선택하고 "60s38d"라는 이름으로 Pad를 저장한다.

9.3.3 Component Symbols : Package Symbol Wizard를 이용하여 생성

(1) DIP14 Package symbol의 생성

① Allegro(OrCAD) PCB Editor를 실행한다.

② 메뉴 File - New를 선택한다.

③ Drawing Type에는 "Package symbol(wizard)"를 선택한다.

④ Browse를 클릭하여 저장경로를 선택한다. Drawing Name에 "mydip14_3"을 입력한 후 OK를 선택한다.

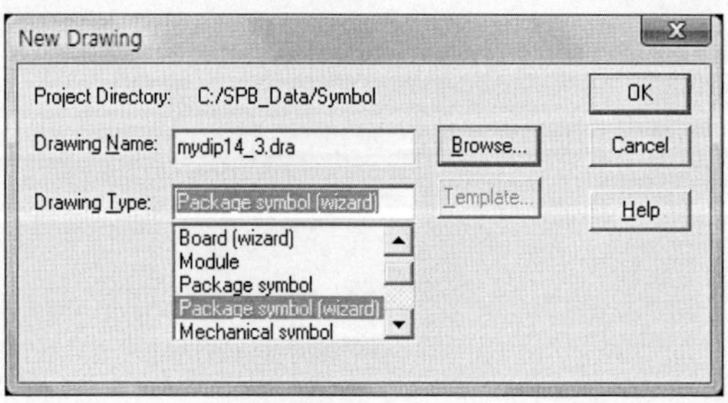

⑤ DIP 타입을 선택하고 Next 버튼을 클릭한다.

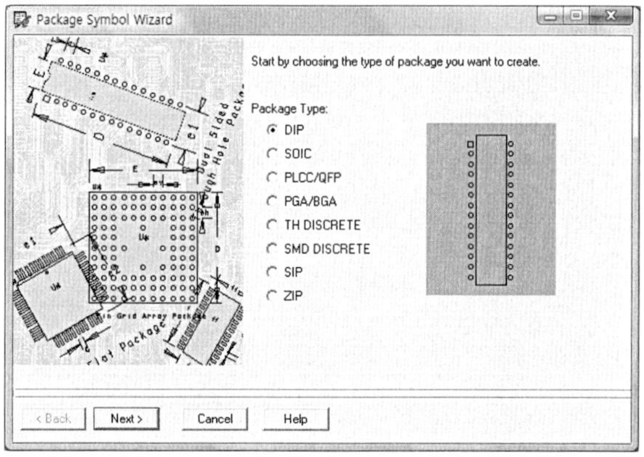

⑥ Load Template 버튼을 클릭하여 기본적으로 제공하는 템플릿을 불러들인 다음 Next 버튼을 클릭한다.

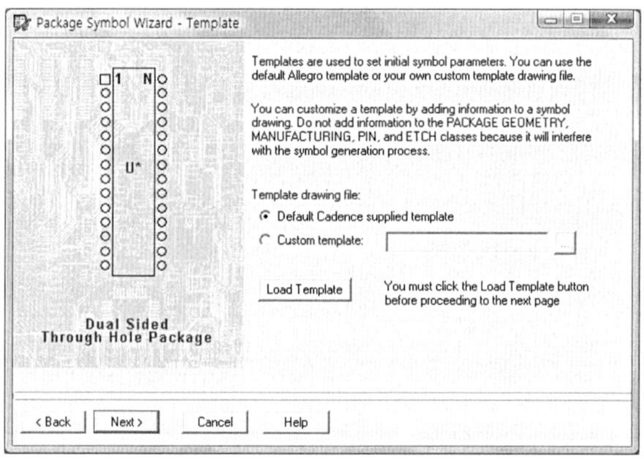

⑦ 단위는 "Mils"를 선택하고 소수점 자릿수(Accuracy)는 "0"으로 선택한다.

⑧ RefDes는 "U*"를 선택하고 Next 버튼을 클릭한다.

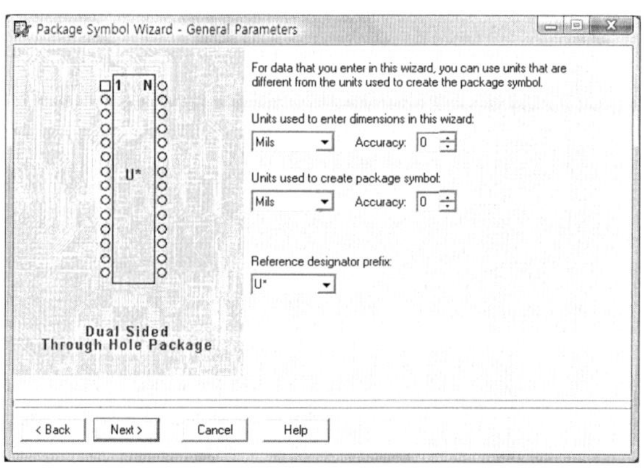

⑨ Datasheet를 참조하여 필요한 각 값들을 선택해서 입력한다.

- Number of pins(N) : 14
- Lead pitch : 100 Mils
- Terminal row spacing : 300 Mils
- Package width : 220 Mils
- Package length : 785 Mils

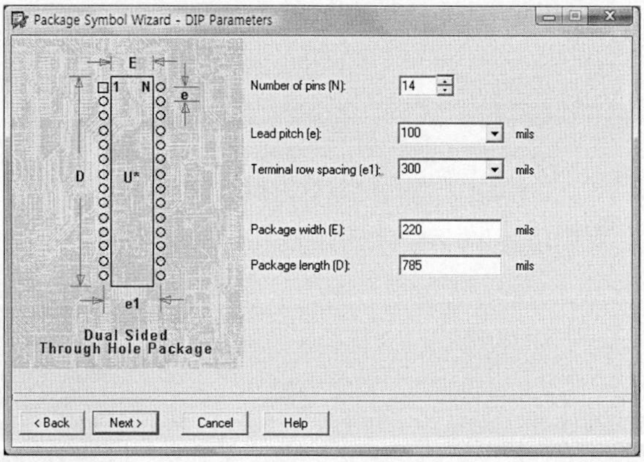

⑩ Default Padstack은 "60c38d"를 선택하고 1번 핀으로 사용할 Padstack은 "60s38d"를 선택한 다음 Next 버튼을 클릭한다.

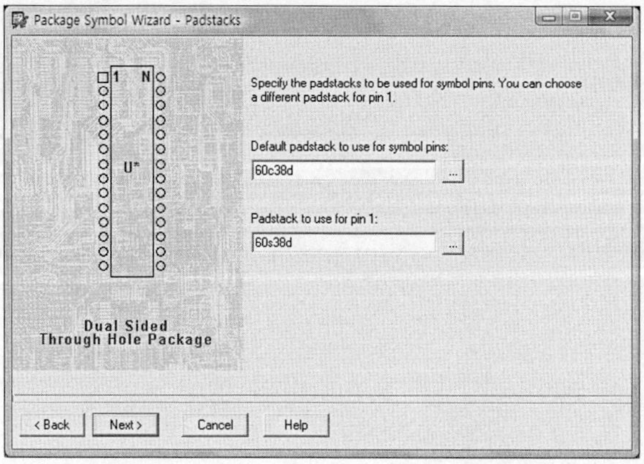

⑪ Symbol origin은 1번 핀(Pin 1 of symbol)으로 설정하고 Symbol 생성을 위해 Create a compiled symbol을 선택한 다음 Next 버튼을 클릭한다.

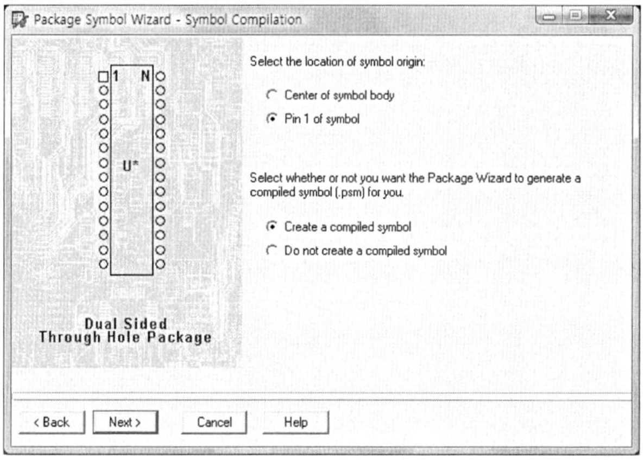

⑫ "mydip14_3.dra", "mydip14_3.psm" 파일이 생성되며, Finish 버튼을 클릭하여 Package symbol Wizard를 종료한다.

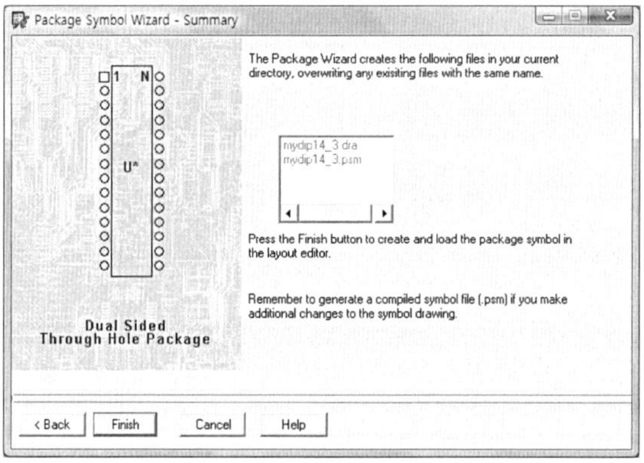

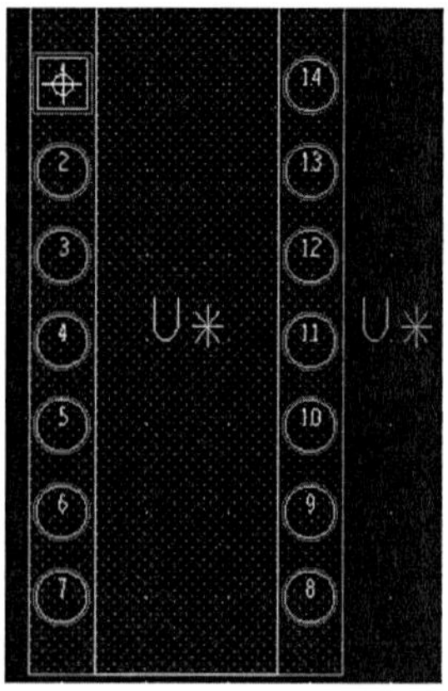

※ PCB Editor에서 "mydip14_3" Symbol을 이용하기 위해서는 Setup > User Preferences... > Paths > Library > psm path에 "mydip14_3" symbol이 들어있는 폴더 경로가 반드시 추가되어 있어야 한다.

9.3.4 Mechanical Symbol(기구 Symbol)의 생성

(1) Board Symbol 생성의 환경설정

① 메뉴 File - New를 선택한다.

- Drawing Type : Mechanical symbol
- Drawing Name : outline

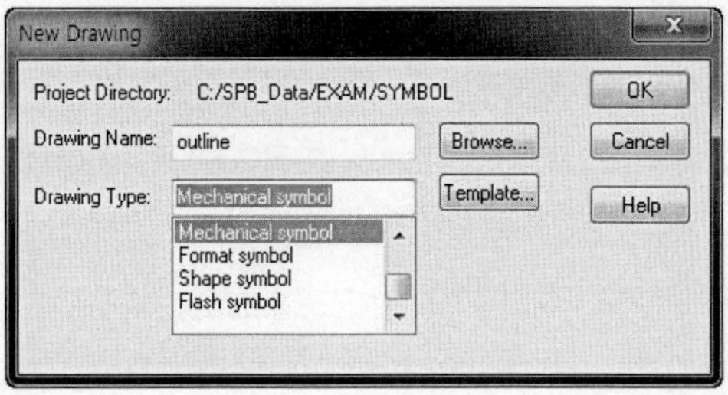

② OK를 선택한다.

③ 메뉴 Setup - Design Parameters를 선택한다. 또는 RMB - Quick Utilities - Design Parameters를 선택한다.

④ Design 탭을 클릭한다.

⑤ Size 및 Extents를 설정한다.

- User Units : Mils
- Size : A
- Accuracy : 0
- Left X : -2000
- Lower Y : -2000

※ Extents 설정은 메뉴 Setup - Change Drawing Origin을 선택한 뒤 화면에 클릭하면 변경된다.

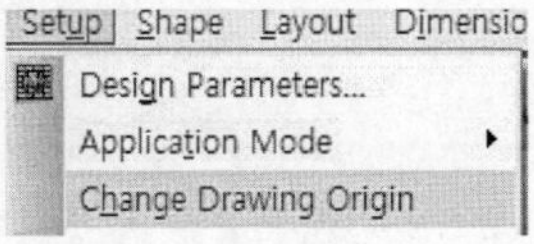

⑥ Display 탭을 선택한다. Setup Grids에 체크를 한 뒤 Non-Etch Grid를 x, y 25Mils로 변경한다.

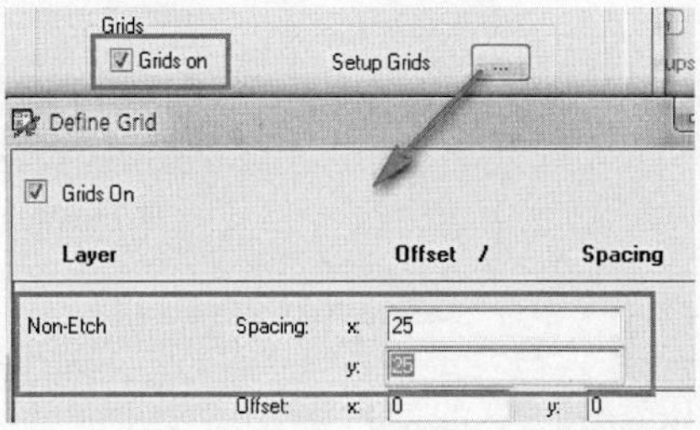

(2) Board Outline 생성

① 메뉴 Add - Line을 선택한다.

② Option 탭에서 Active Class와 Subclass를 BOARD GEOMETRY / OUTLINE으로 화면의 Datum (0,0)를 기준으로 보드를 작성한다.

③ Command 창에 좌표를 입력한다.

x 300, 0 Enter↵ ; 절대좌표 x (X축 좌표) (Y축 좌표)
ix 1700 Enter↵ ; 상대좌표 ix (이전 점에서 X축으로 상대좌표)
iy 2000 Enter↵ ; 상대좌표 iy (이점 점에서 Y축으로 상대좌표)
ix -1700 Enter↵
iy -300 Enter↵
ix -300 Enter↵
iy -1400 Enter↵
ix 300 Enter↵
iy -300 Enter↵
F6 ; 완료

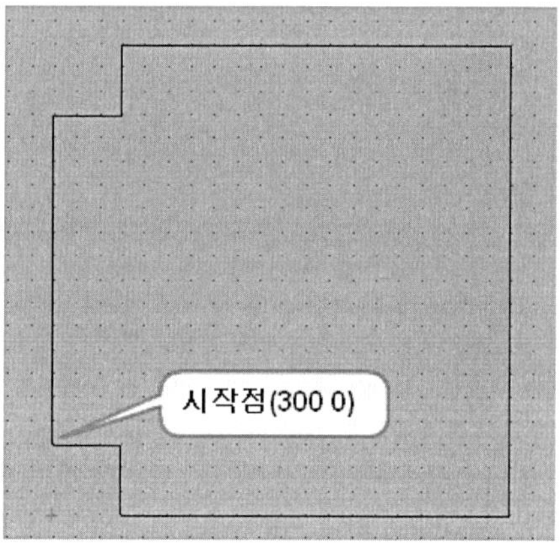

(3) Tooling(Mount) Holes(고정홀) 배치

① 메뉴 Layout - Pins를 선택한다. 또는 Add Pin 아이콘을 선택한다.

② Option 탭에서 Padstack에 "Hole120"를 선택한다.

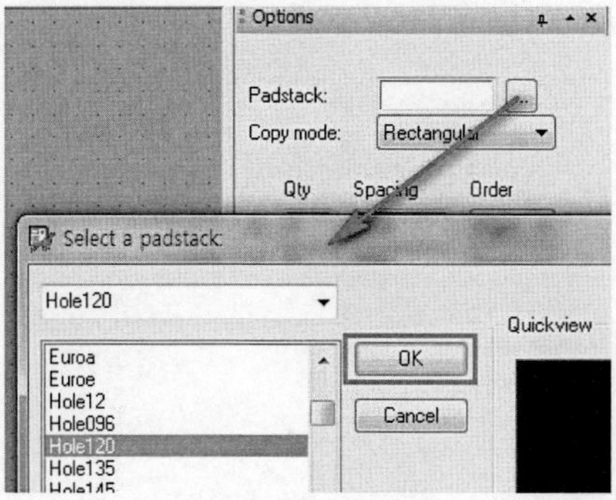

③ OK를 선택한다. 정상적으로 불러올 경우 Command 창에 "Using 'HOLE120.pad'"라는 로그가 나타난다.

④ Command 창에 Hole이 배치될 좌표를 입력한다.

x 200 500 Enter↵

x 1800 200 Enter↵

x 200 1500 Enter↵

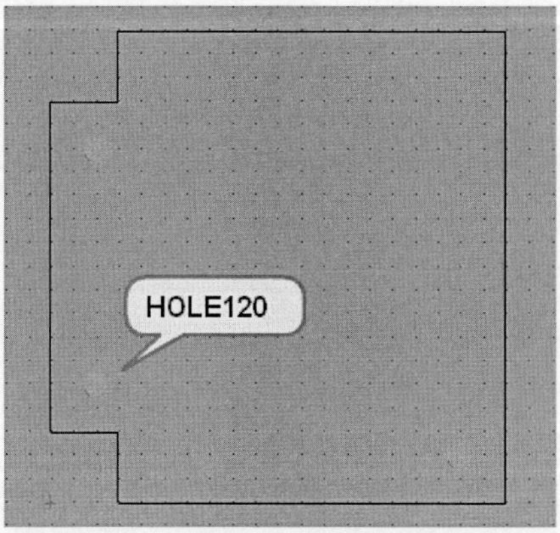

⑤ Done을 선택한다.

(4) Dimensions 추가

① 메뉴 Dimension - Dimension Environment를 선택한다.

② RMB(Right Mouse Button) 클릭 - Parameters를 선택한다.

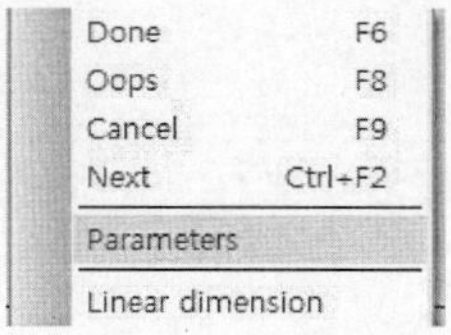

③ Text 탭에서 Text Block을 6으로 설정하고 Unit을 Mils, Decimal Places를 0으로 설정한다.

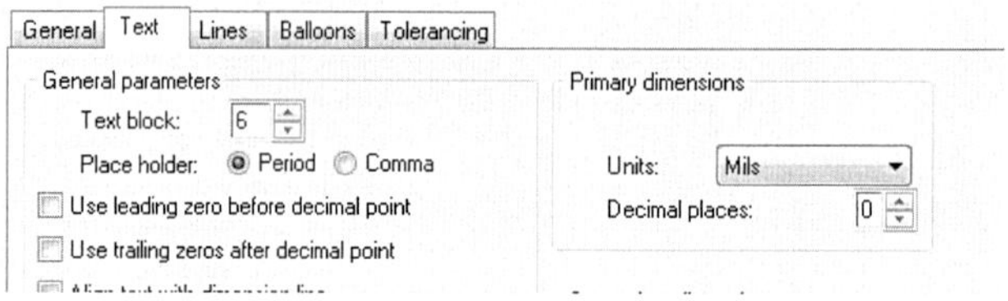

④ Lines 탭을 클릭한 후 Extension line에서 Offset Distance Element를 0.250으로 설정한다.

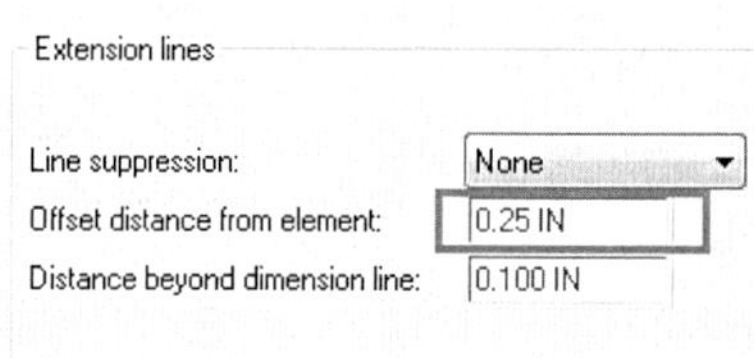

⑤ 설정 후 OK를 눌러 설정을 완료한다.

⑥ RMB(Right Mouse Button) 클릭 - Liner Dimension을 선택한다.

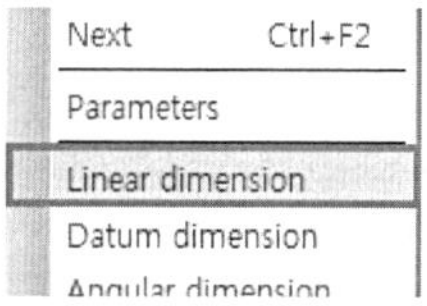

⑦ 다음과 같은 순서로 선택한다.

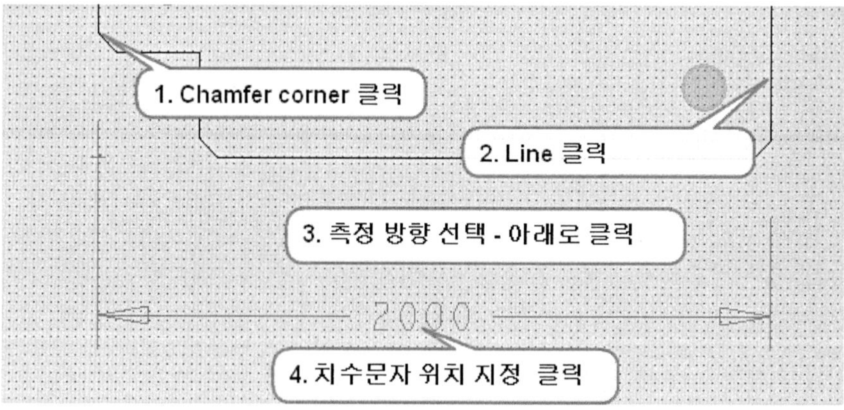

- 먼저 Chamfer Corner의 꼭짓점을 클릭한다.
- 오른쪽 라인을 클릭한다.
- 측정 방향을 선택한다. 마우스를 Outline의 아래로 움직여서 클릭한다.
- 문자가 배치되어질 위치에 마우스 포인터를 위치한 후 클릭한다.

⑧ 아래와 같이 필요한 치수를 모두 표시한다.

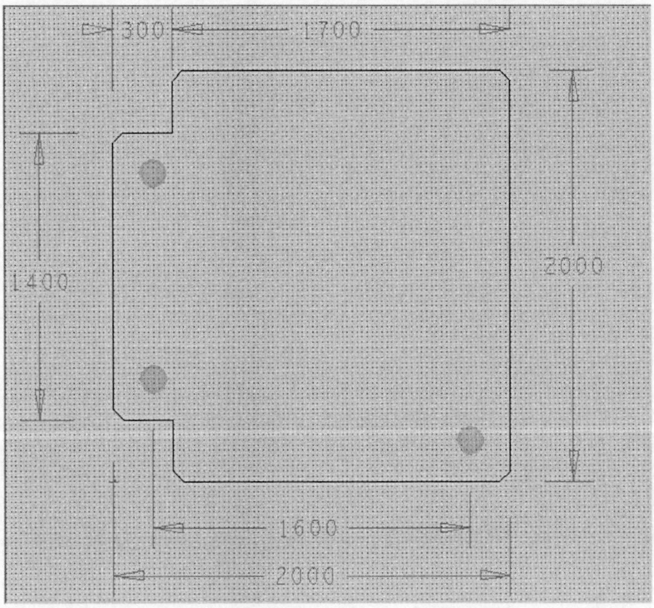

⑨ RMB - Chamfer Leader를 선택한다.

⑩ 45도 각도의 Chamfer Corner를 클릭한 후 치수가 나타나면 적당한 위치에 배치한다.

⑪ 배치가 끝나면 RMB - Done을 클릭한다.

(5) Placement Keepin과 Routing Keepin Area 설정

① 메뉴 Edit - Z-Copy Shape를 선택한다.

② Option 탭의 Active Class와 Subclass를 변경한다.

- PACKAGE KEEPIN / ALL

③ 하단의 Shape Options의 설정을 변경한다.

- Size : Contract
- Offset : 70

④ 화면의 Board Outline를 클릭한다.

⑤ Option 탭의 Active Class와 Subclass를 변경한다.

- ROUTE KEEPIN / ALL

⑥ 하단의 Shape Options의 설정을 변경한다.

- Size : Contract
- Offset : 50

⑦ 화면의 Board Outline를 클릭한다.

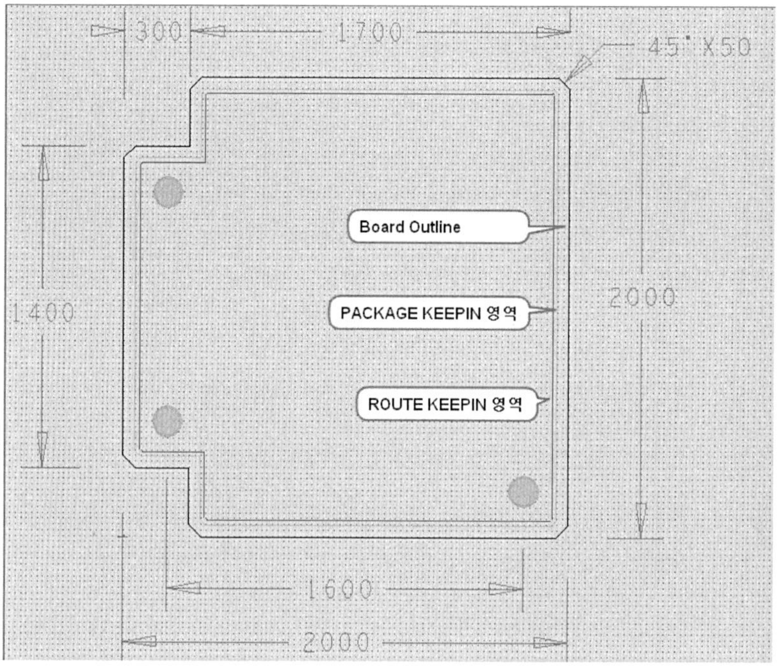

⑧ RMB - Done을 선택한다.

(6) Routing Keepout Area **설정**

① 메뉴 Setup - Areas - Route Keepout을 선택한다.

② 좌표 (100,400), (300,400), (300,600), (100,600), (100,400)순으로 사각형을 그린다.

③ 완료되면 RMB - Next를 선택한다.

④ 나머지 두 개의 Hole 주위에도 영역을 지정한다.

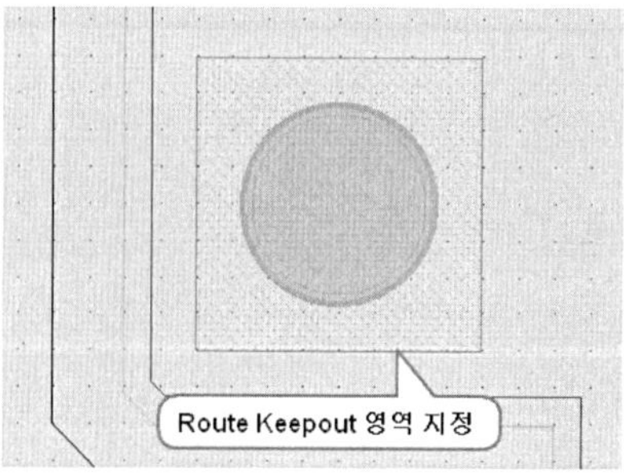

⑤ RMB - Done을 선택한다.

※ 필요에 따라 메뉴 Setup - Areas - Package Keepout(부품배치 금지영역), Package Height(부품 높이 제한영역), Via Keepout(비아 금지영역), Shape KeepOut (Cooper Pour 금지영역)를 설정한다.

⑥ 메뉴 File - Save를 선택한다.

⑦ Command 창의 로그를 확인한다.

'outline.dra' saved to disk

Symbol 'outline.bsm' created

9.3.5 Master Design File(확장자 *.brd)의 생성

① 메뉴 File - New를 선택한다.

② Drawing Type을 board로 설정한다.

③ Drawing Name 작성 : master

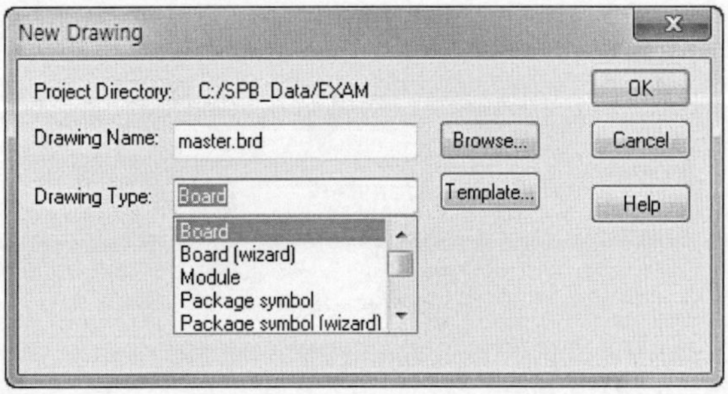

④ OK를 선택한다.

⑤ 메뉴 Setup - Design Parameters를 선택한다.

⑥ Design 탭을 클릭한다.

- User Units : Mils
- Size : B
- Accuracy : 0
- Left X : -2000
- Lower Y : -3500

⑦ OK를 선택한다.

(1) Mechanical Symbol의 삽입

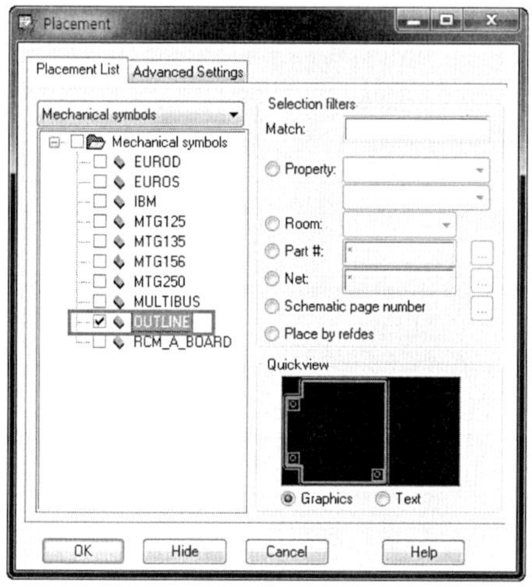

(2) Package Symbol 추가

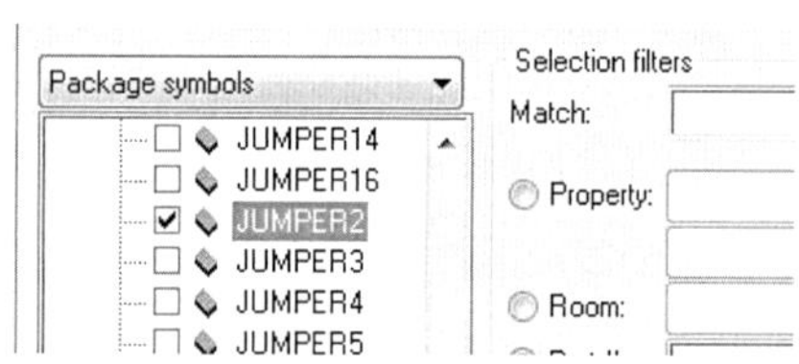

(3) Color 설정(Script 파일 활용)

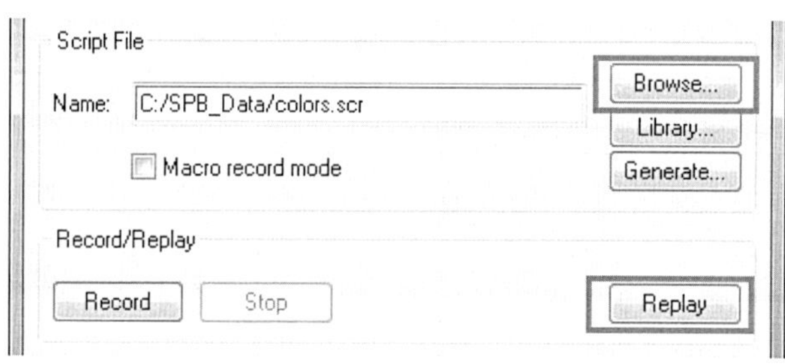

(4) Layer stack 설정

① 메뉴 Setup - Cross-section을 선택한다.

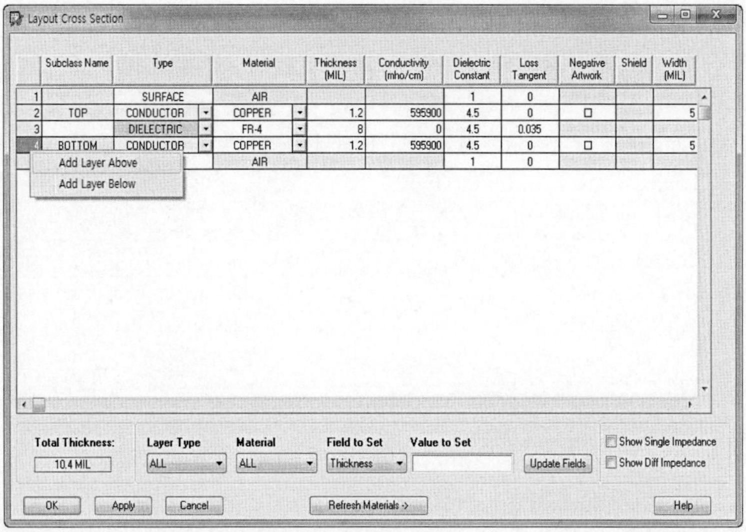

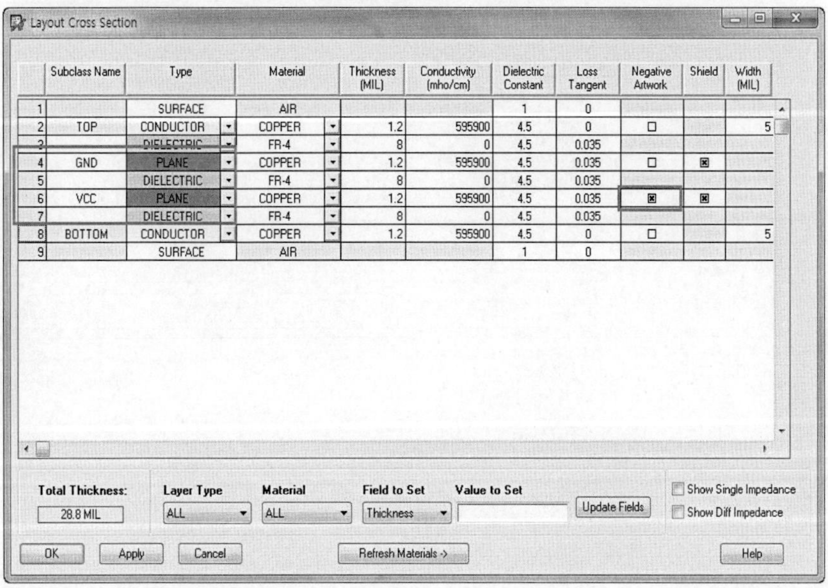

9.3.6 Netlist 생성 및 Import

(1) Capture – Create or Update PCB Editor Board로 전송

① Capture의 Project Manager 창을 선택한다.

② *.dsn을 선택한 후 메뉴 Tools - Create Netlist를 선택한다. 또는 툴바 아이콘을 클릭한다.

③ Netlist 생성 파일 위치는 작업폴더 내 'allegro' 폴더로 생성된다.

④ Create or Update PCB Editor Board(Netrev)의 박스에 체크한다.

⑤ Input Board에 저장해 놓은 master.brd를 선택한다.

⑥ Board Launching Option에서 Open Board in OrCAD PCB Editor에 클릭한다.

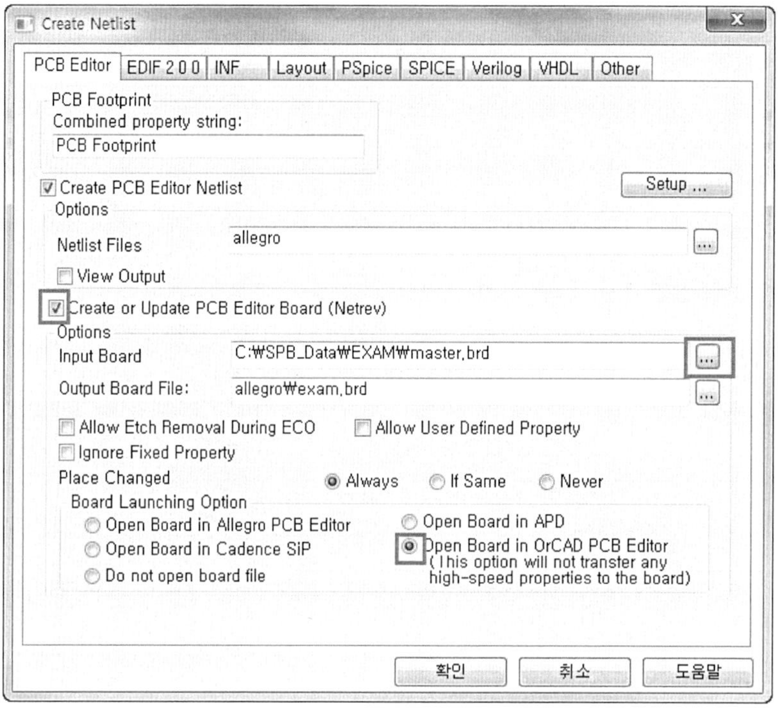

⑦ 설정이 완료되면 확인을 선택한다.

⑧ Netlist 생성 후 PCB Editor로 전송된다.

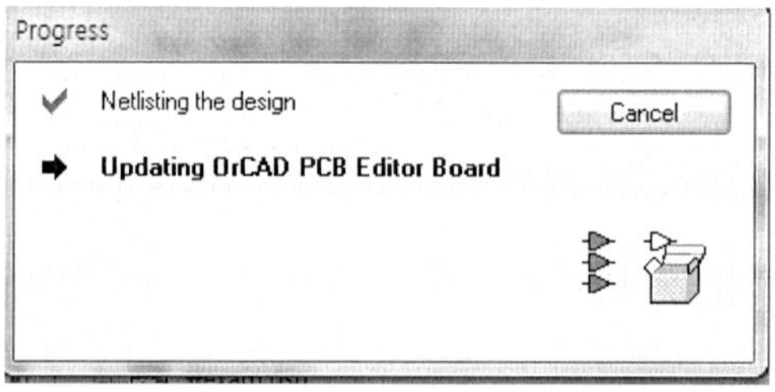

⑨ Netlist가 전송 완료된 PCB Editor가 열린다.

(2) PCB Editor – Import Logic으로 전송

① *.brd 파일을 생성한 후에 메뉴 File - Import - Logic을 선택한다.

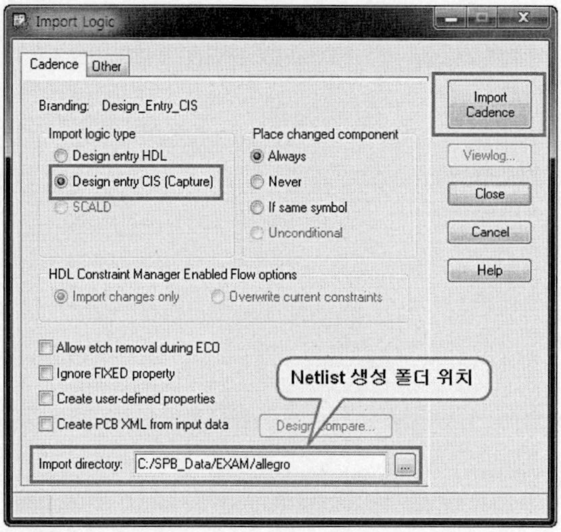

② 생성된 Netlist가 저장되어 있는 폴더를 지정한 후에 Import Cadence를 선택하면 Netlist를 *.brd 파일로 Import한다.

9.3.7 Constraints(Design Rule)의 설정 : Electrical Rule

(1) Electrical Rule

(가) 고속회로 설계 시 고려해야 할 요소

① System Timing(시스템 신호 길이 시간)
② Reflection Noise
③ Crosstalk(신호 간섭)
④ Power/Ground Stability(전원 안정성)
⑤ EMI/EMC

(나) EMI/EMC 대책을 위한 Allegro의 Electrical Rule

① Total Etch Length
② Differential Pair
③ Min/Max Propagation Delays
④ Impedance
⑤ Relative Propagation Delay

(다) Electrical Rule의 설정 방법

① 메뉴 Setup - Constraints - Electrical을 선택한다.
② Electrical 항목에서 Electrical Constraint Set - Routing - Total Etch Length를 클릭한다.

③ 메뉴 Object - Create - Electrical CSet을 선택한다(또는 오른쪽 Sheet에서 Objects 항목의 exam을 클릭한 후 RMB 클릭 - Create - Electrical CSet을 선택한다).

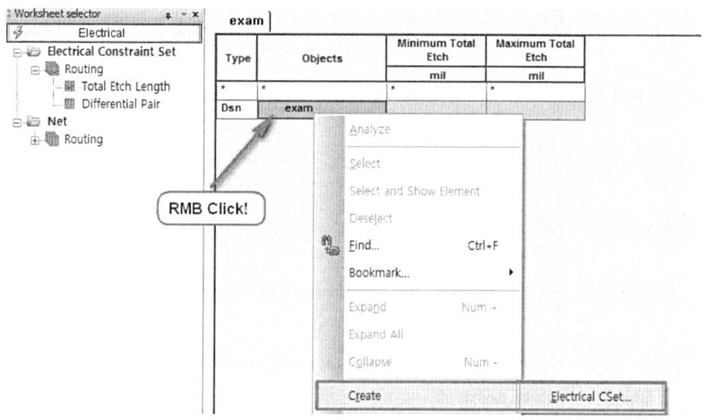

④ CSet의 이름을 작성하는 창이 나타나면 "1600Mils"로 작성한다.

⑤ Dsn의 하단에 1600Mils set이 나타나면 Minimum Total Etch와 Maximum Total Etch에 1500과 1600을 기재한다.

Type	Objects	Minimum Total Etch	Maximum Total Etch
		mil	mil
*	*	*	*
Dsn	⊟ exam		
ECS	1600MILS	1500.00	1600.00

⑥ 왼쪽의 Differential Pair를 클릭한다.

⑦ 새로운 Electrical CSet - diff를 생성한다.

Gather Control : Ignore
Primary Gab : 30
Primary Width : 20
(+)Tolerance : 1
(-)Tolerance : 1

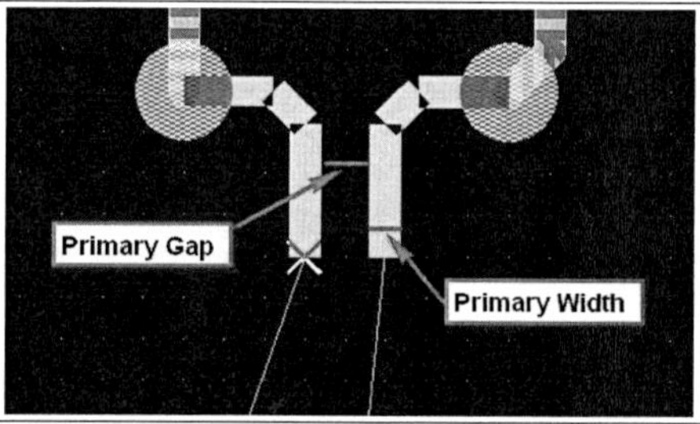

Type	Objects	Uncoupled Length		Min Line Spacing	Coupling Parameters					
		Gather Control	Max		Primary Gap	Primary Width	Neck Gap	Neck Widt	(+)Tolerance	(-)Tolerance
			mil	mil	mil	mil	mil	mil	mil	mil
*	*	*	*	*	*	*	*	*	*	*
Dsn	⊟ Constraint			0	0	12	0	12	0	0
ECS	DIFF	Ignore			30	20			1	1
ECS	1600MILS									

(2) Total Etch Length 설정

① set 하단의 Net - routing - Total Etch Length를 클릭한다.

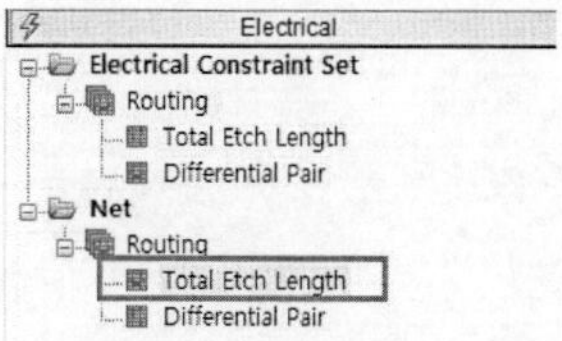

② DATA1부터 DATA7까지 선택한 후 RMB - Create - Class를 선택한다.

③ Net Class란에 이름을 지우고 data로 변경한다.

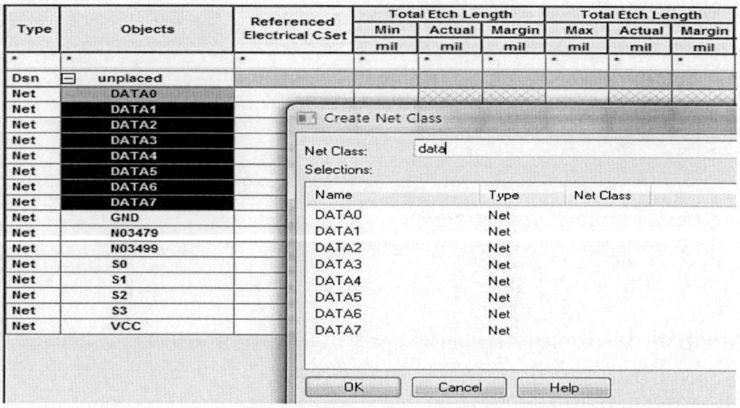

④ OK를 클릭한다.

⑤ 개별 Net이 묶어서 나타난다.

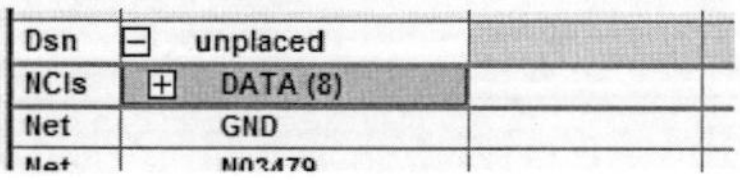

⑥ DATA(8)의 Referenced Electrical CSet 설정을 1600Mils로 변경한다.

(3) Differential Pair 설정

① Crystal이 연결된 Net(C1과 C2)을 선택한다.

② RMB - Create - Differential Pair를 선택한다.

③ Diff Pair Name에 'Crystal'을 기입한다.

④ Create를 클릭하여 생성한다.

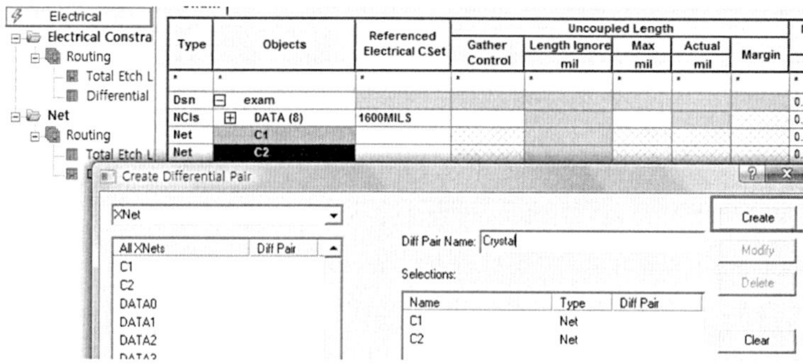

⑤ Close를 클릭하여 창을 닫는다.

⑥ Crystal의 설정을 Diff로 변경한다.

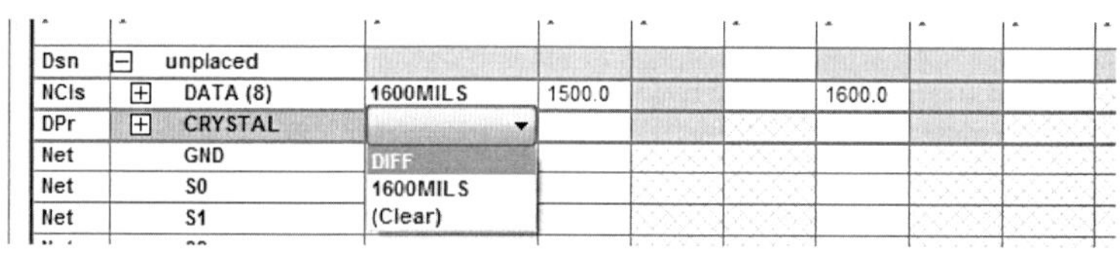

9.3.8 Constraints(Design Rule)의 설정 : Physical Rule

(1) Default Physical Rule

① PCB Editor에서 메뉴 Setup - Constraints - Physical을 선택한다.

② Physical Constraint Set의 All Layers를 선택한다.

③ DEFAULT 설정에서 Min과 Neck의 설정을 변경한다.

- min : 12
- Neck : 12

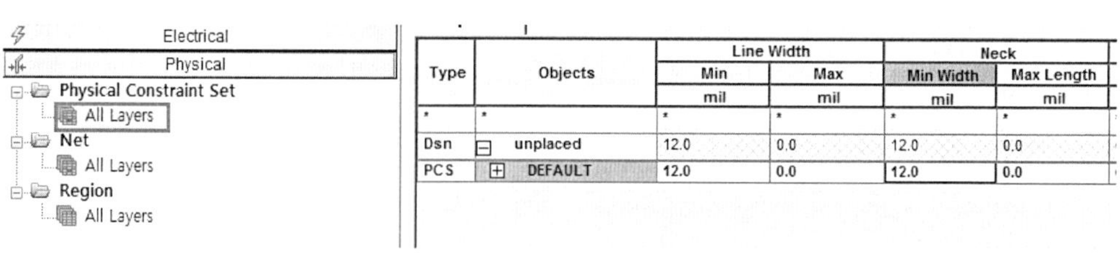

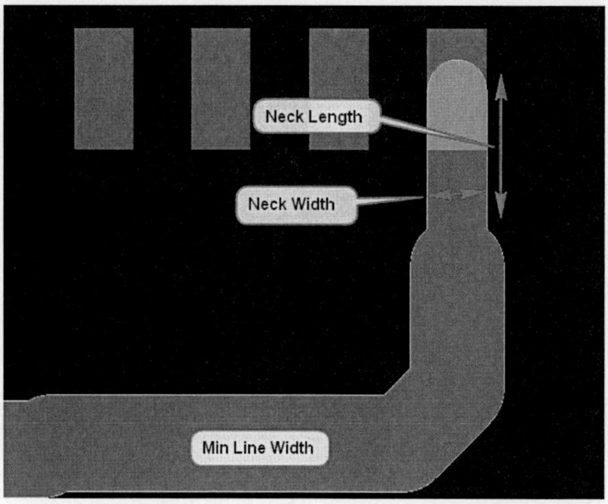

(2) Special Physical Rule 설정

① Physical을 선택한다.

② Physical Constraint Set의 All Layers를 선택한다. Default를 선택한 후 RMB - Create - Physical CSet을 선택한다.

③ 새로운 Set의 이름을 20Mils로 작성한다.

- Line Width Min : 20
- Neck Min Width : 15
- Neck Max Length : 150

Type	Objects	Line Width		Neck	
		Min	Max	Min Width	Max Length
		mil	mil	mil	mil
*	*	*	*	*	*
Dsn	⊟ unplaced	12.0	0.0	12.0	0.0
PCS	⊞ DEFAULT	12.0	0.0	12.0	0.0
PCS	⊞ 20MILS	20.0	0.0	15.0	150.0

(3) Special Physical Rule 적용

① Net 폴더의 All Layers를 클릭한 후 DATA0부터 DATA7까지 드래그하여 선택한다.

② RMB - Create - Class를 선택한다.

③ Net Class 이름을 LED로 변경하고 OK를 클릭한다.

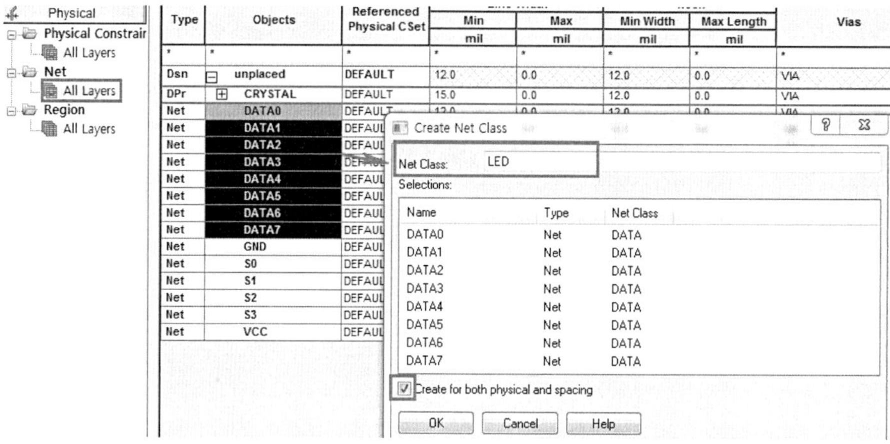

(4) Assign the Net Class

① LED(8) Class의 설정을 DEFAULT에서 20Mils로 변경하여 적용한다.

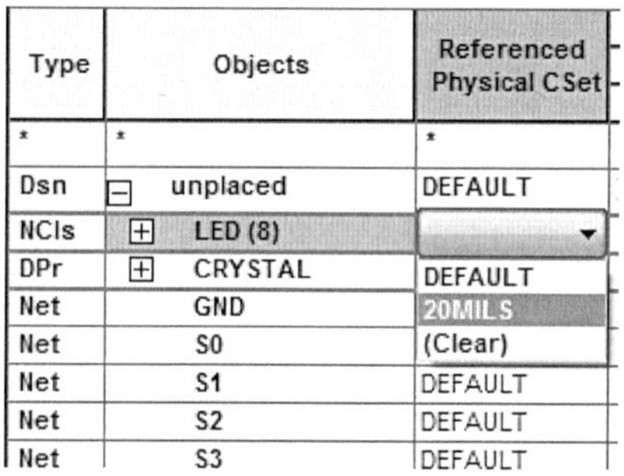

(5) Region 설정(별도의 Design Rule 지정 영역)

① 특정 영역의 배선 굵기를 지정할 수 있는 설정

② Region 폴더의 All Layers를 선택한다.

③ Dsn Objects를 선택한 후 RMB 클릭 - Create - Region을 선택한다.

④ Region의 이름을 REG1로 설정한다.

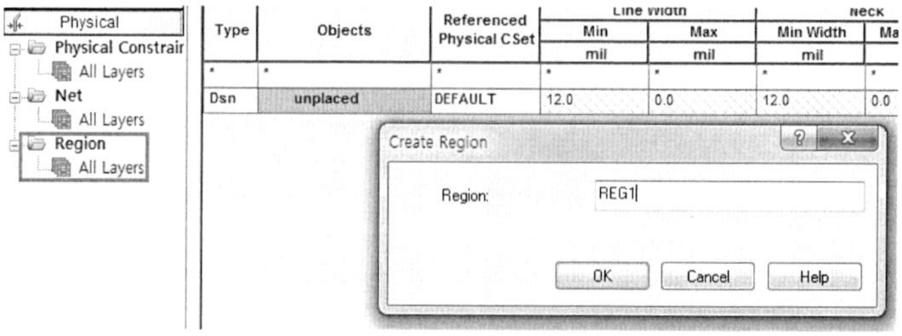

⑤ REG1의 설정을 20Mils로 설정한다.

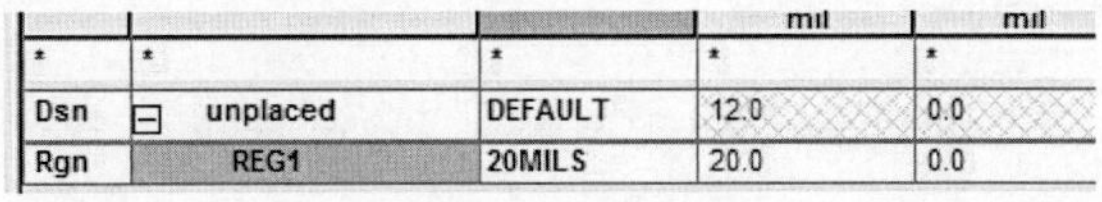

9.3.9 Constraints(Design Rule)의 설정 : Spacing 설정

(1) Default Spacing Rule

① PCB Editor에서 메뉴 Setup - Constraints - Spacing을 선택한다.

② Spacing Constraint Set의 All Layers를 선택한다.

③ DEFAULT의 설정을 변경한다.

④ Line 항목을 클릭한 후 Shift키를 누른 상태에서 Hole을 선택하여 10Mils 입력 후 Enter키를 누르면 일괄 변경된다.

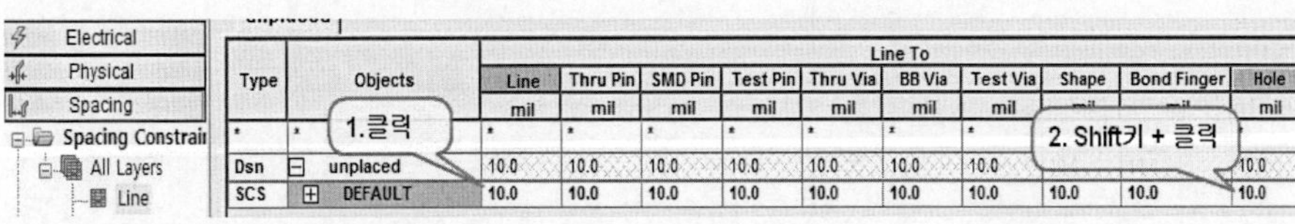

(2) Special Spacing Rule 설정

① DEFAULT를 선택한 후 RMB 클릭 - Create - Spacing CSet을 선택한다.

② 이름을 20Mils로 설정한다.

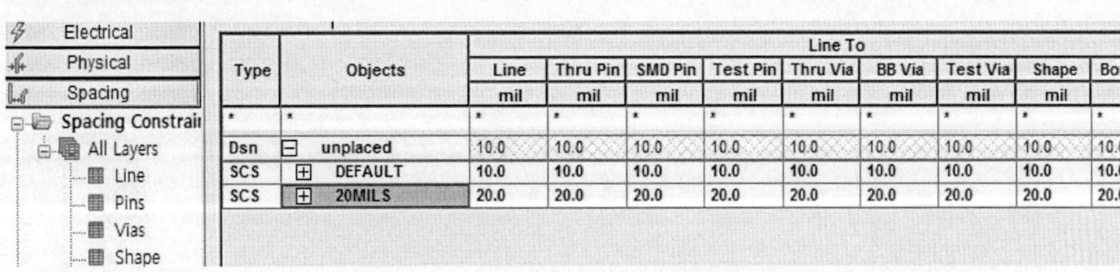

③ DEFAULT 설정방식과 동일한 방법으로 간격을 20Mils로 설정한다.

④ DEFAULT를 선택한 후 RMB 클릭 - Create - Spacing CSet을 선택한다.

⑤ 이름을 15Mils로 설정하고 간격을 15Mils로 설정한다.

(3) Region 설정

① Spicing 폴더의 Region을 선택한다.

② REG1을 선택 후 Referenced Spacing CSet을 20Mils로 선택한다.

9.3.10 Component Placement : Manual Placement

(1) Reference Designator로 배치

① 메뉴 Place - Manually를 선택한다. 또는 Place Manual 아이콘을 클릭한다.

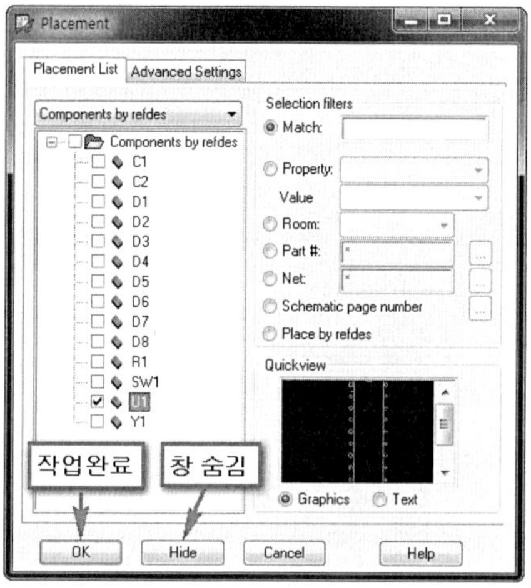

② 배치를 원하는 부품 Reference의 체크박스를 선택한 후 Hide 버튼을 선택한다(Hide 버튼을 선택하지 않고, 창을 띄운 상태로도 가능하다).

③ 원하는 지점에 클릭하여 배치하며, Done 선택 전까지 계속 실행된다.

(2) 미배치된 부품의 확인(Report로 확인하는 방법)

① 메뉴 Tools - Report를 선택한다.

② Place component Report를 더블 클릭한다.

③ Report 버튼을 클릭한다.

④ Report를 확인한다.

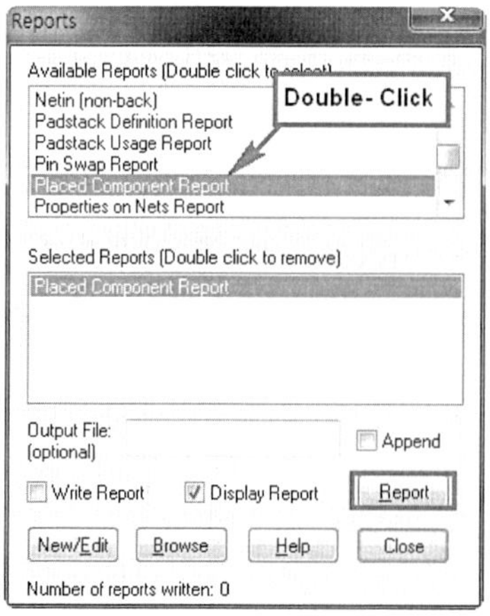

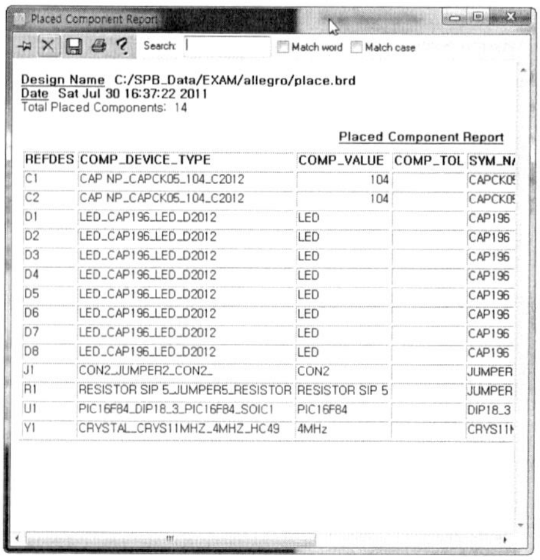

(3) 미배치된 부품의 확인(Status창으로 확인하는 방법)

① 메뉴 Display - Status를 선택한다.

② Symbols and nets 항목의 Unplaced symbols 항목을 확인한다.

[녹색 : 완료(정상)　노랑 : 진행 중　빨강 : 에러 또는 미작업]

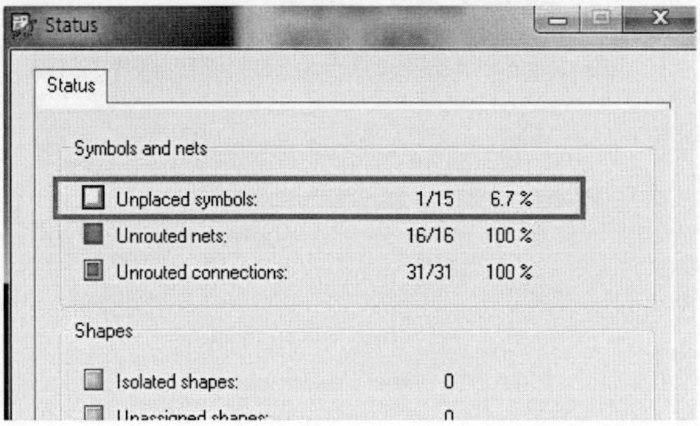

9.3.11 Routing 및 Differential Pairs Route

(1) 배선(Route)

① 메뉴 Route - Connect를 선택한다. 또는 Add Connect 아이콘을 클릭한다.

② Option 탭을 나타나게 하여 고정한다.

③ Act 레이어를 Top으로 설정, Alt 레이어를 Bottom으로 설정한다.

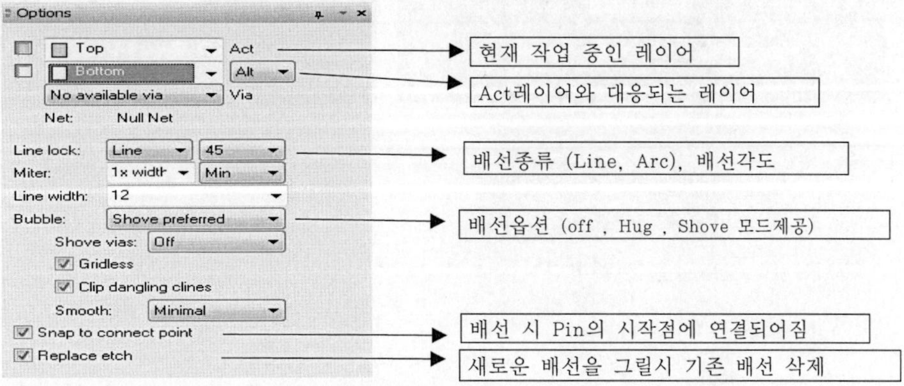

④ 설정 완료 후 Top 레이어의 핀을 클릭한다.

⑤ 마우스의 이동에 따라 배선이 그려진다.

⑥ 배선의 각도를 바꿀 때에는 변경할 지점에 클릭한다.

⑦ 넷리스트의 반대쪽에 있는 핀에 클릭하게 되면 배선이 완료된다.

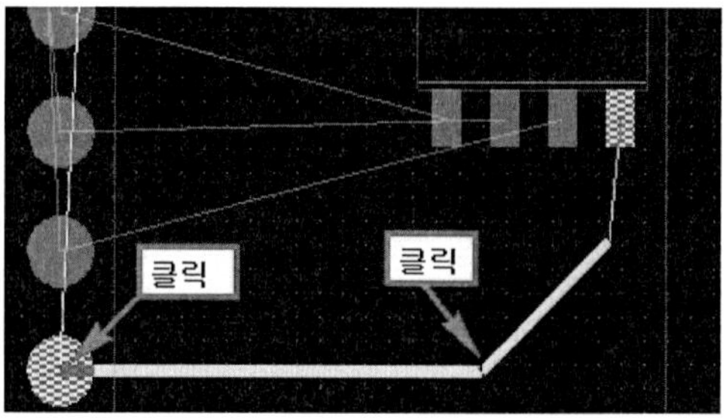

⑧ 배선을 그리는 중 수정할 경우는 RMB - Oops를 선택한다.

⑨ 레이어의 변경은 RMB - Swap Layer를 선택한다.

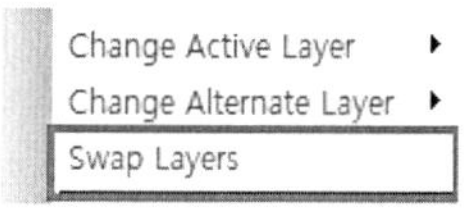

⑩ 배선이 완료되면 RMB - Done를 선택한다.

(2) 배선 삭제

① 배선을 삭제할 때는 Delete 아이콘을 클릭한다.

② Find 탭에서 Cline 또는 Cline Segs를 선택한다.

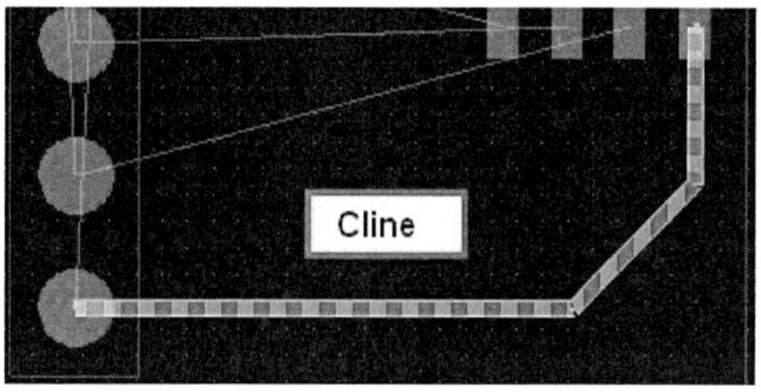

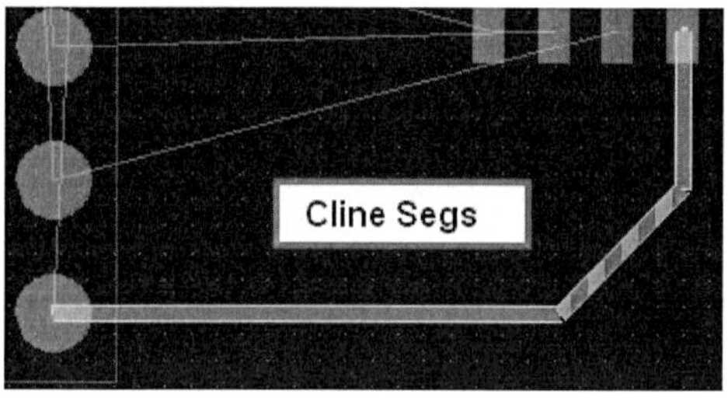

③ 삭제할 배선을 클릭한다(선택).

④ 다시 클릭하면 삭제된다(삭제).

⑤ RMB - Done을 선택한다.

(3) Via 삽입

(가) Via 설정

① Constraint Manager의 Physical Constraint에서 Via 항목의 Via를 클릭한다.

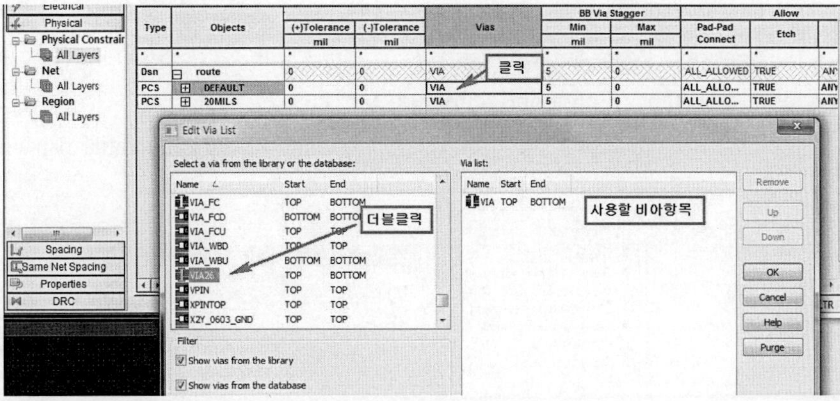

② Edit Via List창이 나타나면 왼쪽의 리스트에서 사용할 Via를 선택한 후 더블클릭하여 오른쪽 창으로 이동시킨다.

③ Via List 항목에서 제거 할 때도 선택한 후 더블클릭 또는 Remove 버튼을 클릭한다.

④ OK를 선택한다.

⑤ Constraint Manager 창을 닫는다.

(나) Via 배치

① Add Connect 아이콘을 클릭한다.

② Option 탭의 Act와 Alt에 Top, Bottom 레이어로 설정한다.

③ PCB Editor에서 배선 중 Via를 생성할 곳에서 클릭한다.

④ 그 자리에 더블클릭하면(또는 RMB - Add Via) Via가 생성되며 작업 레이어는 Alt 레이어로 변경된다.

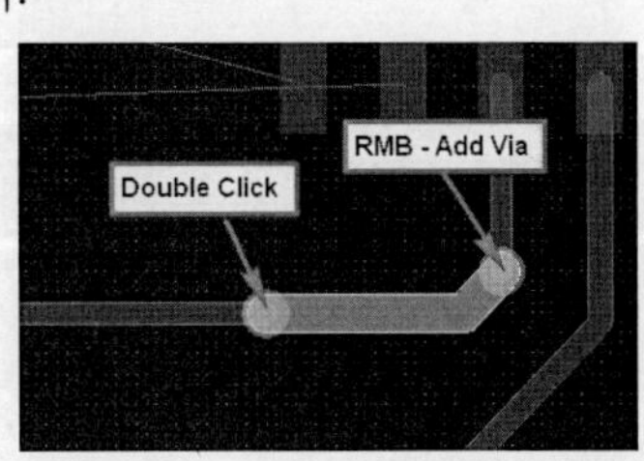

9.3.12 Special Route

(1) Routing the Differential Pairs

① 메뉴 Display - Blank Rats - All 선택한다.

② Constraint Manager를 실행한 후 Electrical의 Net 폴더에서 Differential을 선택한다.

③ 메뉴 Display - Show Rats - Net 선택한다.

④ Differential Net(Crystal)을 선택한 후 RMB - Select를 선택한다.
⑤ Constraint Manager 창을 닫는다.
⑥ 메뉴 Setup - Constraints - Modes를 선택한다.
⑦ Electrical Mode를 선택한 후 Total etch length와 All differential pair checks를 On으로 설정한다.

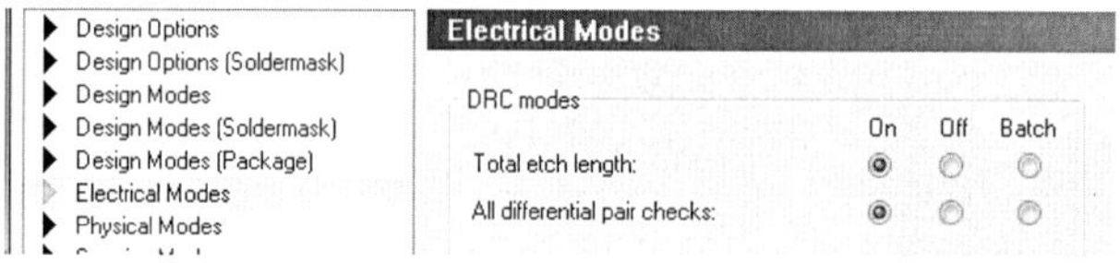

⑧ OK를 클릭한다.
⑨ 메뉴 Route - Connect를 선택한다.
⑩ 시작 핀을 클릭하여 배선을 시작한다.

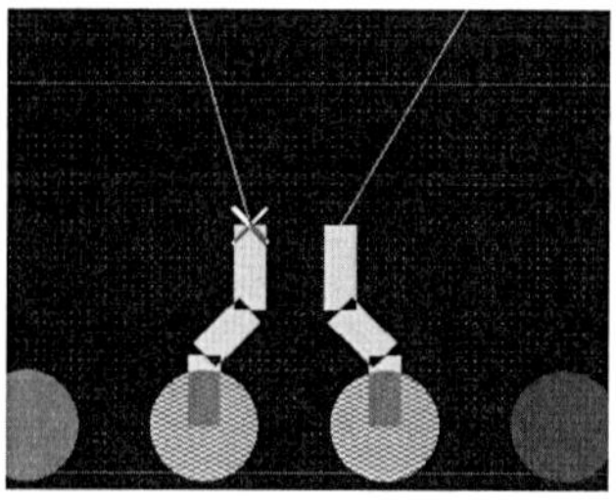

⑪ 배선을 진행 중 클릭하여 멈추고 RMB - Target - Route From target를 선택한다.
⑫ 반대편 핀에서 배선이 시작된다.
⑬ 배선이 만나면 완성된다.

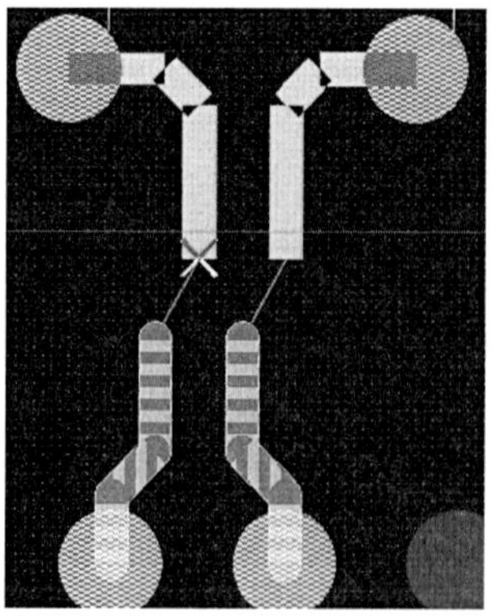

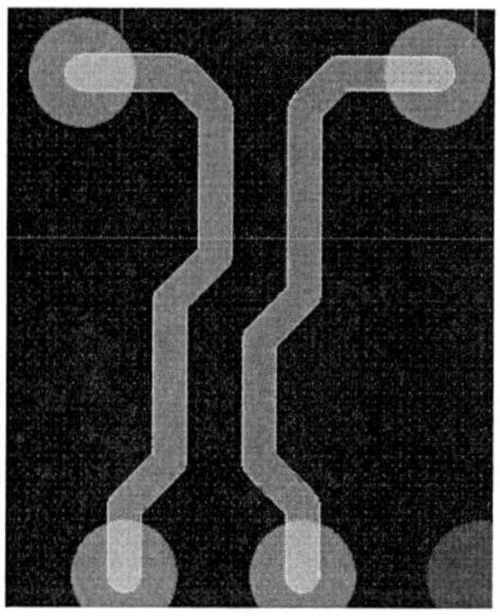

(2) Total Etch Length(배선의 총길이 설정)

① 메뉴 Constraint Manager 창을 연다.

② Electrical의 Net 폴더에서 Total Etch Length를 선택한다.

③ Total Etch Length 설정되어 있는 Net의 상태가 보이도록 한다.

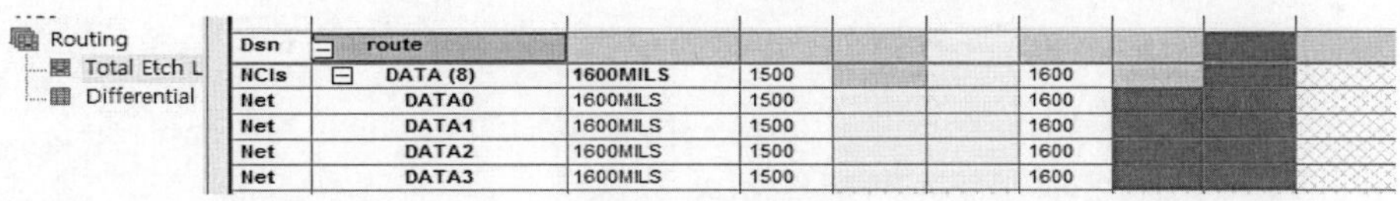

④ 창을 작게 축소하여 PCB Editor 화면의 가장자리에 배치한다.

⑤ PCB Editor에서 Add Connect를 선택하여 배선을 작성한다.

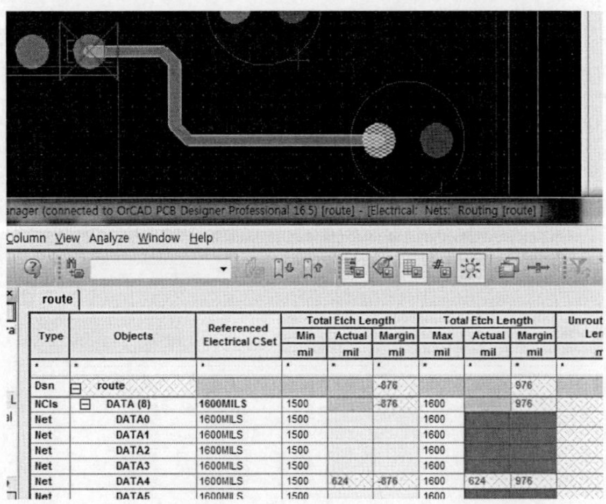

⑥ Constraint Manager 창을 확인해보면 최소 길이에 미달하여 에러가 발생한다.

(3) Delay Tune 사용

① 메뉴 Route - Delay Tune를 선택한다. 또는 Delay Tune 아이콘을 클릭한다.

② Option에서 Style를 설정한다.

③ 배선을 클릭한 후 길이를 맞춘다.

④ CM(Constraint Manager)창에서 확인한다. 길이가 맞지 않을 경우 RMB - Oops를 선택하여 길이를 설정한다.

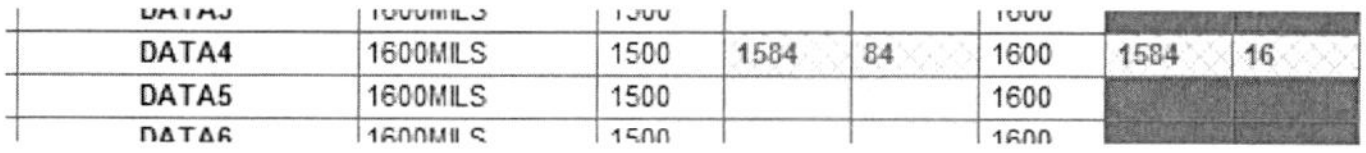

DATA4	1600MILS	1500	1584	84	1600	1584	16
DATA5	1600MILS	1500			1600		

⑤ RMB - Done을 선택한다.

⑥ 메뉴 File - Save As로 저장한다.

⑦ 파일명을 route.brd로 한다.

※ OrCAD(Allegro) PCB SI 선택시 Display Etch Length 창이 표시된다. 녹색영역에 있도록 배선을 한다.

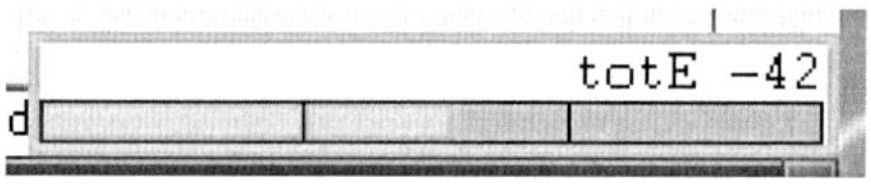

9.3.13 Plane Layers

(1) Create Plane Area

① Visibility 탭을 고정시킨 후 Top, Bottom는 체크 해제하고 Gnd, Vcc에 체크한다.

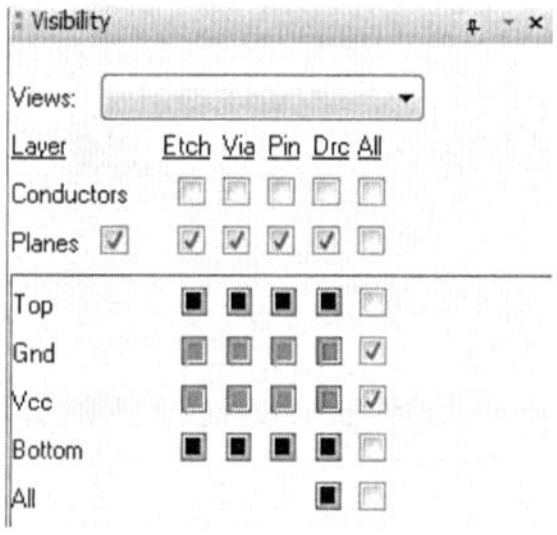

② 메뉴 Display - Color/Visibility를 선택한다.

③ Areas 폴더 - Route Keepin 폴더를 선택한다.

④ Through All 항목에 체크한다.

⑤ OK를 클릭한다.

⑥ 메뉴 Shape - Polygon을 선택한다. 또는 Shape Add 아이콘을 클릭한다.

⑦ Option 탭에서 Active Class를 ETCH로 설정하고 Subclass를 Vcc로 설정한다.

⑧ Shape Fill type을 Dynamic copper로 설정한다.

⑨ Assign net name: 의 Browse 버튼을 클릭하여 Vcc를 선택한다.

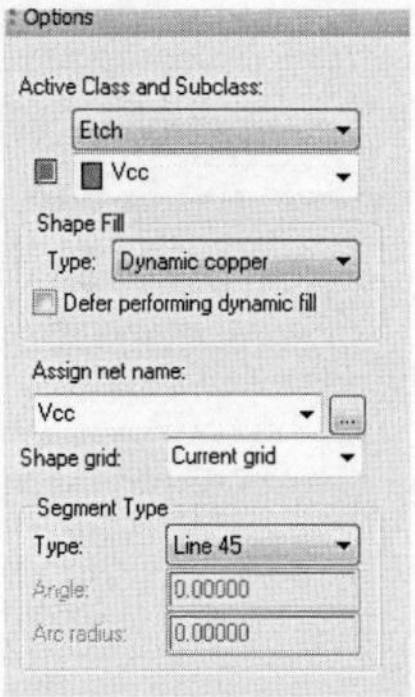

⑩ PCB Editor에서 Route Keepin 영역보다 10Mils 안쪽으로 그린다.

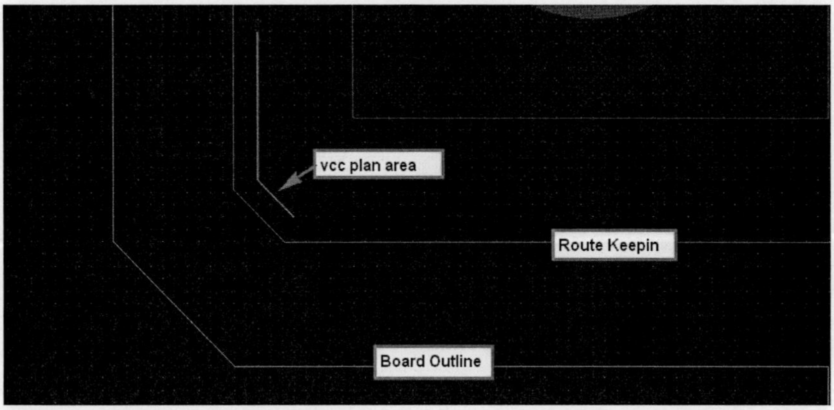

⑪ 완료되면 RMB - Done을 선택한다.

※ 영역을 수정할 경우 메뉴 Shape - Edit Boundary를 선택한 후 수정한다.

⑫ 메뉴 Edit - Z-Copy를 선택한다.

⑬ Option 탭에서 Class는 Etch, Subclass는 Gnd를 선택한다.

⑭ Shape Options의 Create dynamic shape 항목에 체크한다.

⑮ Offset의 값은 0으로 설정한다.

⑯ VCC Shape을 클릭한다.

⑰ 정상적으로 복사된 경우 Command 창에 아래의 로그가 나타난다.
- "Copying 1 objects. Copied to: ("Boundary/Gnd"), 1 copies made"

⑱ RMB - Done을 선택한다.

⑲ Visibility 탭에서 VCC의 체크를 해제한다.

⑳ 메뉴 Shape - Select Shape or void를 선택한다. 또는 Shape Select 아이콘을 선택한다.

㉑ GND Shape를 클릭한다.

㉒ Option 탭에서 Assign net Name: 항목에서 Browse 버튼을 클릭한 후 GND를 선택한다.

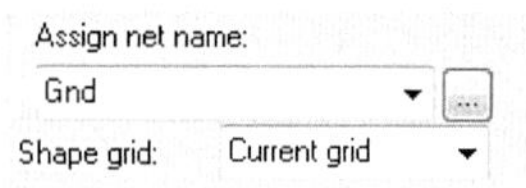

㉒ RMB - Done를 선택한다.

㉔ 메뉴 Setup - Design Parameters를 선택한다.

㉕ Display 탭 아래 Filled pads, Thermal pads를 체크한다.

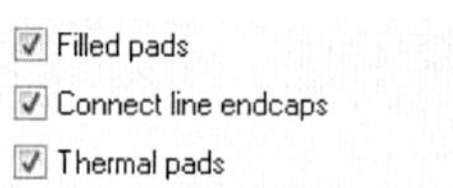

㉖ OK를 선택하여 Design Parameters를 닫는다.

㉗ 메뉴 File - Save를 선택하여 저장한다.

9.3.14 Copper Area 및 Planes의 설정

(1) Thermal Pad Display 설정

① 메뉴 Setup - Design Parameters를 선택한다.

② Display 탭 아래 Filled pads, Thermal pads를 체크한다.

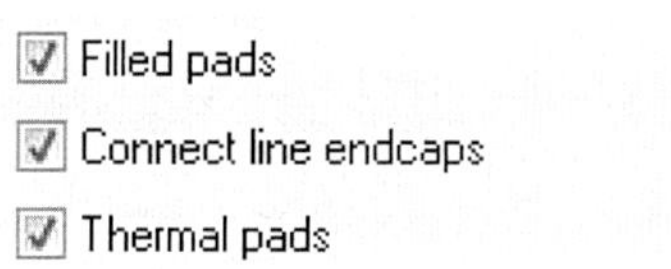

③ OK를 선택하여 Design Parameters를 닫는다.

④ 메뉴 Display - Color/Visibility를 선택한다.

⑤ Net을 선택하고 상단의 Clear all nets를 클릭한다.

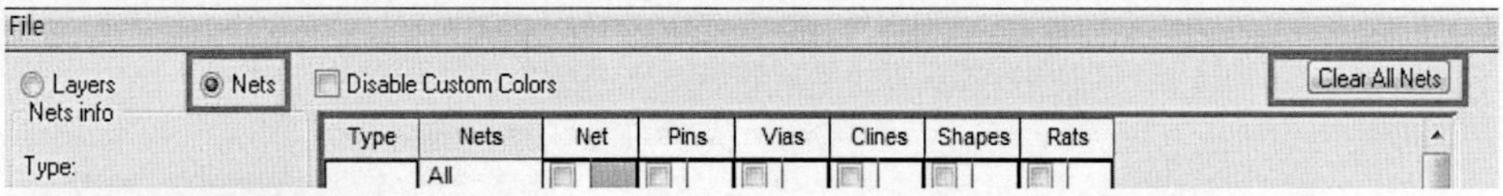

⑥ OK를 클릭한다.

(2) GND Plane 편집

① Visibility 탭에서 GND만 보이게 설정한다.

② 메뉴 Shape - Global Dynamic Params를 선택한다.

③ Dynamic fill에 Smooth를 선택하고 Update to smooth를 클릭한다.

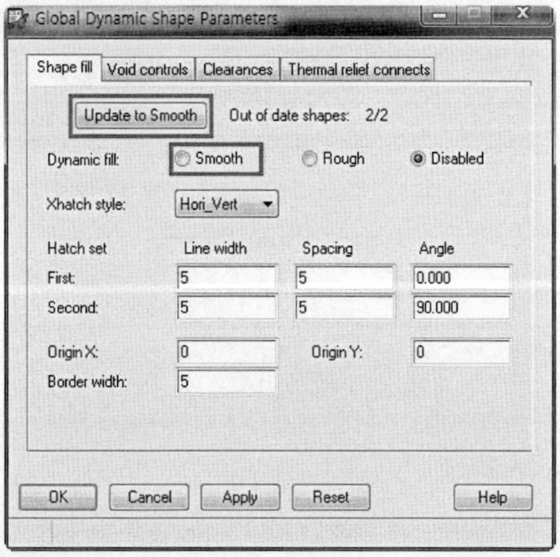

④ Void controls 탭을 선택한다.

⑤ Artwork format을 Gerber RS274X를 선택한다.

⑥ Create pin void를 In-line으로 변경하고 Distance between pins를 100으로 설정한다.

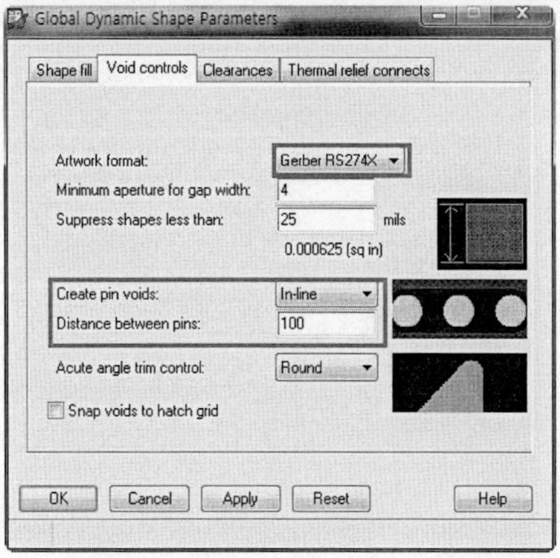

⑦ Thermal relief connects 탭에서 Thru pins의 설정을 Diagonal로 변경한다.

※ Use fixed thermal width of 항목에 값을 설정하면 Constraint Manager - Physical 설정을 무시하고 일괄적으로 Spoke Width를 결정하게 된다.

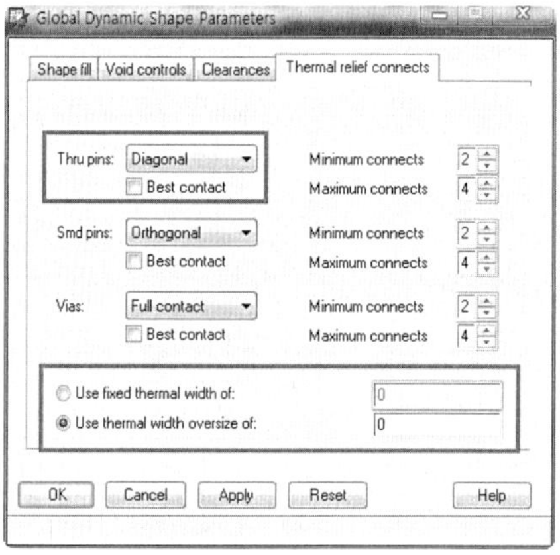

⑧ OK를 선택한다.

(3) Split Planes

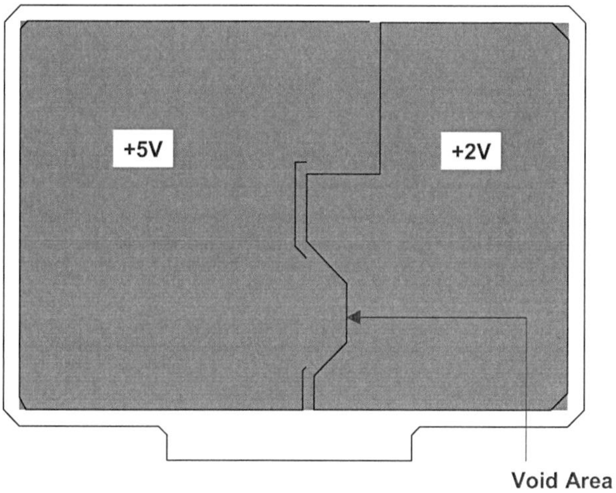

9.4 Gerber Data의 생성

9.4.1 Postprocessing : Display Status

① 메뉴 Display - Status를 선택한다.

② 모든 항목이 칼라 박스가 녹색인지 확인한다.

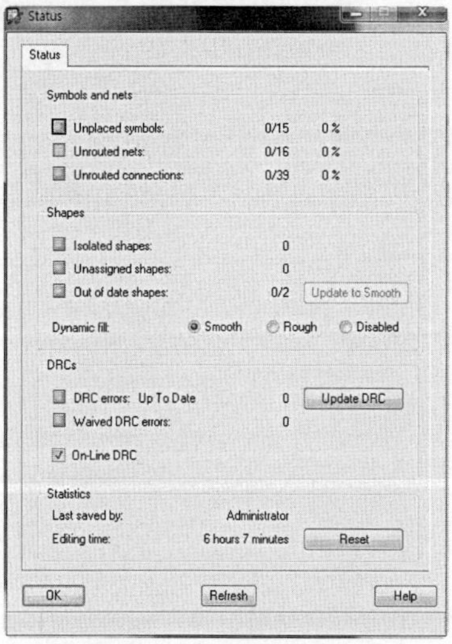

③ OK를 클릭한다.

9.4.2 Postprocessing : NC Drill 생성

(1) Create Drill Legend

① 메뉴 Manufacture - NC - Drill Customization를 선택한다.

② Drill Customization창 아래의 Auto generate symbols 버튼을 클릭한다.

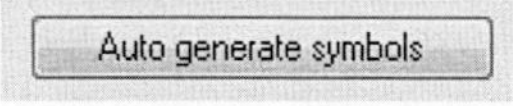

③ Symbol Figure와 Symbol Size X와 Symbol Size Y의 데이터가 자동으로 정렬된다.

#		Type	Size X	Size Y	+ Tolerance	- Tolerance	Symbol Figure	Symbol Characters	Symbol Size X	Symbol Size Y	Plating
1		Circle Drill	12		0	0	Cross		12	12	Plated
2		Circle Drill	13		0	0	Square		13	13	Plated
3		Circle Drill	36		0	0	Hexagon X		36	36	Plated
4		Circle Drill	42		0	0	Hexagon Y		42	42	Plated
5		Circle Drill	120		0	0	Octagon		120	120	Plated

④ OK를 클릭한다.

⑤ 메뉴 Manufacture - NC - Drill Legend를 선택한다.

⑥ Output unit을 확인한 후 OK를 선택한다.

⑦ 마우스 포인터에 Drill Legend가 나타나면 화면에 배치한다.

(2) NC Drill File 생성

① 메뉴 Manufacture - NC - NC Parameters를 클릭한다.

② Excellon format 항목에서 Format : 5 . 5로 설정한다.

③ Output units을 Mils 설계 시 English, mm 설계 시 Metric을 선택한다.

④ Leading Zero suppression을 선택한다.

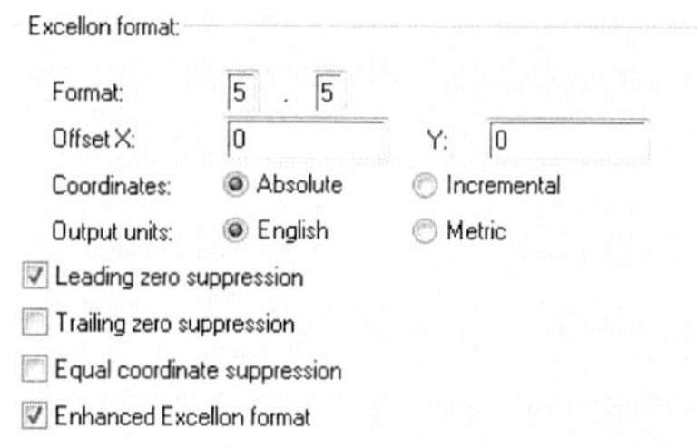

⑤ Close를 선택한다.

⑥ 메뉴 Manufacture - NC - NC Drill을 선택한다.

⑦ root file name에 생성 경로를 지정한다.

⑧ Drill 버튼을 클릭하면 Dill Data가 생성된다.

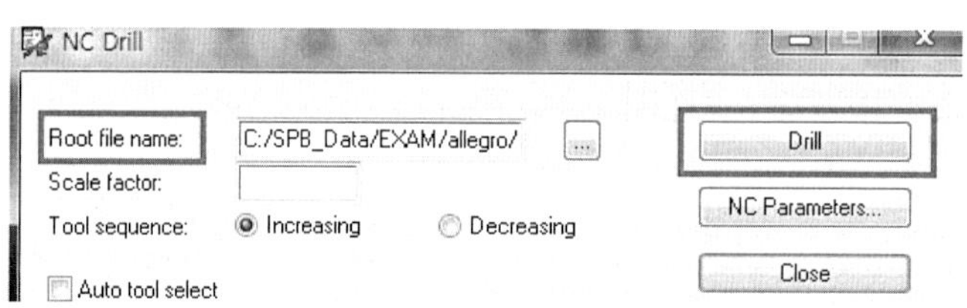

⑨ Close 버튼을 클릭한다.

9.4.3 Artwork File 생성

(1) Parameters 설정

① 메뉴 Manufacture - Artwork를 선택한다. 또는 Artwork 아이콘을 클릭한다.

② General Parameters 탭을 선택한다.

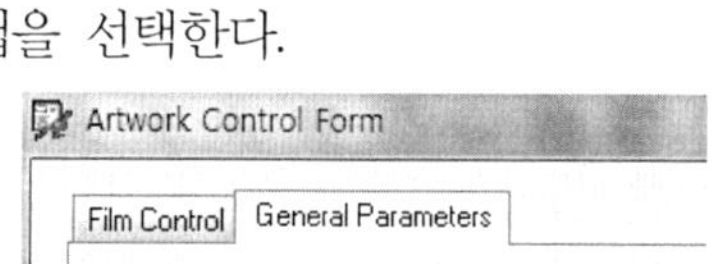

③ Device Type 항목에 Gerber RS274X를 선택한다.

※ Shape - Global Dynamic Parameters의 Void controls에서 설정한 값과 일치시킨다.

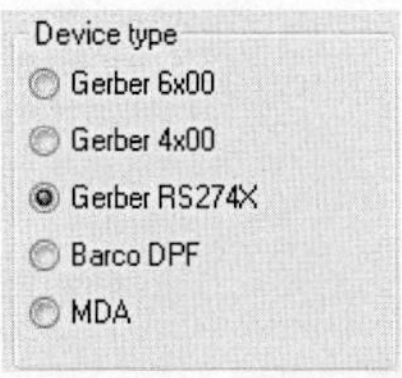

<일치>

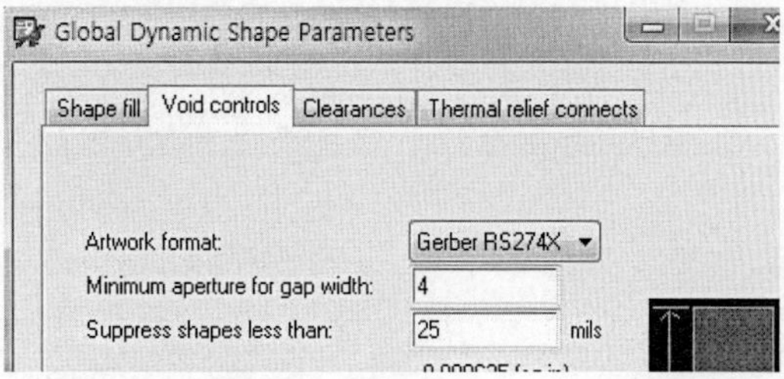

④ Output units 항목에서 설계 unit을 선택한다.

⑤ Format 항목을 설정한다.

- Integer place : 5 (정수부분 다섯자리)
- Decimal place : 5 (소수점 아래로 다섯자리)

⑥ Suppress 항목을 설정한다.

- Leading zeros 선택
- Equal coordinates 선택

⑦ Apertures를 클릭한다.

⑧ Edit Aperture Wheel 창이 나타나면 Edit를 클릭한다.

⑨ Edit Aperture Stations 창이 뜨면 Auto - Without Rotation 또는 Rotation을 클릭하면 자동으로 Aperture가 생성 정렬된다.

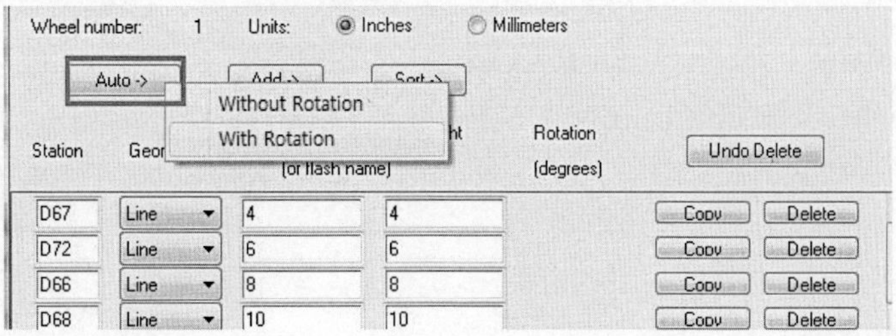

⑩ OK를 선택한다.

(2) New Film 작성

① Artwork 아이콘을 클릭한다.

② Etch 레이어는 기본적으로 생성되어 있다.

③ BOTTOM 폴더를 선택한 후 RMB - Display for Visibility를 선택한다.

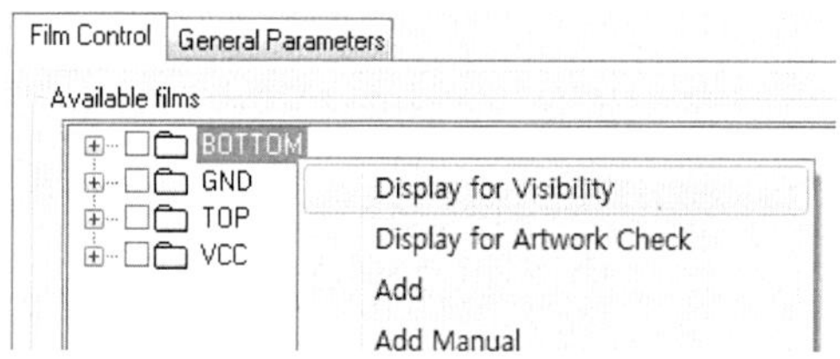

④ PCB Editor 화면에 나타난 Bottom 레이어를 확인한다.

⑤ GND, TOP, VCC도 확인한다(확인 중 에러를 발견하면 수정한다).

⑥ OK를 선택한다.

(가) Soldermask 작성

① 메뉴 Display - Color/Visibility를 선택한다.

② Color Dialog 창의 우측 상단 Global Visibility: Off를 클릭한다.

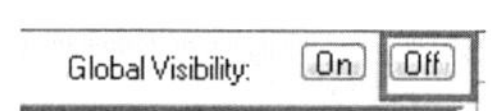

③ Stack-Up 폴더- Non-Conductor를 선택한다.

④ Soldermask_Top 항목에서 Pin과 Via에 체크한다.

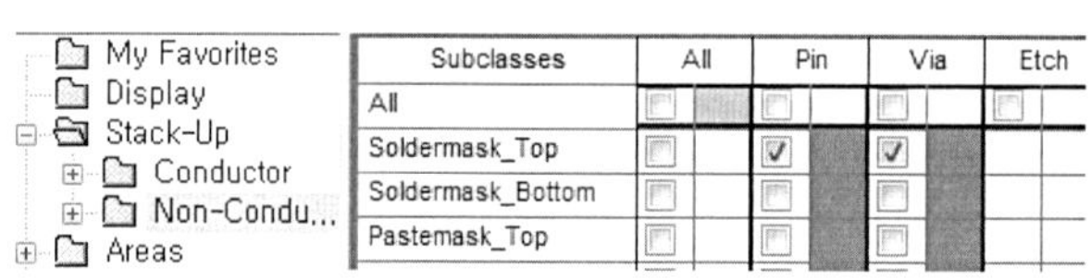

⑤ OK를 클릭한다.

⑥ PCB Editor 화면에 Soldermask_Top이 나타난다.

⑦ Artwork  아이콘을 클릭한다.

⑧ VCC를 선택한 후 RMB - Add를 선택한다.

⑨ Enter new film name에 [Soldermask_Top]을 작성한다.

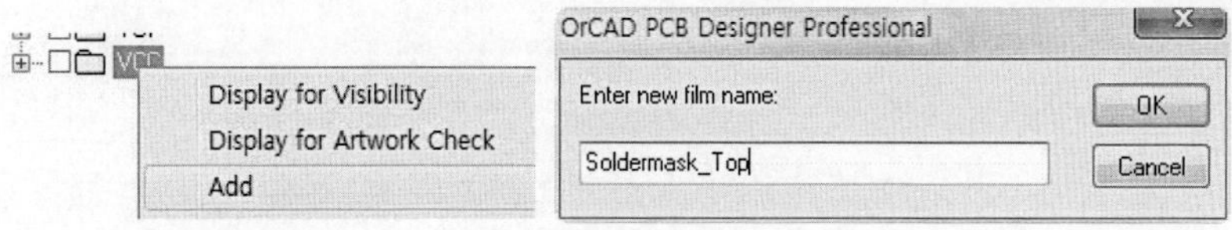

⑩ OK를 클릭한다.

⑪ Soldermask_bottom은 Soldermask_top과 1번에서 3번까지 동일한 작업을 수행하며, 4번 설정 부분에서 Color 설정을 다음과 같이 수행한다.

- Color 설정 : Stack-up - Non-Conductor - Soldermask_Bottom 항목의 Pin, Via

⑫ 위 5번부터 8번까지 수행 후 9번 File name을 다음과 같이 수행한다.

- New file name : Soldermask_bottom

(나) Silkscreen 작성

① Soldermask_Bottom 폴더를 클릭한 후 RMB - Add manual을 선택한다.

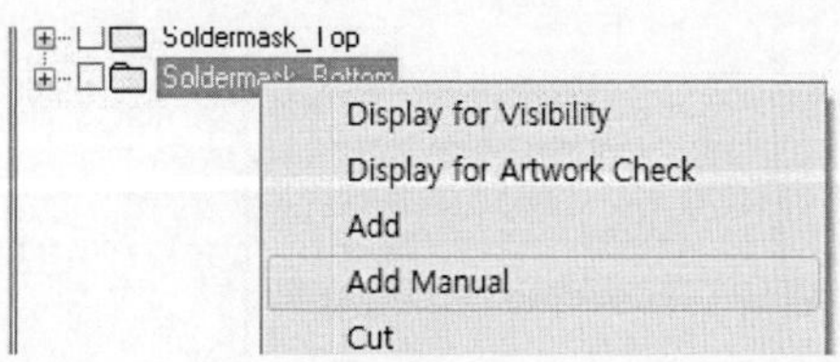

② Enter new film name : Silkscreen_top을 작성한다.

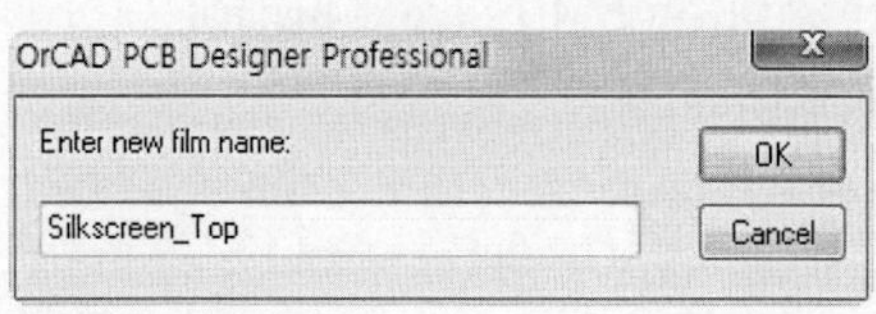

③ Ok를 선택한다.

④ Subclass Selection 창이 나타난다.

⑤ MANUFACTURING 폴더 - AUTOSILK_TOP에 체크한다.

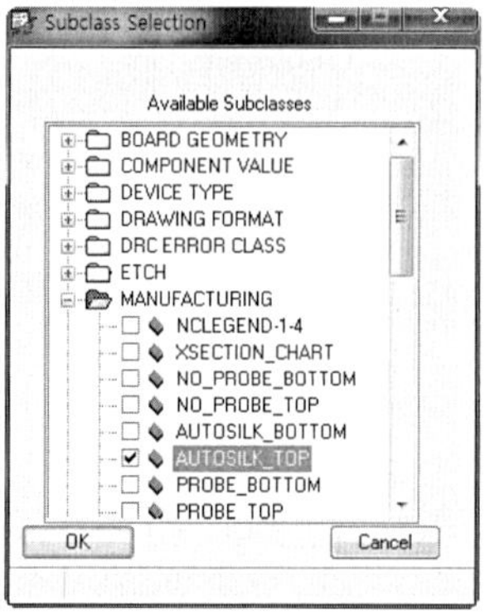

⑥ OK를 클릭한다.

⑦ 생성된 Silkscreen_Top 폴더를 선택한다.

⑧ Undefined line width 항목에 10을 입력한다.

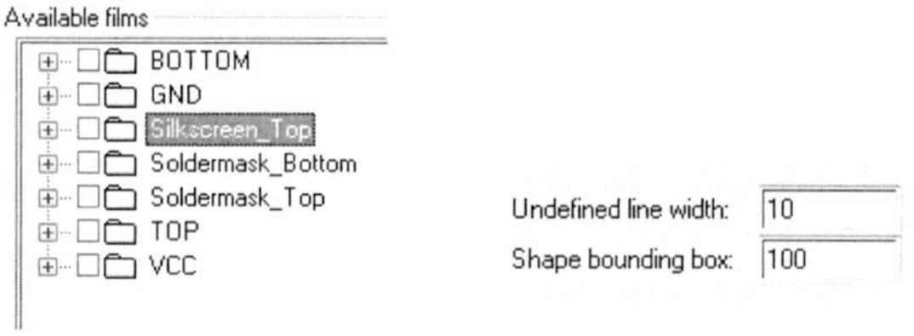

(다) Drill_Draw 작성

① VCC 폴더선택 후 RMB - Add manual을 선택한다.

② 추가할 필름의 이름을 작성한다.

- Enter new film name : Drill_Draw
- Subclass selection 설정
  - BOARD GEOMETRY - DIMENSION
  - BOARD GEOMETRY - OUTLINE
  - MANUFACTURING - NCLEGEND-1-2

③ OK를 클릭한다.

④ Undefined line width 항목에 10을 입력한다.

⑤ 추가된 Drill_Draw를 선택 후 RMB - Display for Visibility를 선택한다.

(3) Create Gerber file

① Select all 버튼을 클릭한다.

② 하단의 Create Artwork을 클릭한다.

③ 확장자 .art 파일이 생성된다.

④ Viewlog 버튼을 클릭하여 log를 확인한다.

⑤ OK를 클릭한다.

9.4.4 Viewing Gerber File

① 메뉴 Setup - Subclass를 선택한다.
② Define Subclass 창이 나타난다.
③ DRAWING FORMAT의 사각형 버튼을 클릭한다.
④ New Subclass의 빈칸에 GERBER를 입력한다.
⑤ Enter키를 누르면 새로운 Subclass가 추가된다.

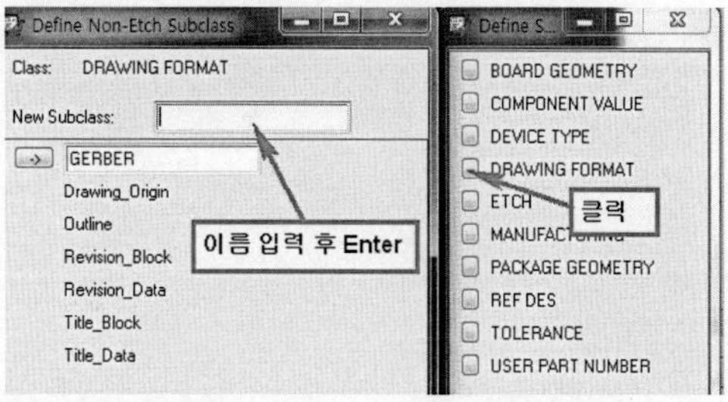

⑥ Close 버튼을 클릭하여 New Subclass 창을 닫는다.
⑦ OK를 클릭하여 Define Subclass 창을 닫는다.
⑧ Color192 아이콘을 클릭한다.
⑨ Global visibility : Off 버튼을 클릭한다.
⑩ Drawing Format 폴더 - GERBER 항목에 체크한 후 OK를 클릭한다.
⑪ 메뉴 File - Import - Artwork를 선택한다.
⑫ File Name : Browser를 선택하여 TOP.art를 선택한다.
⑬ Class : Drawing format으로 변경한다.
⑭ Subclass : GERBER로 변경한다.

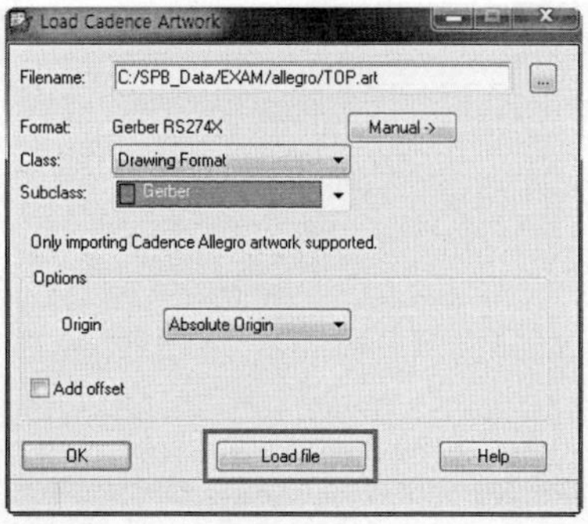

⑮ Load File을 클릭한다.

⑯ 마우스 포인터에 사각형이 나타나면 전체화면(Shift + F12)으로 설정하여 화면에 배치한다.

⑰ 배치가 완료되면 Load Cadence Artwork 폼이 나타난다.

⑱ 거버 배치가 끝나면 Ok를 선택한다.

10 EMC/EMI 기술

이 책의 독자들에게 "우리는 왜 좋은 차를 원하는가?"하는 전혀 공학적이지 않는 질문을 던지며, 이 장을 시작하려 한다. 이 책을 보며 자동차에 대해 공부하는 학생들 중에는 이미 자신 소유의 멋진 자동차가 주차장에 주차되어 있는 사람도 있을 것이고, 현재는 비록 가난한 학생이지만 공부를 마치고, 사회에 나가 멋진 자동차를 구매할 계획이 있는 사람도 있을 것이다. 이제 과거를 떠올려 우리 어렸을 적 아버지가 운전하셨던 자동차를 떠올려 보자. 덜컹거렸으며, 연비도 좋지 않았고, 고장도 많았던 우리 아버지들의 자동차는 이미 폐차장에서 고철로 변한지 오래일 것이다. 독자들은 현재 멋진 외관을 뽐내고, 편안한 승차감을 제공하며, 13~14km/ℓ의 연비를 자랑하면서도 불의의 사고 시 승객의 안전을 지켜주는 영어로 된 듣기만 해도 어려운 최첨단 안전장치를 장착한 차량이 도로를 점령하고 있는 것을 쉽게 확인할 수 있을 것이다.

이 장에서는 자동차에 적용되고 있는 최첨단 각종 전자부품들의 전자파로 인해 발생할 수 있는 문제들에 대해서 살펴볼 것이며, 이러한 문제들을 방지하기 위해서 어떤 시험법을 통하여 검증해 나가는지에 대하여 간략히 소개하며 이에 필요한 이론적인 부분을 정리할 것이다.

10.1 EMC(Electromagnetic Compatibility)

국제전자기술위원회(IEC, International Electrotechnical Commission)에서 발행하는 IEC 50(International Electrotechnical Vocabulary)에 기술되어 있는 EMC의 공식적인 정의는 "the ability of a device, equipment or system to functional satisfactorily in its electromagnetic environment"[1-a handbook for EMC testing and measurement, David Morgan, chapter 1, paper 1]라고 기술되어 있다. 이해가 빠른 독자라면 알 수 있겠지만, 위의 글에서 우리가 주목해야 하는 부분은 "functional satisfactorily"로 한글로 "기능적으로 만족할만한

측면"이라 해석되는 이 말은 전기에너지를 사용하여 일정 기능을 수행하는 전자제품이나 부품 또는 소자가 기능적으로 사용자가 만족할만한 수준의 전자파적 능력(전자파 적합성)을 가지고 있어 기능수행에 어려움이 없어야 한다는 정도로 이해하면 좋을 것이다.

10.1.1 EMC 환경

임의의 전기 및 전자장치들이 동작하면서 주변에 전자기파들이 이동하는 자연적인 현상을 전자파 환경이라 한다. 또한 번개와 같이 자연현상에 의한 전자파 환경도 있을 수 있다. 일반적으로 정상상태의 전자파 환경은 적합성이 어우러진 상태를 말하며, 전자파 환경이 문제가 발생하면 EMC적인 적합성 수준을 잃어버리게 된다. 가장 일반적인 전자파 환경 문제인 정전기는 장치나 시스템이 일반적인 동작 모드에서 오동작을 일으키게 하는 중요 원인 중 하나이다. 초창기 공학자들은 오동작 현상에 대한 원인을 일반적인 무선 전파의 간섭(RFI, Radio-Frequency Interference)이라는 용어로 설명하였으며, 일반적으로 수 Hz-수 GHz 범위에 있는 무선 전파가 오동작을 유발한다고 일반적으로 표현하였다.

10.1.2 방출 및 내성

자연발생적(natural)이든 또는 인공적(man-made)이든 간에 임의의 전자파 방출은 전자파 방출환경에 놓여 있는 임의의 다른 전기 및 전자장치에 잠재적인 위험이 된다. 이러한 전자파 환경에 놓인 다른 장치들은 일반적으로 정상 동작을 하지만, 때때로 오동작을 일으켜 많은 경우 좋지 못한 결과를 유발하기도 한다. 그래서 EMC 문제는 두 가지 측면에서 다루어질 수 있다.

① 방출이 한정될 수 있는 발생원 장비의 제어
② 장비가 잡음 발생원에 노출되는 환경에서 전자파 방해에 대한 적절한 내성 조건

전형적인 전자파 발생원들의 예로서 전력전송선로, 전기회로, 전기모터, 라디오, 레이더 송수신기 등을 들 수 있다. 전자파 방출로 인해 장해를 받는 장비들을 EMC 전문가들은 일반적으로 피해기기(victim)라 부른다. 이러한 피해기기들은 차량 내 전장부품뿐 아니라 일반적인 라디오 수신기 및 가정용 기기와 전기회로 등이 될 수도 있다. 따라서 일반적인 전자파 방출의 의미에서 볼 때 EMC의 목적은 전자파 방출 장비가 여타 다른 장비(무선서비스, 전력 또는 다른 네트워크 등)에게 장해를 주지 말아야 한다. 전자파 내성(immunity)의 측면에서는 비록 여타 다른 장비의 전자파 방출 환경에 노출되었을지라도 장비 본연의 기능 및 동작에 영향을 받지 말아야 한다.

10.1.3 장해의 형태

최근에 EMC 문제를 해결하는 과정을 Black-Magic이라고도 한다. 그만큼 EMC 문제의

해결은 많은 시간과 노력이 필요하다는 표현의 반증이며, 완벽한 해결방안에 대한 해답을 찾기 힘들다는 의미이다. EMC 문제를 해결하기 위해서 방출되는 전자파 방출 에너지양을 제한된 수준 이하로 제어되어야 하고(EMI), 장비나 시스템들이 일정 수준 이하의 전자파 방출 환경에서도 본연의 기능 및 동작을 수행하는데 문제가 없도록 충분한 내성을 가지고 있어야 한다(EMS). 첫 번째, 이러한 문제의 근본이 되는 피해기기와 발생원 사이에 장해를 유발시키는 경로와 발생원을 식별하려는 노력이 필요하다. 그림 10.1은 EMC 문제를 발생시키는 일반적인 송신기와 수신기 사이의 잡음 메커니즘에 대한 예를 설명한 것이다.

전자파 장해는 다양한 방식으로 시스템에 영향을 미친다. 전자기장 위협의 심각성과 시스템의 민감도에 따라 그것은 기능상의 오동작(upset)이나 심지어 손상(damage)으로 이어질 수 있다. 시스템의 동작이 비정상적으로 다르게 동작할 수 있고, 여전히 사용자에게 수용 가능할 수도 있다. 다발적으로 발생하는 장해는 순간적인 오동작을 야기하고, 시스템이 몇 ms 이내에서 정상적인 동작으로 복귀될 수 있다. 그러나 안전이 중요한 자동차 시스템이 주행 중이거나 시동이 켜진 상태에서 이러한 순간적인 오작동은 아주 좋지 못한 결과를 가질 수 있으므로 결코 허용될 수 없다. 또 다른 형태의 혼란은 즉각적으로 해롭지는 않지만 문제를 찾아서 조정하지 않으면 미래에 문제로 시스템의 변화(차량 내 전장부품의 메모리의 겹쳐 쓰기 부분)를 일으킬 수 있다. 마지막으로 장해는 시스템이 기능을 할 수 없도록 만드는 반도체의 손상과 같은 돌이킬 수 없는 시스템의 변경을 초래할 수도 있다.

허용할 수 있는 혼란의 정도와 손상의 양은 시스템에 따라 다르기 때문에 일반적으로 단정할 수는 없다. 그러나 설계자가 관련된 문제를 이해할 수 있도록 장치가 어떻게 고장이 발생하는가에 대한 지침을 제공하는 것은 가치가 있다. 이러한 장비의 전자파 노출에

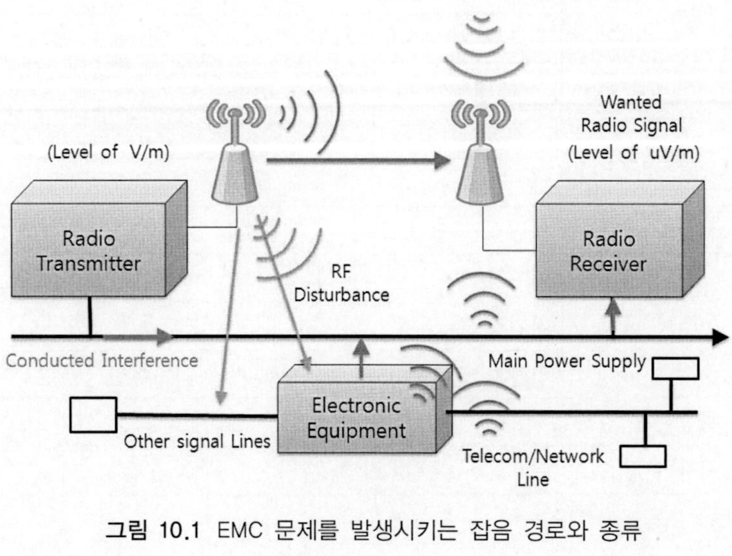

그림 10.1 EMC 문제를 발생시키는 잡음 경로와 종류

민감도를 EMS(Electromagnetic Susceptibility)라고 하며, 전자파 내성인 EMI와 함께 통칭하여 EMC라고 한다.

$$EMC = EMI + EMS$$

실제로 전자파의 발생원이나 잡음 경로를 명백히 밝히는 것은 어렵고 때때로 불가능한 경우도 있다. 그러나 잡음 발생원과 피해기기가 잡음라는 매개체에 의해 결합되어 EMC 문제를 발생시키는 일반적인 관계는 아래와 같이 일반화시킬 수 있다.

① 전압 또는 전류
② 전기장
③ 자기장
④ 전자장
⑤ 위항들의 복합 조합

표 10.1 6가지 전자파 장해현상의 종류 및 정의

범주	전자파 장해 현상의 종류
1. 전도성 저주파 현상	하모닉(고조파 성분), 상호하모닉(상호고주파 성분)
	신호시스템
	전압변동
	전압강하 및 정전
	전압불평형
	전원주파수 변동
	유도된 저주파전압
	교류 네트워크에서 직류성분
2. 방사성 저주파 현상	자기장 ① 연속 ② 과도현상
	전기장
3. 전도성 고주파 현상	직접적인 결합 또는 유도된 전압 및 전류 ① 연속파 ② 변조파
4. 방사성 고주파 현성	자기장
	전기장
	전자기장 ① 연속파 ② 변조파 ③ 과도현상
5. 정전기 현상	
6. 고고도 핵자기 펄스	

IEC 기술위원회에서는 모든 종류의 제품과 시스템에 대해서 EMC 표준을 준비하면서 장해 현상을 시스템적으로 접근할 수 있도록 6가지 형태의 전자파 장해현상을 분류하였다(표 10.1 참조). 6가지 장해현상 중 두 가지는 전도성이고, 두 가지는 방사성, 하나는 정전기, 나머지는 하나는 HEMP(Nuclear High-altitude Electromagnetic Pulse)를 포함하는 고전력 전자기(전자파) 과도현상이다.

10.1.4 EMC 표준의 제정

어떠한 전장 부품의 설계 및 제조과정의 초기 단계에서 EMC 문제는 검토되고, 비용 절감과 더 좋은 안전한 전장 부품과 자동차를 만들기 위한 많은 노력을 기울인다. EMC 관련 설계자와 엔지니어는 설계사양과 EMC 관련 규격, 수요자의 요구사항, 성능 요구사항 등을 만족시키기 위해 EMC와 관련된 기술 문서를 가지고 있을 필요가 있다. 제품을 수출하거나 혹은 내수에 판매하기 위해 국제적인 표준에 맞는 규정과 규격을 준수해야 하는 것은 당연하다. 이러한 측면에서 EMC 문제가 호환성 있는 상태에 도달하기 위해 잡음원의 방사가 제어 가능하여야 하고, 그 제한된 방사 수준에 맞추어 제품은 내성을 갖추어야 한다. 국제적인 호환성이 있는 제품을 만들고 개발하기 위해서는 각국이 만족하고 사용할 만한 수준의 표준이 필요하다. EMC 관련 표준들은 제품의 구매자나 개발자가 모두 그 제품에 대한 방사 레벨 수준이 어느 정도이고, 내성이 어느 수준인지를 보여주는 기술적인 보고서 역할을 하게 된다. 이러한 규격을 이해하고 제품 개발 당시 적용해야 하는 것은 필수적인 요인인 것이다. IEC의 EMC 표준은 이러한 시장의 요구사항과 제품 개발자들의 요구사항을 충분히 만족되도록 지향된 표준이고, 모든 전기전자 관련 제품 및 자동차에 부착되는 전장부품에 적용되는 일반적인 적용표준이 된다.

모든 규격이나 법규의 제정은 그 이해 당사자 간 합의 도출을 위한 합리적인 기준의 설정이 필요하다. 국가 간의 이해가 대립되는 국제적인 규격이나 법규의 제정 시에는 통상적으로 해당 국가들의 전문가 집단이 모인 관련 분야의 협의회 등을 통한 장기간 검토를 거쳐 규격이나 법규 시행에 무리가 되지 않는 범위 안에서 각국의 여건 등을 고려하여 정하게 되는데 일정 기간의 권고 기간을 거쳐 시험 운영하는 과정에서 예상치 못했던 문제점들에 대한 검증을 실시한 후 상호간 합의가 이루어지는 국가 집단들에 의하여 정식으로 채택되게 된다. 다수의 국가가 소속된 집단에 의해 일정 수준의 국제 규범이 되는 법규가 채택되게 되면 각국은 그 규제 수준의 만족을 위하여 개별 국가별로 별도의 법규를 제정하거나 또는 기존 법규의 개정을 시행하게 되는데 그 규제 수준은 국제 법규 수준보다 동등 이상으로 정하게 된다. 개별 기업체는 자국 법규를 만족하기 위하여 자사개발품의 품질 규격을 그 국가 법규 수준보다 동등 수준 이상으로 정하게 되며, 그림 10.2는 이와 같은 규격 및 법규의 규제 수준의 고저에 대하여 단계적으로 표현하였다.

때로는 이같은 원론적인 체계와는 달리 특정 집단 또는 국가의 시장 지배력이 월등히

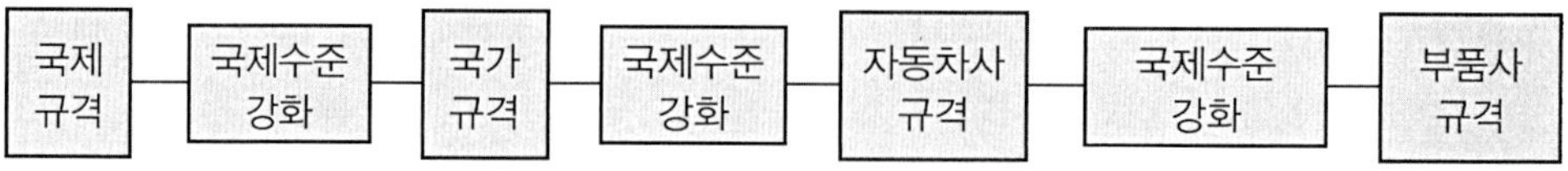

그림 10.2 규격 적용 범위에 따른 규제 수준

우월할 경우 그 원칙에서 벗어나 전체 집단의 기술 수준이나 투자 능력을 고려하지 않고 환경보호 등의 추상적인 명목으로 지나치게 규제 수준을 높게 정하여 일부 집단의 이익을 대변하거나 일정 집단에 불리하게 적용되는 경우도 있다. 그러한 예로 근년에는 선진 국가를 중심으로 개발도상국의 수출 공세를 제어하는 수단으로서 국제 법규의 수준을 강화하는 추세로 가고 있어서 수출 국가 정책으로 채택하고 있는 우리나라와 같은 개발 국가의 경우 심각한 새로운 무역 장벽이 되고 있다.

자동차 및 자동차 관련 부품에 적용하고 있는 각종 국제적인 시험 규격 및 국가 집단과 개별 국가에서 시행하고 있는 법 규제 동향을 살펴보면 그 규제 항목, 방법, 수준 등이 점진적으로 강화되어 온 추세를 알 수 있으며 향후 어떤 방향으로 변화될 지에 대한 전망이 가능하리라고 본다.

자동차를 비롯한 각종 전자기기 등의 전자파에 대한 규격의 국제적인 논의는 IEEE, ISO 및 IEC 산하의 CISPR를 중심으로 이루어지고 있으며, 1980년대 후반 및 1990년대에 들어서 자동차 관련 규격의 연구 및 협의가 본격화되고 보다 구체화되는 경향을 보이고 있다. 이에 따라 최근 수년간 기존의 각종 규격들을 새롭게 개정, 보완하여 보다 구체적인 항목과 시험 기준을 마련한 새로운 규격들이 잇달아 발표되고 있으며 현재도 지속적인 보완 논의가 진행 중에 있다.

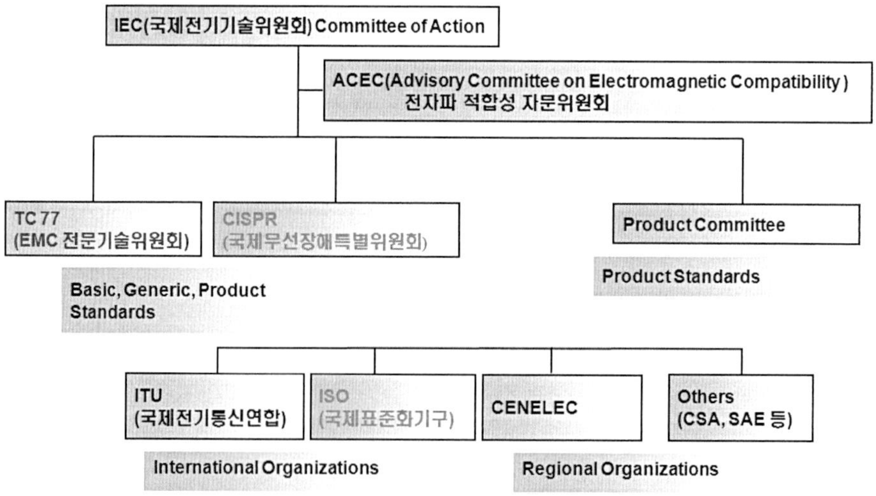

그림 10.3 EMC 관련 국제기구 현황

IEC에서 EMC 관련 표준은 두 가지로 분류하고 있다. 첫 번째, 일반적으로 "EMC Basic Standard"는 기본 참조문헌 표준으로 포괄적인 내용을 포함하고 있다. 즉, 전자파 환경과 측정방법, 시험기술 등을 다루고 있으며, 두 번째는 제품들의 적용 표준을 포함하고 있다. 이것은 "EMC Generic Standard" 또는 "EMC Product Standard"를 말한다. 많은 Product Standard는 유사한 제품군을 포함하고 있으며, 이것을 "Product Family Standard"라고 말한다. Basic과 Generic 규격은 넓은 의미의 접근 방법이다. IEC 기술위원회는 적절한 제품 규격을 준비하고 이용하는데 효율적인 빌딩 블록(building block) 개념으로 개발을 해왔다. 특정한 EMC Product 규격의 개발은 개개의 제품을 다루는 기술적인 다수의 IEC 위원회나 제품 위원회에서 언급된 제품군별로 할당되어 개발해 왔다.

10.2 인공적인 전자파 장해 원

인간이 개발한 공학기기의 동작은 전자파 환경에 점점 더 많은 영향을 미치고 있다. 이러한 현상은 단지 자동차뿐 아니라 우리가 사용하고 있는 모든 전자기기에 대한 오염의 한 형태로 생각될 수 있다는 것이 전자파에 관련된 학계의 의견이며, 따라서 기기로부터의 전자파 방출을 줄이고 제어하는 문제에 점점 더 많은 관심이 집중될 것으로 예상된다. 주요 인공 전자파 방출원에 대해 알아보도록 한다.

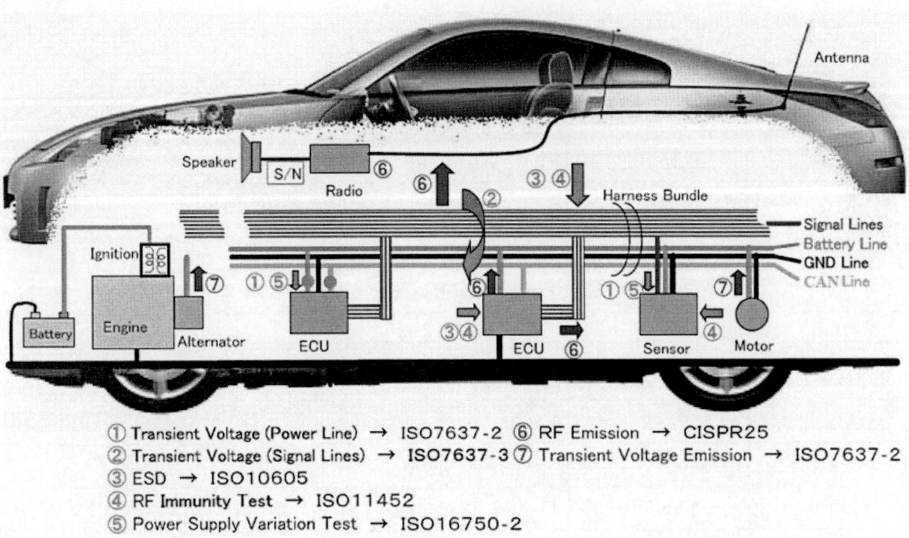

그림 10.4 자동차 내 전자기적 현상의 이동 경로(EMC 규제 기준)

10.2.1 무선 송신기

무선 송신기는 의도성 인공 방출의 한 형태이다. 차량 내에서 의도성 인공 방출의 예를 간략히 들면 이동 및 고정 송신기(car audio에 포함되어 있는 AM/FM 라디오, 최근 증가세에 있는 DMB 수신기, navigation system의 GPS 송수신기), 레이더(원거리 차량 추종용 77GHz radar, 근거리 차량 감지용 24GHz 대역의 radar), 컴퓨터 대 컴퓨터 통신(차량 내 부착되는 WiFi 및 bluetooth 모듈) 등은 사용되는 수에 있어서 뿐만 아니라 사용 전력 및 지리적 분포에 있어서 계속 증가하고 있다.

국제 규제 기구들은 서로 다른 형식의 응용 분야에 대해 고정 주파수 대역을 분배한다. 또한 각 나라마다 같은 통신 서비스일지라도 각국의 정책과 기술발전 상황에 따라 서로 다른 주파수를 할당하는 경우가 매우 많다. 특히 우리나라와 같이 특수한 상황에 있는 국가일수록, 국가가 특수 목적으로 주파수를 우선 배정하는 경우가 많아 주파수 사용이 매우 제한적이다. 2.5GHz 대역까지의 국내 주파수 분배에 대한 예를 표 10.2와 10.3에 나타내었다[출처: KTL(한국산업기술시험원)]. 방송 송신기에 분배된 주파수 대역에서는 상당한 세기의 신호가 예상되는 것은 분명한 일이며, 정확한 값은 송신기의 전력, 송신기로부터의 거리, 다른 물체(예를 들면, 건물, 전송선로 등)의 근접성 등에 따라 달라진다. 전형적인 도시 환경에서 방송 송신기로 인한 전기장 세기는 200mV/m를 거의 초과하지 않는다.

그러나 강력한 송신기 가까이에서는 수십 mV/m의 전기장 세기가 가능하여 ISO(International Standard Organization, 국제표준화기구)에서는 ISO 11452-2 ALSE(Absorber-Lined Shielded Enclosure) 표준을 마련하고 이에 대한 시험법을 제시하여 구체적으로 모든 자동

표 10.2 자동차 내 주파수 환경 – Broadcast

Broadcast	주파수 [MHz]	용 도
LW	0.15~0.3	Low Wave Freq.(저주파) : 러시아(장파) 방송
MW	0.53~1.8	Low Wave Freq.(중파) : 선박 통신
SW	5.9~6.2	Short Wave Freq.(단파) : 원거리 통신 및 방송
FM	76~108	Freq. Modulation(주파수변조) : 일반 라디오 방송
TV Band I	41~88	일반 TV 방송(Ch. 2~Ch. 6)
TV Band II	174~230	일반 TV 방송(Ch. 7~Ch. 13)
DAB lll	171~245	Digital Audio Broadcasting : 유럽 고품질 라디오 방송
TV Band IV/V	468~944	일반 TV 방송(Ch. 14~Ch. 82)
DTTV	470~770	Digital Terrestrial TV : 유럽 고품질 지상파 TV 방송
DAB L-Band	1447~1494	Digital Audio Broadcasting : 유럽 고품질 라디오 방송
SDARS	2320~2345	Satellite Digital Audio Radio Service : 디지털 위성 라디오

표 10.3 자동차 내 주파수 환경 – Mobile Service

Mobile Service	주파수 [MHz]	용 도
CB	26~28	Citizens Band : 개인용 무선통신
VHF	30~54, 68~175	Very High Freq.(초단파) : 무전기 및 일반 TV
UHF	380~512, 820~960	Ultra High Freq.(극초단파) : 위성통신 및 일반 TV (Ch.14~19)
RKE	300~330, 420~450	Remote Keyless Entry : 차량 원격 잠금 제어
GSM 800	860~895	Global Service for Mobile: 국내 및 북미 CDMA 서비스
GSM 900	925~960	Global Service for Mobile : 유럽 CDMA 서비스
GPS	1567~1583	Global Positioning System : 위치 정보 제공 서비스
GSM 1800	1803	Global Service for Mobile : 북미 CDMA 서비스
GSM 1900	1990	Global Service for Mobile : 국내 CDMA 서비스(PCS)
3G/IMT 2000	1900~2172	International Mobile Telecom. : 유무선 통합 서비스
Bluetooth	2400~2500	근거리 무선 통신

차의 전장부품은 200mV/m의 전기장 세기에서도 동작에 무리가 없을 것을 규정하고 있다. 또한 Ford 및 GM 자동차에서는 이 전기장의 세기를 600mV/m로 상향 조정하여 자체적인 표준으로 전장 부품을 관리하고 있다. ISO 11452에 대한 자세한 내용은 뒤에서 다시 다루기로 한다.

10.2.2 디지털 신호 처리 및 전송

차량 내 전장 부품들의 통신(In-Vehicle Networking) 방식에 대해 모두 논하는 것은 이 장에서 다루는 내용과 다소 거리가 있어 간략히 소개만 하고자 한다. 차량 내 각종 전자 장치의 증가는 시스템의 복잡성을 가져오게 되었고, 시스템 간의 정보전송을 빠르고 효율적으로 운용하기 위한 완성차 회사들은 독자적인 통신방식을 개발하고 이를 따르도록 하고 있다. 근래 대표적인 통신방식을 예로 들면 보통 ① 20Kbps 정도의 저속으로 스마트 센서와 액추에이터 등의 단순한 온/오프 기기의 통신에 주로 사용되는 LIN(Local Interconnect Network), ② 최대 1Mbps의 속도로 ECU 간 통신이나 차량 내 각종 콘트롤러의 제어용 네트워크 표준으로 정립되고 있는 CAN(Controller Area Network), ③ 근래 25Mbps 또는 150Mbps의 전송 속도로 멀티미디어 정보의 빠른 전송을 위해 개발되어 적용되고 있는 MOST(Media Oriented Systems Transport) 등이 있다.

이러한 통신 방식들은 기본적으로 디지털 신호 처리 및 전송방법은 고속펄스를 활용한다. MOST 방식은 기본적으로 광 파이버(optical fiber)를 이용한 통신방식이지만 신호의 최초 입력이나 최종 출력은 디지털 신호로 변환 과정을 거쳐야 하기 때문에 고속 펄스가 발생한다. 디지털 신호의 처리, 저장, 입력 및 출력 등은 수정 발진자(crystal oscillator) 등을 이용한 공통 클럭(electronic clock)에 동기되어 연속적으로 이루어진다. 보다 빠른 처리 속도와 정보 전달 속도에 대한 요구사항은 빠른 클럭 속도와 그에 따른 더 짧은 전이 시간(하강 및 상승 시간)을 의미한다.

10.2.3 전력 조정 및 전송

차량 내 전력 공급망은 전자파 장해원이면서 동시에 전자파에 의한 희생물(victim)이다. 일반적으로 매우 양질의 전력 공급이 유지되지만, 모든 종류의 신호와 방해가 전력망에 넓게, 또는 부분적으로 노출되어 발생된다. 전력망의 존재와 품질은 본질적으로 전반적인 방해가 영향을 미치므로 전자파적 합성과 밀접하게 관련된다. 대부분 승용차의 경우는 DC 12V, 상용차의 경우는 DC 24V이다. 하지만 근래 자동차의 동력 시스템이 엔진에서 모터로 발전하는 추세이어서 전압은 전지에서 200V이고, 동력에 사용되는 모터를 구동하는 데에는 차량마다 조금씩 다르지만 500~600V 정도로 승압되는 것이 일반적이다. 우리가 알고 있는 것과 마찬가지로 차량 내에는 우리 눈으로 확인할 수 없는 좁은 공간에 각종 전원 배선과 신호 배선이 혼재되어 있다. 따라서 차량 내에서 전자파 적합성 관련 규격에 추가적인 제약을 부과하는 일이 점점 늘어나고 있다.

10.2.3.1 저주파 전도성 장해(Low-Frequency Conducted Interference)

(1) 고조파(Harmonics)

차량 엔진에 벨트로 연결되어 있는 발전기는 교류 전원을 발생시킨다. 이 교류 전원은 정류기(regulator)를 거쳐 차량의 전장 부품이 필요로 하는 12V 또는 24V의 직류 전원으로 변환된다. 또한 근래에 하이브리드 차량이나 충전식 전기자동차에는 컨버터, 인버터, 변압기 등과 같은 비선형 장치가 필요하기 때문에 정현 파형 전압 및 전류가 기본 전력 주파수(50 또는 60Hz)의 배수인 주파수를 갖는 고조파 신호들을 함께 발생시킨다.

(2) 전압요동(Voltage Fluctuation)

부하의 접속과 접속 해제의 결과로서 발생되는 전압의 작은 변화를 요동(fluctuation) 또는 플리커(flicker)라고 한다. 플리커라는 용어는 이러한 변화가 백열등의 광도에 영향을 미치는 효과를 나타낸다. 27%의 요동은 분당 1회 이상 발생하지 않는 한 허용 가능하지만, 분당 10회 발생하는 요동은 1.3%를 초과하지 않아야 한다.

(3) 전압저하(Voltage Dips)

짧은 시간 내에(전형적으로 300msec) 복구되는 공급 전압의 갑작스런 감소(10% 이상)는 공급망에서 흔히 있는 일이다. 이러한 전압 저하와 간혹 있을 수 있는 정전의 원인은 중전압 및 고전압 망에서 발생된다는 것이 조사 결과 밝혀졌다. 대부분 30% 이상의 저하는 발생하지 않는다. 도시 환경에 있는 소비자가 공칭 전압의 10%를 초과하는 저하가 매월

약 4회 정도 발생하는 것으로 추정된다. 전압 저하는 고장(fault), 큰 부하의 스위칭 및 유도 전동기의 동작으로 인해 발생한다. 전압 저하와 정전은 데이터 처리 기기에 문제를 초래하며, 모터의 재작동 및 자동화 절차의 적절한 시퀀싱(sequencing)을 필요로 할 수 있다.

(4) 불평형

큰 단상 부하 및 3상 시스템의 각 위상에서 부하는 진폭 및 위상의 불평형을 야기할 수 있다. 일부 모터는 불평형 전원에 의해 공급되는 경우 과열될 수도 있다. 실제로 불평형은 2% 아래로 유지된다. 이러한 3상 교류로 인한 불평형 문제는 자동차에서 간과될 수 있는 문제일 것이라 생각하면 안 된다. 현재 시판되고 있는 하이브리드 자동차나 전기자동차의 동력에 사용되는 구동 모터는 모두 유도 전동기의 원리를 이용하여 개발된 것으로 이를 구동하기 위해서는 인버터가 필수이며, 자동차의 구동을 위해 필요한 큰 토크나 힘을 3상 전원으로 되어 있음을 명심해야 한다.

10.2.3.2 저주파 복사성 장해(Low-Frequency Radiated Interference)

전력선 및 가전제품으로 인한 표유(stray) 전기장 및 자기장에 대해서는 여러 국가에서 다양한 한계치를 설정한다. 이러한 한계치들은 일반적으로 생물학적인 효과를 고려하여 설정된다. 산업환경 및 전력선에 인접해 있는 경우 전력 주파수에서 30kV/m, 가전제품 근처에서는 0.3kV/m를 초과하지 않는 전기장을 예상할 수 있다. 자기장 값은 산업환경에서 1mT, 가전제품과 케이블 근처에서는 100μT를 초과하는 경우가 거의 없다. 대부분의 의료장치는 극히 작은 μT 정도의 자기장에도 민감하게 반응하며, 비디오 표시장치는 대략 수 μT 정도의 자기장에 대해서도 플리커 현상을 보인다.

10.2.3.3 고주파 전도성 장해(High-Frequency Conducted Interference)

저전압 망에서의 전압 스파이크, 즉 전력망에서의 다양한 고장과 스위칭 동작 및 낙뢰는 가정용 소비자 레벨에서 나타나는 다수의 스파이크(전형적으로 하루 10번 정도 발생하는 200V를 초과하는 스파이크)들을 초래한다. 약 2%의 스파이크는 500V를 초과하며, 약 0.1%의 스파이크는 3,000V를 초과하기도 한다. 대부분의 스파이크 지속시간은 수초를 초과하지 않으며, 수백 kHz의 대역폭을 나타낸다. 직접적인 낙뢰는 대략 100kV 정도의 과전압을 발생시킨다. 이것은 전력을 통해 전파되면서 감쇄하지만 가정의 소비자 레벨에서 수 kV인 서지(surge)가 예상될 수 있다.

10.2.4 스위칭 과도 현상(Switching Transients)

10.2.4.1 과도 현상의 본질 및 원인

많은 장해 현상은 정상 상태에서 회로의 동작으로 인한 것이지만, 가장 심각한 전자파 장해 중 일부는 외부로부터 시스템에 부과된 과도 현상에 의한 것이거나, 정상적인 기능적 요구의 결과 혹은 비정상적인 상태(고장)에 대한 응답으로서 내부적으로 생성되는 과도현상으로 인한 것이다. 정상 상태에서 동작하는 전기회로에서 에너지는 커패시터 및 인덕터와 같은 개별 소자에 저장된다. 회로 조건에서 임의의 변화는 그 원인이나 목적과는 상관없이 전체 회로에 대한 에너지의 재분포 과정을 필요로 한다.

커패시터는 전기장과 관계가 있는 에너지를 저장한다. 커패시터를 구성하는 두 개의 판에 전위차(potential difference, V)가 생긴 경우, 커패시터에 축적되는 전기에너지는 다음과 같다.

$$W_e = \frac{1}{2}CV^2 \ [\mathrm{J}]$$

이와 마찬가지로, 전기장이 E이고 유전율(dielectric permittivity)이 ε인 공간의 일부에서의 에너지 저장밀도(energy storage density)는 다음과 같다.

$$w_e = \frac{1}{2}\varepsilon E^2 \ [\mathrm{J/m^3}]$$

인덕터는 자기장과 연관된 에너지를 저장하며, 자기에너지 및 에너지 저장 밀도는 다음과 같다.

$$W_m = \frac{1}{2}LI^2 \ [\mathrm{J}]$$

$$w_m = \frac{1}{2}\mu H^2 \ [\mathrm{J/m^3}]$$

집중형 회로 소자, 혹은 더 일반적으로 분산형 회로 소자에 의해 표현되는 회로에서 어떠한 에너지의 재분포도 순간적으로 이루어질 수는 없다. 이것은 물리학의 기본 법칙이며, 이는 잠재적으로 큰 양의 에너지도 짧은 시간이지만 일정 기간 동안에 걸쳐 회로 전체에 걸쳐 전이된다는 것을 암시한다. 이러한 전이 기간 동안 회로는 과도 상태에 놓이게 된다. 과도 기간 동안에는 회로의 상이한 부분에 있는 전압과 전류 값들은 변화의 전후에 그것의 정상 상태 값과 직접적인 관계가 없다는 사실을 깨닫는 것이 중요하다. 이런 상황에서 과전류, 과전압 그리고 상당히 빠른 펄스들은 드문 것이 아니며, 이러한 것들은 전자파 적합성 문제에 결정적으로 영향을 미친다.

커패시터는 급격한 전압 변화에 저항하는 소자라는 것을 상기함으로써 이러한 현상에 대해 정성적인 이해가 가능하다. 고속의 전압 변화(dv/dt)를 강제하려는 어떠한 시도도 매우 높은 전류를 초래한다. 이와 마찬가지로, 인덕터는 급격한 전류 변화에 저항하는 성분이다. 빠른 속도의 전류 변화(di/dt)를 강제하려는 어떠한 시도도 매우 높은 전압을 초래한다. 전자파적 합성 성능의 개선은 상상할 수 있는 모든(정상 혹은 비정상) 조건에서 이러한 물리량의 변화 속도를 제어함으로써 달성되는 경우가 매우 흔하다. 이러한 변화에 회로가 어떻게 응답하는지에 대한 예제가 다음 두 소절에 주어져 있다.

10.2.4.2 이상화된 스위치를 가정한 경우 스위칭 동안의 회로 동작

논의를 더 진행하기 전에 "이상화된 스위치(idealized switch)"가 무엇인지를 분명하게 언급하는 것이 필요하다. 우선 스위치가 ON 되었을 때에는 0의 임피던스를 나타내는 반면, OFF 되었을 때에는 무한대(∞)의 임피던스를 나타낸다고 가정하자. 이러한 전기적 특성은 실제 스위치에서는 얻을 수 없는 이상적인 값이지만, 회로 동작을 정성적으로 이해하는데 매우 유용하다. 다음의 몇 가지 예제를 살펴봄으로 이해를 높일 수 있다.

그림 10.5와 같이 인덕터가 교류 전원에 접속될 때(인덕터 상에서의 과도 접속) 회로 동작을 살펴보자. 전압 전원이 제로 값에 있다가 상승하고 있는 순간에 스위치가 연결된다고 가정한다. 손실에 의한 영향을 무시하면($R \to 0$), 회로에서 전압 평형(voltage balance)을 위하여 다음과 같이 표현할 수 있다.

$$N\frac{d\Phi}{dt} = V_{pk}\sin(\omega t)$$

여기서, N과 Φ는 감긴 코일 회수와 한 번 감긴 코일을 통과하는 자속을 나타낸다. 이 수식을 시간 t에 대해 적분하면 다음과 같은 식이 주어진다.

$$\Phi(t) = -\frac{V_{pk}}{\omega N}cos(\omega t) + K$$

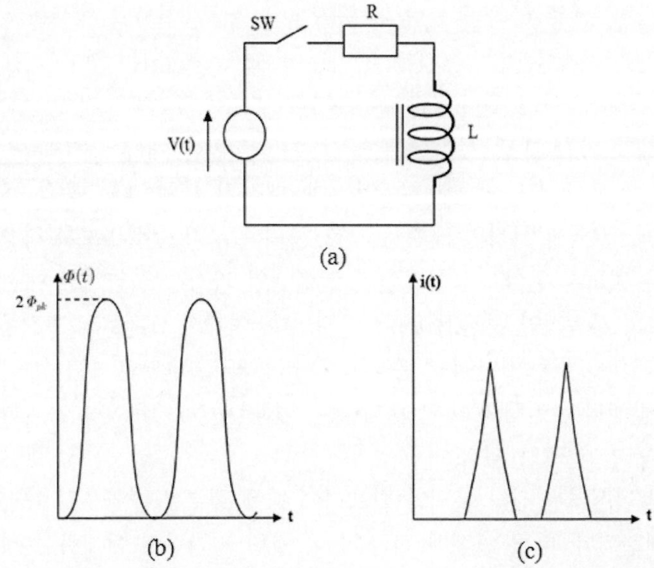

그림 10.5 (a) 인덕터에서의 과도 접속, (b) 선속 파형, (c) 전류파형

여기서, K는 적분 상수이다. 스위치가 닫히는 순간($t=0$)에 코일에 쇄교하는 잔류 자속이 없다고($\Phi(0)=0$) 가정하면 K를 결정할 수 있으므로 다음과 같이 계산될 수 있다.

$$\Phi(t)=\Phi_{pk}(1-\cos(\omega t))$$

여기서, $\Phi_{pk}= V_{pk}/(\omega N)$은 코일에서의 첨두치 정상상태 자속(peak steady-state magnetic flux)이다. 위 수식은 그림 10.5(b)에 그려져 있으며, 선속의 최고 편위는 $2\Phi_{pk}$이며, 이는 정상상태 조건하에서 예상 최댓값의 두 배라는 것을 보여준다. 대부분의 경우 이러한 자속은 코일의 구성에 사용되는 물질의 포화영역의 한 가운데 값에 해당하며, 그것은 그림 10.5(c)에 개략적으로 나타낸 바와 같이 매우 왜곡되어 있고 첨두치가 매우 큰 전류를 초래한다. 그림 10.5에 나타낸 파형은 고조파를 많이 함유함으로 전자파 적합성 문제에 상당히 영향을 미친다. 이러한 상황은 잔류 자속이 무시될 정도라고 가정할 수 없는 경우 훨씬 더 악화된다. 이러한 계산은 최악의 경우를 기술한 것으로, 만약 스위치 손실을 고려하거나 스위치를 닫는 위치를 다르게 할 경우 덜 심각한 감쇄 과도현상을 얻을 수도 있다. 그러나 무부하 변압기의 첨두 자화 전류가 때때로 정규 값의 20배나 초과하는 것은 드믄 일이 아니다.

10.2.5 정전기 방전(ESD: Electrostatic Discharge)

큰 물체는 전기적으로 중성을 띠는 정도가 높다. 그러나 적어도 둘 중 하나는 절연체인 두 물체가 접촉한 후 분리될 때 전하 분리(charge separation)와 대전(charging)이 발생할 수 있다. 이것은 마찰 대전 효과(triboelectric effect)라고 알려져 있으며, 전기현상에 대해 알려진 가장 오래된 것들 중 하나이다. 일부 물질은 접촉 시 전자를 획득하는 성질을 가지는 반면, 다른 물질은 전자를 쉽게 놓친다. 전자는 음으로 충전되는 경향이 있는 반면, 후자는 양전하를 쉽게 얻는 경향이 있다. 물질은 자체가 양으로 충전되는지 또는 음으로 충전되는지의 경향에 따라 마찰 대전 시리즈에 놓일 수 있다. 한 예를 표 10.4에 나타내었다.

대전은 유도에 의해서도 발생할 수 있는데, 대전된 물체 A는 중성 물체 B에서 전하 분리를 일으킨다. B의 일시적인 접지는 그 전하의 일부가 누설되도록 함으로써 B가 대전된 상태로 남아 있도록 한다. 이와 관련된 전형적인 과정은 절연체의 대전과 도체를 통하여 다른 도체로의 후속적인 방전(ESD)이 그것인데, 여기서 도체로의 방전은 접지를 통해서 이루어질 수도 있다. 가장 일반적인 문제는 카펫 등과 같이 낮은 도전성을 갖는 물질 위를 걸어감으로써 발생되는 인체의 대전 문제이다. 인체는 종종 10kV를 초과하는 전위로 대전될 수 있다는 것이 알려져 있다.

유도에 의해 인체에서 전하 분리가 발생하여 하체 끝부분이 양으로 대전되고 상체 끝부분은 음으로 대전된다. 다른 인체에 접근할 때, 강한 전기장이 발생하여 정전기 방전을 초래할 수도 있다. 방전은 더 빠르게 접근하고 전압차가 적을 때에 더 짧은 상승시간을 가지

표 10.4 마찰 대전 시리즈

양전하 대전	공기
	손
	유리
	운모
	나일론
	양모
	알루미늄
음전하 대전	종이
	강철
	아세테이트
	폴리에스터
	폴리프로필렌
	PVC
	테플론

는 것으로 알려져 있다.

근사 등가회로를 그림 10.6(a)에 나타내었다. 성분 C_b는 접지에 대한 인체의 커패시턴스(일반적으로 150pF)를 나타내고, R_b는 인체의 저항(일반적으로 1.5KΩ)을 나타낸다. 마찰 대전 효과로 인해 C_b는 수 kV로 대전될 수 있다. A가 접지된 도체와 접촉할 때 커패시터가 방전되므로 전도성 및 복사성 장해를 초래하는 전류의 흐름을 일으킨다. 개선된 모델을 그림 10.6(b)에 나타냈으며, 여기서 작은 값의 인덕턴스 L_b가 추가되었고, $B-C$ 부분은

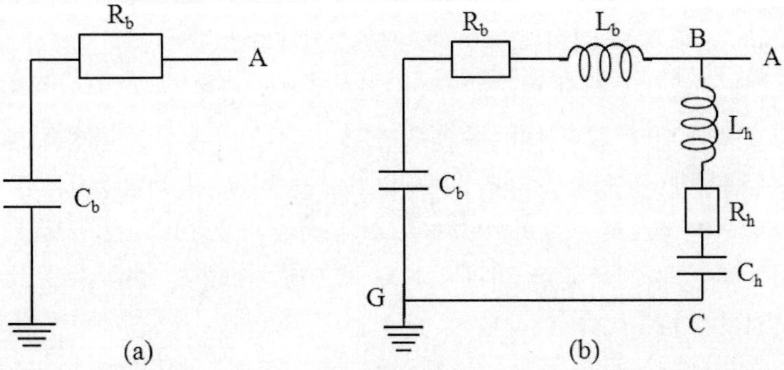

그림 10.6 인체로부터의 정전기 방전(ESD)을 연구하기 위해 이용되는 모델: (a) 단순등가회로, (b) 보다 완전한 등가회로.

사람 손에 대한 모델이다. 방전 전류는 $B-C$ 분기로 인해 빠른 상승시간 성분(1 nsec 미만)과 $B-G$ 분기로 인한 보다 느린 하강시간 성분(100 nsec)을 가진다. 정전기 방전(ESD)으로 인한 빠른 상승시간 펄스는 디지털 회로에서 클럭 신호화 장해 현상을 일으켜 고장 및 오동작을 유발할 수 있다.

10.3 차폐

차폐(Shield)는 전자회로의 일부나 전부를 둘러싸는 도전성 물질의 한층(layer)이다. 그러므로 차폐물은 외부 환경으로부터 내부 회로로 침투할 수 있는 전자파 복사의 양에 영향을 미치며, 반대로 내부 회로에 생성되는 전자파 에너지 중 외부 환경으로 퍼져나가는 양에 영향을 미친다.

전자파 장해원이 차폐물 내부에 있든 외부에 있든지에 관계없이 차폐 특성을 그대로 유지된다. 차폐를 위하여 넓은 범위의 도전율(conductivity), 투자율(permeability) 및 두께를 갖는 다양한 물질이 이용된다. 차폐물은 대개 통로(access)와 냉각에 이용되는 개구(opening apertures)와 다수의 이음부(joint) 및 접합부(seams)를 포함하게 되고, 이러한 곳을 통하여 복사 전자파의 일부가 침투하게 된다. 실제 장비도 신호 표시(signaling)와 서비스를 위해 사용되는 도선 및 파이프에 연결된다. 이러한 모든 요소는 차폐물의 무결성을 저하시킬 수 있으며 차폐물의 전반적인 성능에 결정적인 영향을 미친다. 차폐가 전자파적 합성에서 중요한 이유는 설계자가 채택할 수 있는 다른 모든 전자파적 합성 조치 중에서도 유일하게 설계자가 완전히 통제할 수 있기 때문이다. 전자파 장해원에서 복사되는 전자파의 저감을 규정하거나, 전자파 장해원을 장비로부터 멀리 떨어뜨리거나, 또는 전자파적 합성에 가장 유리한 방식으로 장비의 배치를 준비할 수 있으면 편리할 것이다. 그러나 이것은 가능하지 않으며 설계자에게는 선택의 여지가 없는 상황이 훨씬 많다. 차폐는 이러한 대안의 하나로서 부적절하게 정의된 전자기적 위협에 대한 내성을 처리하기 위한 것이다.

본 장에서는 차폐의 두 가지 특별한 측면을 고찰해 본다. 하나는 도전성 차폐벽(shield walls)을 통과하는 확산을 통한 침투와 두 번째로 차폐물 상의 개구(구멍 및 창)를 통한 복사 전자파의 진입에 대해 살펴본다. 두 경우 모두 차폐물 내부 환경 특성은 전자기장의 분포 및 주파수 특성에 큰 영향을 미칠 수 있다. 차폐물이 특정 주파수에서 공진하는 공동(cavity)을 형성하는 것으로 인식하면 그것을 쉽게 이해할 수 있다. 그런 복잡한 것은 여기에서 고찰하지 않는데 그 이유는 이것이 전체 시스템 모델링을 요구하며, 따라서 결과가 문제에 의존적이기 때문이다.

차폐 효과(shielding effectiveness)를 정량화하려는 시도를 하기 전에 차폐 메커니즘에 대한 간단한 물리적 그림을 제시하는 것이 좋겠다. 일반적인 차폐의 경우가 그림 10.7에

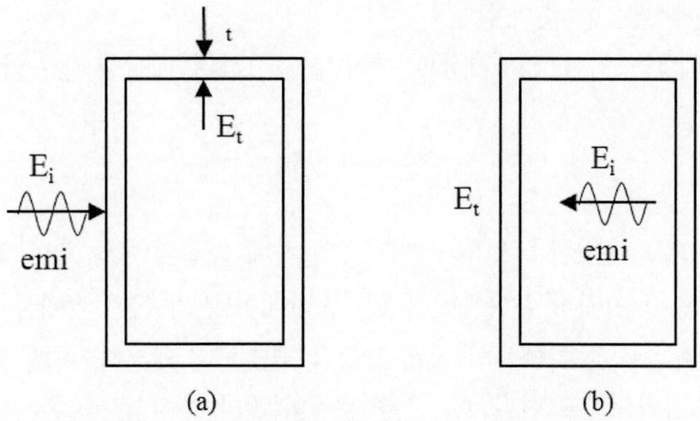

그림 10.7 차폐물을 통한 복사 전자파의 침투

나타나 있다. 그림 10.7(a)에 전자파 장해를 나타내는 전기장 E_i가 두께가 t인 차폐물에 입사되는 것으로 나타나 있다. 목적은 이러한 복사가 차폐물 내부로 침투하지 못하도록 방지하는 것, 즉 E_i를 최소화 하는 것이다. 그림 10.7(b)에도 유사한 상황이 묘사되어 있지만 이 그림에서는 전자파 장해가 차폐물 내부에서부터 시작된다.

차폐물 설계를 위해 이용할 수 있는 두 가지 물리적 원리가 있다. 먼저 시변 전자기장이 도체에 입사하면 도체에서는 입사 전자기장을 방해하려는 크기와 위상을 가진(렌츠의 법칙) 유도 전류가 발생한다(패러데이법칙)고 알려져 있다. 따라서 도전성 층에 충분한 전류가 유도되고 방해없이 흐를 수만 있다면 차폐 특성을 가지게 된다. 유도(induction)는 입사 전자기장의 변화율에 의존하며, 따라서 저주파에서는 덜 유효하다. 그러므로 이러한 차폐물의 효과는 저주파에서 감소되며 이런 점은 특히 자기장 차폐물에 대한 심각한 문제가 되는 것으로 밝혀졌다. 이와 마찬가지로, 차폐물의 어떤 접합부, 이음부 및 개구부도 유도 전류의 흐름을 방해하므로 차폐효과를 감소시킨다. 둘째로 전기장과 자기장은 각각 유전율과 투자율이 높은 물질에 집중되는 경향이 있는 것으로 알려져 있다. 이 효과는 높은 투자율을 가진 층을 구성함으로써 저주파 자기장을 차폐하는데 유용하게 이용될 수 있다.

실제로 높은 도전율과 투자율은 차폐에 다소 기여하지만, 저주파에서 자기장 차폐는 투자율에 의존적인 반면, 고주파에서는 도전율이 높은 차폐물이 더 효과적인 것으로 밝혀졌다.

10.3.1 차폐 이론

본 절에서는 두께가 t인 도체를 확산을 통하여 침투하는 전자기장에 대해 고찰해 본다. 간단한 해를 얻음으로써 이 과정의 물리현상에 대한 이해를 높이고 그에 따라 기본적인 스케일링(scaling)법칙과 경향성을 이해하기 위해 몇 가지 단순화시킨 가정을 할 것이다. 이러한 가정은 덜 실용적인 정략적인 결과를 내지만 그럼에도 불구하고 그것은 설계자로 하여금 문제에 대한 정확한 접근법을 알아내고 이상적인 조건에서 가능한 것에 대한 이해를 얻을 수 있게 도움을 준다.

차폐 효과(SE)는 입사 전자기장과 투과 전자기장의 데시벨 단위의 비율로 정의된다.

$$SE = 20\log\left|\frac{E_i}{E_t}\right|$$

E_i는 일반적으로 유한한 크기의 두께가 t인 차폐 물질의 한쪽 면에 입사되는 균일 평면파 성질을 가지는 전자기장을 나타내며, E_t는 반대쪽 면의 어떤 점에서 전자기장을 나타낸다. 이와 같이 위 수식은 차폐물의 실제 모양을 고려하지 않는다. 차폐 효과는 또한 자기장으로 확산하여 정의되기도 한다. 두 가지 정의의 결과가 항상 동일한 차폐효과 값을 가지지 않는 점에 주목하여야 한다. 차폐효과에 대한 다른 정의는 E_i를 차폐물이 없을 때 한 지점에서의 전자기장으로 해석하고, E_t를 차폐물이 있는 경우 동일한 지점에서의 전자기장으로 해석하는 것이다. 상황에 따라서는 차폐에 의해 발생하는 전자기장의 위상 편이를 계산하는 것에 흥미를 가질 수도 있다. 20dB 정도의 차폐 효과는 대략적으로 가치를 가지는 최소값이 되며 50 또는 60dB는 대부분의 문제를 해결하기 위한 평균으로 간주된다. 송신기 같은 경우에는 최소한 100dB가 바람직하다. 약 120dB 이상의 차폐는 이 분야의 최첨단에 근접한다.

10.3.2 장비 차폐

장비 차폐(screening)는 불효 전자기장과 장비와의 결합을 감소시키기 위해 적용된다. 이런 목적을 충족시키기 위한 적절한 차폐의 설계는 중량(weight), 외관(appearance), 접근(access)의 편의성 등과 같은 문제와 관련시켜 고찰해야 한다. 차폐에 대한 필요성은 결합을 감소시키기 위한 다른 모든 수단을 조사한 후에 검토해야 한다. 장비 설계에서 수용 불가능한 제한을 가하지 않고는 완전한 차폐가 불가능하다. 저주파에서는 수용될 수 없을 정도로 두꺼운 차폐재가 필요할 수도 있으며, 도선의 인입(wire penetrations), 환기 슬롯(ventilation slots) 및 접근 점(access points) 등이 있는 경우에는 주의 깊게 설계한 차폐재도 차폐 효과가 반감될 것이다. 따라서 설계에서 일반적인 것으로서 모든 관련된 기술적, 경제적, 미적 쟁점의 균형을 맞추기 위한 절충점을 찾아야 한다. 이제부터 차폐의 기법 및 이와 관련된 접지 문제에 대해 생각해 보도록 하자.

10.3.2.1 실제적인 감쇠 레벨

차폐물에 대해 요구되는 감쇠(attenuation)의 양은 고찰 대상 장비의 형식에 매우 의존적이다. 항공기와 같은 일부 시스템에서 일정량의 차폐는 항공기의 구조물이 제공한다. 그런 경우의 차폐는 수십 dB 범위에 있을 수 있다. 100dB를 초과하는 감쇠가 필요할 수도 있는 민감한 측정 계기, 고주파 송신장비, 추적 및 안내 시스템을 제외하면 대부분의 응용에서는 약 50dB의 감쇠가 적당하다. 분명히 각 경우에 이용되는 물질과 구성방법은 만족해야 하는 규격의 형식을 반영한다. 10mm의 도선 간격으로 아연 도금 강철로 만들어진 단순한 도선 메쉬(mash)는 1MHz에서 80dB부터 1GHz에서 20dB까지의 차폐효과(shielding effectiveness) 범위를 가진다. 대개는 냉각 홈(cooling slots), 모듈 구성 설계에서의 작은 틈새, 계기 패널, 도선인입, 커넥터 등 다른 모든 요인의 효과를 포함한 전반적인 규격을 고찰해야 한다.

10.3.2.2 차폐 재료

대부분의 응용분야에서 장비 차폐물은 강철, 알루미늄 및 구리와 같은 도전성 물질을 이용하여 구성된다. 특히 패널 사이 이음쇠(joints)의 제작을 적절하게 관리하면 매우 높은 수준의 차폐를 얻을 수 있다. 예를 들면, 두께가 0.125mm인 알루미늄 판은 1MHz에서 100dB를 초과하는 평면파(plane wave) 차폐 효과를 제공할 수 있다. 그러나 미적인 이유 또는 비용이나 중량의 이유로 인해 완전히 금속으로 이루어진 함체를 이용할 수 없는 응용도 있다. 현재는 자체적으로 전자기 차폐를 제공하지 않는 다양한 플라스틱을 폭넓게 이용하고 있다. 플라스틱이 부분적으로 도전성을 갖도록 만드는 접근법은 탄소 섬유와 같은 대전물을 이용하는 것이다. 그 결과 만들어지는 복합재료의 도전율은 플라스틱 물질 대비 대전물의 비율이 크면 클수록 더 높다. 실제로 수십 데시벨의 차폐 효과가 가능하다. 또 다른 접근법은 플라스틱 기반 물질에 도전성 코팅을 이용하는 것이다. 이런 것은 페인팅, 스프레이 또는 다른 어떤 적합한 과정에 의해 적용될 수 있다. 사실상 매우 얇은 도전 층에서만 이러한 방법을 적용할 수 있으며, 이러한 차폐물의 저주파 성능을 도전층에 대한 표피의 깊이(skin depth)를 비교함으로써 주의깊게 고찰되어야 한다. 코팅에 이용되는 물질은 제조업자와 코팅 과정에 따라 다른데 일반적으로 니켈, 구리, 아연 등이 많이 사용된다.

모든 경우 플라스틱 물질과 이것에 부가된 다른 물질의 상이한 패널 사이에서 만들어지는 이음쇠의 전기적인 효과를 확인하는 것이 가장 중요하다. 이러한 평가는 장비의 전체 수명을 포함한다. 제조업자는 패널의 차폐 효과를 언급하지만 이 효과의 양(Quantity)은 그 패널을 이용함으로써 만들어지는 캐비닛의 차폐 효과를 확실하게 보장하는 것은 아니다. 이미 언급한 이음쇠의 문제 이외에도 부분적인 전도성 캐비닛 벽 내부에서는 공동 공진(cavity resonances)의 존재에 대해서도 고찰하여야 한다. 공진 주파수에서 캐비닛 내부의 전자기 환경은 패널의 차폐 효과만으로 확인할 수 없어 충분한 연구가 필요하다.

예를 들면, 디스플레이와 같은 일부 응용에서는 전자기 차폐에 대한 요구사항이 있는 반면, 이와 동시에 디스플레이가 그대로 사용자에게 읽혀질 수 있도록 시각적인 전송이 크게 손상되지 않아야 한다. 다양한 기법이 이것을 달성하기 위해 이용될 수 있다. 한 가지 옵션은 플라스틱이나 유리의 두 겹 사이에 가는 도선 메쉬를 삽입하는 것으로 둘러싸는 것이다. 또 다른 옵션은 투명한 도전성 코팅을 넣은 것이다. 어떤 기술을 이용하든 광 전송의 부분적인 손실(대략 50%)을 예상할 수 있고 고주파에서의 차폐효과는 50dB를 초과하는 것으로 주장할 수 있다.

10.4 전자파 적합성 시험 환경

일반적으로 전자파 적합성 측정은 야외시험장, 전자파 차폐실 또는 TEM 셀에서 이루어진다. 전자파 적합성 규격은 각각의 시험 환경에 대한 기본적인 요구사항과 시험 절차를 상세히 규정한다. 서로 다른 시험환경에서의 전자파적 적합성을 측정할 때 발생할 수 있는 문제에 대해 아래에서 살펴본다.

10.4.1 야외 시험장

이상적인 야외 시험장(OATS: Open Area Test Site)은 모든 장애물로부터 자유롭고 주변의 전자기 잡음 레벨이 매우 낮은 무한한 넓이의 완전 도체로 접지된 면으로 구성된다. 실제의 야외 시험장은 이상적인 것과는 다르다. 그럼에도 불구하고 야외시험장은 상용 전자기기의 전자파 적합성 측정에 널리 이용된다.

야외 시험장을 설정함에 있어서 이상적인 부지는 충분히 넓고 평탄해야 한다. 실제로 이용되는 부지의 넓이가 유한하고 그 부지 위에 놓인 송신기와 수신기 사이에 평탄한 영역이 있다고 하면 송신기로부터 평탄한 영역 중심의 반사를 거쳐 수신기에 도달하는 전파와 송신기로부터 평탄한 영역의 가장자리 부분의 반사를 거쳐 수신기에 도달하는 전파 사이의 경로 차이는 적어도 반파장은 되어야 한다. 이것은 이른바 첫 번째 프레넬(fresnel)영역이다. 이 영역 밖에서 일어나는 반사에 의한 수신 신호의 기여분은 무시할 만하다. 주파수가 더 낮고, 수신기와 송신기가 접지면 위에 높이 배치될수록 첫 번째 프레넬 영역의 크기가 더 크고 따라서 큰 평탄한 부지가 필요하다. CISPR 규정은 평탄한 영역이 최소한 각각 $2L$ 및 $\sqrt{3}\,L$ 이상인 장축과 단축을 가지는 타원형이라고 명시하고 있으며, 여기서 L은 수신기와 송신기 사이의 거리이다. 전형적으로 이 거리는 3m, 10m, 30m 중 하나이다. 이상적으로 이 평탄한 영역은 또한 완전도체로 덮여야 한다. 실제로 평탄한 영역의 표면을 도선 메쉬로 덮지만, 야외 시험장의 측정 축을 중심으로 한 일부분에는 금속판을 설치한다. 메쉬는 부식되지 않는 물질로 도금되어야 하며, 도선들이 서로 직각을 이루게 배열한 다음 용접을 한다. 이때 메쉬에는 사각 루프가 만들어지며, 이 루프 직격은 가장 짧은 파장의 1/10보다 더 작아야 한다. 메쉬는 그것을 덮고 있는 아래 부분의 토양 및 주변 영역과 전기적인 접촉이 좋도록 시공하여야 한다. 요구되는 야외 시험장의 평탄도는 동작 주파수 및 송신기와 수신기 사이의 거리에 따라 다르며 전형적으로 1GHz까지 시험 주파수의 경우 수 센티미터이다.

야외 시험장에서의 측정을 이해하려면 관찰점에서의 신호가 그림 10.9(a)에 나타낸 대로 직접 도달하는 신호와 접지면 반사 이후에 도달하는 신호의 조합이라는 사실을 알아야 한다. 관찰점에서의 전자기장은 수직 편파 및 수평 편파 각각에 대하여 그림 10.9(b)와 (c)에 나타낸 대로 접지면을 영상 안테나로 대체함으로써 계산할 수 있다. 영상 안테나에서의 전류 흐름의 방향은 접지면 위의 경계 조건에 따라 결정되며 그 결과로 영상 전류를 만들게 되는데, 이는 원래의 안테나 전류를 증가시키거나(수직 편파의 경우) 또는 약화시킨다(수평 편파의 경우).

전자파적 합성 측정을 위하여 야외 시험장을 사용하기 전에 그것의 적합성은 이상적인 시험장이나 표준 시험장과 비교함으로써 확립하여야 한다. 이것은 시험장 감쇠량(SA: Site Attenuation)과 정규 시험장 감쇠량(NSA: Normalized Site Attenuation)을 측정하고 이를 이상적인 야외 시험장의 이론값과 비교함으로써 이루어진다. 이 두 가지 양은 다음 식으로 정의된다.

$$SA = \left|\frac{V_1}{V_2}\right|_{\min}$$

$$NSA = \frac{SA}{AF_T AF_R}$$

여기서, V_1은 그림 10.8(a)의 측정 구성도에서 수신기 측정 전압이며, $|V_1/V_2|_{\min}$는 수신 안테나 높이 h_2(그림 10.8(b))를 규정된 범위 내에서 변화시킬 때 측정되는 최소치이고, AF_T와 AF_R은 각각 송신 및 수신 안테나의 인자이다. 따라서 시험장 감쇠량과 정규화 시험장 감쇠량은 송신 및 수신 안테나 사이의 손실이 가장 작을 때의 값이며 이는 수신 신호의 크기가 가장 크다는 것을 의미한다. 접지면으로부터 수신 안테나의 높이를 규정된 범위에서 변화시키는 것은 직접파와 반사파 사이의 간섭을 고려하여 측정하기 위함이다. 이러한 측정에 이용되는 안테나는 일반적으로 50Ω 시스템에 연결된 공진 다이폴 안테나이다.

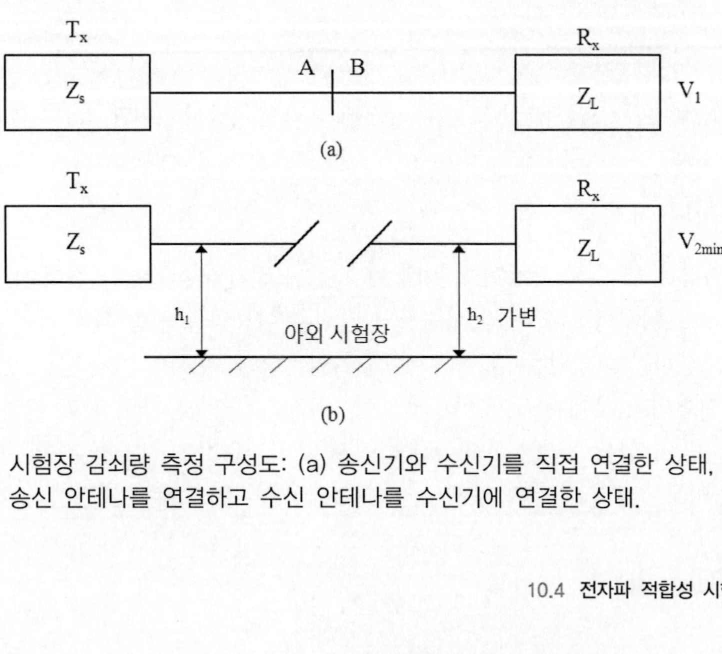

그림 10.8 시험장 감쇠량 측정 구성도: (a) 송신기와 수신기를 직접 연결한 상태, (b) 송신기에 송신 안테나를 연결하고 수신 안테나를 수신기에 연결한 상태.

야외 시험장에 측정된 NSA값이 이론적으로 NSA값의 ±4dB 내에 있어야만, 그 야외 시험장이 전자파 적합성 시험 시설로서 적합하다고 간주된다. 일단 야외 시험장의 시험 시설로 적합하다고 판정되면, 복사성 방출시험은 전자파 적합성 표준문서에 규정된 순서대로 진행하면 된다. 피시험 장비는 높이가 0.8m인 테이블에 배치되며 측정 안테나는 피시험장비로부터 명시된 거리(3m, 10m, 30m)에 놓여진다.

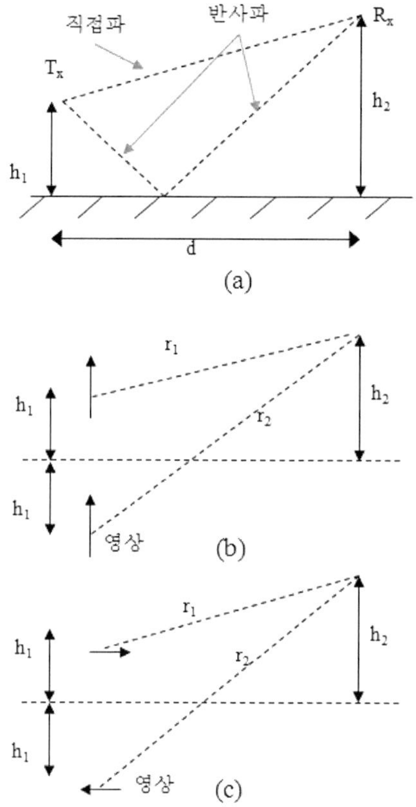

그림 10.9 (a) 접지면이 있을 때의 안테나 결합, (b) 수직편파, (c) 수평편파.

10.4.2 전자파 차폐실

야외 시험장은 몇 가지 단점이 있는데 이 때문에 전자파 적합성 시험의 대체 시험 환경에 대한 연구가 이루어졌다. 야외 시험장의 단점은 야외라는 시험 환경 때문에 깨끗한 전파 환경을 보장하기 어렵다는 점, 기후에 대한 의존성 및 부지의 가격 등이 있다. 또한, 전자파 내성 시험의 경우에는 전자기 스펙트럼상에서 다른 사용자의 전파 환경을 간섭하는 것을 피하기가 어렵다. 그러므로 대부분의 군사 규격, 내성 또는 일반 진단 측정은 전자파 차폐실에서 이루어진다. 전자파 차폐실은 하나의 금속 구조물로서 시험인력, 전기 또는 기계 서비스를 위한 모든 접근 경로는 매우 높은 주파수까지 전자기적으로 외부와 격리되어야 한다. 적절하게 설계된 차폐실은 외부 환경과 전자기적인 상호작용이 없이 전자파 방출 및 내성 측정에 이용될 수 있다. 차폐실은 다시 잔향실(reverberation chamber)과 무향실(anechoic chamber)형으로 구분된다. 잔향실형 차폐실, 즉 전자파 잔향실의 내부 표면은 전파 흡수체가 전혀 설치되어 있지 않는 도체이며, 이는 공동(cavity)을 형성한다. 전자파 잔향실 내부에 놓이는 피시험장비나 안테나는 전도성 표면과 복잡하게 상호작용한다. 내부가 비어 있는 직사각형 공동은 아래의 식으로 표현된 주파수에서 공진을 일으킨다.

$$f(MHz) = 150\sqrt{\left(\frac{m}{a}\right)^2 + \left(\frac{n}{b}\right)^2 + \left(\frac{p}{c}\right)^2}$$

여기서, a, b, c는 미터 단위의 차폐실 내부 치수이고, m, n, p는 적어도 한 개 이상이 0이 아닌 정수이다. 대표적인 차폐실 치수는 수 미터로부터 수십 미터에 이른다. 공진 주파수는 차폐실의 치수에 따라 다르며 일반적으로 수 십 MHz 정도이다. 작은 차폐실은 작은 탁상 거치 테이블 제품을 시험하는데 이용될 수 있는 반면, 큰 차폐실은 완성차량을 시험하는데 이동되기도 하고, 시험차량을 구동하기 위해 동력 장치가 장착될 수도 있다.

10.4.2.1 전자파 잔향실

Mil-Standard에서 규정하고 있는 전형적인 시험장치는 그림 10.10에 나타나 있다. 피시험 장비(DUT: Device Under Test)는 방 벽에 붙어 있는 전도성 작업대에 배치된다. 작업대의 전도성 확장부는 로드 안테나를 조절하는데 적합할 수도 있다. 이 전도성 확장부는 잔향실의 높이에 따라 로드 안테나를 위한 적당한 공간을 남겨두기 위해 접지쪽으로 오프셋 될

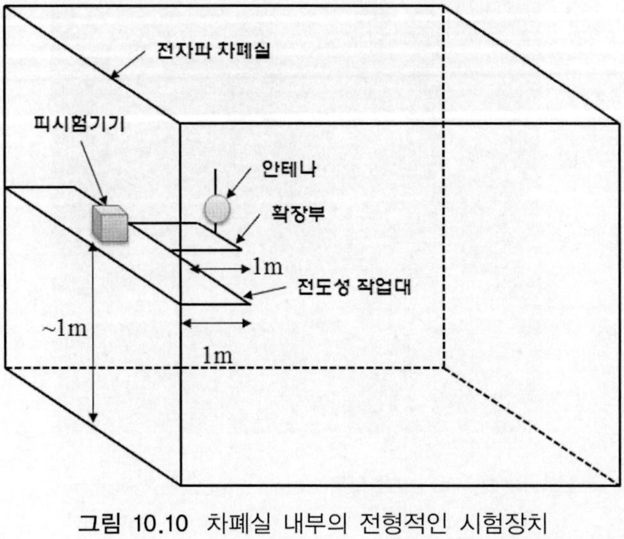

그림 10.10 차폐실 내부의 전형적인 시험장치

수도 있다. Biconical 안테나와 대수 주기 안테나는 일반적으로 안테나 마스트에 설치된다.

Mil-Standard에서 피시험장비와 측정 안테나 사이의 거리는 1m로 정하고 있다. 잔향실 내부에 작업대, 전도성 확장부, 피시험 장비 및 안테나가 설치되면 내부의 공진 패턴은 바뀌게 된다.

10.4.2.2 전자파 무향실

자동차 전장 부품의 전자파 적합성 측정 및 실험은 전자파 무향실에서 실시한다(CISPR 25, ISO 11452). 이러한 전자파 잔향실에 존재하는 측정 불확실도 개선을 위하여 벽과 천정에 전파 흡수체를 설치함으로써 이루어진다. 그림 10.11에 사진 보이는 벽면 및 천정의 돌기들은 전파 흡수체이다. 이러한 목적으로 두 가지 형식의 물질이 이용되는데 카본이 함침된 폴리우레탄 폼(Carbon-loaded polyurethane foam)의 피라미드형 전파 흡수체와 페라이트 타일이다.

몇몇 제조자는 전형적으로 -20 ~ -40dB 범위에 있는 낮은 전파 흡수체를 공급한다. 피라미드형 전파 흡수체가 전파 흡수 성능을 가지려면, 그 두께는 수분의 일 파장 이상이어야

그림 10.11 전자파측정용 semi-anechoic chamber
(KETI-Korea Electronics Technology Institute)

한다. 이것은 저주파에서 실용성이 없으며 비경제적이다. 작은 실험실에서는 작업 체적의 감소가 매우 크며, 큰 실험실에서는 설치 비용이 많이 든다는 단점이 있다. 따라서 약 100MHz 미만인 경우 실험실은 무반향으로 간주될 수 있으며, 상당한 반사량이 있는 것으로 이해해야 한다. 이것의 대안은 저주파수에서 특별히 효과가 있는 페라이트 타일을 이용하는 것이다. 넓은 의미에서 재래식 전파 흡수체는 전기장 손실과 관련이 있는 반면, 페라이트 타일은 자기장 손실과 관련이 있다.

페라이트 타일은 약 30MHz 내지 1000MHz 범위에서 유효하다. 실제로 페라이트 타일과 피라미드형 전파 흡수체의 조합형이 광대역 전자파 무향실의 경우 가장 효과가 있는 장치이지만, 비용이 매우 비싸다. 야외 시험장과 전자파 무향실에서의 안테나 임피던스 측정은 큰 차이를 보이지 않지만 전자파 무향실에서 공진이 지속되는 저주파수에서는 시험장 감쇠량에 유의할 만한 차이가 관찰된다. 내성 시험을 위한 동일한 전기장을 발생시키기 위해서는 전자파 잔향실에 비해 전자파 무향실 내부에서 훨씬 더 높은 송신기 전력이 필요하다.

10.5 EMI

EMI(Electromagnetic Interference)는 마치 독성을 가진 화학 물질의 무단 방출이나, 자동차 배기가스와 같은 환경오염의 하나로 비유하여 설명할 수도 있다. EMI는 회로나 시스템에서 원하지 않는 전압 및 전류를 유도시켜 회로나 시스템에 예상치 못한 문제를 발생시킬 수 있는 성분을 말한다. 전기를 사용하여 전압과 전류가 변하는 모든 전기·전자 소자 및 회로는 잠재적으로 EMI 발생원이 될 수 있다. 모든 전기·전자 소자 및 회로에서 발생되는 이러한 EMI 성분들은 실질적인 생활에서 선명한 TV의 시청을 방해한다든지 라디오의 수신을 방해하여 기분 좋은 청취를 방해할 수 있으며, 자동차의 경우에는 주행 중 시스템에 영향을 주어 차량의 안전상 심각한 문제를 발생시킬 수 있다.

EMI 성분은 전자기파 발생원으로부터 영향을 받는 전장 부품 및 시스템에 기본적으로 다음 두 가지 방법, 즉 접촉(conduction)되어 있는 도선들을 통해서나 전자기학적으로 방사(radiation)를 통하여 영향을 줄 수 있다.

10.5.1 CISPR 25

자동차 전장부품의 EMI를 관리하고 있는 국제기구는 IEC(International Electrotechnical Commission) 산하의 CISPR(Special International committee on Radio Interference, 국제무선장해 특별위원회)에서 담당하고 있다. IEC는 본부를 스위스의 제네바에 두고 전기, 전자, 통신, 원자력 등의 분야에서 각국의 규격·표준을 조정하는 국제기구이다. 1906년에 설립

되어 1947년 이후는 ISO의 전기·전자 부문을 담당하고 있다. CISPR에서는 1995년 자동차 내부의 무선 수신기를 보호하기 위하여 Broadband 및 Narrow-band Emission에 대한 시험 기준 및 방법에 대해 CISPR Pub. 25로서 신규 규격을 공표하였다. 이후 2002년 8월 제2판이 개정되었으며, 2008년 현재 3판으로 개정되어 현재 업계에 준용되고 있다. 3판에서는 시험주파수가 1GHz에서 2.5GHz로 확장하는 등 2판과는 상당히 많은 변화를 보이고 있다. 2008년 3판으로 개정된 CISPR는 현재 다시 4판을 준비하고 있는 것으로 알려져 있다. 시험 주파수 추가(137~138 MHz) 및 확장(5GHz)을 검토하고 있는 것으로 알려져 있는데, 기본적으로 자동차의 전장품에 137~138MHz를 사용하는 시스템이 있는 것으로 판단되며, 시험 주파수 추가는 동의하나 기존의 규격 한도가 적당한지 여부를 확인하기 위하여 주파수 적용 및 기준값에 대하여 미국에서 상세 검토 후 발표하기로 하였다. 또한, 현재 2.5GHz로 되어 있는 최대 시험 주파수를 5GHz까지 확장하자는 의견이 접수되었으나 검토 결과, 현재 5.8GHz에서의 특정 통신 서비스가 확인되었으나 전파 전송거리가 짧은 관계로 별 문제가 없을 것으로 예상되므로 CISPR 25에는 추가하지 말자는 의견이 제시되어 일단 2.5 GHz 대역까지의 수준을 유지하기로 결정하였다. 그리고 2.5GHz 이상 대역의 잡음(noise) 발생 및 사용 장치 확인 후, 주파수 범위 확장 여부를 다시 논의하기로 하였으며, 일본에서 5.8GHz 대역 잡음의 필드 문제 발생 여부를 예의 주시하여 문제점이 있으면 별도 보고하기로 하였다.

CISPR 25는 차량 내부의 무선 수신기를 보호하기 위한 규격으로서, 정부의 강제 규격보다는 자동차의 신뢰성 및 소비자 만족에 대한 개념으로서 적용해야 한다. 중국에서는 2003년 CISPR 25를 강제 법규로 적용하였다가 합격률이 현저하게 저하되는 문제가 발생하여 CISPR D 전문가들에게 자문을 구하여 강제 법규에서 제외하기로 하였다. 따라서 CISPR D 전문가 회의에서 모든 제한치를 참고치로 변경하여 강제 법규가 아님을 확실히 하기로 하였다. 그러나 신규 전장품들의 장착에 따른 자동차의 신뢰성 및 소비자 만족과 관련하여 제작사에서는 한층 엄격하게 규격을 적용하고 있는 실정으로 전장품 제작회사에 근무하는 엔지니어나 자동차 전장부품의 설계를 공부하고 있는 학생들은 각별히 신경을 써야 할 것으로 판단된다.

10.5.2 시험 주파수의 범위

자동차 전장부품의 EMI 시험 주파수 범위는 PCS, GSM, 3G 및 GPS, DAB, Bluetooth 등 최근 디지털 기기의 사용 주파수에 대한 자동차 내부 무선 수신기의 보호를 위하여 2.5GHz까지 관리하고 있으며 추후 좀 더 높은 주파수 대역까지 확대할 움직임을 보이고 있다.

10.5.2.1 협대역 및 광대역 구분

최근 전자제어 시스템 및 전장품 중에는 한 모드에서 협대역과 광대역원의 구분이 어렵고 동시에 잡음을 발생하는 시스템들이 생기면서 구분이 어렵게 되어 협대역과 광대역을 구분하지 않고 측정 모드로서 제한치를 적용하기로 하였다. 즉 “Determination of conformance for all Frequency”로 변경하였으며, 앞으로 1GHz 이하의 측정은 평균치와 준첨두치를 사용하며 이에 따른 기준값을 만족하여야 한다. 다만 디지털 TV 및 1GHz 이상 주파수 사용기기에 대해서는 평균치와 첨두치를 기준값으로 한다.

10.5.2.2 측정 장비 및 모드 변경

CISPR 25 3판에서는 표 10.5와 같이 스펙트럼 분석기와 스캐닝 리시버를 사용할 경우를 구분하여 각각에 대한 파라미터 값을 설정하였다. 측정장비로 스펙트럼 분석기를 사용할 경우 Recommended Scan Time 및 Resolution Bandwidth가 적용되며 150kHz~30MHz 시험 범위에서는 첨두치를 사용할 경우 측정의 정확성을 위하여 Scan Time을 100ms/MHz에서 10s/MHz로 변경 적용하였다. 측정 장비로서 스캐닝 리시버를 사용할 경우 Recommended Dwell Time, Step Size 및 Bandwidth가 적용되며 150kHz~30MHz 시험범위에서는 첨두치를 사용할 경우 측정의 정확성을 위하여 Dwell Time을 10ms에서 50ms로 변경 적용하였다(dwell time은 잡음 형식에 따라 증가 및 감소하여 시험할 수 있음).

표 10.5 스펙트럼 분석기 파라미터

<table>
<tr><th rowspan="2">Service/Frequency range (MHz)</th><th colspan="2">Peak detector</th><th colspan="2">Quasi-peak detector</th><th colspan="2">Average detector</th></tr>
<tr><th>RBW</th><th>Scan time</th><th>RBW</th><th>Scan time</th><th>RBW</th><th>Scan time</th></tr>
<tr><td>AM broadcast 0.15 to 30 and mobile services</td><td>9kHz</td><td>10s/MHz</td><td>9kHz</td><td>200s/MHz</td><td>9kHz</td><td>10s/MHz</td></tr>
<tr><td>FM broadcast 76 to 108</td><td rowspan="4">120kHz</td><td rowspan="4">100ms/MHz</td><td rowspan="4">120 kHz</td><td rowspan="4">20s/MHz</td><td rowspan="4">120kHz</td><td rowspan="4">100ms/MHz</td></tr>
<tr><td>Mobile service 30 to 1,000</td></tr>
<tr><td>TV Band Ⅰ 41-88
TV Band Ⅲ 174-230
TV Band Ⅳ/Ⅴ 470-890</td></tr>
<tr><td>DAB 174-245</td></tr>
<tr><td>DTTV 470-770</td><td>120kHz</td><td>100ms//MHz</td><td>does not apply</td><td>does not apply</td><td>120kHz</td><td>100ms/MHz</td></tr>
<tr><td>Mobile service 1,000-2,500</td><td>120kHz</td><td>100ms//MHz</td><td>does not apply</td><td>does not apply</td><td>120kHz</td><td>100ms/MHz</td></tr>
</table>

10.5.3 EMI 측정 시스템

그림 10.12는 CISPR 25 위원회에서 제시한 사양에 따라 설계되고 구축된 시스템의 간략한 측정순서도이다. CISPR 25 위원회에서 이처럼 EMI 측정을 위하여 사용되는 각 장비의 성능, 시험방법, 시험 환경 조건까지지도 상세히 정하고 관리하고 있는 이유는 한 국가에서 개발되고 생산된 전장 부품이 타국으로 수출되어 그 지역에서 생산되는 자동차에 장착되는 경우에도 성능에 문제가 발생하지 않도록 일률적으로 관리(국제상호 인증)하기 위함

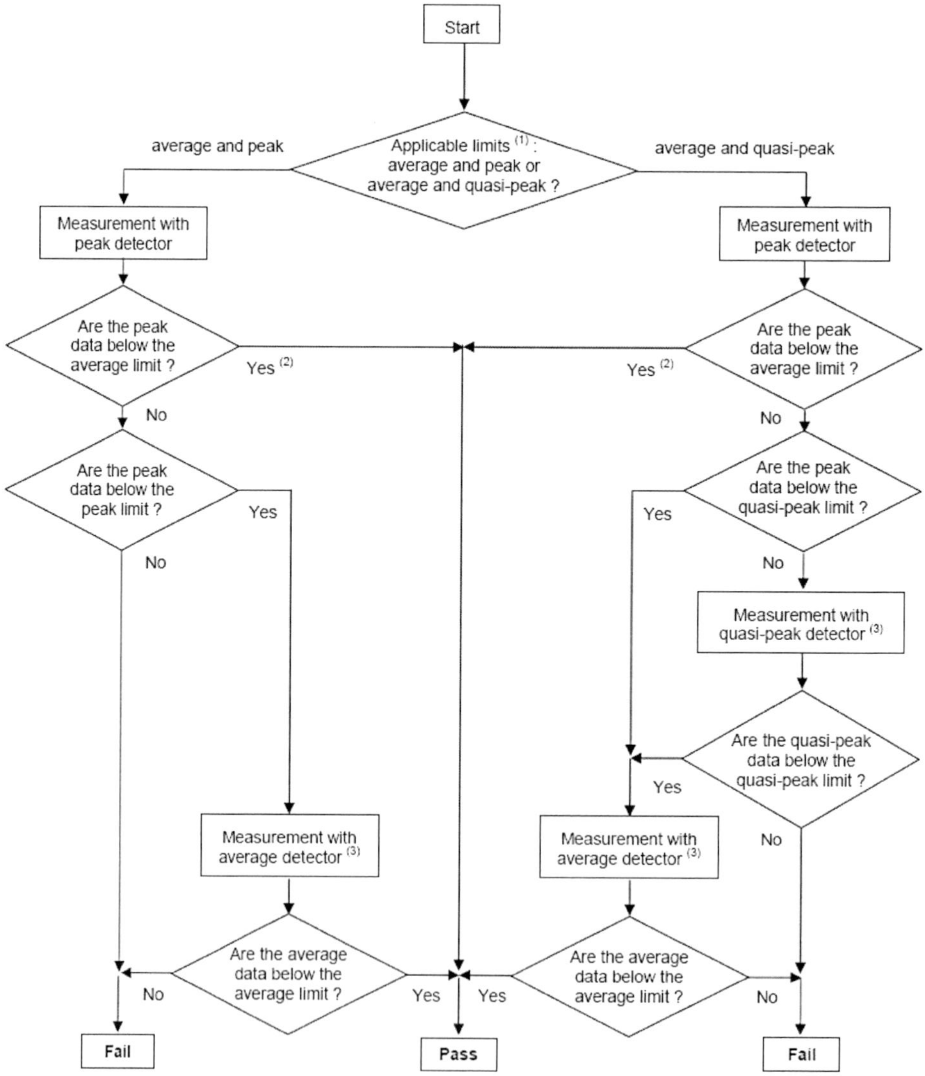

그림 10.12 전 주파수 범위에 대한 EMI 적합성 평가방법

이다. CISPR 표준을 본 교재에서 상세히 다루는 것은 취지에서 어긋나는 것으로 그림 10.12에 나타난 장비들의 검증 범위에 대해서만 언급하도록 한다.

그림 10.13(a)는 CISPR 25에 명시되어 있는 사양에 따라 제작된 자동차 전장 부품의 EMI를 측정하는 공간인 ALSE(Absorber-Lined Shielded Enclosure)의 모습이다. 추후 이러한 차폐된 공간을 설계하는 이론적인 배경을 다시 언급하도록 하겠지만, 간략히 설명하자면 외부의 전자파 환경으로부터 완전히 차단된 ALSE 공간은 측정 대상이 되는 전장 부품(DUT, Device Under Test)이 내보내는 EMI 성분들의 정확한 측정을 가능하게 한다.

(a) (b)

그림 10.13 (a) CISPR 25 EMI 측정 공간, (b) Biconical Antenna.

10.6 EMS 시험

자동차 및 전장품 관련 EMS(Electromagnetic susceptibility) 규격은 CISPR 11451(완성차), ISO 11452(전장품), ISO 7637 및 ISO 10605(정전기) 규격이 있으며, 상세 내용은 표 10.6과 같다. 그림 10.14와 그림 10.15는 각각 ISO 11451과 11452에서 취급하는 주파수 범위를 나타내고 있다. 또한 그림 10.16은 ISO 11452-1 ALSE 시험 시스템 구성을 나타낸다.

표 10.6 EMS 관련 ISO 규격

규격	제목	최신 발간일	주요 변경 내역
ISO 11451-1	내성 시험 개요	2007. 8(3.1판)	FPSC 정의 추가
ISO 11451-2	안테나 조사법	2005. 2(3판)	교정 방법 변경(4개)
ISO 11451-3	차재무선 기법	2007. 7(3판)	탑재 위치 명기 등
ISO 11451-4	BCI법	2006. 6(2판)	2004/104 인용(12미터 이상)
ISO 11452-1	내성 시험 개요	2007. 8(3.1판)	FPSC 정의 추가
ISO 11452-2	안테나 조사법	2004. 10(2판)	교정 방법 변경(4개, GHz대)
ISO 11452-3	TEM Cell 법	2008. 2(3판)	상한 주파수 변경
ISO 11452-4	BCI 법	2005. 4(3판)	치환법, 인가 장소
ISO 11452-5	스트립라인법	2002. 4(3판)	상한 주파수 변경
ISO 11452-7	RF 직접인가법	2003. 11(3판)	상한 주파수 변경
ISO 11452-8	자계내성	2007. 1(1판)	규격 신규 제정 진행 중
ISO 11452-9	무선기법	CD	규격 신규 제정 진행 중
ISO 11452-10	전도내성법	DIS	규격 신규 제정 진행 중
ISO 11452-11	반사 챔버법	WD	규격 신규 제정 진행 중
ISO 10605	정전기	2008. 12(2판)	시험 방법 추가(IEC 61000-4-2)
ISO 7637-1	전기잡음(개요)	2002. 1(2판)	FPSC 정의 추가
ISO 7637-2	전원선 전기잡음	2007. 8(2판)	42V 추가
ISO 7637-3	신호선 전기잡음	2007. 5(3판)	42V 추가(CC, IC 추가)

10.6.1 ISO 11451 part 1, 2, 3, 4

이 규격은 자동차 실차 상태의 EMS 시험에 대한 기준 및 시험 방법이며, Part 1 및 Part 2는 2005년 3판이 공표된 이후 현재 Part 1만이 Amendment 1로 개정 발간되었으나, 이는 성능 판정 기준의 명확화 및 통일을 위하여 ISO의 다른 규격과 동일하게 Function Performance Status Classification(FPSC)을 명확화 하였다.

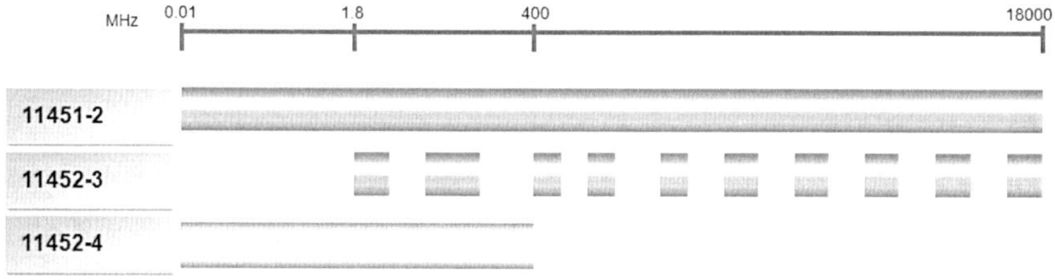

그림 10.14 ISO 11451 주파수 범위

10.6.2 ISO 11452 part 1, 2, 3

ISO 11452 규격은 자동차 전장품에 대한 EMS 시험에 대한 기준 및 시험 방법이며, Part 1 및 Part 2는 2005년 3판이 공표된 이후 현재 Part 1만이 Amendment 1으로 개정 발간되었으며, 아직까지 기술적인 내용의 변경은 없다.

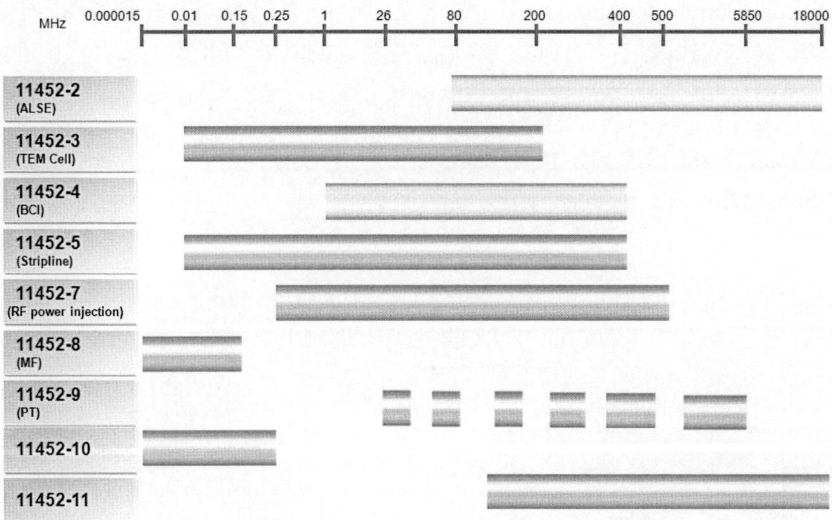

그림 10.15 ISO 11452 주파수 범위

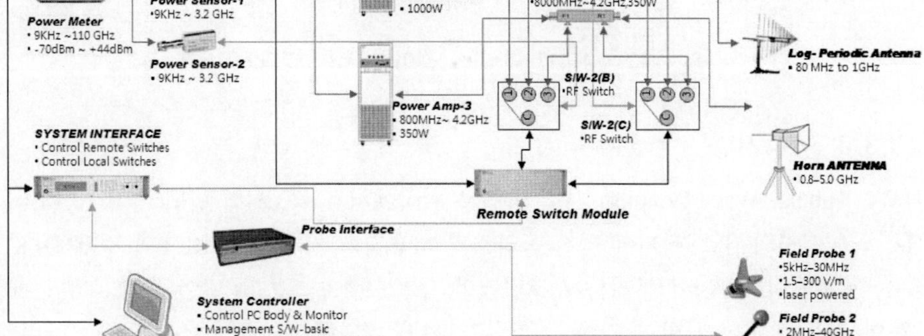

그림 10.16 ISO 11452-1 ALSE 시험을 위한 시스템 구성

10.6.3 ISO 11452 part 4

이 규격은 자동차 전장품의 EMS 시험 중 BCI(Bulk Current Injection)에 대한 기준 및 시험 방법이며 2005년 3판이 공포되었으며 현재 4판에 대한 논의가 활발히 진행되고 있다.

10.6.3.1 BCI 시험

BCI(Bulk Current Injection) 시험 평가는 프랑스에서 기존 데이터 호환 및 성능의 균일성 문제(그림 10.17)로 1m 하네스 길이(harness length)를 제안하였으나 기존의 케이블을 공동 사용하는 방안에 대한 의견도 대두되어 다음과 같이 구분하여 적용하기로 하였다.

① Closed Loop Method: 1m 하네스 길이

② Substitution test method: 1.7m 하네스 길이

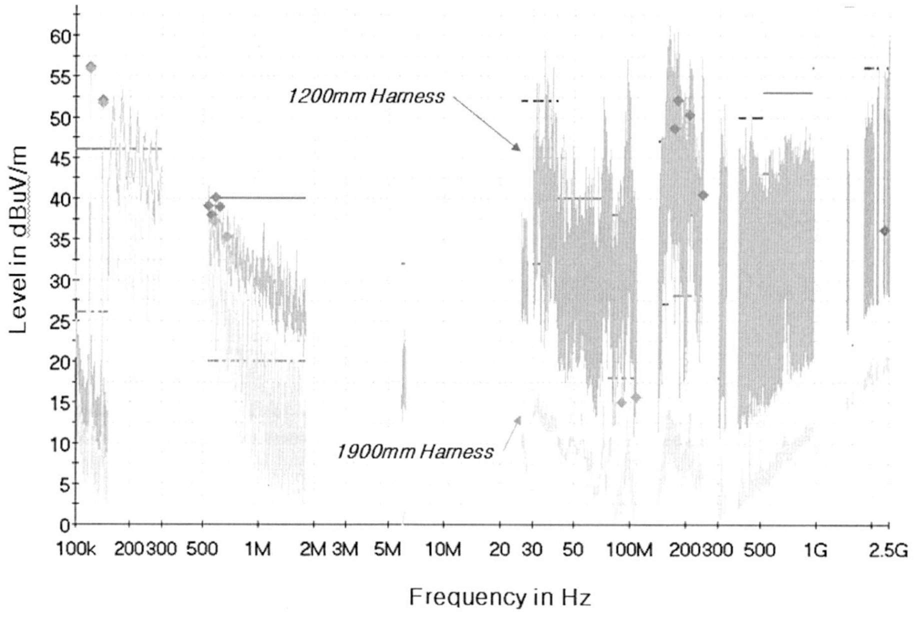

그림 10.17 하네스 길이별 시험 결과

10.6.3.2 TWC 시험

TWC(Tubular Wave Coupler) 시험 방법은 미국에서 TWC 시험 방법(그림 10.18)이 400 MHz 이상 대역의 내성 평가에 미흡(플라스틱 하우징을 가지는 큰 DUT의 경우)하다고 주장하여 기존 11452-4에서 분리하여 독립적인 규격으로 만들자는 방안을 제시하였으나 지난 회의에서 기 협의된 바와 같이, 기존 규격에 유지하면서 DUT 크기 등 상기방법 사용시 제한사항들을 규격에 명기하고 3GHz까지 사용하는 것을 추진하기로 하였다.

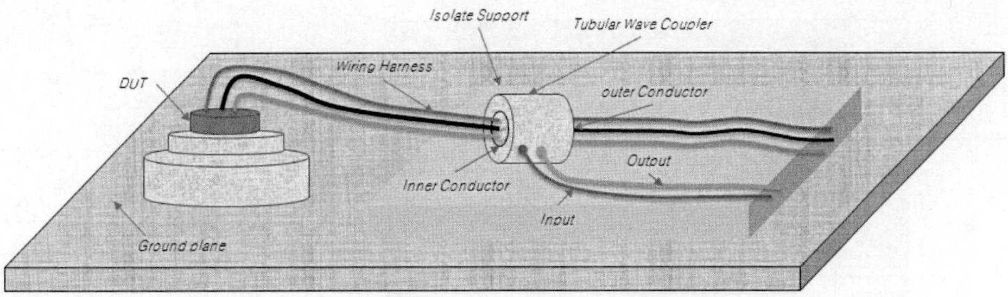

그림 10.18 TWC 시험 방법

10.6.4 ISO 11452 part 9

이 규격은 자동차 전장품 상태의 EMS 시험 중 Portable Transmitter를 사용한 내성에 대한 기준 및 시험방법으로서, 요약하면 다음과 같다.

① Hand-held, On-board, Mobile Transmitter 등은 모두 Portable Transmitter로 통일하여 사용하기로 함.

② Location of Test Harness(그림 10.19) 11452-4 BCI Set up과 같이 위치와 길이를 동일하게 하여 같이 사용할 수 있게 하였으며, 시험용 시료(DUT)와 부하 시뮬레이터의 총 길이는 1,000±100mm이며, Test Harness는 접지판(ground plane)의 모서리에서 최소 200mm 이상 떨어져야 함.

③ Test Plan에 송신기 접근 방법이 명기되어야 하며, 이는 시료 노출방법으로 변경하여 표기함.

④ 부록 B에 예시되어 있는 Simulated Portable Transmitter Antennas에서 언급되어 있는 비유전율은 삭제하기로 하였고, 비유전율이 1인 경우는 만족하기 어렵다는 의견이 제시되었으며, 이는 사용할 안테나가 VSWR 조건을 만족하면 되는 것으로 완화하였음.

⑤ Simulated Portable Transmitter Test Method

시험용 시료에 인가하는 방법에 대하여 다음과 같이 명기함(특정한 국가의 전자파 인체 노출 기준을 만족하기 위해 Portable transmitter를 시험용 시료에 접근시킨 후 전력을 on하는 방법을 허용함).

- Portable Transmitter의 전력을 on하고 시험 계획에 명시된 장소 및 위치에 접근시키는 방법.
- Portable Transmitter의 전력을 off하고 시험 계획에 명시된 장소 및 위치에 접근시키고 Power를 on하는 방법.
- 전력 레벨은 첨두값 유지원칙을 만족하여야 함.

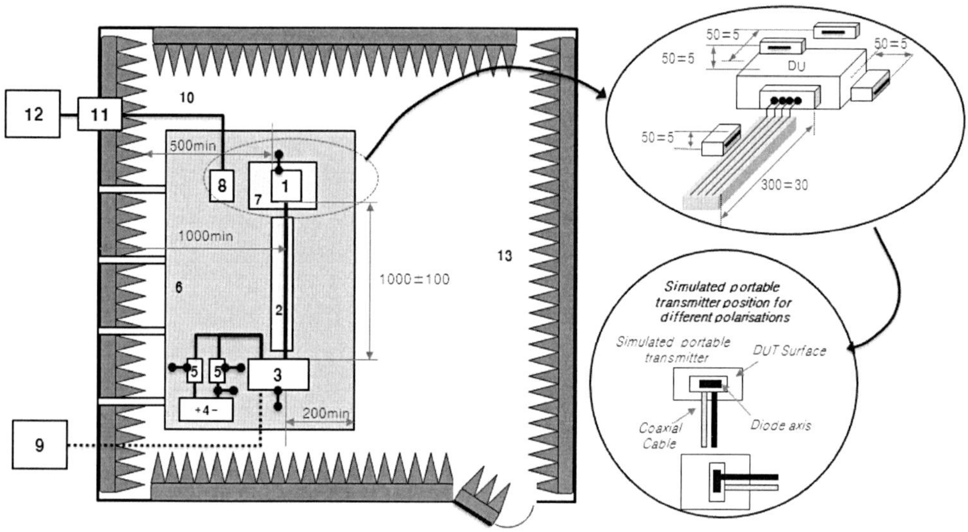

그림 10.19 ISO 11452-9 시험 Set-up

찾아보기

[저자약력]

박성주(朴成柱)

1983 한양대학교 전자공학과 공학사
1983-1986 LG전자(구 금성사) 연구원
1986-1992 미국 Univ. of Massachusetts 전기 및 컴퓨터공학과 공학석사, 공학박사(VLSI 테스트 전공)
199201995 IBM 연구원(미국 NY), 연구스탭
1995- 한양대학교 컴퓨터공학과 교수
http://mslab.hanyang.ac.kr

강성호(姜成昊)

1986.02 서울대학교 제어계측공학 공학사
1988.05 Univ. of Texas at Austin Electrical and Computer Eng. 공학석사
1992.05 Univ. of Texas at Austin Electrical and Computer Eng. 공학박사
1989-1992 Lab. for Computer Science, Schlumberger Inc. Research Scientist
1992-1994 Semiconductor Systems Design Tech., Motorola Inc. Senior Staff Engineer
1994-현재 연세대학교 전기전자공학부 교수(전기전자공학 전공)
http://soc.yonsei.ac.kr

김동신(崔然旭)

2002 전북대학교 제어계측공학과 공학사
2004 전북대학교 대학원 제어계측공학과 공학석사
현재 전자부품연구원 차세대자동차전장센터 선임연구원

백상현(白相鉉)

1986 한양대학교 전자공학과 공학사
1988 The University of Texas at Austin MS : Electrical and Computer Engineering
1994 The University of Texas at Austin Ph.D. : Electrical and Computer Engineering
현재 한양대학교 전자통신공학과 교수(전자통신공학 전공)
http://rsc.hanyang.ac.kr

신외경(申外敬)

1984 국립경상대학교 고분자공학과 공학사
1986 국립경상대학교 대학원 고분자공학과 공학석사
2010 연세대학교 대학원 기계공학과 공학박사
현재 자동차부품연구원 선임연구원 차량IT융합연구센터
http://www.katech.re.kr

안진호(安鎭浩)

1995 연세대학교 전기공학과 공학사
1997 연세대학교 대학원 전기공학과 공학석사
2006 연세대학교 대학원 전기전자공학과 공학박사(VLSI&CAD 전공)
현재 호서대학교 전자공학과 교수(SOC설계/테스트)
http://electronics.hoseo.ac.kr

유수일(劉秀一)

2003　　경성대학교 전자공학과 공학사
2006　　(주)Autonics 연구원
현재　　나인플러스EDA(주) Application Engineer
http://www.npeda.co.kr

이현빈(李賢彬)

1994-2001　한양대학교 전자컴퓨터공학 학사
2001-2003　한양대학교 전자컴퓨터공학 석사
2003-2007　한양대학교 전자컴퓨터공학 박사
2007-2009　미국 UMass 연구원
2009-2011　일본 NAIST 연구원
2011-현재　국립한밭대학교 컴퓨터공학과 교수
http://dfx.hanbat.ac.kr

정용채(鄭龍采)

1989　　서강대학교 전자공학과 공학사
1991　　서강대학교 대학원 전자공학과 공학석사
1996　　서강대학교 대학원 전자공학과 공학박사(마이크로파공학 전공)
현재　　전북대학교 전자공학부 교수(제어계측공학 전공)
http://wavelab.jbnu.ac.kr

천범익(千凡益)

1981　　인하대학교 전자공학과 공학사
1990　　Karlsruhe 대학교 (독일) 공학석사
1997　　Bremen 대학교 (독일) 전자공학 공학박사
2012　　삼성전자 수석
현재　　아이테스트 기술연구소장
http://www.itestsem.com

최성진(崔成珍)

1994　　아주대학교 생산자동화공학과 공학사
1996　　아주대학교 기계공학과 공학석사
2007　　아주대학교 기계공학과 공학박사(차량동역학 전공)
현재　　자동차부품연구원 차량동역학 전공
http://www.katech.re.kr

본 교재는 2011년~2012년 지식경제부 시스템 반도체 설계인력 양성 사업의 지원으로 IDEC Platform Center(한양대학교)에서 수행된 결과물입니다.

정가 23,000원

고신뢰성 자동차 전자시스템 설계기술

2012년 11월 20일 초판 인쇄
2012년 11월 30일 초판 발행

저　자 : 박성주·강성호·김동신·백상현·신외경·안진호·유수일
이현빈·정용채·천범익·최성진

발행자 : 우명찬·송　준

발행처 : 홍릉과학출판사

주　소 : ㊊142-885 서울시 강북구 인수동 455-60

등　록 : 1976년 10월 21일 제5-66호

전　화 : 999-2274~5, 996-8341, 903-7037

팩　스 : 905-6729

ISBN : 978-89-97570-50-8

hongpub@hongpub.co.kr
www.hongpub.co.kr

저자와의 협의하에 인지생략